Liberating Structures

AF639843

Liberating Structures

Entscheidungsfindung revolutionieren

von

Daniel Steinhöfer

Verlag Franz Vahlen GmbH

Dipl.-Informatiker Daniel Steinhöfer, geboren 1980, berät seit vielen Jahren Großunternehmen als Agile Coach und Trainer. Über den Umweg seiner Jugendliebe, der (Bio-) Informatik, fand er zunehmend Gefallen an der Arbeit mit Teams, Gruppen und Unternehmen und ist fasziniert von deren Komplexität. Daniel sieht Liberating Structures als ideales Konzept, um im komplexen Umfeld zu wirken. Er hat die ersten europäischen *Liberating Structures Immersion Workshops* mit organisiert und gemeinsam mit Kolleg*innen das erste europäische *Liberating Structures Learning Gathering* ins Leben gerufen, und so geholfen, buchstäblich tausende Menschen mit Liberating Structures zu infizieren. Daniel setzt Liberating Structures täglich beruflich wie privat ein, und dennoch verwendet er sie für sein Empfinden viel zu selten. Daniel ist Papa von zwei bezaubernden Mädchen und hegt insgeheim die Fantasie, einmal von seiner Musik leben zu können.

vahlen.de

ISBN Print 978 3 8006 5929 6
ISBN E-Book (ePDF) 978 3 8006 5930 2

© 2021 Verlag Franz Vahlen GmbH,
Wilhelmstr. 9, 80801 München
info@vahlen.de
Druck und Bindung: Buchdruckzentrum Prüm / PNB Print »Jansili«,
Silakrogs, LV-2133 Lettland

Satz: Fotosatz Buck
Zweikirchener Str. 7, 84036 Kumhausen
Produktion: Sieveking Agentur, München
Umschlag: Ralph Zimmermann – Bureau Parapluie
Bildnachweis: © Holisticon AG

myclimate
shape our future

vahlen.de/nachhaltig
produktsicherheit.vahlen.de

Gedruckt auf säurefreiem, alterungsbeständigem Papier
(hergestellt aus chlorfrei gebleichtem Zellstoff)

Alle urheberrechtlichen Nutzungsrechte bleiben vorbehalten.
Der Verlag behält sich auch das Recht vor, Vervielfältigungen dieses Werkes
zum Zwecke des Text and Data Mining vorzunehmen.

Inhaltsübersicht

gilt für Entscheidungen: Versuche nur einmal, vom Entscheidungsprozess ausgeschlossene Menschen zu überzeugen, und sie werden sich instinktiv wehren. Würdest du doch auch, oder 😉?

Jenseits der menschlichen Komponente, aber damit eng verbunden, steht die Herausforderung: **Wie kann man Entscheidungen treffen, die anpassbar sind?** In der Tat sind alle auch nur irgendwie bedeutsamen Entscheidungen *unvollkommen* oder zumindest ein wenig falsch, aus dem einfachen Grund, dass erst nach der Umsetzung einer Entscheidung alle ihre Folgen erkannt werden können: *Überraschungen*, seid willkommen! Häufig treten diese Konsequenzen zeitlich oder räumlich entfernt auf, manchmal sogar in großer Distanz zu den Entscheidungsträgern. Auch hier besteht die Herausforderung darin: **Wie kann man alle beteiligen: diejenigen, die die Konsequenzen sehen werden gemeinsam mit denen, die in der Lage sind, Kurskorrekturen vorzunehmen?**

Dieses Buch wird dir zeigen, wie du mit einfachen Methoden Entscheidungen treffen und dabei alle beteiligen kannst, die zu deiner Entscheidungsfindung beitragen können.

Die andere Veränderung, die auf dich wartet, ist der Übergang von einem, wie ich es nennen würde, verkopft-technischen Prozess hin zu einer **handlungsorientierten Entscheidungsfindung**: Führe Handlungen Schritt für Schritt durch und gelange so zu einer oder mehreren Entscheidungen. Unterwegs machst du erforderliche Justierungen und baust gleichzeitig die Fähigkeit für zukünftige Korrekturen und Anpassungen aus.

Die dritte Veränderung, die sich dir offenbaren wird, ist folgende: Indem du all diejenigen Menschen in deinen Prozess zur Entscheidungsfindung einbeziehst, die du beteiligen solltest, wird sich eure Arbeit viel vergnüglicher gestalten. Eure Beziehungen und euer gegenseitiges Vertrauen werden wachsen und ihr werdet viel lachen.

In diesem Buch geht es nicht um abstrakte Ideen, sondern um das Handeln. (Ideen, die kein „wie man es macht" mitliefern, sind nutzlos!) Daher gibt es für dich einen einfachen Weg, herauszufinden, ob die Versprechen dieses Buchs gelten oder zu schön sind, um wahr zu sein: Probier es einfach aus! Darüber nachzudenken, wird deine Fragen nicht beantworten. Such dir eine einfache und/oder sichere Gelegenheit und experimentiere. Und noch eine und noch eine. Gehe auf Kolleginnen und Kollegen zu, mit denen du gemeinsam noch schneller lernen wirst. Hier macht Übung den Meister: Du wirst nichts lernen, wenn du dieses Buch nur liest!

Und: Sei darauf vorbereitet, weit über die Entscheidungsfindung hinaus zu reisen!

Ich wünschte, jemand hätte schon vor Jahrzehnten Liberating Structures entwickelt, sodass ich sie während meiner gesamten Laufbahn als leitende Führungskraft hätte nutzen können. Du hast Glück!

Genieße die Reise!

Henri Lipmanowicz

Vorwort von Henri

In meinem letzten Job als leitende Führungskraft eines globalen Großkonzerns war ich Präsident einer Region, die die unterschiedlichsten Regierungen, Volkswirtschaften und Kulturen umfasste. Dazu gehörten die Länder Asiens, Afrikas, Osteuropas, des Nahen Ostens und Südamerikas. Entscheidungsfindungen in einem komplexen und unsicheren Umfeld durchzuführen, war daher mein tägliches Brot und meine tägliche Freude.

Dank meiner langjährigen Praxis kam ich zu dem Schluss, dass das, was die Entscheidungsfindung wahrhaft schwierig macht, folgendes ist:

1. Menschen
2. Menschen
3. Menschen
4. Menschen
5. Menschen
6. Die Zukunft

Genauer gesagt:

1. Die Menschen, von denen du weißt, dass sie zu einer guten Entscheidung beitragen könnten.
2. Die Menschen, die zu einer guten Entscheidung beitragen könnten, du aber nicht weißt, wer sie sind.
3. Die Menschen, die nichts von deiner Herausforderung wissen, aber zur Lösung beitragen könnten.
4. Die Menschen, die von deiner Entscheidung betroffen sein werden.
5. Die Menschen, die an der Umsetzung deiner Entscheidung beteiligt sein werden.
6. Die Zukunft, die unvorhergesehene Ereignisse und unbeabsichtigte Folgen mit sich bringt.

Während sich also Entscheider üblicherweise (auch ich bin in diese Falle getappt) auf verkopft-technische Prozesse konzentrieren (analysieren, Optionen ausarbeiten, modellieren, Lösungsalternativen bewerten etc.), sind Menschen die tatsächlich größte Herausforderung: **Wie kann man *wirklich und effizient all diejenigen* beteiligen, die in der Lage sein könnten, einen Unterschied zu bewirken – im positiven oder negativen Sinn?**

Eine weitere verbreitete Tendenz ist, „Umsetzer“ von „Entscheidern“ zu trennen und daher in der Phase, in der Entscheidungen ausgearbeitet werden, viele der Personen nicht einzubeziehen, die an deren Umsetzung beteiligt sein werden.

Mehr als nur ein paar Personen zu beteiligen, ist eine Fähigkeit, die die meisten weder in der Schule noch in ihrem Arbeitsumfeld gelernt haben: Es gibt keine Vorbilder, keine empfohlenen Techniken, keine Praxis. (Ich habe das in 30 Jahren Arbeit für eines der angesehensten amerikanischen Unternehmen auch nie getan.)

Man hört häufig, dass Menschen Veränderungen nicht mögen. Die Wahrheit ist, dass Menschen kein Problem mit Veränderungen haben, die sie mitgestaltet haben, aber sie hassen Veränderungen, die ihnen aufgezwungen werden. Und sie sind sehr gut darin, sich gegen diese aufzulehnen. Dasselbe

Vorwort von Daniel

Als ich vor einigen Jahren das erste Mal Kontakt zu Liberating Structures hatte, waren mir zwei Gedanken präsent: Was ist das nur für eine seltsam ungewohnte und gleichsam vertraute Art, miteinander umzugehen? Ich fühlte mich so ... geborgen und gleichzeitig außerhalb meiner Komfortzone. Zu diesem Zeitpunkt konnte ich Liberating Structures noch nicht klar greifen und sah darin lediglich einen weiteren Werkzeugkasten, aus dem ich mich als agiler Coach und Trainer bedienen und der meine Arbeit insbesondere mit größeren Gruppen erleichtern könnte. Ich probierte viele der Methoden aus, machte Fehler und lernte. Einige Liberating Structures setzte ich regelmäßig und bald täglich ein.

Mit den europaweit ersten Liberating Structures-Workshops, die meine Kolleg*innen und ich mit vielen tollen Menschen und mit einem der Erfinder von Liberating Structures, Keith McCandless, organisiert hatten, wurde mir mehr und mehr das ganze Konzept, die Denkweise und vor allem die transformative Kraft von Liberating Structures bewusst. Begeistert begann ich, das gesamte Repertoire von Liberating Structures aufzusaugen und einzusetzen.

Mir wurde immer klarer, welche meist *hinderlichen Mechanismen* unsere täglichen Interaktionen prägen und unser Miteinander – viel zu oft – negativ und manchmal sogar zerstörerisch beeinflussen. Ich begann zu verstehen, wie diese Mechanismen uns das ganze Leben begleiten: in der Schule, in der Ausbildung, an der Universität, in der Arbeit, unter Freunden, mit Fremden, in der Politik, überall. Und auch in der klassischen Entscheidungsfindung.

Es sind aber nicht nur jene Mechanismen, die uns daran hindern, zielführend zu wirken, sondern auch unsere meist *unbewussten* Annahmen darüber, wie unsere Welt (oder Unternehmen, die Wirtschaft, Entscheidungsfindungen und so weiter) funktioniert: berechenbar, analysierbar, planbar.

Ich komme aus dem Umfeld der sogenannten agilen Produktentwicklung. Dort wird in möglichst kleinen, überschaubaren Zyklen versucht, ein Produktinkrement mit dem zurzeit größten Nutzen (für den Kunden, das Unternehmen) zu identifizieren und umzusetzen, um dann Wunsch und Umsetzung zu prüfen und gegeneinander abzugleichen. Mit dem daraus entstehenden Erkenntnisgewinn beginnt der Zyklus aufs Neue. Beim klassischen Projektmanagement wird dagegen zuerst umfassend analysiert, ein Plan entwickelt und dieser am Ende möglichst vollständig umgesetzt. Das Vorgehen wird von Kontroll- und Steuerungsmechanismen begleitet, um auf neue Umstände zu reagieren. Der gesamte Prozess kann dazu führen, dass Wunsch und Wirklichkeit auseinanderklaffen und nachträgliche Anpassungen teuer werden.

Klassische Entscheidungsfindung und Entscheidungsfindung, wie ich sie in diesem Buch propagiere, verhalten sich ähnlich zueinander: Klassische Entscheidungsfindung geht davon aus, dass genügend Analyse und Planung ermöglichen, die *eine richtige* Entscheidung zu treffen, die das Problem vollumfänglich löst. Hingegen erlaubt uns Entscheidungsfindung mit Liberating Structures, die Herausforderung und den Lösungsraum Schritt für Schritt auszuleuchten und dabei leichtgewichtige „richtige“ Entscheidungen *gemeinsam* zu identifizieren und umzusetzen, um zu prüfen, ob das Resultat sich als hilfreich erweist. So sind wir frei, Entscheidungen bewusst gutzuheißen oder sie anzupassen, auszuweiten oder wieder zu verwerfen – analog zur agilen Vorgehensweise.

Damit bin ich bei meiner dritten Erkenntnis: *Gemeinsam* zu agieren ist wichtig und möglich! Erst wenn einige oder ein Großteil der *Betroffenen* am Prozess der Entscheidungsfindung beteiligt sind und nicht nur die üblichen Entscheider*innen, Expert*innen und Extrovertierten, können richtige Entscheidungen *richtig* getroffen werden.

Warum habe ich mich entschieden, ein Buch über Liberating Structures zu schreiben?

Mein Traum ist, dass Liberating Structures sich in der ganzen Welt verbreiten. Mit diesem Buch möchte ich dazu meinen Beitrag leisten und Liberating Structures den Leser*innen zugänglicher machen und sie dafür begeistern.

Denn: Liberating Structures erlauben uns, die erwähnten schädlichen Mechanismen, die unpassenden Annahmen über die Vorhersagbarkeit unserer Welt und den Mangel an Beteiligung hinter uns zu lassen. Sie ermöglichen uns, wertschätzend, zielführend und effizient miteinander zu wirken – sowohl in der Entscheidungsfindung als auch weit darüber hinaus, wie etwa in der Bildung oder in der Politik.

Vielleicht hört sich das für dich nach Plattitüden oder Träumereien an. Bleib eine Weile bei mir, und du wirst sehen, dass Liberating Structures funktionieren. Versprochen!

Danksagungen

Ich danke Carsten Sahling und Gudrun Steinhöfer für die zahlreichen Stunden ihrer kostbaren Zeit, die sie mir für fachliche und sprachliche Anmerkungen und Verfeinerungen geschenkt haben.

Ich danke meinem Lektor Dennis Brunotte für seine Geduld über meinen Perfektionismus („Nur noch diese 37 wirklich wichtigen Anpassungen und Ergänzungen, dann bin ich fertig!“) und dafür, dass er mir immer Mut gemacht hat, wenn ich ihn brauchte. Und vielleicht auch dafür, dass er mir keine harten Termine gesetzt hat.

Ich danke meinen Kolleg*innen Franziska Knorr und Christian Weinert für den guten Input, die Diskussionen und den Austausch zu Beginn dieses Projekts. Es war schön und hilfreich, diese Reise gemeinsam zu beginnen.

Ich danke Henri Lipmanowicz für seine peniblen Anmerkungen zu meinen Konzepten in diesem Buch und für sein humorvolles Vorwort.

Und ich danke vor allem meiner kleinen Familie: Anika, Amelie und Felia für ihre Unterstützung, für das Rückenfreihalten und die Ausdauer an den endlosen Buchwochenenden, -tagen und -abenden.

Einleitung

Die größte und dauerhafteste Revolution, die wir kennen, fand statt, als der Mensch seine Seele entdeckte und lernte, dass jede Seele für sich allein einen individuellen Wert hat.

John Steinbeck, Autor

Kapitelübersicht

Kennst du das aus deinem Umfeld? Die anstrengenden Versuche, zu Entscheidungen zu kommen? Und dabei in ausschweifende Diskussionen ohne Ergebnis zu verfallen? Oder Diskussionen, bei denen nur die Führungskraft spricht und alle anderen schweigen? PowerPoint-Schlachten zu verfolgen, die dich und andere in die Passivität verbannen und irgendwann langweilen? Oder selbst einen Vortrag zu halten und dabei das Gefühl zu haben, dass du Zuhörer verlierst und hinterher ratlos die Ursache bei dir oder dem Publikum suchst? Lähmenden Status-Meetings beizuwohnen, bei denen du dich eher auf deinen eigenen Beitrag vorbereitest, anstatt den anderen zuzuhören? Den Frust der Kolleginnen und Kollegen in der Kantine und Kaffeeküche zu erleben über die zweifelhaften Entscheidungen, die wieder über ihre Köpfe hinweg getroffen wurden? Entscheidungen, deren Umsetzung im Sand versickert, weil sie für niemanden der Betroffenen Sinn ergeben?

Du und ich haben all das bestimmt schon dutzendfach in Teams und Unternehmen beobachtet. Und nicht nur dort: In der Schule, während der Ausbildung, an Universitäten, in der Politik, auf Konferenzen – überall werden wir konfrontiert mit fehlenden oder mit unzulänglichen Methoden, um miteinander (zielführend) zu interagieren. Wir schieben die Verantwortung gerne auf das Unternehmen, in dem wir arbeiten, oder auf die Mitmenschen, mit denen wir es zu tun haben. Wir fühlen uns hilflos und nehmen das alles als gegeben hin. Müssen wir aber nicht!

Dieses Buch wird *dir* helfen, dagegen etwas zu tun!

Purpose

In diesem Buch ist *Purpose* ein Fachbegriff aus der Welt der Liberating Structures. Er bringt den tieferen Sinn und Zweck oder auch die Bedeutsamkeit und Absicht von etwas zum Ausdruck. Ein guter Purpose wirkt auf Außenstehende und Beteiligte gleichermaßen anziehend. Er ist ein Prüfstein für das Handeln in einem bestimmten Kontext.

Der Purpose dieses Buchs lautet wie folgt:

Dieses Buch existiert, um dir das Handwerkszeug zu geben, zielführende und effiziente Entscheidungsfindungen in deinem Umfeld zu ermöglichen. Ich will dich befähigen, mit Liberating Structures aus den gewohnten, lähmenden und unproduktiven Verhaltensmustern auszubrechen sowie wertschätzende und effektive Interaktionen bei deinen alltäglichen Entscheidungsprozessen und darüber hinaus zu entfachen.

Worum geht es in diesem Buch?

Dieses Buch ist vor allem ein Buch für die Praxis! Du wirst Liberating Structures nicht nur theoretisch kennenlernen, sondern gezielt und erfolgreich einsetzen. Umgekehrt ist dies kein weiteres Buch mit faden Meetingtipps wie „Mache immer eine Agenda“ oder „Lade am besten maximal x Leute ein“. Es ist auch kein Buch über noch mehr Meetingformate und Tools (wie Dotvotings, „kein PowerPoint!“), die die eigentlichen Herausforderungen der Zusammenarbeit und die Probleme der klassischen Entscheidungsfindung nicht betrachten. Im Gegenteil – dieses Buch deckt die typischen Probleme der Entscheidungsfindung und der Zusammenarbeit auf und legt die Gründe dafür offen.

Dieses Buch bietet dir fundierte, durchdachte, erprobte und funktionierende Methoden – die Liberating Structures – an und befähigt dich, sie in deinem Alltag und Kontext erfolgreich einzusetzen. Ich zeige dir auf, *wie* du mit Liberating Structures gute Entscheidungsfindungen und echte Zusammenarbeit ermöglichst und *warum* dir das gelingen wird. In diesem Buch will ich meine langjährige praktische Erfahrung mit Liberating Structures mit dir teilen. Sie ist geprägt von der Zusammenarbeit mit den Erfindern von Liberating Structures, Pionieren und vielen kreativen Kolleginnen und Kollegen, die täglich mit Liberating Structures Wunderbares vollbringen.

Was bedeutet Entscheidungsfindung in diesem Buch?

Das Buch befasst sich mit den Entscheidungsprozessen, die uns im komplexen Kontext von Beziehungen und Organisationen begegnen. Durch Entscheidungen herbeigeführte Veränderungen betreffen

- Menschen (einstellen, trainieren, ersetzen, kündigen),
- Beziehungen (eingehen, anpassen, intensivieren, beenden),
- Ressourcen (bereitstellen, kürzen, ausweiten),
- Produkte (entwickeln, anpassen, auslaufen lassen),
- Strukturen (Organisationen oder Abläufe anpassen, verfeinern, umgestalten) und
- Strategien (finden, verifizieren, wechseln, stabilisieren).

Dabei stellt die eigentliche Entscheidung selbst nur einen Teil der Entscheidungsfindung dar. Um die Entscheidungsfindung herum gibt es viel zu tun, nämlich:

- Wie kommst du zu den wichtigen Informationen?
- Wie beteiligst du die Betroffenen?
- Wie bewertest du Lösungsalternativen?
- Wie stellst du überhaupt fest, dass und was es zu entscheiden gibt?
- Was ist euer Ziel und wie könnt ihr es gemeinsam erreichen?
- Wie kommt ihr gemeinsam zu einer Entscheidung?

Wie wir heute in der Regel Entscheidungsfindungen praktizieren, behindert uns, verlässlich gute Entscheidungen zu treffen. Entscheidungsfindung läuft meistens linear, ziel- und ergebnisorientiert ab. So wird die Chance verpasst, Optionen, Verzweigungen, Varianten, Bedürfnisse – ganz allgemein: die Komplexität unserer Welt – zu erkennen und zu berücksichtigen.

Dieses Buch befreit dich von den Limitierungen der klassischen Entscheidungsfindung. So kannst du einen Sinn dafür entwickeln, dass die großen, weitreichenden Entscheidungen nicht immer sinnvoll oder notwendig sind. Du wirst stattdessen lernen, wie du immer öfter einen Rahmen für Sinnstiftung und kleine, kraftvolle, für dein Umfeld passende Initiativen und Experimente aufspannen kannst.

Ist dieses Buch die Revolution?

Der Untertitel lautet ein wenig reißerisch *Entscheidungsfindung revolutionieren.* Tatsächlich glaube ich, dass du mit den Konzepten aus dem Buch und ein wenig Übung die Art und Weise, wie in deinem Umfeld Entscheidungsfindungen ablaufen, revolutionieren – im Sinne von *grundlegend umgestalten* – kannst. Sei allerdings beruhigt, du musst und solltest nicht gleich zu Beginn alles Bestehende über den Haufen werfen. Du kannst Liberating Structures Stück für Stück in deine Praxis übernehmen und so mit kleinen *Evolutionen* eure Zusammenarbeit und eure Entscheidungsfindungen wirkungsvoller und sinnvoller gestalten.

Liberating Structures sind nicht die Wunderlösung für alle branchenspezifischen oder technologischen Herausforderungen einer Organisation oder eines Unternehmens. Allerdings kannst du sie mit einiger Übung als Wunderwaffe für die meisten sozialen, taktischen, strategischen und firmenpolitischen Herausforderungen gezielt einsetzen.

An wen wendet sich dieses Buch?

- An alle, die in oder mit Gruppen (Teams, Abteilungen, Schulklassen, und so weiter) von Menschen arbeiten.
- An alle, die die richtigen Entscheidungen richtig finden wollen.
- An alle, die zielführender und wertschätzender miteinander umgehen, arbeiten und gemeinsam gestalten wollen.
- An alle, die mehr über das Konzept von Liberating Structures erfahren wollen: Du wirst einen Einblick in die Hintergründe bekommen und verstehen, warum Liberating Structures gut funktionieren.
- An Liberating Structures-Neulinge: Dieses Buch dient dir als Einstieg in die Welt von Liberating Structures, sodass du sie bei deinen Entscheidungsfindungen und darüber hinaus problemlos einsetzen kannst.
- An Liberating Structures-Fortgeschrittene: Dieses Buch hilft dir, die passenden Liberating Structures zielführend in der Praxis einzusetzen. Du wirst einige Variationen über das Standardrepertoire von Liberating Structures hinaus anwenden lernen.

Festlegungen

Sprache und Ansprache

Liebe*r Leser*in,

ich will dir dieses Buch in einem flüssigen Stil darbieten und habe mich deshalb dazu entschieden, das generische Maskulinum und Neutralisierungen zu verwenden. Das bedeutet, dass ich die „männliche“ Wortform nutze, sofern sie linguistisch gesehen alle Geschlechter bezeichnet. Das bedeutet auch, dass ich mich stets lediglich auf Funktionen oder Rollen beziehe: ein Leser liest, ein Experte hat Expertise. Das Merkmal „Geschlecht“ (männlich, weiblich, trans*) möchte ich in diesem Buch nicht heranziehen oder besonders hervorheben. So will ich keine Untergruppe ausschließen und Gesamtpersönlichkeiten nicht auf ihr Geschlecht reduzieren.

Kann ich einen Menschen sehen oder ist mir niemals möglich, derartiges zu sehen, weil ich, wenn ich jemandem gegenüberstehe, ausschließlich Frau oder ausschließlich Mann vor mir sehe?

Péter Nádas, Philiosoph

Anglizismen

Liberating Structures kommen aus dem englischen Sprachraum. Ich versuche, Anglizismen zu vermeiden und so gut es geht deutsche Begriffe zu verwenden. Es gibt allerdings ein paar wenige Ausnahmen, bei denen ich der Meinung bin, dass es kein passendes deutsches Wort gibt.

- Die **Eigennamen** der Liberating Structures habe ich im Original belassen. Sie geben kurz und bündig wieder, was die Liberating Structure macht.

- **Facilitator**: Klare Abgrenzung zum klassischen Moderator, der typischerweise den Fluss und den Inhalt einer Diskussion bestimmt und leitet. Ein Facilitator gibt ausnahmslos nur den Rahmen für die Interaktion vor, jedoch die Kontrolle über den Inhalt vollständig an die Gruppe ab.
- **Purpose**: Dieser Begriff ist zutiefst mit Liberating Structures verwoben. Im Deutschen existiert meiner Meinung nach kein adäquater Begriff, der gleichzeitig Sinnhaftigkeit und das Zielgerichtete des englischen Wortes abbildet.

Ausblick auf die Kapitel

Dieses Buch ist zweigeteilt: Die ersten beiden Kapitel widmen sich der Entscheidungsfindung selbst und dem Konzept *Liberating Structures*. Die restlichen Kapitel widmen sich der Praxis mit Liberating Structures.

Die Kapitel *Entscheidungsfindung heute, Entscheidungsfindung revolutionieren* und *Erste Schritte, Tipps und Stolperfallen* helfen dir, die Herausforderungen der Entscheidungsfindung zu verstehen, und vermitteln, warum und wie dich Liberating Structures dabei unterstützen können, diese Herausforderungen zu meistern. Um eine gute Grundlage für deine Praxis mit Liberating Structures zu haben, empfehle ich dir, diese Kapitel komplett zu lesen.

Die darauffolgenden Kapitel beschreiben die Liberating Structures an sich und sortieren sie in verschiedene Phasen und Herausforderungen deiner Entscheidungsfindung ein. So kannst du einfach identifizieren, welche Liberating Structures dir in deiner aktuellen Situation helfen können. Diese Kapitel eignen sich zum Nachschlagen, Vorbereiten von Meetings und Workshops und als Hilfestellung während der Durchführung von Liberating Structures. Das Kapitel *Grundlegende Liberating Structures* beschreibt Liberating Structures, die du oft und immer wieder brauchen wirst. Widme dich diesen, bevor du die restlichen Liberating Structures durchliest.

In dem Kapitel *Strings für die Praxis* beschreibe ich Abfolgen von Liberating Structures, die du für bestimmte Vorhaben, Meetings oder Workshops gezielt und wirkungsvoll einsetzen kannst. Es ist mit einem Rezeptbuch vergleichbar, in dem ich einige besonders schmackhafte Rezepte mit dir teile.

Im Folgenden findest du die Fragestellungen der einzelnen Kapitel im Detail:

Entscheidungsfindung heute

Was sind die Herausforderungen bei der Entscheidungsfindung? Warum führen viele Entscheidungsfindungen zu unbefriedigenden Resultaten? Welche Phasen durchläuft eine Entscheidungsfindung typischerweise? Welche Methoden zur Entscheidungsfindung sind verbreitet und welchen Einfluss haben sie auf die Gruppe?

Entscheidungsfindung revolutionieren – mit Liberating Structures

Was sind Liberating Structures? Wie können sie dir bei deiner Entscheidungsfindung helfen? Wie unterscheiden sich Liberating Structures von herkömmlichen Interaktionsmethoden? Warum funktionieren Liberating Structures und warum funktionieren sie häufig so gut? Was sind die Hintergründe von Liberating Structures?

Erste Schritte, Tipps und Stolperfallen

Wie berücksichtigst du Machtstrukturen, Hierarchieverhältnisse, Konflikte und unterschiedliche Persönlichkeitsstrukturen bei der Durchführung von Liberating Structures? Welche grundlegenden Dinge solltest du beachten, um Liberating Structures erfolgreich in der Praxis einsetzen zu können? Wie bereitest du Meetings und Workshops mit Liberating Structures vor? Wie findest du passende Liberating Structures für dein Vorhaben? Wie kannst du virtuelle Meetings mit Liberating Structures durchführen?

Liberating Structures in diesem Buch

Welche Liberating Structures kommen in diesem Buch vor? In welchen Phasen der Entscheidungsfindung kannst du sie einsetzen? Wie beschreibt dieses Buch eine Liberating Structure?

Grundlegende Liberating Structures

Welche Liberating Structures bilden die Basis für viele andere Liberating Structures? Wie findest du den Purpose einer Gruppe oder Initiative? Wie kannst du Meetings und Workshops mit Liberating Structures planen?

Die Entscheidung richtig finden

Wie identifizierst du eure Herausforderung? Wie beteiligst du die Betroffenen und wichtige Personen? Wie stimmst du die Gruppe auf die gemeinsame Arbeit ein?

Die richtigen Entscheidungen finden

Wie schärfst du die Herausforderung? Wie kann eine Gruppe das große Ganze betrachten, um Kontext und Raum für die Entscheidung herzustellen? Wie kommt deine Gruppe zu Ideen? Wie entscheidet sie, welche Ideen gut sind? Wie kann sie die wichtigsten Ideen entdecken und konkretisieren? Wie fokussiert deine Gruppe verschiedene Lösungsalternativen zu Entscheidungen?

Von der Entscheidung zur Handlung

Wie kommt deine Gruppe ins Handeln? Wie findet sie heraus, was zuerst getan werden muss? Wie kommt deine Gruppe zu frischen Ideen und neuen Wegen, wenn sie steckengeblieben ist?

Entscheidungen prüfen und reflektieren

Wie betrachtet deine Gruppe und du Entscheidungen rückblickend? Wie teilt sie ihre Erkenntnisse? Wie lässt du Erkenntnisse in die nächste Entscheidungsfindung einfließen?

Strings aus der Praxis

Welche Strings (Aneinanderreihungen von Liberating Structures, um ein komplexeres Vorhaben zu unterstützen) haben sich in der Praxis zur Entscheidungsfindung bewährt?

Selbstreflexion

Du findest diesen Abschnitt am Ende eines jeden Kapitels. Er soll dir ermöglichen, strukturiert über die Inhalte zu reflektieren. Diese Art der Fragestellungen ist angelehnt an Konzepte aus der Welt der Liberating Structures.

- Was erwartest du dir von diesem Buch? Warum willst du es lesen?
- Was erwartest du dir von Liberating Structures?
- Was willst du an den Entscheidungsfindungen in deinem Umfeld ändern? Warum?
- Was willst du an der Zusammenarbeit in deinem Kontext verändern? Warum?

Kapitel 1
Entscheidungsfindung heute

Purpose: *Du betrachtest hier die typischen Mechanismen und Herausforderungen der klassischen Entscheidungsfindung. Das ist wichtig, um nachzuvollziehen, was üblicherweise dabei schiefläuft und warum Liberating Structures überhaupt für die Entscheidungsfindung notwendig sind.*

Zu mancher richtigen Entscheidung kam es nur, weil der Weg zur falschen gerade nicht frei war.
Hans Kreilshaimer, Autor

Kapitelübersicht

Stell dir vor, dass vor der nächsten Entscheidung, die in deinem Umfeld getroffen wird, Folgendes passiert: Zuerst formulieren *alle Beteiligten* klar die Ausgangslage, die Problemstellung und die Zielsetzung. Dann beleuchten sie sinnvolle Lösungsansätze, decken Alternativen auf und bewerten diese. Schließlich treffen die Beteiligten *gemeinsam* eine Entscheidung. Die Entscheidung wird von allen getragen und umgesetzt. Da alle an der Entscheidungsfindung beteiligt waren, muss niemand überzeugt oder „mitgenommen" werden. Widerstände kommen gar nicht erst auf.

Wahrscheinlich hört sich das für dich erstrebenswert an, du hältst es jedoch für unrealistisch. Vermutlich ist die Vorstellung, wirklich alle zu beteiligen, gar nicht einfach für dich. Woran das liegt – und wie wir gewohnt sind, Entscheidungen zu treffen –, betrachte ich auf den folgenden Seiten.

Herausforderungen der Entscheidungsfindung

Eine Entscheidung zu treffen steht im Mittelpunkt des Prozesses zur Entscheidungsfindung. Dieser Prozess umfasst folgende Phasen: das Aufdecken des Problems, die Informationsbeschaffung, den Lösungsentwurf, die Bewertung der Lösungen, die eigentliche Entscheidung, die Umsetzung und die Umsetzungskontrolle. Die Ausgestaltung all dieser Schritte ist für eine gute und von allen getragene Entscheidung bedeutsam.

Doch oft werden wichtige Faktoren ignoriert, die notwendig sind, um sinnvolle Entscheidungen nachhaltig umzusetzen. Wesentliche Faktoren, wie beispielsweise auch die *von der Entscheidung Betroffenen* zu beteiligen, bleiben unbeachtet. Stattdessen läuft eine Entscheidungsfindung in der Regel konträr zum eingangs beschriebenen Bild ab. Die Ausgangslage, die Problemstellung und die Zielsetzung bleiben unklar oder werden nur von wenigen formuliert. Allzu oft geben externe Experten Lösungen vor, ohne die Betroffenen zu beteiligen oder lokale Gegebenheiten zu berücksichtigen. Alternativen werden kaum betrachtet. Die Entscheidung wird nur von Wenigen getroffen und nicht von denen, die mit den Konsequenzen des Beschlusses leben müssen. Zuletzt werden die Betroffenen in Kenntnis gesetzt, ohne dass sie die Chance erhalten, die neue Situation zu reflektieren und sich darauf einzustellen. Das Resultat ist Frust und Resignation unter den Betroffenen sowie Entscheidungen, die auf informeller Ebene bald wieder infrage gestellt werden, verpuffen oder nie *wirklich* getroffen worden sind.

Entscheidungen und Machtstrukturen

Nach meiner Erfahrung treffen Entscheider Entscheidungen, weil sie denken, dass das einen guten Manager ausmacht.

Henri Lipmanowicz, Erfinder von Liberating Structures und ehemaliger Topmanager

Die Mechanismen, die unsere typischen Entscheidungsfindungen bedingen, sind verwoben mit den Machtstrukturen und den verbreiteten Führungsmustern, die uns umgeben. Sie sind geprägt durch Hierarchien, Zielvorgaben, Kontrolle und die Fokussierung auf schnelle und damit oft vordergründige Erfolge.

Die klassischen autoritären Führungsstile (top-down, command & control) umgeben uns noch immer. Bereits früh in unserem Leben begegnen wir diesen machtzentrierten Führungsmustern, sodass unser Miteinander stark davon geprägt ist. In der Schule lernen wir, den Vorgaben unserer Lehrerinnen und Lehrer zu folgen. Zu selten wird die *Interaktion untereinander* gezielt gefördert und belohnt. Vorgesetzte, aber auch Lehrkräfte und Ausbilder, erteilen Anweisungen, geben Ziele vor und *kontrollieren* diese. Viele (wahrscheinlich die meisten) Organisationen funktionieren noch heute nach diesem despotischen oder hierarchischen Führungsstil. Das bedeutet, dass oben in der Hierarchie entschieden und unten die Entscheidung implementiert wird.

Klassische autoritäre Führungsstile

Despotischer Führungsstil: Die Führungskraft entscheidet selbst und teilt der Belegschaft die Entscheidung lediglich mit. Angestellte haben hier so gut wie keinen Entscheidungsspielraum.

Patriarchalischer Führungsstil: Der Vorgesetzte inszeniert *seine* bereits getroffene Entscheidung als noch verhandelbar, gerne auch als „gemeinsame" Vision zum Besten aller. Etwaige Widerstände der Angestellten werden zwar angehört, dann aber in der Regel ignoriert und die Entscheidung trotzdem durchgesetzt.

Hierarchischer Führungsstil: Die Führungskraft schlägt Entscheidungen vor, die aber noch geändert werden können. Verbesserungsvorschläge von Angestellten werden angehört und unter Umständen berücksichtigt. Die Entscheidungsgewalt liegt bei der Führungskraft.[1]

Anstatt auf Expertise und die Mündigkeit der eigenen Belegschaft zu vertrauen und diese zu stärken, kaufen Führungskräfte oft externe Experten ein, um Dinge zu verbessern, eine Entscheidung zu finden, diese umzusetzen und die Angestellten dabei „mitzunehmen". Anschließend werden zeitaufwendige und teure Trainings durchgeführt, damit alle die Entscheidung und die Konsequenzen *verstehen lernen*. Externe Berater werden damit beauftragt, die Entscheidung in die Breite zu tragen, Betroffene zu überzeugen und Widerstände zu überwinden.

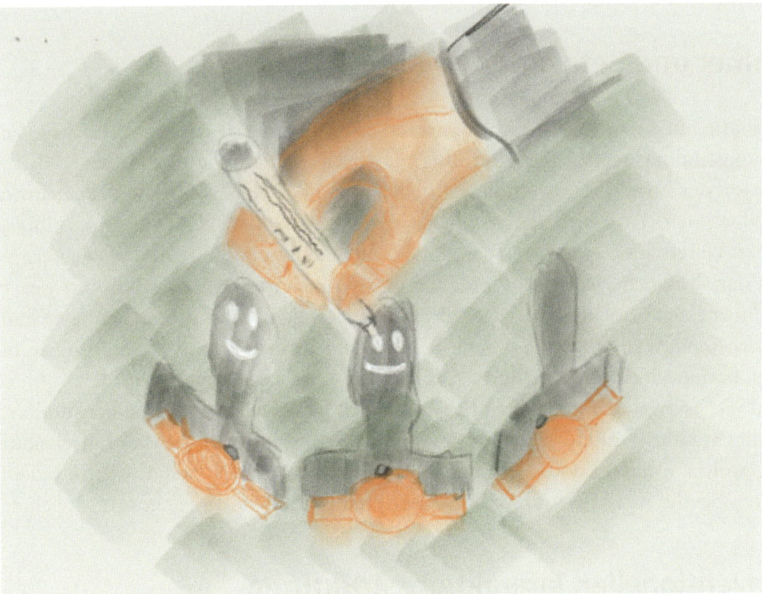

Kulturarbeit: Schon mal versucht, über den eigenen Schatten zu springen?

Auch in der sogenannten neuen Arbeitswelt haben diese hierarchischen Praktiken Bestand. Sie verstecken sich hinter modernen „Partizipationstechniken" und Schlagworten wie „Augenhöhe", „Empowerment", „Kulturarbeit" oder „Mitarbeiterbefragungen". Die Ideen dahinter mögen auf den ersten Blick erstrebenswert erscheinen. Jedoch sagt hier bei genauerer Betrachtung oft der Elefant zur Maus: „Wir begegnen uns ab heute auf Augenhöhe!" und bietet ihr gönnerhaft aus einer hierarchischen Großzügigkeit heraus an, sie nun zu „empowern" – also endlich zu befähigen, das zu tun, wofür sie eingestellt wurde. Mitarbeiterbefragungen sollen der Belegschaft auch die Botschaft vermitteln, dass ihre Meinung wichtig für das Unternehmen ist. Doch wird deren tatsächliche Beteiligung oft auf die Auswertung des Zahlenwerks reduziert. Hinterher wird Besserung versprochen und verkündet, dass „wir“ (Wer ist das eigentlich – die Firma, die HR-Abteilung, das Management oder wir alle?) noch an einer Lösung arbeiten müssen.

Kooperative oder demokratische Führungsstile gestehen den Angestellten in der neuen Arbeitswelt zwar mehr Freiheiten zu und fördern die Selbstständigkeit.[2] Schädliche Einflüsse der Machtverhältnisse auf Entscheidungsprozesse werden dadurch jedoch leider nur selten verändert. Bemerkenswert dabei ist, dass die genannten Schlagworte oft auch dann zu hören sind, wenn die dahinter liegenden Mechanismen tatsächlich im Unternehmen fehlen und nicht gelebt werden. Eine Firma, in der sich alle auf Augenhöhe begegnen, und der kulturelle Rahmen die Beschäftigten befähigt, eigenständig ihr Potenzial zu entfalten, braucht keine Initiativen zum Empowerment und zur Augenhöhe. Die Angestellten äußern sich offen und selbstbewusst zu ihren Anliegen. Anonyme Mitarbeiterbefragungen sind überflüssig.

Allem gemein bleibt: Die Masse der Betroffenen wird meist erst einbezogen, *nachdem* eine Entscheidung getroffen wurde. Daraus entsteht das Gefühl der Machtlosigkeit und des Ausgeschlossenseins unter den Angestellten. Frustration steigt, Motivation sinkt. Die auferlegte Passivität der Betroffenen bei der Entscheidungsfindung führt zu Passivität im Berufsalltag. Resignation oder eine sarkastisch distanzierte Haltung macht sich breit. Sätze wie „Hätten die mich doch mal gefragt!“, „Die da oben haben wieder mal Mist gemacht!“ oder „Das war ja mal wieder eine grandiose Entscheidung!“ hallen durch die Flure.

Teilnehmer und Beteiligte

Führungskräfte, die versuchen, diesen Missstand zu vermeiden, laden möglichst viele Personen zur Entscheidungsfindung ein. In der Hoffnung, dass sich niemand ausgeschlossen fühlt, machen sie alle zu *Zeugen* der Entscheidungsfindung. Vielleicht denken sie: „Wenn alle an der Entscheidungsfindung teilnehmen, dann wird die Entscheidung hinterher von allen getragen.“ Es gibt jedoch einen gravierenden Unterschied zwischen Teilnahme und Beteiligung. Teilnahme bedeutet, physisch anwesend zu sein. Möglicherweise wird ein Teilnehmer angehört und *darf* mitdiskutieren. Beteiligt ist er erst, wenn er gleichberechtigt zu den Schritten der Entscheidungsfindung beitragen kann. Da aber ein *passender Rahmen zur Interaktion* fehlt, können nur wenige ihre Ideen einbringen. So lange die Meinungen und Ideen eines Teilnehmers aber nicht *wirklich* berücksichtigt werden, fühlt er sich nicht gehört und nicht eingebunden. So bleibt er Zuschauer, lehnt sich zurück und konsumiert passiv. Die gute Absicht der Führungskraft scheitert an den verbreiteten Mechanismen zur Entscheidungsfindung und den gewohnten Interaktionsstrukturen. Die gefühlte Wahrheit lautet: Alle zu beteiligen ist ein teurer, zeitraubender Kraftakt und wirklich alle beteiligen zu können, gehört ins Reich der Fantasie.

Die konventionellen Interaktionsstrukturen

Wie es also anders machen? Ganz „einfach“: *Beteilige* auch die Betroffenen in möglichst vielen Phasen der Entscheidungsfindung! Der Gedanke daran kann abschrecken: anstrengende, endlose und frustrierende Meetings, Diskussionen, Überzeugungsarbeit und Verschwendung von Ressourcen. Doch das liegt vor allem an den Methoden, mit denen wir gewohnt sind, miteinander zu arbeiten. Die verbreiteten Interaktionsstrukturen in unserem Alltag sind die *Präsentation*, die *offene Diskussion*, die *moderierte Diskussion*, die *Statusrunde* und das *Brainstorming*. Jede dieser Methoden ist entweder zu stark oder zu schwach strukturiert. Das hat mehrere Konsequenzen.

Einerseits können sich nicht alle gleichberechtigt beteiligen. Nur wenige gestalten das Thema. Bei einer *offenen Diskussion* fällt auf, dass oft nur die Extrovertierten oder Mächtigen zu Wort kommen. Bei einer *Präsentation* agiert fast ausschließlich der Vortragende, während alle anderen zuhören. Vielleicht darf das Publikum Fragen stellen. Jedoch geht die Interaktion die meiste Zeit nur in eine Richtung. Der Inhalt wird von einer Person dominiert. Bei einer *moderierten Diskussion* steuert ein Moderator oder Leiter den Austausch. Alle Teilnehmer sind auf die Qualität der Moderationsfähigkeiten angewiesen. Noch gravierender ist häufig die Abhängigkeit von der Neutralität des Moderators. Sie kann gefärbt sein durch Sympathien und Antipathien für einzelne Teilnehmer, oder durch eine versteckte Agenda vollständig fehlen. Daraus resultieren bereits vorab entschiedene Debatten oder vorgefertigte Resultate.

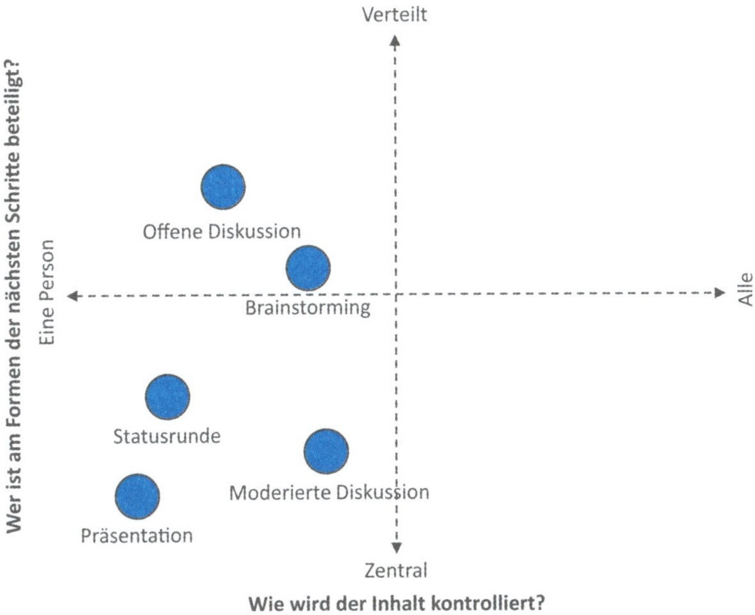

Die Strukturiertheit der konventionellen Interaktionsstrukturen erlaubt es nur wenigen, Inhalt und nächste Schritte mitzubestimmen

Andererseits findet eine zielgerichtete Interaktion nicht zuverlässig, sondern oft nur zufällig statt. Das liegt am *Mangel an Struktur*. So wird etwa bei einer *offenen Diskussion* zwar das Thema oder vielleicht die Fragestellung vorgegeben. Jedoch bewegt sich das Thema im Verlauf der Diskussion oft im Kreise. Die Wortbeiträge gehen in verschiedenste Richtungen und unterscheiden sich erheblich in der Tiefe. Die Fragestellung wird mit der Zeit aus den Augen verloren, was die Teilnehmer nicht oder zu spät bemerken. Ähnliches gilt für das *Brainstorming* und insbesondere für die verbreitete Vereinfachung der klassischen Brainstorming-Methode: „Lasst uns das mal brainstormen!" Hier ist jeder eingeladen, spontan und *unreflektiert* das zu äußern, was ihm gerade an Ideen in den Sinn kommt. Gute und sinnvolle Ergebnisse entstehen dabei eher zufällig und nicht zuverlässig reproduzierbar.

Zu guter Letzt führt ein *Übermaß an Struktur* dazu, dass die transportierten Inhalte schwer zu fassen sind: Entweder werden die zuhörenden Teilnehmer eine Weile zur Passivität verpflichtet. Dadurch wird es für sie schwierig oder schlicht langweilig, dem Gesagten zu folgen. So gibt es bei einem

Vortrag oder einer Statusrunde kaum eine Möglichkeit der Einflussnahme auf den Inhalt. Oder die Teilnehmer hören während einer *Statusrunde* nicht mehr zu und beginnen stattdessen, im Geiste ihre eigene Antwort zu formulieren.

Da die Dauer unserer Interaktionen sich in der Regel am Kalenderraster orientiert, fehlt oft der Fokus: Die Interaktionen dauern immer so lange, wie sie angesetzt sind und nicht so lange, bis die Teilnehmer ein relevantes Ergebnis produziert haben. Meist fehlt zudem Klarheit darüber, wie ein relevantes Ergebnis aussehen könnte. Das nur teilweise in Studien[3] belegte „Gesetz" von Parkinson beschreibt diese Beobachtungen treffend und humorvoll:

Arbeit dehnt sich in genau dem Maß aus, wie Zeit für ihre Erledigung zur Verfügung steht.

C. Northcote Parkinson, Historiker

Allen diesen Methoden gemeinsam ist, dass stets nur eine Person zu einer Zeit spricht (hitzige Debatten, bei denen mehrere Personen aufeinander einreden, einmal ausgenommen). Sie erlauben keine gezielte Parallelisierung der Gespräche und sind deshalb oft *ineffizient.*

Uns fehlen also adäquate Interaktionsstrukturen für die Entscheidungsfindung.

Entscheider und Betroffene

Was wäre, wenn wir dazu übergingen, nicht mehr alle Entscheider in den Prozess einzubeziehen, sondern die am Prozess Beteiligten zu Entscheidern zu machen?

Julee Everett, Agile Coach und Trainerin

In den Unternehmen geht man dann üblicherweise den „effizienten" Weg, nur die *wirklich benötigten Personen* in die Entscheidungsfindung einzubinden („So viele Leute von der Arbeit abzuhalten! Was das kostet!"). Dieser Personenkreis der *Entscheider* findet sich meistens entlang der klassischen Machtstrukturen. Projektleitung, Teamleitung, mittleres Management und deren externe Berater setzen sich zusammen. In der Regel werden noch ein paar Fachexperten aus den eigenen Reihen dazu geholt. Alternativ werden Gremien gebildet, denen zugetraut wird, die Entscheidungsfindung allein durchzuführen, wie etwa bei der Entscheidungstechnik des konsultativen Einzelentscheids. Das Gros der von einer Entscheidung Betroffenen bleibt oft ausgeschlossen.

Dass sich dabei das Problem der mangelnden Effizienz nicht auflöst, sondern lediglich zeitlich hinter die Entscheidung verschiebt, wird ausgeblendet. Denn hinterher muss investiert werden, um doch wieder alle Betroffenen „abzuholen" und „mitzunehmen" – ein verklärtes Bild des klassischen Managements: Die Entscheider holen die scheinbar unselbstständigen Angestellten aus ihrer Komfortzone ab[4] und nehmen sie mit in eine *bessere* Welt.

Dieser Mechanismus verstärkt sich selbst: Die Betroffenen übernehmen immer seltener Verantwortung, weil sie als immer unselbstständiger behandelt werden.

Extrinsische und intrinsische Motivation

Es ist ein verbreitetes Mittel, den Betroffenen externe Anreize zu bieten, um sie nach der Entscheidungsfindung zum Mitmachen zu motivieren. Entscheider offerieren Anreize finanzieller Art und versprechen den Angestellten, bald mehr Verantwortung übernehmen zu dürfen. Sie bemühen die

Vorstellung, ein Teil des erfolgreichen Ganzen zu sein, und sprechen den Betroffenen Anerkennung und Lob aus. Sie halten *Motivationsreden,* schwören auf arbeitsintensive Zeiten ein, die sich am Ende auszahlen würden. Und sie sprechen von einem gemeinschaftlichen Beitrag für das Unternehmen, den Staat oder die Gesellschaft, um Pflichtgefühl gezielt hervorzurufen.

Die andere Seite der Medaille ist oft die (Androhung von) Sanktion – etwa beim Nichterreichen von gesetzten Zielen. Sie kann beispielsweise ein nicht ausgezahlter Teil des Gehalts sein, wie eine verwehrte Bonuszahlung, die vorher als fester Bestandteil des Gehalts angepriesen wurde.

Das Setzen von äußerlichen Anreizen wird in der Psychologie als *extrinsische Motivation* bezeichnet.[5] Diese Motivationstechnik wird stets instrumentell verwendet. Das heißt, dass sie darauf *abzielt,* ein bestimmtes Ergebnis zu erreichen, wie etwa eine Entscheidung zu akzeptieren und zu implementieren.

Im Gegensatz dazu beschreibt das Konzept der *intrinsischen Motivation* die innere, aus sich selbst entstehende Motivation eines Individuums. Die intrinsische Motivation benötigt keine Anreize von außen – intrinsisch motivierte Tätigkeiten werden aus persönlichem Antrieb verfolgt. Sie wirkt nachhaltig, weil sie aus der eigenen Leidenschaft, Begeisterung und dem eigenen Interesse oder dem eigenen moralischen Kompass erwächst. Sie ist zutiefst persönlich und kann nicht gezielt von außen beeinflusst werden. Aber es ist möglich, dass der *richtige Rahmen* das Entstehen von intrinsischer Motivation unterstützen kann. Du wirst im nächsten Kapitel mehr dazu erfahren.

Kurzhistorie der Motivationsforschung: von Taylor zu Deci

Extrinsische Motivation wurde durch Frederick Winslow Taylor Anfang des 20. Jahrhunderts im Rahmen seines Konzepts „Scientific Management“[6] professionalisiert. Ziel des Konzepts war, Unternehmen effizienter zu machen, indem die Leistung der Arbeiter gesteigert wird. Dabei sind zwei Grundsätze entscheidend: hohe Löhne für hohe Arbeitsleistung und Lohneinbußen bei Minderleistung sowie eine Spezialisierung der Arbeiter auf einzelne Arbeitsschritte. Das Konzept wird unter dem Begriff *Taylorismus* zusammengefasst. Viele Aspekte davon haben bis heute in Unternehmen Bestand – in den Industrieländern weniger in der industriellen Fertigung, als in Call-Centern, Pflegeberufen und Versicherungen.[7] Bis ungefähr zur Mitte der zweiten Hälfte des 20. Jahrhunderts war das Setzen externer Anreize *die* wissenschaftlich anerkannte Methode, zu motivieren. Erst Zufallsfunde von Harry F. Harlow in einer Studie über das Verhalten von Primaten 1949 und später durch einen gezielten Versuchsaufbau von Edward Deci 1969 machten deutlich, dass das Setzen von externen Anreizen im Vergleich zur reinen intrinsischen Motivation sogar schlechtere Ergebnisse hervorbringen kann. Die Motivation, etwas aus eigenem Antrieb heraus zu tun, kann negativ beeinflusst werden, wenn künstlich äußere Anreize gesetzt werden.[8] Erst zu Beginn des 21. Jahrhunderts wurde diese Erkenntnis populärer und nimmt seitdem immer mehr Einfluss auf die Arbeitswelt.

Beteiligung bei der Entscheidungsfindung ist die Grundvoraussetzung dafür, dass intrinsische Motivation entstehen kann. Wenn jeder seine Ideen einbringen kann, sich gehört fühlt, in Ruhe die Ideen der anderen nachvollziehen kann und eine Gruppe daraufhin gemeinsam eine Entscheidung trifft, steigt die Wahrscheinlichkeit, dass Interesse, Begeisterung und vielleicht sogar Leidenschaft bei den Beteiligten entfacht werden.

Letztlich ist das Vorhandensein intrinsischer Motivation keine Voraussetzung, und ausschließlich extrinsische Motivation und das Setzen externer Anreize sind nicht per se ein Hindernis für eine erfolgreiche Entscheidungsfindung. Jedoch begünstigt eine *durchgehende Beteiligung* an der Entscheidungsfindung die *innere Bereitschaft,* Entscheidungen mitzutragen.

(Externe) Experten, lokale Lösungen und die Intelligenz der Gruppe

Es gibt einen weiteren wichtigen Grund, bei der Entscheidungsfindung alle zu beteiligen: Nämlich das Potenzial und das Wissen der gesamten Gruppe zu nutzen. Die Expertise zu einer Problemstellung verteilt sich in der Regel auf alle Betroffenen. Fachexperten jeglicher Couleur tragen ihr Spezialwissen bei. Angestellte, die nahe am Kunden arbeiten, kennen dessen Bedürfnisse am besten. Kollegen, die von bestimmten Abläufen betroffen sind, haben Ideen für Optimierungen und können Symptome oft am deutlichsten und klarsten beschreiben. Häufig fehlt Führungskräften diese Erfahrung aus dem Feld. Dafür haben sie die Sicht auf wirtschaftliche und organisatorische Rahmenbedingungen. Diese sind ebenso essenziell für die Einordnung der Machbarkeit von Entscheidungen. Erst wenn all diese Informationen zusammengetragen werden, entsteht ein vollständiges Bild als Grundlage für die Entscheidungsfindung.

Externe Experten müssen diese Informationen mühsam einsammeln. Nicht selten importieren sie nach einer oberflächlichen Analyse der Ausgangslage Standardlösungen, die sie schon anderen Unternehmen übergestülpt haben. Die „Best Practices" eines externen Experten sind nur dann hilfreich, wenn dabei lokale Gegebenheiten, Domänenwissen der Betroffenen und die Unternehmenskultur berücksichtigt werden. Ein schönes Beispiel ist die Geschichte einer streng hierarchisch organisierten Bank. Deren externe Change-Experten haben als neue Organisationsstruktur das auf Selbstorganisation und autarken Teams aufbauende Spotify-Modell *auserkoren* – wohlgemerkt ein Modell, das in einem agilen, kaum hierarchischen Start-up passend zur Unternehmenskultur *organisch* entstanden ist. Ein solches Vorgehen stößt garantiert auf Widerstände. In unserer Arbeit als Berater und Coaches treffen meine Kolleginnen und Kollegen und ich ständig auf ähnliche Beispiele.

Wurde eine Entscheidung getroffen, dann werden die Betroffenen zu wichtigen *Zeugen* der Konsequenzen. Leider werden deren Erkenntnisse oft ignoriert, und so liegen wertvolle Informationen brach. Eine retrospektive Betrachtung und Adjustierung von Entscheidungen ist unumgänglich, um deren Effektivität sicherzustellen oder auf dieser Basis die nächste Entscheidungsfindung anzustoßen.

Durch Liberating Structures wirst du in die Lage versetzt, all diese Informationen zu berücksichtigen und die *Intelligenz der Gruppe anzuzapfen.* So kannst du in deinem Umfeld dabei helfen, die „richtigen" Entscheidungen *richtig* zu treffen. Aber vor allem kannst du durch Liberating Structures Lösungswege und Lösungen entstehen lassen, die den Kontext und die bestehende Unternehmenskultur berücksichtigen: *lokale Lösungen.*

Sind Hierarchien also schlecht und muss ich nun immer alle beteiligen?

Nicht alle hier beschriebenen Muster, wie hierarchische Organisationsstrukturen oder externe Experten zu konsultieren sind per se schlecht! Manche Muster sind für bestimmte Entscheidungsfindungen hilfreich oder gar notwendig. In einer Krisensituation, wie beispielsweise einer Naturkatastrophe, einer Pandemie oder einem Brand, vereinfachen hierarchische „Befehlsketten" Prozesse und sind für effizientes Vorgehen unabdingbar. Ebenso *kann* gelten: Wenn die wirtschaftliche und soziale Verantwortung für den Betrieb und die Belegschaft bei den höheren Hierarchiestufen liegt, kann sich das restliche Unternehmen befreiter auf wertschöpfende Tätigkeiten konzentrieren. „Best Practices" von externen Experten sind bei Herausforderungen, bei denen das Verhältnis von Ursache zu Wirkung leicht erkennbar ist, hilfreich und ermöglichen, auf Expertise und Gelerntem aufzubauen.

Zudem musst du natürlich nicht immer alle beteiligen, um zu guten und getragenen Entscheidungen zu kommen. Vermutlich kannst du es auch nicht immer. Mit diesem Buch bekommst du jedoch die Wahl, deine Entscheidungsfindungen mit den Personen durchzuführen, die dir oder deiner Gruppe *wichtig* erscheinen. Und du wirst mit der Zeit merken, dass das mehr Personen sind, als du bisher angenommen hast.

Übliche Herangehensweisen zur Entscheidungsfindung

Du hast jetzt über die grundsätzlichen Herausforderungen der klassischen Entscheidungsfindung gelesen. Wie sich der tatsächliche *Prozess* von Entscheidungsfindungen in *Phasen* unterteilt, welche *Entscheidungstechniken* wir dafür verwenden und was bei diesen problematisch sein kann, erfährst du auf den nächsten Seiten dieses Kapitels. Ich mache dabei auf einige Aspekte aufmerksam, die dir helfen werden, Liberating Structures in der klassischen Entscheidungsfindung bewusst und gezielt einzusetzen.

Die Phasen der klassischen Entscheidungsfindung

Der Prozess der klassischen Entscheidungsfindung lässt sich in mehrere Phasen unterteilen. Es existieren verschiedene Varianten[9] dieser Abfolge, die aber immer grob aus denselben Schritten bestehen. Du wirst nun eine der etablierten Abfolgen kennenlernen. Sie ist stark sequenziell beschrieben, um die einzelnen Phasen der Entscheidungsfindung klar hervorzuheben. In der Praxis der Entscheidungsfindung überlappen sich die Phasen manchmal, oder mehrere Phasen werden wiederholt durchlaufen, nachdem neue Erkenntnisse gewonnen wurden.

1. Formulierung des Problems	Welche Herausforderung liegt vor?
2. Informationsbeschaffung	Wie sehen die Details und der Kontext aus?
3. Lösungsentwurf	Wie können wir das Problem lösen?
4. Bewertung	Wie schätzen wir die Lösung(en) ein?
5. Entscheidung	Für welche Lösung(en) entscheiden wir uns?
6. Umsetzung	Die Lösung(en) umsetzen und die ersten und folgenden Schritte dazu identifizieren.
7. Rückkopplung	Wurde auf die Herausforderung angemessen reagiert? Was ist noch zu tun?

Ich ordne in diesem Buch die einzelnen Methoden (Liberating Structures) in diese sieben Phasen ein, sodass du leicht passende Methoden für deine aktuelle Situation finden kannst.

1. Formulierung des Problems

In der Regel werden zuerst die Symptome eines Problems wahrgenommen. Meist sind es negative Indikatoren: Prozesse laufen nicht rund, Angestellte oder Kunden sind unzufrieden, Marktanteile sinken, Innovationen fehlen. Sind die Symptome schmerzhaft genug, wird deutlich, dass ein Problem vorliegt und es kann formuliert werden. Zu diesem Zeitpunkt ist eventuell noch nicht klar, dass eine Entscheidung notwendig ist. In dieser Phase entsteht im Rahmen der klassischen Entscheidungsfindung bereits oft eine konkrete Zielsetzung.

Nicht immer scheint hierbei der Begriff „Problem" zu passen. Dann liegen eher positiv konnotierte Symptome vor, wie etwa Kunden, die Bedürfnisse und Wünsche äußern. Auch hier gilt, dass ein Zustand vorherrscht, der verändert werden soll. Dieser Wunsch nach Veränderung fließt in die Formulierung des Problems.

Ein Beispiel: Stell dir vor, du arbeitest in der Produktentwicklung für Waschmaschinen. Das Symptom hört sich so an: „Unsere Kunden beklagen sich ständig bei unserem Kundendienst über die Bedienung unseres neuesten Waschmaschinenmodells." Das Problem lautet: „Unsere Kunden haben Schwierigkeiten den Eco-Waschgang zu finden."

2. Informationsbeschaffung

Nun versuchst du dir Klarheit über die Herausforderung und die Rahmenbedingungen zu verschaffen. Was sind weitere konkrete Probleme, Hindernisse und Folgen? Wie sieht der Kontext aus?

Welchen Spielraum haben mögliche Lösungen? Bei der klassischen Entscheidungsfindung wird bereits an dieser Stelle versucht, die Zielsetzung möglichst vollständig auszuarbeiten. Oft werden dazu wünschenswerte Zustände des Zielsystems formuliert.

Im Beispiel präzisierst du euer Problem und die Folgen: „Im digitalen Bedienfeld lässt sich der Eco-Waschgang nur umständlich auswählen. Wir gefährden damit unseren Ruf als umweltbewusster Waschmaschinenhersteller.“ Ihr formuliert wünschenswerte Zustände: „Die Kunden können den Eco-Waschgang leicht auswählen“ und „Unser Kundendienst erhält positives Feedback über unsere neueste Waschmaschine.“

3. Lösungsentwurf

Die gesammelten Fakten und das Bild des Zielsystems ermöglichen nun die Suche nach Lösungsalternativen: Welche Möglichkeiten existieren, um die gewünschten Zustände zu erreichen? Für jede Alternative wird prognostiziert, welches Ergebnis daraus entstehen könnte. Ziel dieser Phase ist es, ausreichend Informationen über die Lösungsentwürfe zu sammeln, sodass die Alternativen anschließend bewertet werden können.

Mit deinem Team entwirfst du folgende Alternativen: „Wir heben den Eco-Waschgang farblich hervor“ und „Wir überarbeiten das komplette Bedienfeld in Hinsicht auf Benutzbarkeit mithilfe eines Usability-Experten und Nutzertests“.

4. Bewertung

In dieser Phase werden die Lösungsalternativen miteinander verglichen und bewertet. Dazu werden vergleichbare Kriterien herangezogen und es wird geprüft, wie gut und wie weit die Lösungsentwürfe das Zielsystem abbilden. Zudem werden Kriterien, wie etwa die erwünschten und unerwünschten Folgen, die Kosten oder die Dauer berücksichtigt und ganz allgemein die Risiken bewertet. Dadurch soll die Auswahl einer Alternative erleichtert werden.

Du bewertest eure beiden Lösungsalternativen wie folgt: „Die farbliche Kennzeichnung lässt sich schnell und günstig durchführen“ und „Die Überarbeitung des Designs ist nachhaltiger, dauert aber länger und ist teurer“.

5. Entscheidung

Die Auswahl einer Lösungsalternative ist die eigentliche *Entscheidung.* Die Entscheider betrachten die Ergebnisse der Bewertung und wählen einen der Lösungsentwürfe aus. Die Komplexität des Entscheidungsprozesses wird hier erneut deutlich: eventuell besteht keine klar und objektiv bessere Alternative. Zudem spielen *weiche Faktoren* eine Rolle, wie etwa die vermutete Akzeptanz der Entscheidung, der Einfluss auf das Ansehen oder die Konsequenzen für die Entscheider bei Erfolg oder Misserfolg.

Du entscheidest dich für die rein farbliche Hervorhebung des Eco-Waschgangs, da du vermutest, dass dieser Schritt ausreichende Resultate erzeugt sowie günstiger und schneller zu realisieren ist.

6. Umsetzung

Schließlich wird die gewählte Alternative umgesetzt. In der Regel schließen sich eine Reihe weiterer Entscheidungsfindungen an, um die konkrete Umsetzung zu verfeinern. Wenn Entscheider und Umsetzer beziehungsweise Betroffene voneinander abweichen, dann verhandeln diese nun die Details der

Umsetzung. Oft werden die Details verschriftlicht, sei es in einem Vertrag, Anforderungsdokument, Pflichtenheft oder in User Stories.

Dieser Schritt umfasst auch, die ersten und jeweils nächsten Schritte zur Umsetzung zu bestimmen.

Du beauftragst dein Projektteam damit, die farbliche Kennzeichnung umzusetzen. Das Team führt alle notwendigen Arbeiten durch und übermittelt – ihr stellt natürlich Waschmaschinen mit Internetanschluss über das Mobilfunknetz her – das aktualisierte Bedienfeld an alle Kunden.

7. Rückkopplung

Im letzten Schritt werden die Auswirkungen der umgesetzten Lösung validiert: Wurden die Wunschzustände des Zielsystems erreicht? Wurden mit der Lösung alle Symptome behoben und das Problem gelöst? Durch diese klassische Umsetzungskontrolle wird ein Feedbackzyklus eröffnet, sodass bei Bedarf eine neue Entscheidungsfindung initiiert werden kann.

Die Auswertung hat leider ergeben, dass die neue farbliche Kennzeichnung kaum Auswirkungen auf die Kundenzufriedenheit hat. Denn der Eco-Waschgang hat nun zwar eine schöne Farbe, ist aber immer noch nicht aufzufinden. Also stößt du eine neue Entscheidungsfindung an. Diese baut auf den bereits gesammelten Informationen und Ideen auf.

Entscheidungsphasen und Agilität

Der beschriebene Entscheidungsprozess mutet durch die sequenzielle Beschreibung starr und wasserfallartig im Sinne eines von Anfang bis Ende durchgeplanten Projektes an. Doch auch im agilen Kontext werden diese Phasen durchlaufen. Und zwar schnell, regelmäßig und mit wenigen, aber den aktuell wichtigsten Inhalten. Auf diese Weise ergeben sich kurze Feedbackzyklen, um das Entschiedene zu validieren und Entscheidungen gegebenenfalls anzupassen. So durchläuft etwa eine *User Story*, die das Bedürfnis nach einer neuen Funktionalität im Rahmen der Softwareentwicklung aus Kundensicht beschreibt, die Phasen beispielsweise innerhalb einer Iteration von zwei Wochen. Die agile Denkweise – so direkt wie möglich mit den Kunden zu sprechen, das Wichtigste zuerst umzusetzen und regelmäßig den Erfolg zu verifizieren – kann dir auch in deinen Entscheidungsfindungen helfen.

Ein lückenhaft gelebter Prozess

Dir ist vermutlich aufgefallen, dass in der Praxis der Entscheidungsfindung meist nicht alle diese Phasen berücksichtigt werden. Das kann dazu führen, dass nicht die richtigen Entscheidungen oder eine Entscheidung nicht richtig getroffen wird: Formulierst du ein Problem nur vage, passt die Lösung nicht dazu. Trägst du die falschen Informationen zusammen, steigt die Wahrscheinlichkeit, eine ungenügende Alternative auszuwählen. Eine ungenügende Alternative wird letztlich nicht richtig implementiert, da später die Sinnhaftigkeit der Lösung hinterfragt wird. Führst du keine Bewertung durch und ist folglich nicht klar, welche Entscheidung die nützlichste ist, fällt es schwer, überhaupt eine Entscheidung zu treffen. Validierst du die Umsetzung nicht, dann bleibt unklar, ob das Problem behoben wurde. Und: triffst du die Entscheidung nicht richtig, dann folgt keine richtige Umsetzung. In der klassischen Entscheidungsfindung ist es daher empfehlenswert, in der Regel alle Phasen zu durchlaufen.

Umgekehrt muss nicht jedes formulierte Problem in eine Entscheidung münden. Du kannst es auch schon dadurch beheben, indem ihr das Problem gemeinsam präzisiert oder bewertet und dabei bemerkt, dass das Problem verschwindet, weil es beispielsweise durch Missverständnisse, falsche Erwartungen oder „Nicht-gehört-werden“[10] entstanden ist. Es kann bei Problemen, die durch Konflikte auf der Beziehungsebene bedingt sind, auch passieren, dass die Symptome oder gar die Ursachen verschwinden, sobald ihr *wirklich gemeinsam* agiert.

Verbreitete Techniken zur Entscheidungsfindung und deren Eignung für die sieben Phasen

In der Praxis sind dir sicherlich schon einige Techniken zur Entscheidungsfindung begegnet. Bestimmt musstest du feststellen, dass manche sich weniger gut für einige Phasen eignen. Ohne Anspruch auf Vollständigkeit stelle ich dir nun eine Reihe verbreiteter Entscheidungstechniken[11] vor und beleuchte sie unter dem Aspekt der *Beteiligung* und deren Eignung für die Phasen. Ich möchte dir verdeutlichen, in welchen Macht- und Gesprächsstrukturen wir uns dabei bewegen, was die Konsequenzen daraus sind und warum wir deshalb andere oder ergänzende Techniken brauchen.

Die Techniken beschreiben mehr oder weniger strukturierte Vorgehensweisen, um in der Entscheidungsfindung zu Ergebnissen zu kommen. Dabei legen sie – meist nur implizit – die Regeln zur Beteiligung und Entscheidungsmacht fest.

Ausprägung von Beteiligung

Innerhalb der Entscheidungstechniken existieren grob drei Ausprägungen von Beteiligung. Sie unterscheiden sich darin, wie groß der Anteil der *tatsächlich* Beteiligten an der Gesamtgruppe ist. Ganz allgemein ergeben sich daraus folgende Konsequenzen für den Entscheidungsprozess und die Gruppe.

Wenige nehmen teil: Unipersonal, Veto, Konsultativer Einzelentscheid

Hier entscheiden wenige oder nur ein Entscheider über viele *Betroffene*. Wer hier agieren darf, resultiert entweder direkt aus der Entscheidungstechnik, einem Mandat der Gruppe oder aus der Hierarchie. Die Betroffenen sind nicht aktiv am Prozess der Entscheidungsfindung beteiligt, werden mit der Entscheidungstechnik umgangen oder sind überhaupt nicht anwesend. Im besten Fall hat sich der Entscheider über die Wünsche, Ideen, Sorgen und Ziele der Betroffenen informiert oder sich mit ihnen ausgetauscht. Möglicherweise weiß der Entscheider kaum etwas über die Wünsche und Ideen der Betroffenen. Vielleicht trifft der Entscheider auch nur Annahmen über die Betroffenen und entscheidet vermeintlich in deren Sinne.

Viele nehmen teil, wenige sind beteiligt: Diskurs, Dialog, Konsens, Konsent, Abstimmung

Viele oder alle Betroffenen oder Teilnehmer nehmen an der Entscheidungsfindung teil. Aufgrund der Struktur der Entscheidungstechnik, der Gruppendynamik, Machtgefällen und den verbreiteten Interaktionsstrukturen sind nur wenige am Entscheidungsprozess wirklich beteiligt. Das ist wahrscheinlich das übliche Muster der meisten Meetings, denen du täglich beiwohnst. Diese Entscheidungstechniken und dabei verwendete Interaktionsstrukturen *erlauben* entweder nur wenigen, etwas beizutragen, wie etwa bei einer Präsentation, oder *ermöglichen* es den eher Extrovertierten, Lauten und Mächtigen zu Wort zu kommen.

Alle sind beteiligt: Liberating Structures

Alle Betroffenen sind an der Entscheidungsfindung beteiligt. Mithilfe von passenden Interaktionsstrukturen sind alle gleichermaßen in den Entscheidungsprozess involviert. Durch die passenden Strukturen und durch das Parallelisieren und die Zusammenführung der Interaktionen wird es möglich, alle zu hören, die guten Ideen zu extrahieren und reproduzierbar überdurchschnittlich gute Resultate zu erreichen.[12]

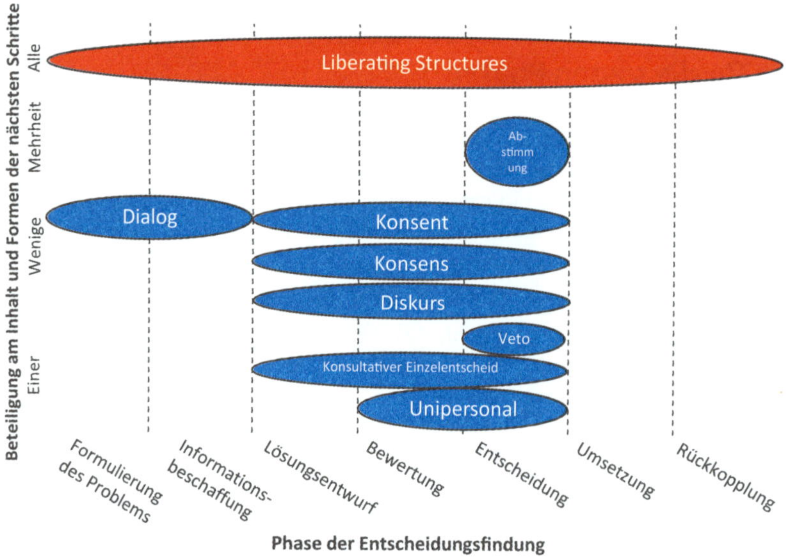

Grobe Einordnung der beschriebenen Entscheidungstechniken in die Phasen der Entscheidungsfindung. Das Maß an Beteiligung der einzelnen Techniken wird auf der vertikalen Achse abgebildet.

Im Detail stellen sich die genannten Entscheidungstechniken wie folgt dar:

1. Abstimmung – die Mehrheit gewinnt

Bei einer Abstimmung stehen ein oder mehrere Lösungsentwürfe zur Auswahl. Die Gruppe stimmt darüber ab, welche der Alternativen sie zur Umsetzung auswählt, oder es wird für oder gegen eine Lösungsvariante entschieden. Alle können an der Abstimmung teilnehmen. Die Meinung der Mehrheit setzt sich durch und die Mehrheit fühlt sich beteiligt. Die Minderheit ist gezwungen, die von ihr unerwünschte Entscheidung zu akzeptieren. Eine Abstimmung wird oft bei einfachen Entweder-oder-Entscheidungen angewendet. Eine in Meetings verbreitete Ausprägung sind Dotvotings (Abstimmungen mit Klebepunkten).

Abstimmung: Einordnung in die Entscheidungsphasen

Phase	Beteiligung
1. Formulierung des Problems	✗
2. Informationsbeschaffung	✗
3. Lösungsentwurf	✗
4. Bewertung	✗
5. Entscheidung	✓ (alle nehmen teil, die Mehrheit ist beteiligt)
6. Umsetzung	✗
7. Rückkopplung	✗

2. Konsens – Einigung auf einen Interessenausgleich

Ein Konsens ist die Einigung auf eine Lösung, die für die teilnehmenden Parteien nicht optimal, aber annehmbar ist. Dabei machen die Parteien so lange Abstriche von ihrer gewünschten Lösung, bis ein Kompromiss gefunden wird, der allen Parteien als akzeptabel gilt. Der Konsens geht davon aus, dass ein Interessenausgleich möglich ist, bei dem dennoch alle Parteien ihren Willen bekommen – ein sogenanntes *Win-Win*. Das wird durch unseren Glaubenssatz verstärkt, dass Konsensbildung stets erstrebenswert ist, sobald wir in Gruppen vorankommen wollen.

Typischerweise besteht bei dieser Entscheidungstechnik ein hoher Bedarf an neutraler Moderation, damit alle Interessensbekundungen gehört und berücksichtigt werden können. In großen Gruppen erzeugt Konsensfindung leicht faule Kompromisse, Frust und fehlende Akzeptanz.

Illusion von Konsens

In Wahrheit hat der in unserer Kultur oft angestrebte Konsens meist wenig damit zu tun, dass wir dabei unsere Meinungen und Interessen in Einklang bringen.

Ein Konsens ist ein *gebilligter Kompromiss,* mit dem sich die an der Entscheidungsfindung *Teilnehmenden* zufriedengeben. Denn dieser ist erreicht, sobald eine Lösung im Raum steht, die keine *geäußerte Gegenstimme* mehr hat. Das heißt jedoch nicht, dass alle mit dem Ergebnis zufrieden sind oder innerlich dem Resultat zustimmen. Dazu müssten alle gleichermaßen ihre Bedenken, Ergänzungen und Ideen einbringen können, was die üblicherweise verwendeten konventionellen Interaktionsstrukturen kaum erlauben.

Konsens: Einordnung in die Entscheidungsphasen

1. Formulierung des Problems	✗	
2. Informationsbeschaffung	✗	
3. Lösungsentwurf	✓	(alle nehmen teil, wenige sind beteiligt)
4. Bewertung	✓	(alle nehmen teil, wenige sind beteiligt)
5. Entscheidung	✓	(alle nehmen teil, wenige sind beteiligt)
6. Umsetzung	✗	
7. Rückkopplung	✗	

3. Konsent – Auflösung aller offenen Widersprüche

Das Konsentprinzip gibt vor, dass alle gleichberechtigt begründete Einwände äußern dürfen. Eine Entscheidung kann dann getroffen werden, wenn keine offene Ablehnung mehr ausgesprochen wird. Dabei gelten nur tragfähige und nachvollziehbare Argumente. Ein einfaches Veto ist nicht gültig. Bei der Konsentfindung wird versucht, jeden Widerspruch anzuhören. Sofern es möglich ist, wird der argumentative Widerspruch mit in die Lösung eingearbeitet und auf diese Weise aufgelöst.

Das Verfahren, alle vorgebrachten Einwände zu hören und bestenfalls zu integrieren, ist aufwendig. Vor allem wenn die Gruppe größer ist, kann es lange dauern, jeden Einwand zu integrieren.

Konsent als Grundlage der Soziokratie

Konsent ist ein Grundprinzip der Soziokratie[13] – ein Modell zur Entscheidungsfindung, das versucht, alle zu beteiligen und Hierarchien während der Entscheidungsfindung beiseite zu stellen. Die Soziokratie basiert auf Prinzipien, die einen Ablauf der Entscheidungsfindung und der Gruppenorganisation vorgeben. Insbesondere wird die Interaktion der Gruppe strukturiert. Die Interaktionsstruktur ist der Liberating Structure Conversation Café ähnlich. Das Konsentprinzip allein erzeugt allerdings keine Beteiligung aller und die starke Strukturiertheit der Soziokratie erschwert in der Praxis manchmal einen effizienten und zielführenden Austausch.[14]

Konsent: Einordnung in die Entscheidungsphasen

1. Formulierung des Problems	✗	
2. Informationsbeschaffung	✗	
3. Lösungsentwurf	✓	(alle nehmen teil, viele sind beteiligt)
4. Bewertung	✓	(alle nehmen teil, viele sind beteiligt)
5. Entscheidung	✓	(alle nehmen teil, viele sind beteiligt)
6. Umsetzung	✗	
7. Rückkopplung	✗	

4. Diskurs – das beste Argument setzt sich durch

Der Diskurs stellt einen argumentativen Abgleich dar: Es werden gegenseitig Argumente ausgetauscht und über deren Wahrheit gesprochen. Die Wahrheit der Gruppe basiert auf den gesammelten Fakten und den gemeinsam empfundenen Normen. Das heißt, die Argumente gelten innerhalb der Gruppe für sich und unabhängig vom Sprecher. Dadurch ist der Diskurs theoretisch entpersonalisiert und unabhängig von Macht und Hierarchie. Um diesen Effekt zu verstärken, können die Argumente von neutralen Vorlesern präsentiert werden. Am Ende steht das beste Argument gemäß der vorhandenen Informationen. In der Theorie sind alle von diesem Argument überzeugt und es bedarf keines Konsenses. Das hilft vor allem bei komplizierten Sachlagen. Diese können rein logisch, faktenbasiert und einem Plan folgend entschieden werden. In einem komplexen Kontext ist es jedoch schwierig bis schlichtweg unmöglich, das eine „wahre", „beste" oder „richtige" Argument zu finden.

Komplex versus kompliziert

„Kompliziert" und „komplex" werden oft synonym verwendet. Bezogen auf Probleme und Entscheidungen unterscheiden sich aber beide wesentlich und bedürfen grundlegend verschiedener Lösungsansätze. Komplizierte Probleme lassen sich mit genügend Expertise durch Analyse, Planung und Durchführung lösen. Dagegen ist bei komplexen Problemen die Lösung unklar und wird Stück für Stück durch Ausprobieren, Überprüfen und Reagieren gefunden. Ein Beispiel für eine komplexe Sachlage ist die Erziehung eines Kindes oder jegliche menschliche Beziehung und Interaktion. Du kannst Versuche starten, dir aber vorab nicht über die Auswirkungen sicher sein. Bereits ein Kind großgezogen zu haben hilft zwar beim zweiten Kind, die Erkenntnisse daraus lassen sich aber nur eingeschränkt übertragen. Die Liberating Structures sind aus solchen Überlegungen heraus entstanden. Mehr dazu findest im Kapitel *Entscheidungsfindung revolutionieren.*

Das Maß an Beteiligung ist wiederum abhängig von der verwendeten Interaktionsstruktur, sodass beim Diskurs üblicherweise nur wenige gehört und beteiligt werden.

Diskurs: Einordnung in die Entscheidungsphasen

1. Formulierung des Problems	✗	
2. Informationsbeschaffung	✗	
3. Lösungsentwurf	✓	(alle nehmen teil, wenige sind beteiligt)
4. Bewertung	✓	(alle nehmen teil, wenige sind beteiligt)
5. Entscheidung	✓	(alle nehmen teil, wenige sind beteiligt)
6. Umsetzung	✗	
7. Rückkopplung	✗	

5. Veto – Entscheidungen im Zweifel überstimmen können

Hier darf in der Phase „Entscheidung" eine Person ein Veto gegen eine getroffene Entscheidung der Gruppe einlegen. In der Regel ist die Person mit dem Recht auf ein Veto eine Führungskraft oder ein Manager. Genau genommen findet hierbei zunächst eine Nicht-Entscheidung statt. Falls jeder in der Gruppe ein Vetorecht hat, basiert die Entscheidungstechnik eher auf der Konsensfindung. Das Vetorecht ist eine konservative Technik, die klassische Hierarchien verstärken kann. Es birgt die Gefahr, Beteiligung und Ideen zu unterdrücken, wenn zu oft von dem Recht gebraucht gemacht wird. In diesem Fall entsteht das Gefühl, dass die Führungskraft letztlich doch allein entscheidet.

Veto: Einordnung in die Entscheidungsphasen

1. Formulierung des Problems	✗	
2. Informationsbeschaffung	✗	
3. Lösungsentwurf	✗	
4. Bewertung	✗	
5. Entscheidung	✓	(einer)
6. Umsetzung	✗	
7. Rückkopplung	✗	

6. (Bohmscher) Dialog – sich gegenseitig verstehen und lassen

Bei einem Dialog nach dem Quantenphysiker David Bohm geht es um Partizipation, den Austausch und freien Sinnfluss untereinander. Bei einem Dialog hören sich die Gruppenmitglieder zu, möglichst ohne zu bewerten, und versuchen sich gegenseitig zu verstehen. Die Idee dahinter ist, gemeinsam die Hintergründe des vorliegenden Problems zu erfassen, ohne auf eine Entscheidung abzuzielen. Es werden Gefühle, Annahmen und Wertungen an die Oberfläche gebracht. Durch das Ausbleiben einer gegenseitigen Bewertung können die Teilnehmer eher loslassen. Dadurch kann es passieren, dass keine Entscheidung mehr notwendig wird.

(Bohmscher) Dialog: Einordnung in die Entscheidungsphasen

1. Formulierung des Problems	✓	(alle nehmen teil, wenige sind beteiligt)
2. Informationsbeschaffung	✓	(alle nehmen teil, wenige sind beteiligt)
3. Lösungsentwurf	✗	
4. Bewertung	✗	
5. Entscheidung	✗	
6. Umsetzung	✗	
7. Rückkopplung	✗	

7. Konsultativer Einzelentscheid – Vertrauen in ein Gremium

Bei einem konsultativen Einzelentscheid wird von einer Gruppe der passende Entscheider oder eine Gruppe von Entscheidern ausgewählt, beispielsweise Fachexperten oder Politiker. Dieses Entscheidungsgremium setzt sich idealerweise aus den Gruppenmitgliedern mit der größten Expertise bezüglich eines Themas zusammen. Die ganze Gruppe vertraut dem Entscheidergremium und traut diesem zu, Lösungen allein auszuarbeiten und eine gute Entscheidung im Sinne der Gruppe zu treffen. Manchmal ist es der Gruppe egal, was entschieden wird oder sie glauben nicht an das Konzept dieser Entscheidungstechnik und nehmen die Nominierung einer beliebigen Person hin. Die Lösung des Entscheidungsgremiums wird der Gruppe präsentiert und muss von dieser akzeptiert werden. Je indirekter die Gruppe die Zusammensetzung der Entscheidungsgremiums mitbestimmen kann und je komplexer das Thema ist, desto eher sinkt die Akzeptanz.

Konsultativer Einzelentscheid: Einordnung in die Entscheidungsphasen

1. Formulierung des Problems	✗	
2. Informationsbeschaffung	✗	
3. Lösungsentwurf	✓	(wenige)
4. Bewertung	✓	(wenige)
5. Entscheidung	✓	(wenige)
6. Umsetzung	✗	
7. Rückkopplung	✗	

8. Unipersonale Entscheidung – das Diktat von oben

Typisch für hierarchisch aufgebaute Organisationen ist die Entscheidung durch Autorität. Die Befähigung zur Entscheidung („Entscheidungskompetenz") leitet sich direkt aus den Machtstrukturen ab. Eine Beteiligung der Betroffenen findet hierbei nicht oder nur scheinbar statt. Dann wird lediglich über das Ergebnis der Entscheidung informiert.

Unipersonale Entscheidung: Einordnung in die Entscheidungsphasen

1. Formulierung des Problems	✗
2. Informationsbeschaffung	✗
3. Lösungsentwurf	✗
4. Bewertung	✓ (einer)
5. Entscheidung	✓ (einer)
6. Umsetzung	✗
7. Rückkopplung	✗

9. Liberating Structures – alle an der gesamten Entscheidungsfindung beteiligen

Mithilfe von Liberating Structures können alle Beteiligten in den Prozess der Entscheidungsfindung eingebunden werden. So wird die Trennung zwischen Entscheidern und Umsetzenden aufgehoben. Alle Beteiligten sind von Anfang an involviert. In Konsequenz können von allen getragene Entscheidungen für richtig erkannte Probleme entstehen. Dabei können parallele Lösungen und Entscheidungen organisch heranreifen und validiert, für gut befunden, umgesetzt, angepasst oder wieder verworfen werden.

In diesem Buch wirst du lernen, wie du Liberating Structures für alle Phasen deiner Entscheidungsfindungen anwenden kannst.

Liberating Structures: Einordnung in die Entscheidungsphasen

1. Formulierung des Problems	✓ (alle sind beteiligt)
2. Informationsbeschaffung	✓ (alle sind beteiligt)
3. Lösungsentwurf	✓ (alle sind beteiligt)
4. Bewertung	✓ (alle sind beteiligt)
5. Entscheidung	✓ (alle sind beteiligt)
6. Umsetzung	✓ (alle sind beteiligt)
7. Rückkopplung	✓ (alle sind beteiligt)

An dieser Stelle möchte ich vorwegnehmen, dass das Repertoire von Liberating Structures sowohl *Entscheidungstechniken* mitbringt als auch *Alternativen* zu den konventionellen Interaktionsstrukturen anbietet. Daher lassen sich einige Liberating Structures auch gut mit den meisten der genannten Entscheidungstechniken kombinieren, um dort die Beteiligung aller zu ermöglichen. So kannst du einerseits etwa mithilfe der Liberating Structures **TRIZ** oder **Discovery & Action Dialogue** die ersten fünf Phasen der Entscheidungsfindung am Stück durchlaufen. Andererseits kannst du mithilfe der Liberating Structures **1-2-4-All** oder **Conversation Café** die Interaktionen bei der Konsensfindung, beim Konsentprinzip und im Bohmschen Dialog zielführender gestalten und dort alle Teilnehmenden beteiligen. Durch das Parallelisieren der Argumentationen mithilfe von **1-2-4-All** kann ein Diskurs effizienter durchgeführt werden. Auf diese Weise kannst du die üblichen lähmenden Interaktionsmuster bei den verbreiteten Entscheidungstechniken aufbrechen.

Zusammenfassung

Du hast nun gesehen, welche Faktoren bei der Entscheidungsfindung wichtig sind, um die richtigen Entscheidungen richtig zu treffen und erfolgreich umzusetzen. Dabei konntest du erkennen, welche Herausforderungen bei der Entscheidungsfindung bestehen: beeinflussen Hierarchien und Machtstrukturen die Entscheidungsfindung zu stark, dann kann es schwierig sein, gute und getragene Entscheidungen zu finden. Beteiligst du nur wenige am Prozess der Entscheidungsfindung, verlierst du wichtige Informationen und riskierst, dass eine Entscheidung ignoriert wird. Die konventionellen Interaktionsstrukturen erlauben es nur wenigen, an Entscheidungsfindungen mitzuwirken.

Die klassische Entscheidungsfindung besteht aus mehreren Phasen mit jeweils klarer Zielsetzung. Für diese Phasen stehen uns eine Reihe von verbreiteten Entscheidungstechniken zur Verfügung. Unter den Aspekten Beteiligung und Machtstruktur betrachtet, werden ihre Schwachstellen sichtbar.

Wir benötigen andere oder ergänzende Techniken und Interaktionsstrukturen für unsere Entscheidungsfindungen.

Du wirst nun sehen, wie dich Liberating Structures durch kleine, aber entscheidende Veränderungen an der Struktur unserer Interaktionen in die Lage versetzen, effizient, zielführend und befreiend miteinander Entscheidungsfindungen zu gestalten und durchzuführen.

Selbstreflexion

- Welche Herausforderungen begegnen dir bei Entscheidungsfindungen?
- Welche Auswirkungen haben Machtstrukturen bei Entscheidungsfindungen in deinem Umfeld?
- Fühlst du dich eher als Teilnehmer oder als Beteiligter bei Entscheidungsfindungen? Woran liegt das?
- Werden in deinem Umfeld Betroffene bei Entscheidungsfindungen mit einbezogen? Wie?
- Wie agierst du als Entscheider bei (deinen) Entscheidungsfindungen?
- Für welche Phase der Entscheidungsfindung wird in deinem Umfeld die meiste Zeit investiert?
- Welche Phase wird vernachlässigt?
- Welche der beschriebenen Entscheidungstechniken werden in deinem Umfeld meistens verwendet?
- Welche Entscheidungstechniken kennst du außerdem?

Kapitel 2
Entscheidungsfindung revolutionieren – mit Liberating Structures

Purpose: *Du erfährst hier, was Liberating Structures sind, wie sie sich von den konventionellen Interaktionsstrukturen unterscheiden und auf welchen Konzepten sie aufbauen. Das ist wichtig, damit du nachvollziehen kannst, warum Liberating Structures bei Entscheidungsfindungen und darüber hinaus gut funktionieren und dir in deinem Kontext helfen werden.*

Kluge Menschen suchen sich die Erfahrungen selbst aus, die sie zu machen wünschen.

Aldous Huxley, Autor

Kapitelübersicht

Liberating Structures ermöglichen dir, bei einer Entscheidungsfindung alle Betroffenen von Anfang an einzubinden. So kannst du das Potenzial, das Wissen und die Ideen der ganzen Gruppe offenlegen und für den gesamten Prozess der Entscheidungsfindung verfügbar machen – und das erfrischend lebendig auf eine *effiziente* und *effektive* Art und Weise: Erstens sind die Liberating Structures so aufgebaut, dass sie schneller zu *regelmäßig wertvolleren* Ergebnissen führen als unsere üblichen Interaktionsstrukturen. Zweitens kannst du alle gleichermaßen an der Entscheidungsfindung beteiligen. Dadurch ebnest du hilfreichen Entscheidungen den Weg von der Problemformulierung bis zur Umsetzung. Die Beteiligten gestalten diesen Weg gemeinsam, und sie wissen, *was* und *warum* sie *wie* entscheiden. Jeder kennt die Zusammenhänge und ist dadurch gut auf die Umsetzung vorbereitet. So machen Liberating Structures die Überzeugungsarbeit für die Umsetzung einer Entscheidung überflüssig: Denn wenn alle eingebunden waren, kommen Widerstände der Betroffenen gar nicht erst auf.

Sobald du Liberating Structures in deinem Umfeld regelmäßig einsetzt, wird es zudem immer weniger *große, schwerwiegende* Entscheidungen zu treffen geben. Die Beteiligten werden kleine, passende Veränderungen und Experimente beschließen, ausprobieren, bewerten, behalten oder auch wieder verwerfen.

Ein weiterer bemerkenswerter Effekt von Liberating Structures ist, dass sie die sozialen und beruflichen Beziehungen der Beteiligten stärken – und das über die Grenzen von Hierarchien und Abteilungen hinweg. Das stärkt das Vertrauen der Beteiligten zueinander und sie erleben, dass sie zusammen erfolgreicher sind, wie lebendig die gemeinsame Arbeit sein und dabei auch noch Spaß machen kann!

Was sind Liberating Structures?

Liberating Structures sind nicht „neu und cool", sondern eher so, wie wir schon immer hätten miteinander agieren sollen.

Johannes Schartau, Liberating Structures-Pionier

Wie können Strukturen befreiend wirken? *Liberating Structures* ist ein Konzept, das aus einer Menge einzelner Methoden besteht, die die Interaktionen der Gruppe choreografieren. Jede dieser Methoden ist *eine* Liberating Structure. Jede Liberating Structure gibt vor, wer sich wann wie lange mit wem über was austauscht. Diese vorgegebene ***Strukturiertheit befreit*** die Interaktionen und Ideen der Beteiligten und alle können gleichberechtigt beitragen. Durch die durchdachten Abläufe werden Inhalte und Ideen gemeinsam bewertet, vertieft oder präzisiert. Liberating Structures verteilen Macht und Kontrolle über den Inhalt auf die ganze Gruppe. Du bist nicht mehr auf *einzelne* Experten angewiesen, sondern kannst dich auf die *Expertise der Gruppe* verlassen.

Liberating Structures sind auch ein *Gegenentwurf* zu den fünf konventionellen Interaktionsstrukturen, die uns täglich umgeben:

- Präsentation
- Offene Diskussion
- Moderierte Diskussion
- Statusrunde
- Brainstorming.

Diese Strukturen machen es uns oft so schwer, dass wir uns zielführend, wertschätzend und gleichberechtigt untereinander austauschen. Warum das so ist, werden wir gleich im Detail betrachten.

Keith McCandless und Henri Lipmanowicz haben 33 Liberating Structures zusammengetragen, ausgiebig in der Praxis erprobt und verfeinert.

Entstehungsgeschichte der Liberating Structures

Keith McCandless und Henri Lipmanowicz waren geplagt von ihren eigenen Erfahrungen im Berufsalltag als Berater im medizinischen Sektor und als Präsident von Merck Intercontinental. Sie wollten eine Veränderung in der Art und Weise, wie Menschen miteinander interagieren, bewirken.

Henri fiel auf, dass das meiste, was er in den ersten Jahrzehnten als Top-Führungskraft in seinem Unternehmen tat, kaum Auswirkung auf diejenigen im Unternehmen hatte, die die eigentliche Wertschöpfung betrieben.

Er wollte das ändern und begann, geleitet von seinen Instinkten, möglichst nah und tief in das Umfeld der Wertschöpfenden einzutauchen. Die Komplexität dieser Umgebungen war weitaus höher, als er vorher aus seiner Managementsicht wahrgenommen hatte. Er ließ sich für seine weitere Arbeit insbesondere von M. J. Wheatleys Buch „Leadership and the New Science“[15] inspirieren, das beschreibt, dass Chaos und Wandel der einzige Weg zur Transformation von Organisationen sind, und wir dazu auf Zusammenarbeit und echte Beteiligung innerhalb unseres komplexen Netzes aus zwischenmenschlichen Beziehungen angewiesen sind.

Keith leitete Weiterbildungsinitiativen für Führungskräfte und die Bildungs- und Forschungsbemühungen für das Health Forum in San Francisco. Auch er stellte bei seinem Wirken immer wieder fest, dass konventionelle, expertenbasierte, analytische und selbst systemische Ansätze und Methoden, die klare Ursache-Wirkung-Beziehungen oder umfassende Erklärungsmodelle versprachen, oft nicht funktionierten. Buddhistische Ideen unter anderem von Joanna Macy und insbesondere das Buch „Out Of Control: The New Biology of Machines, Social Systems, and the Economic World“ von Kevin Kelly[16] hatten ihn inspiriert, einen neuen Pfad einzuschlagen und in der Welt der Komplexitätstheorie nach Antworten zu suchen.

Im Umfeld des von Henri mitbegründeten Plexus Instituts, das sich mit der Wissenschaft komplexer Systeme befasst, begannen die beiden, Erkenntnisse aus der Theorie der komplexen Systeme auf die Arbeitsweise von Organisationen zu übertragen. Hier kamen Experten und Wissenschaftler aus verschiedenen Domänen zusammen, nach deren Ansicht unsere aktuellen Praktiken, wissenschaftlichen Ansätze und Herangehensweisen an Probleme und Lösungen nicht gut funktionieren, und wir eine andere Sprache und andere Metaphern brauchen, um uns mit unseren dringlichsten Problemen auseinanderzusetzen.

Keith und Henri begannen die Beobachtungen aus der Theorie der komplexen Systeme in praxistaugliche Methoden zu verpacken, die es erlauben, mit Komplexität umzugehen. Ihre Hypothese war, mit einfachen, alle Teilnehmer lebendig einbindenden Methoden kleine Veränderungen in unseren Verhaltensmustern anzustoßen. Dadurch, so erhofften sie sich, würde die Zusammenarbeit und Kreativität einer ganzen Gruppe entfesselt werden. Erste Feldversuche 2001 im Gesundheitssektor und ab 2002 in Unternehmen in Lateinamerika stellten sich als über alle Erwartungen erfolgreich heraus.[17] Motiviert durch diese Erfolge waren sie von ihrem Ansatz überzeugt. Über die Jahre entwickelten, sammelten und verfeinerten sie gemeinsam mit vielen anderen die Liberating Structures und erprobten sie in der Praxis.

Ihre Erkenntnisse haben Keith und Henri im Februar 2014 in dem Buch „The Surprising Power of Liberating Structures“[18] veröffentlicht.

Liberating Structures haben die beiden dankenswerterweise unter der Creative Commons Lizenz (CC BY NC) frei zugänglich gemacht.

Diese 33 Methoden bilden heute das offizielle Repertoire der Liberating Structures. Darüber hinaus befinden sich weitere (> 15) vielversprechende Liberating Structures in der Entwicklung und Erprobung (einige davon beschreibe ich in diesem Buch). Dass diese noch nicht den Sprung in das Repertoire geschafft haben, liegt unter anderem an den Qualitätskriterien.

Qualitätskriterien

Alle Liberating Structures wurden intensiv in der Praxis erprobt und über die Jahre verfeinert. Sie müssen elf Qualitätskriterien erfüllen. Liberating Structures sind …

1. … **einfach** und schnell erklärt. Jede Liberating Structure kann in wenigen Minuten in jedem Kontext verwendet werden.
2. … **selbstverbreitend** und ohne formelles Training adaptierbar. Sie begeistern und werden dadurch von den Beteiligten weitergetragen.
3. … **expertenlos**, und auch Anfänger haben schnell Erfolge damit. Du kannst sie ohne Hilfe von Experten verwenden.
4. … **ergebnisorientiert** und generieren innovative und reproduzierbar überdurchschnittlich gute Resultate.
5. … **schnell wiederholbar** und können in kurzen, iterativen Zyklen durchgeführt werden.
6. … **inkludierend,** denn jeder hat die Möglichkeit, den Inhalt mitzugestalten.
7. … **skalierbar**, denn sie funktionieren für tägliche Meetings, Projekte, Strategien und Transformationen im Kleinen wie im Großen. Du kannst sie alleine, in kleinen Gruppen oder mit hunderten von Leuten durchführen.
8. … **ernsthaft Spaß bringend** und steigern spielerisch das Gefühl von Freiheit und Verantwortung.
9. … **anpassbar** an die lokalen Gegebenheiten. Sie haben neben anderen Initiativen Platz.
10. … **mikrostrukturiert**, denn sie strukturieren die Einladung, die Aufteilung der Teilnahme, die Konfiguration der Gruppen, die Aufteilung des Raums und die zeitliche Abfolge der Schritte.
11. … **modular**, denn die einzelnen Liberating Structures können immer wieder neu miteinander kombiniert werden.

Du wirst bei den Beschreibungen und der Anwendung der einzelnen Liberating Structures sehen, wie wichtig und richtig diese Kriterien sind. Allerdings sind einige der Structures ein wenig umfangreicher und schwerer greifbar, sodass die Qualitätskriterien *expertenlos* und *einfach* nicht immer zutreffen. Dieses Buch wird dich in die Lage versetzen, auch anspruchsvollere Liberating Structures selbst durchführen zu können. Außerdem gibt es eine Reihe von Stolperfallen bei der Anwendung der Liberating Structures, die du mit diesem Buch zu umschiffen lernst.

Liberating Structures zur Entscheidungsfindung und für vieles mehr!

Liberating Structures bringen die gemeinsame Arbeit voran, indem sie es ermöglichen, alle kontinuierlich einzubeziehen. Damit machen sie einen großen Teil der konventionellen Entscheidungsfindung überflüssig. Liberating Structures verringern die Anzahl der GROSSEN Entscheidungen.

Keith McCandless

Du kannst Liberating Structures weit über die Entscheidungsfindung hinaus einsetzen. Du wirst damit Ideen generieren, die Zusammenarbeit auf ein neues Niveau heben, kreativen Austausch fördern, Ängste erforschen, Einsichten teilen, non-verbal kommunizieren, improvisieren, mögliche Zukunftsszenarien beleuchten, soziale Bindungen stärken, Absichten aufdecken, das gemeinsame oder dein eigenes Portfolio von Beziehungen, Aktivitäten oder Produkten analysieren und vieles mehr. Mit Liberating Structures gehen die Beteiligten wertschätzender und zuvorkommender miteinander um. Alle fühlen sich gehört, gesehen und respektiert. Durch ihre integrative Art lösen Liberating Structures einige Probleme bereits vor einer Entscheidung oder lassen Probleme erst gar nicht aufkommen.

Dieses Buch beschreibt die Liberating Structures in erster Linie aus Sicht der Entscheidungsfindung. Dir wird auffallen, dass wir uns bei unseren Interaktionen häufig in einer der sieben Phasen der Entscheidungsfindung bewegen.

Die sieben Phasen der Entscheidungsfindung in diesem Buch

Eine tabellarische Einordnung aller Liberating Structures in die sieben Phasen findest du im Kapitel *Liberating Structures in diesem Buch*. Die Tabelle soll dir dabei helfen, die einzelnen Liberating Structures grob in den Prozess der klassischen Entscheidungsfindung einzuordnen.

1. Formulierung des Problems	Welche Herausforderung liegt vor?
2. Informationsbeschaffung	Wie sehen die Details und der Kontext aus?
3. Lösungsentwurf	Wie können wir das Problem lösen?
4. Bewertung	Wie schätzen wir die Lösung(en) ein?
5. Entscheidung	Für welche Lösung(en) entscheiden wir uns?
6. Umsetzung	Die Lösung(en) umsetzen und die ersten und folgenden Schritte dazu identifizieren.
7. Rückkopplung	Wurde auf die Herausforderung angemessen reagiert? Was ist noch zu tun?

Dabei sei gesagt, dass alle Liberating Structures über die Entscheidungsfindung hinaus vielfältig einsetzbar sind. Außerdem zielen sie im Gegensatz zur klassischen Entscheidungsfindung immer auch auf die Sinnstiftung unter den Beteiligten ab.

Klassische Entscheidungsfindung versus Sinnstiftung

Es ist besser, ein Problem zu erörtern, ohne es zu entscheiden, als zu entscheiden, ohne es erörtert zu haben.

Joseph Joubert, Autor

Genau genommen dienen Liberating Structures vor allem der Sinnstiftung: In komplexen Umfeldern (wie in Unternehmen oder zwischenmenschlichen Beziehungen) ermöglichen sie den Beteiligten, eine Vielzahl richtiger Antworten und Sichtweisen für ihren eigenen Kontext aufzudecken, auszusprechen und zu verfolgen. Klassische Entscheidungsfindung, so wie sie uns überall umgibt, zielt dagegen in der Regel auf die eine „richtige" Entscheidung für alle ab.

Wir sind es gewohnt, auf große Entscheidungen mit „Konsens" – im Sinne von fehlenden öffentlich geäußerten Gegenstimmen – abzuzielen. Wir denken, dass wir die perfekten Lösungen für alle finden können oder müssen. Dabei „sollten wir möglichst keinen Fehler machen". Daraus entstehen dann große Entscheidungen, die viele Veränderungen und viel Abstimmungsbedarf mit sich bringen. Jedoch existiert oft nicht die eine „richtige" Lösung für alle. Mithilfe von Liberating Structures kannst du die Anzahl dieser großen Entscheidungen *mit der Zeit* reduzieren.

Dabei wirst du sehen, dass durch die Beteiligung aller kleine Experimente entstehen. Motivierte Gruppen starten sinnvolle Initiativen und stehen wirklich hinter den Konsequenzen. Falls sich die Experimente als nicht hilfreich herausstellen, verebben sie einfach wieder. Doch falls sie sich als gut und nützlich erweisen, werden sie sich wie von selbst verbreiten oder können von den Beteiligten gemeinsam verfeinert und an weitere Kontexte angepasst werden.

Der Ausgangspunkt in diesem Buch ist die Welt der klassischen Entscheidungsfindung. Du wirst sie Stück für Stück in Richtung *Sinnstiftung* erweitern.

Mikrostrukturen prägen unsere Interaktionen

Um zu verstehen, warum Liberating Structures notwendig für zielführende Interaktionen sind, werfe ich nun einen Blick auf deren Aufbau. Zudem betrachte ich exemplarisch einige konventionelle Interaktionsstrukturen (Präsentation, offene Diskussion, moderierte Diskussion) unter denselben Aspekten. So soll dir bewusst werden, *wie* unsere Interaktionen und Entscheidungsfindungen regelmäßig eingeschränkt und erschwert werden und worauf du in Zukunft bei der Wahl deiner Interaktionsstrukturen achten kannst.

Die konventionellen Interaktionsstrukturen sowie Liberating Structures sind sogenannte *Mikrostrukturen.* Mikrostrukturen geben uns einen Rahmen für unsere Interaktionen vor. Zum Beispiel, in welchem Besprechungsraum wir uns treffen und wie wir Stühle, Tische etc. arrangieren. Mikrostrukturen sind von uns *direkt beeinflussbar.* Das heißt, wir können wählen, welche Mikrostruktur wir verwenden wollen. Im Gegensatz dazu sind *Makrostrukturen* die großen und *schwer veränderbaren* Strukturen, die uns umgeben, wie etwa das Gebäude, in dem wir arbeiten, die Organisationsstruktur oder die kulturellen Gegebenheiten. Jedoch scheinen oft auch die Mikrostrukturen in unserem Umfeld rigide und *festgefahren.* Wie selbstverständlich nehmen wir langweilige Präsentationen und offene, fruchtlose Diskussionen als unumstößlich gegeben hin. Wir treffen uns immer im selben Raum, setzen uns an denselben Platz und starren auf die Leinwand. All das passiert in der Regel unbewusst und automatisch. Es meldet sich höchstens ein vages Gefühl, das irgendwo zwischen Langeweile, Anspannung und Resignation pendelt.

Bestandteile von Mikrostrukturen

Mikrostrukturen bestimmen also entscheidend unser Miteinander. Deshalb ist es wichtig, einmal genauer hinzusehen, wie diese beschaffen – strukturiert – sind. Jede Mikrostruktur setzt sich aus fünf *strukturierenden Elementen* zusammen:

1. Einladung
2. Aufbau des Raums und benötigte Materialien
3. Einbindung der Teilnehmer
4. Konfiguration der Gruppen
5. Ablauf und Dauer

1. Einladung

Sie gibt den Teilnehmern die Art der Interaktion und eine Aufgabe vor. Idealerweise erzeugt sie einen gemeinsamen Fokus. In der Regel erfolgt dies durch eine Frage, eine Aufforderung oder die Vorgabe eines Themas. Die Einladung fordert auf, sich zu beteiligen, beizutragen oder etwa nur zuzuhören. Sie kann explizit zu Beginn einer Mikrostruktur ausgesprochen werden oder implizit gegeben sein. Beispielsweise lautet die implizite Einladung bei einer Präsentation: „Ich rede jetzt über Thema X, schaut mich an und hört mir zu!"

2. Aufbau des Raums und benötigte Materialien

Dieses Element gibt vor, wie der Raum aufgebaut sein sollte und welche Materialien für die Durchführung der Mikrostruktur benötigt werden. Klare Vorgaben und eine Erläuterung von Varianten und Konsequenzen helfen dir bei der Vorbereitung der Mikrostruktur. Folgende Fragestellungen werden behandelt: Wie groß soll der Raum sein? Wo stehen Tische, Stühle, Whiteboards oder Leinwand? Welche Materialien sind erforderlich?

Bei konventionellen Mikrostrukturen empfindest du die Antworten auf diese Fragen womöglich selbstverständlich. Sie werden aber selten klar und explizit beantwortet. Wie führst du beispielsweise ein Brainstorming durch? Braucht jeder etwas zu schreiben oder hält jemand die Ergebnisse an einer Tafel fest? Wie und wo sitzen die Teilnehmer? Welche Materialien sind für eine offene Diskussion erforderlich? Keine? Oder spielt die Anordnung der Stühle eine Rolle? Welchen Unterschied macht es, wenn jeder etwas zu schreiben hat oder nur der Moderator einer Diskussion?

Bei jeder Liberating Structure wirst du explizite Antworten auf diese Fragen finden, sodass du und die Gruppe für die Durchführung der Mikrostruktur gut vorbereitet, sozusagen *frei* seid.

3. Einbindung der Teilnehmer

Hier wird festgelegt, wie die Teilnehmer sich während der Mikrostruktur beteiligen können. Wer darf etwas beitragen und wer kann nur zuhören? Die Liberating Structures ermöglichen in der Regel allen Teilnehmern, gleichberechtigt zu einem Thema beizutragen. Einige Liberating Structures beinhalten aber Schritte, in denen nur wenige sprechen, während andere aktiv zuhören. Etwa wenn Informationen oder Erfahrungen von einer kleinen Gruppe für alle gleichzeitig offengelegt werden sollen. Daran schließen sich immer direkt Schritte an, in denen wieder alle gleichermaßen beteiligt werden. Konsequenterweise wirst du bei der Beschreibung der Liberating Structures in diesem Buch stets auf *Beteiligte* und nicht auf *Teilnehmer* treffen. Im Gegensatz dazu ist etwa bei einer Präsentation implizit vorgegeben, dass nur der Vortragende spricht und alle anderen vollständig oder über weite Strecken unbeteiligt bleiben.

4. Konfiguration der Gruppen

Die Konfiguration der gesamten Gruppe kann während einer Mikrostruktur variieren. Ein Austausch in Paaren oder Kleingruppen kann sich abwechseln mit einer Phase der Einzelarbeit im Stillen. Kleingruppen können sich durchmischen und neu zusammensetzen. Die wechselnde Gruppenkonfiguration sorgt während jeder Liberating Structure für eine Vermischung und Verbreitung der einzelnen Ideen, Geschichten und Meinungen und für eine Aktivierung der Gruppe. Dagegen bleibt bei den konventionellen Interaktionsstrukturen die ganze Gruppe stets statisch in der gleichen Konstellation.

5. Ablauf und Dauer

Jede Mikrostruktur besteht aus einem oder mehreren Schritten. Jeder Schritt hat einen bestimmten Sinn und Zweck und eine Zeitvorgabe. Der Sinn und Zweck kann beispielsweise das Schärfen von Gedanken oder das Teilen von Ideen sein. Die Vorgabe von Zeit und Sinn und Zweck sorgen für ein fokussiertes Arbeiten. Die klaren Zeitfenster und die homogene Aufgabenstellung vereinfachen dir, die Beteiligten während der Durchführung einer Liberating Structure zu choreografieren. Konventionelle Interaktionsstrukturen haben fast immer nur einen Schritt, und die Zeitvorgabe unterliegt in der Regel dem Raster des Outlook-Kalenders.

In diesem Buch stelle ich die fünf mikrostrukturellen Elemente teilweise grafisch dar. So kannst du jeden Schritt der Liberating Structures auf einen Blick erfassen. Du findest die Legende der Symbolik im Kapitel *Liberating Structures in diesem Buch.*

Weitere Zutaten einer Liberating Structure

Für jede der Liberating Structures sind die fünf mikrostrukturellen Elemente explizit genannt und vorgegeben. Zudem hat jede Liberating Structure ihren klaren übergeordneten Sinn und Zweck – den *Purpose.* Dieser beschreibt, wofür die Liberating Structure existiert. Des Weiteren leitet sich aus den Zeitangaben der Einzelschritte eine Gesamtdauer für die Durchführung ab.

Schließlich wird jede Liberating Structure durch ein eigenes Symbol repräsentiert, das manchmal bereits die Gruppenkonfiguration oder den Ablauf andeutet. In diesem Buch wird das Symbol einer Liberating Structure vor deren Namen gestellt. Damit kannst du Querverweise bei den einzelnen Beschreibungen der Liberating Structures auf einen Blick erfassen.

Die Zutaten gestalten sich am Beispiel der grundlegendsten Liberating Structure 1-2-4-All wie folgt (eine detaillierte Beschreibung von 1-2-4-All findest du weiter hinten im Buch):

Die Liberating Structure 1-2-4-All

Symbol

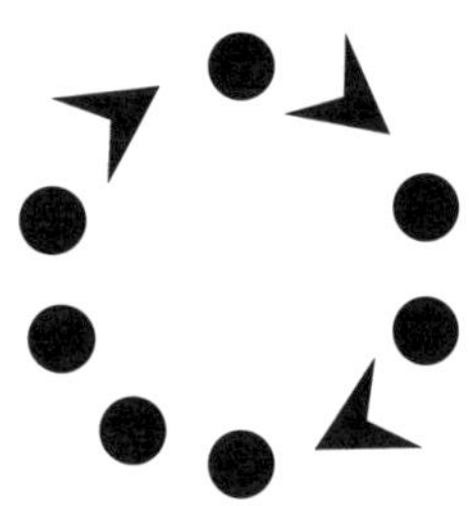

Purpose

Beteilige jeden gleichzeitig dabei, Fragen, Ideen und Vorschläge zu generieren.

1. Einladung

„Überlege dir, welche Ideen, Anmerkungen oder Vorschläge du in Bezug zu der gestellten Frage hast. Teile diese.“ (Die konkrete Frage gibst du vor, beispielsweise: „Was hindert uns aktuell daran, unsere Ziele zu erreichen?“)

2. Aufbau des Raums und benötigte Materialien

Für die Arbeit in Paaren und Vierergruppen wird genügend Platz benötigt. Falls die Teilnehmer ihre Erkenntnisse festhalten sollen oder wollen, stelle Stifte und Papier zur Verfügung.

3. Einbindung der Beteiligten

Jeder in der Gruppe ist gleichermaßen beteiligt und hat die gleichen Möglichkeiten, etwas beizutragen.

4. Konfiguration der Gruppen

Zuerst jeder für sich, dann in Paaren, dann zu viert, zum Schluss als eine große Gruppe.

5. Ablauf und Dauer

Schritt 1 „1“ **1 Minute**	Selbstreflexion über die gestellte Frage oder Herausforderung. 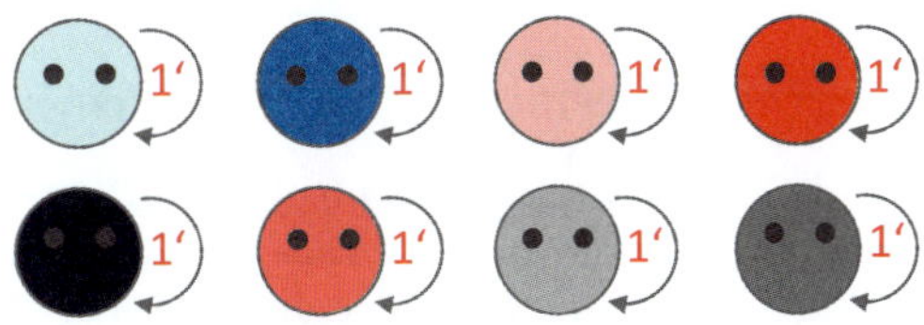
Schritt 2 „2“ **2 Minuten**	Austausch in Paaren, die gemeinsam ihre Ideen weiterentwickeln und schärfen. 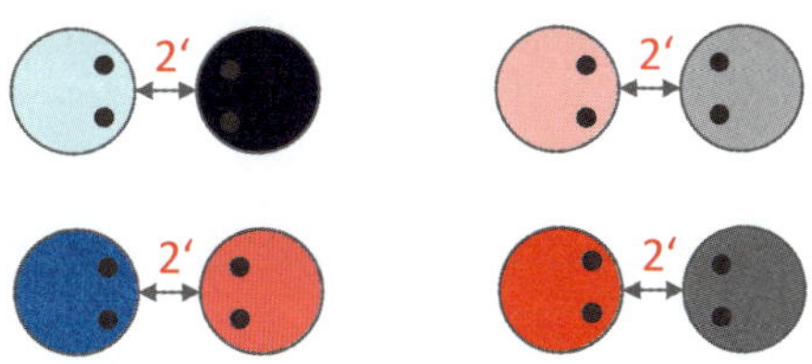
Schritt 3 „4“ **4 Minuten**	Austausch zu viert. Gemeinsamkeiten und Unterschiede werden herausgearbeitet, gemeinsame Ideen entwickelt. 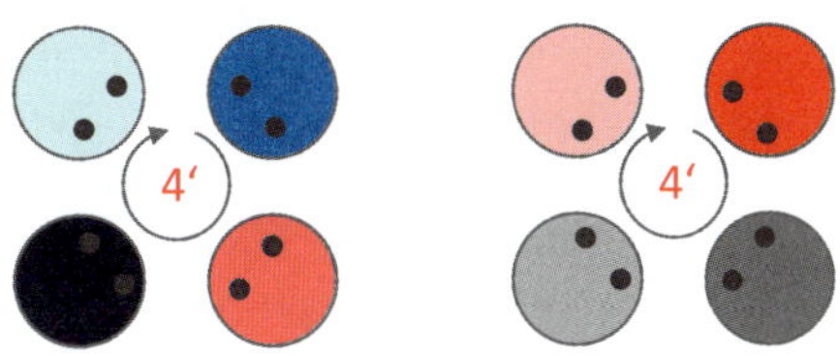

Schritt 4 „All" ⌛ **5 Minuten**	Jede Vierergruppe teilt reihum ihre beste Idee mit der ganzen Gruppe. Bei Bedarf die zweitbeste Idee. Und so weiter. 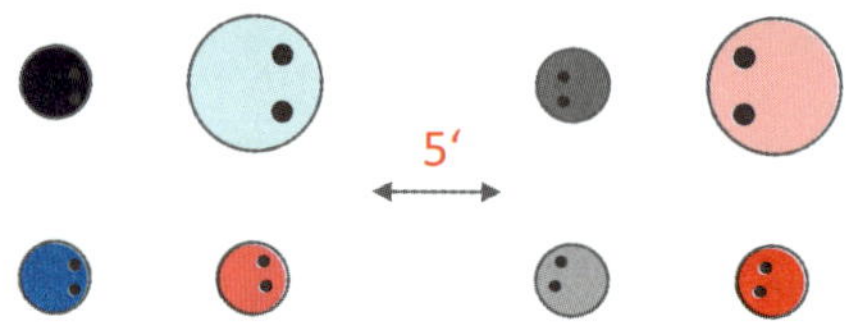
Gesamtdauer ⌛ **12 Minuten**	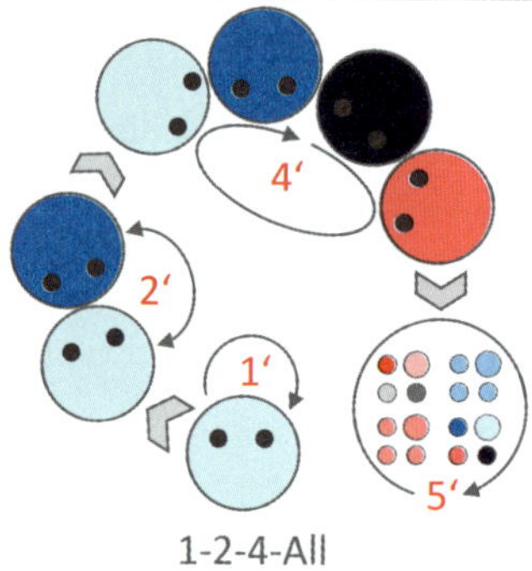

Die Auswirkungen der fünf mikrostrukturellen Elemente von 1-2-4-All

Durch das Parallelisieren der Gespräche kommt jeder gleichermaßen zu Wort und die zwölf Minuten werden optimal genutzt. Da jeder zu Beginn eine Minute Zeit hat, sich über seine eigenen Gedanken klar zu werden und diese dann im geschützten Rahmen des Paars das erste Mal verproben kann, fühlt sich jeder gehört. So entsteht leichter Neugierde für die Ideen (Meinungen, Fragen, Sorgen, Gedanken, ...) der anderen. Am Ende kommen überdurchschnittlich gute Ideen heraus. Das sind nicht immer die objektiv besten Ideen (falls es diese überhaupt gibt). Dafür stehen die Beteiligten dahinter. Und das ist die Grundlage dafür, dass den Ideen auch Handlungen folgen und somit echte Resultate entstehen.

Vergleich mit den „großen Fünf" konventionellen Mikrostrukturen

Das Offensichtliche verstellt stets den Blick auf das Ungeahnte.
Markus Mirwald, Soziologe

Die „großen Fünf" (die „Big Five", wie sie Keith und Henri in ihrem Buch nennen) der verbreiteten Mikrostrukturen sind die Präsentation, die offene Diskussion, die moderierte Diskussion, das Brainstorming und die Statusrunde. Jede dieser fünf konventionellen Mikrostrukturen steht jeweils für eine ganze Reihe ähnlich strukturierter Interaktionsmethoden. So schließt beispielsweise die Präsentation Vorträge, Monologe, Reden, Vorlesungen und so weiter ein. Die großen Fünf umgeben uns täglich und sind maßgeblich dafür verantwortlich, dass unsere Interaktionen und unsere Entscheidungsfindungen oft unbefriedigend verlaufen. Die Liberating Structures stellen explizit einen *Gegenentwurf* zu den großen Fünf dar. Um zu erkennen, was Liberating Structures gezielt anders machen und was Liberating Structures so besonders macht, veranschauliche ich nun exemplarisch für die Präsentation, die offene Diskussion und die moderierte Diskussion den Purpose und die fünf mikrostrukturellen Elemente und beschreibe die daraus resultierenden Konsequenzen.

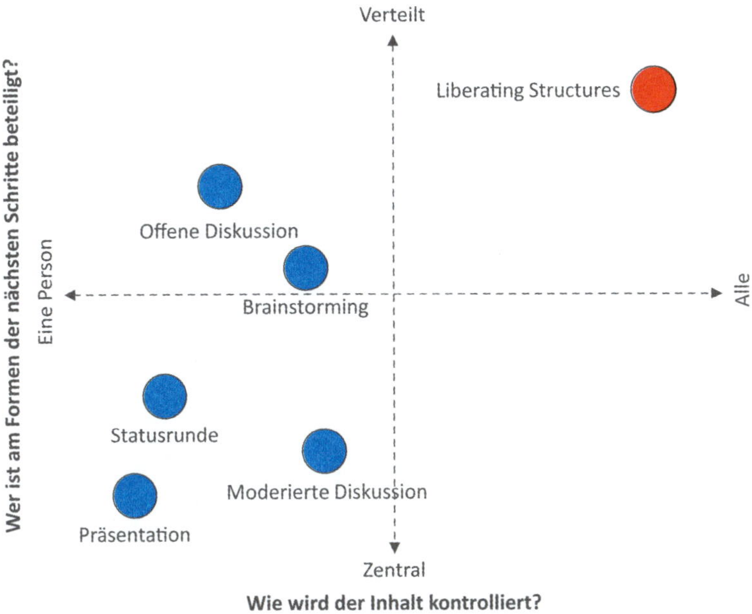

Vergleich von Liberating Structures und konventionellen Mikrostrukturen bezogen auf Kontrolle über den Inhalt und Beteiligung der Teilnehmenden. Die fünf konventionellen Mikrostrukturen sind entweder zu stark oder zu schwach strukturiert. So erlauben sie stets nur Wenigen, zum Inhalt beizutragen und sich am Formen der nächsten Schritte zu beteiligen.

Die Präsentation

Purpose

Eine Person kann denselben Inhalt gleichzeitig mehreren Zuhörern präsentieren. Die Person hat dabei die volle Kontrolle über den Inhalt. Sie kann ihre Ideen und Standpunkte verkünden.

1. Einladung

Das Publikum ist dazu eingeladen, dem Vortragenden von Anfang bis Ende zu einem oder vielleicht mehreren Themen zuzuhören. Eventuell sind am Ende des Vortrags Fragen erlaubt.

2. Aufbau des Raums und benötigte Materialien

Das Publikum sitzt auf den Vortragenden ausgerichtet. In der Regel gibt es einen Beamer, um eine PowerPoint-Präsentation zu zeigen. Bei größerem Publikum steht der Vortragende an einem Podium und/oder auf einer Bühne und spricht in ein Mikrofon.

3. Einbindung der Teilnehmer

Der Vortragende spricht annähernd 100 % der Zeit. Falls am Ende Fragen erlaubt sind, dann haben wenige aus dem Publikum die Möglichkeit, kurz zu sprechen.

4. Konfiguration der Gruppen

Die Gruppenkonfiguration bleibt unverändert: der Vortragende vorne, alle anderen in der Gruppe der Zuhörer.

5. Ablauf und Dauer

Schritt 1 Vortrag **Annähernd die gesamte verfügbare Zeit (30, 60, 90, 120 Minuten)**	Der Vortragende präsentiert. 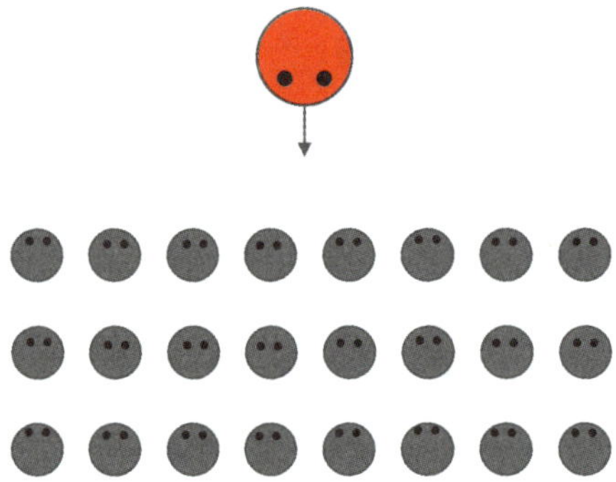
Schritt 2 (optional) Fragerunde **Die restliche Zeit**	Einige Zuhörer stellen Fragen an den Vortragenden oder äußern sich kritisch oder ergänzend. 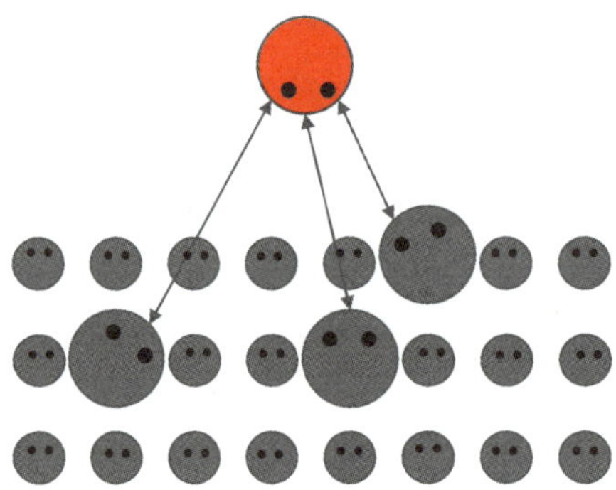

Die gesamte Dauer richtet sich nach dem Kalenderraster (Outlook, Stundenplan, Konferenzplan).

Die Auswirkungen der fünf mikrostrukturellen Elemente der Präsentation

Die Präsentation ist überstrukturiert. Der Vortragende allein kontrolliert den Inhalt, während alle anderen im Wesentlichen auf das Zuhören beschränkt sind. Der Vortragende gibt den Ton und die Richtung an. Die Zuhörenden können sich nicht austauschen und bleiben passiv. Ihre Expertise ist nicht gefragt und das gemeinsame Formen nächster Schritte bleibt aus. Dadurch kommt selbst bei guten Vortragenden im Publikum irgendwann Langweile oder Gleichgültigkeit auf. Wenn Themen oder Punkte präsentiert werden, die für das Publikum unverständlich, falsch oder zu offensichtlich sind, dann kommen sogar Widerstände auf. Ein Mechanismus, um diese zu thematisieren, fehlt. So schwelen die Widerstände im Anschluss an die Präsentation weiter und können sich in nachfolgenden Gesprächen unter den Teilnehmenden verfestigen.

Gruppen und Unternehmen, die in ihrer Interaktion stark auf Präsentationen bauen, haben wenig Raum für das *gemeinsame* Formen von Ideen und nächsten Schritten.

Die offene Diskussion

Eine offene Diskussion hat keinen Moderator. Der Gesprächsfluss wird also von niemandem oder von allen gleichermaßen moderiert.

Purpose

Eine Gruppe kann Ideen finden, sich austauschen, Standpunkte teilen, versuchen, einen Konsens zu erreichen, die Illusion von Beteiligung erschaffen oder Ideen ventilieren lassen.

1. Einladung

Die implizite Einladung der offenen Diskussion lautet: Jeder darf alles, was ihm oder ihr zu einem Thema, einer Frage oder einer Präsentation einfällt, zu jeder Zeit äußern.

2. Aufbau des Raums und benötigte Materialien

Die Gruppe sitzt in gleichbleibender Konfiguration in einem Raum.

3. Einbindung der Teilnehmer

Die Teilnehmer, die zu Wort kommen, sprechen so lange sie wollen und können und über was sie wollen.

4. Konfiguration der Gruppen

Die initiale Konfiguration ändert sich nicht.

5. Ablauf und Dauer

Die gesamte Dauer der offenen Diskussion ist variabel. Oft endet sie zur halben oder vollen Stunde oder spätestens sobald die nächste Gruppe Einlass in den Besprechungsraum begehrt.

Schritt 1
Die Diskussion
⏳ 30, 60, 90 oder 120 Minuten

Manchmal wird zu Beginn das Thema wiederholt oder klargestellt. Den Rest der Zeit diskutieren die Teilnehmer. Einige Teilnehmer schalten ab.

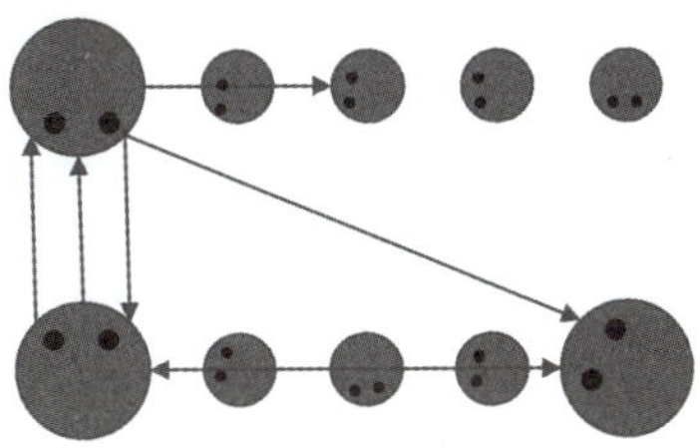

Die Auswirkungen der fünf mikrostrukturellen Elemente der offenen Diskussion

Die offene Diskussion ist unterstrukturiert. Mit fast jeder Wortmeldung springt das Thema oder variiert in der Tiefe. Manche Teilnehmer fokussieren sich auf ein willkürliches Detail, sodass sie überhaupt das Gefühl haben, etwas beizutragen. Der Inhalt lässt sich kaum kontrollieren. Dadurch kann es anstrengend und ermüdend sein, einer offenen Diskussion zu folgen. Gute Resultate und Ergebnisse entstehen eher zufällig und mühsam. Ein *zielgerichtetes gemeinsames* Entdecken der nächsten sinnvollen Schritte findet nicht statt. Je größer die Gruppe, desto unwahrscheinlicher bis unmöglich wird es, dass alle zu Wort kommen – zumindest, wenn die zur Verfügung stehende Zeit begrenzt ist.

In Gruppen und Unternehmen, die in ihren Interaktionen häufig auf die offene Diskussion setzen, treffen in der Regel nur die Lauten oder Mächtigen und vor allem immer dieselben die Entscheidungen und prägen das Unternehmen allein.

Wiederkehrende Narrative bei der offenen Diskussion

In Workshops zu Liberating Structures lasse ich die Gruppe gelegentlich die Wirkung einer offenen Diskussion spüren, indem ich dazu einlade, wenige Minuten zu einem vorgegebenen Thema zu diskutieren. In der Regel fängt die Gruppe spätestens mit der dritten Wortmeldung an, einem bestimmten „Narrativ“ zu folgen. Beispielsweise beginnen die Beteiligten dann Formulierungen aus dem Knappheitsdenken (siehe unter der Liberating Structure Wicked Questions) wie „Ja, aber …“ oder „Ja, natürlich! Aber …“ zu verwenden. Weitere Narrative sind etwa eine sich aufschaukelnde Empörung („… eine Frechheit! Und erst die …“), gegenseitiges Übertrumpfen („Das ist nett, aber ich habe neulich …“), Abtun anderer Argumente („Das ist klar! Aber …“) oder schlichtes Ignorieren (Gesagtes ignorieren, Thema wechseln). Auf diese Weise entsteht ein Gegeneinander, und selbst ähnliche Meinungen werden als Gegensätze formuliert. Wir sind gewohnt, so zu diskutieren, und es kann interessant sein. Nur bleibt die Gruppe dabei oft stecken und verspielt ihr gemeinsames Potenzial.

Achte einmal bei den nächsten Diskussionen unter Freunden, in der Arbeit oder in der Familie darauf, welchem Narrativ ihr folgt. Und überlege dir, was das mit der Gruppe macht. Flechte dann Denkweisen und Formulierungen aus dem Überflussdenken ein wie etwa: „Ja! Und ...“ (siehe Wicked Questions) und beobachte, was passiert.

Die moderierte Diskussion

Purpose

Der Moderierende entscheidet, wer dazu beitragen darf, Ideen zu finden, sich auszutauschen, Standpunkte zu teilen, versuchen einen Konsens zu erreichen, die Illusion von Beteiligung zu erschaffen und Ideen ventilieren zu lassen.

1. Einladung

Die implizite Einladung der moderierten Diskussion lautet: der Moderierende entscheidet, *wer*, *was* ihr oder ihm zu einem Thema, einer Frage oder einer Präsentation einfällt, *wann* äußern darf.

2. Aufbau des Raums und benötigte Materialien

Die Gruppe sitzt in starrer Konfiguration an einem Tisch. Oft sitzt der Moderierende am Kopfende.

3. Einbindung der Teilnehmer

Die Teilnehmer, denen der Moderierende das Wort erteilt, sprechen so lange sie *dürfen* über was sie wollen. Manchmal monologisiert der Moderierende.

4. Konfiguration der Gruppen

Die initiale Konfiguration ändert sich nicht.

5. Ablauf und Dauer

Die gesamte Dauer der moderierten Diskussion ist variabel. Oft endet die Diskussion zur halben oder vollen Stunde oder spätestens, sobald die nächste Gruppe Einlass in den Besprechungsraum begehrt.

Schritt 1 Die Diskussion ⏳ **30, 60, 90 oder 120 Minuten**	Manchmal wird zu Beginn das Thema wiederholt oder klargestellt. Den Rest der Zeit diskutieren die Teilnehmer unter der Kontrolle und Aufsicht des Moderierenden. 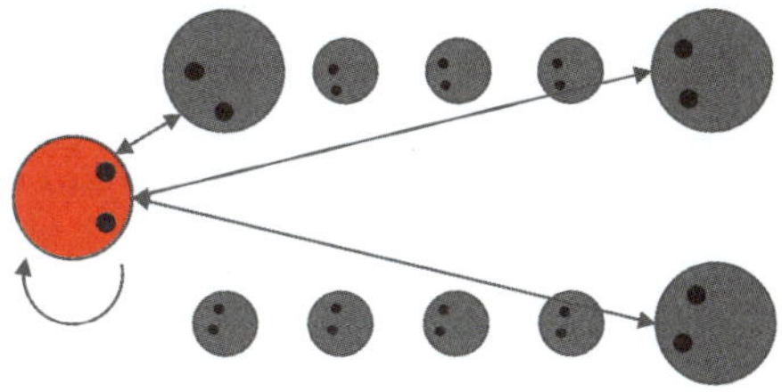

Die Auswirkungen der fünf mikrostrukturellen Elemente der moderierten Diskussion

Eine moderierte Diskussion kann die Probleme der offenen Diskussion nur teilweise lösen. Zum Beispiel kann der Moderierende Einzelne gezielt einbeziehen oder auch unterbrechen, um mehr Personen zu beteiligten, oder durch gezieltes Nachfragen ein Abschweifen der Diskussion verhindern. Dafür entstehen durch die Moderation neue Schwierigkeiten.

Die moderierte Diskussion ist überstrukturiert, denn allein der Moderierende entscheidet, wer sprechen darf und wann sie oder er einen Beitrag unterbricht. Die Gruppe ist abhängig von den Fähigkeiten oder der Meinung des Moderierenden. Im Extremfall hat der Moderierende bewusst oder unbewusst eine eigene Agenda, die er der Gruppe aufzwingt. Manchmal finden anstatt eines Austauschs innerhalb der Gruppe eher Zwiegespräche zwischen dem Moderator und dem Aufgerufenen statt. Wie bei einer offenen Diskussion kann auch hier mit jedem Sprechenden das Thema springen und willkürlich in der Tiefe variieren. Dann wird es anstrengend und ermüdend, einer moderierten Diskussion zu folgen. Gute Resultate und Ergebnisse entstehen oft eher zufällig oder mühsam. Ein zielgerichtetes *gemeinsames* Entdecken der nächsten sinnvollen Schritte findet nicht statt. Je größer die Gruppe, desto unwahrscheinlicher bis unmöglich wird es, dass alle zu Wort kommen – zumindest, wenn die zur Verfügung stehende Zeit begrenzt ist.

Gruppen und Unternehmen, die in ihren Interaktionen viel auf die moderierte Diskussion setzen, verlieren an Selbstorganisation, Initiative und Verantwortung. In der Regel treffen auch hier nur die Lauten oder Mächtigen und vor allem immer dieselben Personen Entscheidungen und prägen das Unternehmen allein.

Nie wieder Big Five?

Sollst du jetzt nie mehr eine der verbreiteten fünf Mikrostrukturen einsetzen? Doch! Nur: tu es bewusst. Mach dir den Purpose deines Meetings klar und prüfe, ob eine der großen Fünf dabei hilft, den Purpose zu erfüllen. Du kannst auch bestimmte mikrostrukturelle Elemente der großen Fünf variieren oder Schritte ergänzen. Anstatt beispielsweise am Ende einer Präsentation die Gruppe offen Fragen stellen zu lassen, fordere sie dazu auf, sich erstmal mit dem Sitznachbarn ein paar Minuten über den Vortrag zu unterhalten. Durch diese kleine Abwandlung der Mikrostruktur Präsentation um den zweiten Schritt aus ⁙ 1-2-4-All erhöhst du die Qualität und Quantität der Fragen und sorgst für deutlich mehr Klarheit.

Verbreitung und Anwendungsbeispiele der „großen Fünf"

Den fünf konventionellen Mikrostrukturen begegnen wir ständig und überall in unserem Alltag. Gerade die Diskussion und die Präsentation sind so weit verbreitet, dass niemand an ihnen vorbeikommt. Wir benutzen sie regelmäßig und machen uns keine Gedanken über mögliche Alternativen.

Die typischen Anwendungsbeispiele dieser fünf Mikrostrukturen lassen sich wie folgt zusammenfassen:

Die Präsentation erlaubt einer Person, dieselben Informationen mehreren Personen zu transportieren. Sie wird inhaltlich ausschließlich vom Vortragenden kontrolliert und bietet kaum Möglichkeit, andere einzubinden.

- Reden von Politikern, der Geschäftsführung, der Leitung
- Vorlesungen in der Schule, an der Universität
- Vorträge und Präsentationen bei der Arbeit, auf Konferenzen
- Monologe unter Kollegen, Bekannten, Freunden, in der Familie

Die offene Diskussion erlaubt einer Gruppe, sich auszutauschen. Sie bietet keine Kontrolle über den Inhalt und keine Struktur, um alle gleichermaßen zu beteiligen.

- Diskussionen und Gespräche in der Arbeit, mit Freunden, unter Politikern
- Die „öffentliche Debatte" in Medien und Kommentarspalten
- Foren, Chaträume, Kommentarspalten im Internet (oft auch moderiert)

Die moderierte Diskussion legt die Kontrolle über den Inhalt in die Hände des Moderierenden. Dieser trägt die Verantwortung, dass die Gruppe innerhalb der begrenzten Zeit zu Wort kommt.

- Lehrkräfte im Klassenzimmer, Hörsaal (Schüler/Studierende müssen sich melden und darauf warten, dass der Moderierende sie aufruft)
- Fragerunden (beispielsweise nach Präsentationen)
- Talkshows
- Moderierte Diskussionen bei der Arbeit
- Podiumsdiskussionen

Das Brainstorming erlaubt es den Teilnehmern, ungehindert und ungefiltert beliebige Ideen zum Ausdruck zu bringen.

- Ideenfindung in der Werbung, Produktentwicklung, überall

Die Statusrunde ist eine Aneinanderreihung kleiner Präsentationen, bei denen jeweils nur eine Person den Inhalt kontrolliert, während alle anderen unbeteiligt sind. Statusrunden unterstellen, dass alle dasselbe Bedürfnis nach Information haben.

- Vorstellungsrunden
- Statusreports
- Teamrunden

- Projektstatusrunden
- Daily Stand-ups
- Stuhlkreise

Die „großen Fünf" in der Entscheidungsfindung

Zusammengefasst stellen sich die Auswirkungen der großen fünf Mikrostrukturen auf die Entscheidungsfindung wie folgt dar:

Sie erlauben es stets nur wenigen, sich an den Phasen der Entscheidungsfindung wirklich zu beteiligen. Dadurch forcieren sie *Groupthink*. Groupthink ist der Mechanismus, bei dem die ganze Gruppe eine der wenigen oder der zuerst geäußerten Meinungen übernimmt. Das geschieht, weil die einzelnen Teilnehmer annehmen, dass die ganze Gruppe derselben Meinung ist – denn niemand anderes äußert sich anders. Zudem bieten sie keinen Mechanismus, Hierarchien und soziale Machtgefälle außer Kraft zu setzen oder wenigstens zu mildern. Ganz im Gegenteil: Machtgefälle haben hier einen starken Einfluss auf die Interaktionen. Die Mächtigen und Lauten bestimmen oft bewusst oder unbewusst den Inhalt und die nächsten Schritte. Manchmal wundern sie sich vielleicht darüber, dass alle anderen sich so wenig beteiligen. Dabei übersehen sie, dass es die mikrostrukturellen Gegebenheiten sind, die es den Unbeteiligten *nicht* erlauben, sich überhaupt zu äußern, sich innerhalb ihrer Komfortzone zu äußern oder sich gehört, gesehen und respektiert zu fühlen. So sind sie nicht bereit, gemeinsam den nächsten Schritt zu gehen.

Daher sind die fünf konventionellen Interaktionsstrukturen für Entscheidungsfindungen oft ungeeignet.

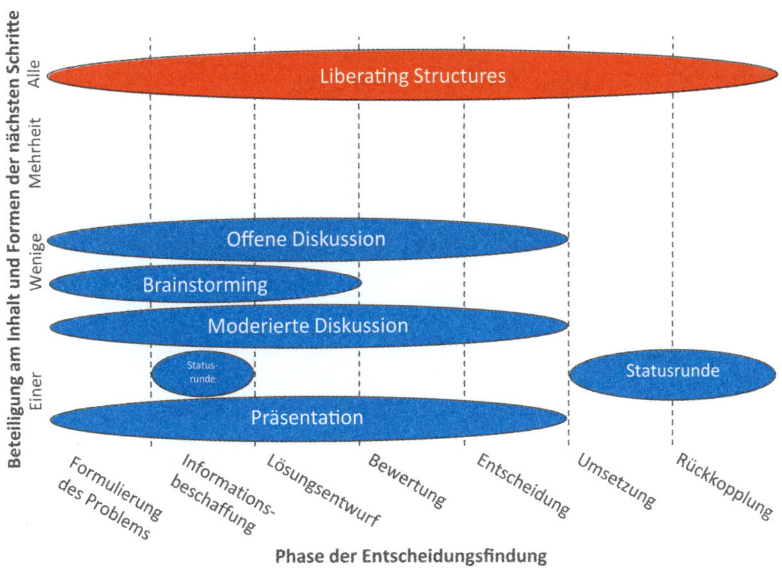

Einordnung von konventionellen Interaktionsstrukturen und Liberating Structures in die Phasen der Entscheidungsfindung und die Art der Beteiligung an den nächsten gemeinsamen Schritten

Liberating Structures helfen dir aus dieser Misere heraus und bieten dir zuverlässig eine auf deine Situation passende Alternative zu den großen Fünf an.

Warum funktionieren Liberating Structures so gut?

Liberating Structures funktionieren gut in der Praxis, aber was ist mit der Theorie?
Keith McCandless

Liberating Structures basieren auf einer Reihe von gezielten Überlegungen und Beobachtungen aus verschiedenen Bereichen der Wissenschaft und Forschung, wie der Theorie der komplexen Systeme, der Psychologie und der Kognitionswissenschaft. So berücksichtigen Liberating Structures etwa folgende Mechanismen: Sie parallelisieren die Interaktionen der Teilnehmer und nutzen so die vorhandene Zeit optimal aus. Sie geben jedem die Gelegenheit, sich erst einmal allein über seine Gedanken und Ideen klar zu werden. Sie berücksichtigen, dass nicht jeder gern vor einer großen Gruppe spricht, indem sie oftmals den sicheren Austausch im einfachsten Rahmen – dem Paar – ermöglichen. So drückt sich jeder aus und kann seine Gedanken in Ruhe ausformulieren, ausprobieren, vertiefen und schärfen. Dadurch stellen Liberating Structures sicher, dass niemand direkt von der Meinung der anderen beeinflusst wird und verhindern so Groupthink. Sie legen die wahre Vielfalt der Ideen und Meinungen einer Gruppe offen. Durch gemeinsames Vergleichen, Bewerten und Besprechen in kleinen Gruppen verstärken sie die interessanten und wichtigen Ideen. Aufgrund der vertrauensvollen Art der Interaktion sind die Beteiligten bereit und offen dafür, den wirklich guten Ideen zu nachzugehen, sie auszuarbeiten und umzusetzen.

Einige Liberating Structures bringen kraftvolle allgemeingültige oder auch sehr spezifische Fragestellungen mit, die dir und deiner Gruppe erlauben, gezielt Klarheit zu gewinnen.

Sie bieten wirkungsvolle Hilfemuster an

Liberating Structures nutzen gezielt eine Reihe von Verhaltensmustern, die es erlauben, sich gegenseitig wirkungsvoll zu helfen.

Kennst du die folgende Situation? Du erzählst jemanden von einem Problem, das dich gerade beschäftigt. Anstatt dir einfach erst einmal zuzuhören, fängt dein Gegenüber sofort an, dir Ratschläge zu geben oder gar von einer ähnlichen Situation zu erzählen, die ihn beschäftigt. Auf einmal hast du gar nicht mehr den Raum, gehört zu werden.

Im Kontext von Liberating Structures wurden fünf Muster herausgearbeitet, die beschreiben, wie Hilfe *hilfreich* gegeben oder empfangen werden kann. So kann dein Gegenüber dir beispielsweise helfen, indem er oder sie dir aktiv zuhört. So bekommst du Raum dafür, deine Gedanken auszusprechen und zu sortieren. Auf diese Weise fühlst du dich gehört, gesehen und respektiert. Je nach Typ von Mensch, Stimmung, Problemstellung oder Tageszeit haben wir andere Bedürfnisse und Vorlieben, wie uns unser Gegenüber am besten helfen kann oder welche Art der Interaktion uns gerade weiterbringt. Liberating Structures greifen diese sogenannten *Hilfemuster* auf und arbeiten gezielt damit. Die Kunst für den Hilfegebenden besteht darin, sich wirklich auf sein Gegenüber zu konzentrieren und die eigene Geschichte und Agenda beiseite zu lassen.

Die fünf Hilfemuster, jeweils beschrieben aus der Situation, in der du Hilfe brauchst, stellen sich wie folgt dar:

Stille Präsenz oder auch aktives Zuhören

Dein Gegenüber hört dir einfach nur zu, ist für dich da und schweigt; oder sagt beispielsweise: „Und was passierte noch? Erzähl mir mehr!"

Geführtes Entdecken

Dein Gegenüber hört dir zu und greift deine Formulierungen auf, um für dich weitere Details deiner Geschichte oder deines Problems aufzudecken; und sagt beispielsweise: „Wenn du ... sagst, hast du das noch in anderen Zusammenhängen beobachtet?"

Liebevolle Provokation

Dein Gegenüber hört dir zu und weist dich liebevoll auf Aspekte hin, die du nicht siehst; und sagt beispielsweise: „Hast du schon einmal versucht ...?" oder „Könnte es sein, dass du an ... nicht gedacht hast?".

Gemeinsames Formen

Dein Gegenüber und du, ihr deckt gemeinsam Lösungen auf, nehmt Angebote voneinander an und entwickelt sie weiter; und ihr sagt beispielsweise: „Das ist eine gute Idee und du könntest zudem ...!" oder „Ja! Und außerdem ...!".

Strukturelle Bewusstheit

Dein Gegenüber und du, ihr macht euch die Art und Struktur eurer Interaktion bewusst und überlegt gemeinsam, welches Hilfemuster oder welche Interaktionsmethode euch jetzt weiterhilft. Euch fällt beispielsweise auf: „Wir führen gerade ein Brainstorming durch. Das erscheint mir für unser Vorhaben zu unstrukturiert. Lass uns *gemeinsam formen* und die Struktur ... wählen."

Die verwendeten Hilfemuster findest du bei der Beschreibung der Liberating Structures. So lernst du die Hilfemuster bewusst und gezielt in passenden Situationen einzusetzen.

Helping Heuristics – eine ausrangierte Liberating Structure

Die Liberating Structure Helping Heuristics baut im Wesentlichen auf diesen Hilfemustern auf und bietet eine Möglichkeit, diese in der Praxis nacheinander auszuprobieren. Die Durchführung dieser Liberating Structure ist in der Praxis oft schwierig für die Beteiligten. Zudem fasst sie die voneinander verschiedenen Muster *Gemeinsames Formen* und *Strukturelle Bewusstheit* zusammen und lässt so eine wichtige Unterscheidung aus. Daher ist die Liberating Structures Community dazu übergegangen, Helping Heuristics nicht mehr zu verwenden, sondern die Hilfemuster daraus zu extrahieren und als Teil anderer Liberating Structures bewusst einzusetzen. So verfahre ich auch in diesem Buch.

Sie ordnen Denkprozesse entlang der Inferenzleiter

Liberating Structures ordnen Denkprozesse von Individuen und Gruppen.

Wenn wir alleine Entscheidungen treffen – selbst kleinste Entscheidungen in jedem Moment im Alltag –, dann findet unbewusst immer derselbe kognitive Prozess statt. Ähnlich zu den Phasen der Entscheidungsfindung durchlaufen wir typischerweise einen schrittweisen Denkprozess, um von Fakten zu einer Handlung zu gelangen.[19] Zuerst machen wir eine Beobachtung: „Ich sitze am Laptop und sehe die Benachrichtigung, dass der Akku gleich leer ist." Dann treffen wir Annahmen aus den Beobachtungen: „Ich kann gleich nicht mehr weiterarbeiten." Aus den Annahmen ziehen wir Schlüsse: „Wenn ich den Laptop nicht gleich an das Netzteil anschließe, dann gehen meine ungesicherten Änderungen verloren." Hierauf beschließen wir Handlungen: „Ich speichere meine Änderungen und schließe dann das Netzteil an."

Das klappt für einfache Situationen meistens ganz gut. Doch bei weniger greifbaren Problemen fällt es uns manchmal schwer, derart geordnet zu denken. Wir springen direkt von einer Beobachtung in die Handlung oder übersehen wichtige Details für unsere Schlussfolgerungen. Anstrengend und unübersichtlich wird es, sobald wir in einer Gruppe agieren, denn wir machen viel zu selten unsere Denkprozesse für andere transparent. Unsere Mitmenschen verstehen dann nicht, warum wir auf einmal eine bestimmte Handlung empfehlen oder zu einem bestimmen Schluss kommen. Vor allem aber verpassen wir es, gemeinsam geordnet zuerst die Fakten auf den Tisch zu bringen, um dann darauf aufbauend als Gruppe zu schlussfolgern. Nur so können wir dann zusammen nachvollziehbare Handlungen beschließen und durchführen.

Die *Inferenzleiter* beschreibt die Abfolge der Denkprozesse: Sinnvolle Handlungen basieren auf durchdachten Überzeugungen, die sich schrittweise aus Fakten, Interpretationen, Annahmen und schließlich aus Schlussfolgerungen zusammenfügen. Einige der Liberating Structures sind nach dem Prinzip der Inferenzleiter aufgebaut. So helfen sie der Gruppe, die einzelnen Denkmuster geordnet zu durchlaufen, fundierte Schlussfolgerungen zu ziehen und sich für hilfreiche Handlungen zu entscheiden. Du findest mehr Informationen zu dieser Thematik bei What, So What, Now What?. Diese Liberating Structure baut auf dem Konzept der Inferenzleiter auf.

Sie helfen dabei, Verantwortung zu übernehmen

Liberating Structures erleichtern es den Beteiligten, Verantwortung zu übernehmen, und erlauben so, relevante Resultate entstehen zu lassen.

Mit dem *Responsiblity Process®* beschreibt Christopher Avery[20] vortrefflich, wie wirksam und hilfreich es ist, *Verantwortung* zu übernehmen. Oft hängen wir jedoch in anderen *mentalen Zuständen* fest: Wir weisen anderen die Schuld zu, wir rechtfertigen uns, wir machen uns selbst schlecht oder wir fühlen uns verpflichtet, etwas zu tun. Diese Zustände durchlaufen wir regelmäßig nacheinander. Meistens bleiben wir eine Weile – Minuten bis Jahre (manch einer ein Leben lang) – in einem dieser Zustände stecken. In diesen Situationen entstehen meist keine oder nur unbefriedigende Ergebnisse. Nur mit der inneren Haltung der Verantwortung entstehen wertvolle und wichtige Resultate.

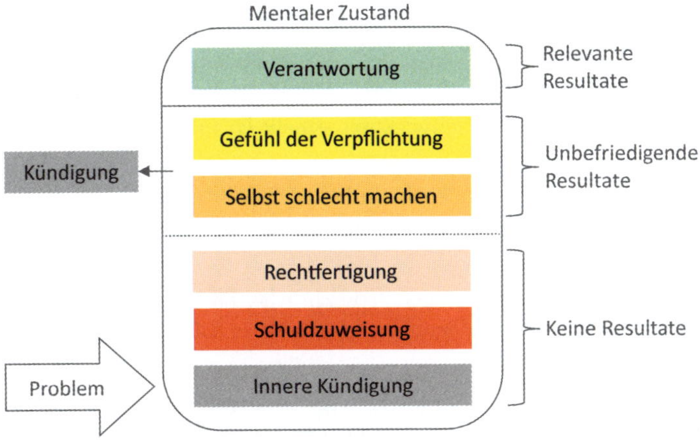

Die mentalen Zustände, die wir einnehmen, sobald wir mit einem Problem konfrontiert werden, und deren Konsequenzen

Stell dir vor, du fährst in der Tiefgarage ein geparktes Auto an. Zuerst schimpfst du auf den Besitzer: „Wie konnte der nur so dämlich parken!" Dann beginnst du dich zu rechtfertigen: Du konntest den anderen Wagen nicht sehen, weil es in dieser Tiefgarage besonders dunkel ist und die Straßen mal wieder so staubig waren und deshalb deine Scheibe dreckig ist. Nun beginnst du dich selbst schlecht zu machen: „Ich bin in letzter Zeit immer so zerstreut – kein Wunder, dass mir Trottel so etwas passiert!" Bis jetzt hast du noch nichts an der Situation geändert. Schließlich setzt das Gefühl der Verpflichtung ein: Wenn du dich nicht bei dem Halter meldest, dann begehst du Fahrerflucht und das kann richtig teuer werden! Also klemmst du einen Zettel mit deiner Telefonnummer an die Scheibe mit dem Wort „Sorry". Verantwortung zu übernehmen bedeutet in dieser Situation aber etwas anderes: Du stehst für deinen Fehler ein, versuchst den Fahrzeughalter ausfindig zu machen, um mit ihm zu klären, wie du den entstandenen Schaden wiedergutmachen kannst. Zusätzlich überlegst du dir, wie du in Zukunft einen solchen Unfall vermeiden kannst. Erst jetzt zeigst du ernsthaftes Interesse, das Beste aus der Situation zu machen, und erst hierdurch schaffst du wertvolle Ergebnisse.

Dadurch, dass Liberating Structures alle beteiligen und allen ermöglichen, sich zu äußern, ist die Grundvoraussetzung für verantwortungsvolles Handeln gegeben. Auch kann sich niemand mehr so leicht verstecken und hinterher andere beschuldigen. Rechtfertigungen oder sich selbst schlecht zu machen haben weniger Platz.

Sie bieten einen Rahmen für Komplexität

Ich laufe rückwärts in den Nebel der Zukunft hinein und möchte meine Neugierde nicht durch Ziele – kleine Punkte im Schein einer Taschenlampe, die ich in den Nebel richte, – blenden lassen. Ich will wissen was um diese Punkte herum im Nebel auf mich wartet.

frei nach Fisher Qua, Liberating Structures-Pionier

Liberating Structures bieten einen Rahmen für Komplexität und komplexe Systeme – den richtigen Rahmen für die Entscheidungsfindung und darüber hinaus.

Was sind einfache, komplizierte, komplexe und chaotische Systeme?

Komplexe Systeme unterscheiden sich von einfachen, komplizierten und chaotischen Systemen. Problemstellungen oder Situationen lassen sich ebenfalls in diese vier Kategorien oder auch *Problemdomänen* einordnen. Anhand von vier Spielen lassen sich die Unterschiede anschaulich erklären: dem Puzzle, Schach, Poker und Blinde Kuh.

Ein Puzzle ist ein einfaches Spiel. Die Regeln sind so einfach, dass jede Spielsituation offensichtlich ist und keine speziellen Fähigkeiten zum „Gewinnen" notwendig sind. Selbst Kleinkinder begreifen das Konzept sofort.

Die Herangehensweise an ein einfaches oder offensichtliches Problem ist, die Situation *wahrzunehmen*, direkt *einzuordnen* und mit einer bewährten Methode zu *lösen*. Der Zusammenhang zwischen Ursache und Wirkung ist stets klar.

Schach ist dagegen ein kompliziertes Spiel. Die Regeln sind zwar leicht zu erlernen, aber die Spielmechanik ist ungleich anspruchsvoller. Folglich braucht es viel Training, um das Spiel zu meistern. Es gibt *Experten*, die das Spiel beherrschen und durch ihre analytischen Fähigkeiten in der Lage sind, regelmäßig zu gewinnen. Und dann gibt es Schachcomputer, die algorithmisch, das heißt mit einem vorgefertigten Ablaufplan, Spielsituationen entscheiden können und seit geraumer Zeit auch in der Lage sind, Großmeister zu besiegen. Bei komplizierten Problemstellungen ist meist die Kollaboration von Experten gefragt, wie etwa von Ingenieuren, Programmierern, Physikern, Chirurgen. Experten können die Beziehung zwischen Ursache und Wirkung erarbeiten. Weitere Beispiele sind der Flugzeugbau oder gar ein Flug zum Mond.

Die Herangehensweise an ein kompliziertes Problem ist, die Situation *wahrzunehmen*, zu *analysieren* und mit dem vorhandenen Wissen die nächsten Schritte zu planen und anzugehen – also auf die Situation zu *reagieren*. Klassische Entscheidungsfindung kann hier gut funktionieren.

Komplizierte Probleme können mit genügend Erfahrung, Wiederholung und Übung zu einfachen Problemen werden. Wenn du zum ersten Mal ein mehrgängiges Menü für deine Gäste kochst, dann kann die Zubereitung für dich ein kompliziertes Problem sein, sofern du kein Experte – ein Koch – bist. Ständig schaust du in die Kochtöpfe, in die Rezepte und versuchst, die einzelnen Schritte nachzuvollziehen und durchzuführen. Erst wenn du das Menü oft genug zubereitet hast, sodass jeder Schritt für dich offensichtlich ist, fällt dieses Problem für dich in die Domäne *einfach*.

Poker ist ein komplexes Spiel. Die Regeln sind zwar leicht zu erlernen, machen jedoch nur einen Teil der Spielmechanik aus. Die eigentliche Spielsituation ist für den einzelnen Spieler nicht ersichtlich. Zudem bluffen die Gegenspieler – sie stellen ihr Blatt besser oder schlechter dar, als es ist –, um die Spielsituation weiter zu verschleiern. Es gibt Spieler, die dank Erfahrung und Training regelmäßiger gewinnen können. Dazu müssen sie, ähnlich wie Schachcomputer, die Wahrscheinlichkeiten einzelner Spielsituationen kennen. Es existiert aber keine rein algorithmische Lösung des Problems, sondern lediglich sogenannte Heuristiken. Eine Heuristik erlaubt es, mit begrenzten Informationen dennoch eine Entscheidung zu treffen, die ein gutes Ergebnis erzielt. Die Beziehung zwischen Ursache und Wirkung kann hier erst im Nachhinein aufgedeckt werden. So ergeben sich mit der Zeit neue Heuristiken. Wenn ein Pokerspieler einen Gegenspieler in einer bestimmten Situation öfter beim Bluffen erwischt, dann vermutet er in Zukunft in einer ähnlichen Situation erneut einen Bluff und wird entsprechend reagieren. Weitere Beispiele für komplexe Problemstellungen sind die Erziehung von Kindern, zwischenmenschliche Beziehungen oder oft auch die Entwicklung neuer Produkte.

Die Herangehensweise an ein komplexes Problem ist *ausprobieren* – bewusst Hypothesen aufstellen und durchführen –, das Resultat *wahrnehmen* und mit dem gewonnenen Wissen mit dem nächsten Schritt *reagieren*.

Blinde Kuh ist ein chaotisches Spiel. Die blinde Kuh – der Spieler, der die anderen mit verbundenen Augen fangen muss – weiß zunächst nichts über die Position der anderen Spieler. Sie kann lediglich blind umherlaufen und hoffen, dass sie jemanden zu fassen bekommt. Erst wenn jemand die blinde Kuh ruft oder anzupft, kann sie reagieren und versuchen, andere Spieler zu fangen. Die Problemstellung und die Lösung sind unbekannt – zumindest temporär. Es gilt immer, zunächst einmal zu handeln, Planung und Analyse sind nicht möglich. Die Beziehung von Ursache zu Wirkung ist nicht wahrnehmbar. Katastrophen sind ein typisches Beispiel für chaotische Situationen.

Die Herangehensweise für chaotische Probleme ist, zu *handeln*, dann das Ergebnis *wahrzunehmen* und schließlich zu *reagieren*. In der Regel ist das Ziel hierbei, das chaotische Problem in ein komplexes oder ein einfaches Problem umzuwandeln, um geordneter damit umgehen zu können.

Zusätzlich gibt es noch eine fünfte Domäne – den temporären Zustand der Unklarheit, in dem noch nicht bekannt ist, welche der vier anderen Domänen vorliegt und welches Handlungsmuster passend ist. Das *Cynefin-Framework* von David Snowden beschreibt diese Unterscheidungen vortrefflich. Sie lassen sich, angepasst auf obige Beispiele, vereinfacht wie folgt darstellen.

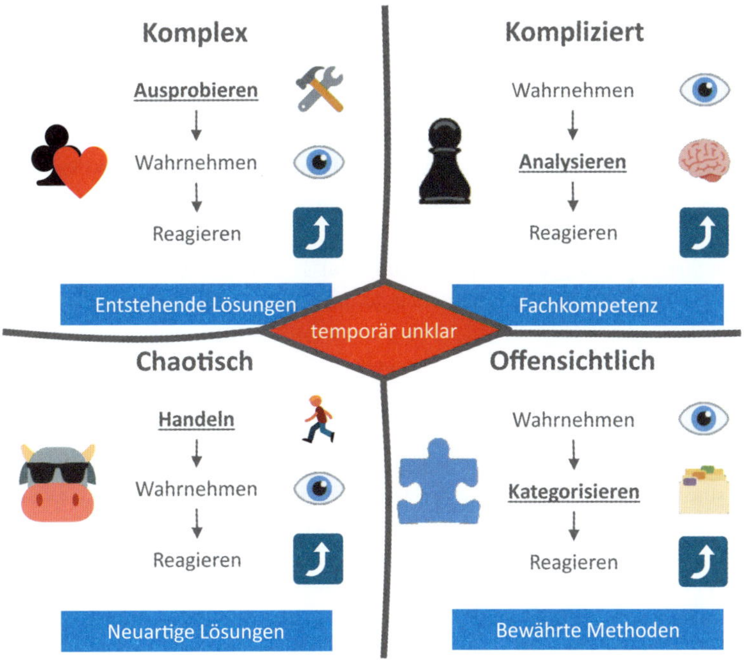

Die vier Domänen mit der temporären Domäne der Unklarheit des Cynefin-Frameworks[21]

Erkenntnisse und Beobachtungen aus der Theorie der komplexen Systeme

Seitdem ich mit Liberating Structures arbeite, hat sich mein Verständnis davon, worauf Gruppen hinarbeiten (sollten), radikal verändert. Die verbreitete Annahme scheint zu sein, dass es ein „gutes Ergebnis" ist, wenn eine Gruppe eine gemeinsame Entscheidung trifft, an der sich alle ausrichten müssen. Das stimmt für mich nicht mehr.

Johannes Schartau, Liberating Structures-Pionier

Im Alltag fallen wir immer wieder darauf herein, mit komplizierten Ansätzen komplexe Systeme beherrschen zu wollen. Abteilungen nehmen detaillierte Jahresplanungen vor, die ihnen ein Gefühl von Sicherheit und Kontrolle vermitteln. Unternehmen versuchen mit Planung, Befehlsketten und Kontrollinstanzen Stabilität und Zielgerichtetheit herzustellen. Wir versuchen mit komplizierten Abläufen für Meetings, wie etwa der strikt reglementierten Agenda von Meetings und Entscheidungsfindungen bei der Holokratie – einer Organisationsform, die die Mitarbeitenden in rollenbezogenen „Kreisen" organisiert –, die Herausforderungen komplexer Systeme in den Griff zu bekommen. Wir gehen ungeprüft davon aus, dass bei Statusmeetings alle Informationen für alle wichtig sind, alle zu interessieren haben und wir immer einen Konsens anstreben sollten.

Bezogen auf die Entscheidungsfindung versuchen wir oft, alles zu bedenken und richtig zu machen. Wir wollen alle Details betrachten und die vermeintlich perfekte Lösung finden bzw. die *beste* Entscheidung treffen – wir suchen nach einer komplizierten Lösung für ein komplexes Problem. Dabei übersehen wir leicht eine entscheidende Tatsache: Komplexe Sachlagen lassen sich per Planung und Analyse nicht abschließend lösen. Das Gute dabei ist: Die perfekte Lösung ist für komplexe Situationen und Systeme nicht entscheidend (und in der Regel nicht möglich). Sondern kleine, leichtgewichtige Anpassungen – Evolutionen – in Kombination mit regelmäßigem Feedback sind ein kraftvoller Motor für Veränderung und Erfolg. Ähnlich agilen Frameworks, wie beispielsweise Scrum, bietet dir Liberating Structures einen Rahmen, um die komplexen Problemstellungen anzugehen, die uns in der Entscheidungsfindung und all unseren Interaktionen umgeben.

Die Liberating Structure 🔎 `Agreement-&-Certainty Matrix` hilft dir dabei, vorliegende Herausforderungen in die vier beschriebenen Domänen einzuordnen und dadurch passende Vorgehensweisen zur Lösung wählen zu können.

Liberating Structures sind aus dem Umfeld der Wissenschaft der komplexen Systeme entstanden. Das hört sich zunächst abgehoben an. Tatsächlich umgeben uns komplexe Systeme ständig: menschliche Beziehungen, Staaten, die Weltwirtschaft, Organisationen oder die Natur. Vereinfacht gesagt ist die *Theorie der komplexen Systeme* eine Sammlung von Beobachtungen, die auf komplexe Systeme zutreffen. So sind komplexe Systeme üblicherweise *offen* nach außen, bestehen aus *selbstorganisierten, selbstregulierenden Einzelteilen* und die Einzelteile stehen miteinander in *Wechselwirkung,* wie beispielsweise Eltern und ihre Kinder. Eltern unterstützen ihre Kinder beim Aufwachsen und es besteht eine enge Bindung zwischen den „Einzelteilen". Dennoch sind Kinder und Eltern selbstorganisiert, da sie eigenständig die Beziehung formen und strukturieren und dabei Informationen verarbeiten und lernen. Sie sind selbstregulierend und prinzipiell in der Lage, eine stabile Struktur in diesem System aufrechtzuerhalten und das Gleichgewicht des Systems zu verstärken.

Komplex versus kompliziert

Folgende Tabelle beschreibt wirkungsvolle Mechanismen, Beobachtungen und hilfreiche Verhaltensweisen in der komplizierten und der komplexen Domäne.

Komplizierte Domäne – wie eine Maschine	Komplexe Domäne – wie in der Natur
Kontrolle verbessert die Ergebnisse: **Wie ein Uhrwerk**	Selbstorganisation verbessert die Ergebnisse: **Antifragilität**[22]
Definierte Rollen: spezifische Berufs- und Aufgabenbeschreibungen	**Beziehungen aufbauen:** Mit Interaktionsmustern bewusst arbeiten
Konfliktmanagement: Ordnung aufrechterhalten	**Paradoxes aufdecken:** Unterschiedlichkeiten als Quelle von Kreativität hervorheben und nutzen
Feste Strukturen: Formale Hierarchien nutzen	**Lose Koppeln:** Mit informellen Arbeitsgruppen arbeiten
Vereinfachungen: Einfache Maßnahmen priorisieren oder beschränken	**Verkomplizieren:** Freiheitsgrade hinzufügen
Sozialisierungen: Nach homogenen Werten und Ideen streben	**Diversifizieren:** Unterschiede hervorheben und nutzen
Klassische Entscheidungsfindung: Die „beste" Entscheidung finden	**Sinnstiften:** Viele richtige Antworten in verschiedenen lokalen Kontexten aufdecken
Wissen: Entscheiden und anderen sagen, was sie tun sollen	**Lernen:** Zur gleichen Zeit handeln, lernen und planen
Kontrolle: Streng kontrollierte Durchführung mit maximalem Regelwerk	**Improvisieren:** Direkt mit einem minimalen Satz an Prinzipien ins Handeln kommen
Planung mittels Prognosen: Durchplanen und dann ausrollen	**Antifragile, adaptive Strategien formen:** Gemeinsam entwickeln und absichern
Auf Kurs bleiben: Ausrichten, angleichen und Fokus behalten	**Entstehende Optionen wahrnehmen:** Auf Funktionierendem aufbauen
Die Herangehensweise **wahrnehmen → analysieren → reagieren** funktioniert	Die Herangehensweise **ausprobieren → wahrnehmen → reagieren** funktioniert

Eine weitere Beobachtung: *Nichtlinearität.* In komplexen Systemen können kleine Veränderungen große Auswirkungen haben. Eines Tages schimpft ein normalerweise liebevolles Elternteil, gestresst vom Arbeitstag – das komplexe System Familie ist offen und wird von außen beeinflusst –, sein Kind und schreit es an, weil es seine Hausaufgaben nicht macht. In der Regel führt dieser Einzelfall zu keiner nachhaltigen Veränderung im System dieser Familie oder für die Einzelteile. Möglicherweise führt die Situation aber dazu, dass das Kind die restliche Schulzeit motiviert die Hausaufgaben macht, weil es darüber nachdenkt, warum die Eltern so enttäuscht waren und so den tieferen Sinn von Hausaufgaben erkennt. Oder es führt dazu, dass das Kind so schockiert vom Verhalten des Elternteils ist, dass es stets ein schlechtes Gefühl zu Hausaufgaben haben wird und diese fortan nur widerwillig macht. Solche Phänomene erinnern an den *Schmetterlingseffekt* aus der Chaostheorie. Etwas genauer betrachtet zeigt sich hier jedoch wieder die komplexe Domäne: Die Ursache-Wirkungs-Beziehung offenbart sich erst hinterher.

Die Liberating Structure **15 % Solutions** baut auf dieser Beobachtung auf und lockt bei Beteiligten kleine Lösungen oder Maßnahmen hervor, die sie ohne fremde Hilfe und ohne Erlaubnis eigenständig durchführen können, um so *möglicherweise* einen größeren Effekt zu verursachen.

> *Ich glaube, dass es immer einen nächsten möglichen Schritt gibt. Einen kleinen Schritt zu tun ist besser als keinen zu tun. Oft ist das der einzig mögliche Weg, innerhalb großer Organisationen etwas zu verändern.*
>
> ***Henri Lipmanowicz***

1-2-4-All und **Impromptu Networking** basieren auf dem Gedanken, dass eine Gruppe wie ein Gehirn funktioniert – ebenfalls ein komplexes System. Die Informationen, die durch sie ausgetauscht werden, erzeugen unvorhersehbare Zustände im Gesamtsystem. Die Beteiligten sind wie Nervenzellen, Synapsen, an denen neue und alte Reize sich vermischen und das System umformen. Dabei ist es für das ganze System *nicht immer* wichtig, dass alle alle Informationen haben müssen, um den nächsten Schritt zu machen: Die Interaktionen finden selbstorganisiert statt und das System geht selbstregulierend damit um.

Ecocycle Planning – eine Liberating Structure zur Betrachtung des Portfolios von Aktivitäten oder Beziehungen – nimmt auf einer höheren Ebene die Ideen komplexer Systeme auf: sie stellt eine Metapher für den Kreislauf des Lebens in komplexen Systemen wie der Natur, ökonomischen Systemen oder Beziehungen dar. Die Einzelteile dieser Systeme haben ihren natürlichen Lebensweg: sie bestehen als Samen in der Erde, als Idee. Sie werden geboren und müssen gepflegt und ausgearbeitet werden. Sie sind reif und tragen Früchte, werfen Gewinn ab. Sie sterben oder müssen aktiv zerstört werden, um Platz für Neues zu schaffen. Die Einzelteile des Systems lassen sich auf diesem Kreislauf verorten. So hilft dir die Liberating Structure dabei, einen gemeinsamen Blick auf ein System zu werfen und gemeinsam Entscheidungen und Maßnahmen zu treffen, um das System zu beeinflussen.

Panarchy trägt den Gedanken eine Stufe weiter und ermöglicht dir, zwischen Ebenen zu springen: jedes Einzelteil stellt in der Welt wieder ein System dar, das aus Einzelteilen besteht. Und jedes System ist ein Einzelteil eines anderen Systems und lässt sich innerhalb dessen auf dem Kreislauf des Lebens einsortieren. Ein Unternehmen besteht aus Niederlassungen mit Abteilungen, die aus Teams bestehen, die sich aus Personen zusammensetzen, die eine Reihe von Fähigkeiten haben und so weiter. Umgekehrt ist ein Unternehmen Teil eines Wirtschaftszweigs, der Teil des Wirtschaftssystems eines Landes ist, das wiederum Teil des Wirtschaftssystems eines Staatenbundes ist und so fort. So kannst du auf jeder dieser Ebenen für deine Entscheidungsfindung relevante Beobachtungen zusammentragen.

Viele weitere Liberating Structures berücksichtigen und verwenden die Beobachtungen aus der Theorie der komplexen Systeme und integrieren sie in Purpose, Abläufe und Einladungen.

Sie stärken und fördern Purpose, Mastery, Autonomy – die drei Säulen intrinsischer Motivation

In seinem Buch „Drive"[23] leitet Daniel Pink, basierend auf Studien aus der Psychologie, Soziologie und Wirtschaft, anschaulich her, dass drei Bedingungen gegeben sein müssen, damit Menschen intrinisch motiviert handeln:

1. ein klarer *Purpose* der vorliegenden Arbeit,
2. die Möglichkeit *Mastery* zu erlangen – unserem Urtrieb, nämlich Tätigkeiten, die uns wichtig sind, meistern zu wollen, und
3. *Autonomy* – die vorliegende Arbeit selbstständig zu gestalten und so Verantwortung dafür übernehmen zu können.

Eine weitere Voraussetzung ist, dass ausreichend Gehalt bezogen wird, sodass *existenzielle Sorgen* keine Rolle spielen.

Daniel Pink beschreibt, dass Mitarbeiter sich nur dann die Ziele des Unternehmens zu eigen machen und mit den persönlichen Zielen und Werten verknüpfen, wenn sie das *Wozu* – den Purpose – kennen und verstehen.

Menschen sind besonders leistungsbereit, wenn sie ihre Kompetenzen und Neigungen einsetzen und verbessern – nach *Mastery* streben – können. Dann erleben sie, dass sie etwas mit ihrem eigenen Tun bewirken. Sie erfahren ihre Selbstwirksamkeit. Menschen lernen Musikinstrumente und spielen nur für sich, auch weil es sie befriedigt, ihre Fähigkeiten auszubauen. Oder sie investieren in ihrer Freizeit unzählige Stunden und perfektionieren Wikipedia-Artikel, Open-Source-Software oder ein Buch über Liberating Structures, weil sie einen tieferen Sinn darin sehen. Sie wollen ihre Fähigkeiten einsetzen und dabei verbessern, um diesen Sinn zu unterstützen.

Autonomy bezeichnet den Umstand, dass sich jeder selbst ausgestalten kann, wie sie oder er die Arbeit verrichtet. *Autonomy* entsteht, wenn wir in einem Umfeld agieren können, das uns durch *Prinzipien* einen Rahmen setzt und nicht durch *Regeln* einschränkt. In diesem Umfeld stehen Vorgesetzte nicht im Weg und maßregeln ihre Mitarbeitenden, sondern geben ihnen die Freiheit, das zu tun, *was* jene für richtig halten, und die Freiheit, es so zu tun, *wie* sie es für richtig halten.

Liberating Structures haben unseligerweise keinen direkten Einfluss auf die Gehälter. Dafür kannst du mit Liberating Structures für einen klaren Purpose sorgen und ein Umfeld schaffen, das *Mastery* fördert und *Autonomy* erlaubt. Sie bieten sogar noch mehr: Du kannst alle bei der Ausgestaltung ihrer Arbeit, Zusammenarbeit und des Purpose beteiligen.

Sie bringen ihre zehn Prinzipien in deinem Umfeld zur Wirkung

Inspiriert von Beobachtungen aus der Wissenschaft der komplexen Systeme[24,25] haben sich im Rahmen der Pionierarbeiten mit Liberating Structures zehn Prinzipien herausgebildet. Diese wurden von Keith und Henri in Feldversuchen über die Jahre verfeinert.

Die Prinzipien ersetzen stets ein gewohntes, aber schädliches Verhalten in Gruppen und Organisationen, das meist von den konventionellen Mikrostrukturen herrührt. Auf den ersten Blick durchaus paradox bieten sie dir Leitlinien für eine zielführende und wertschätzende Arbeitsweise an: *So verhalten wir uns, sobald wir merken, dass wir zusammengehören.* Sie beschreiben, was Liberating Structures in deinem Umfeld ermöglichen, sobald du sie zu einem festen Bestandteil deiner täglichen Interaktionen machst.

Zur Orientierung findest du beispielhaft einige Liberating Structures, die diese Prinzipien gezielt verstärken oder unterstützen. So bekommst du einen ersten Überblick über die zu Beginn vielleicht erschlagende Anzahl der Structures.

1. Beteilige alle und lege ihre Möglichkeiten frei!

Gemäß der gängigen Managementtheorien kann und muss eine Organisation gesteuert und kontrolliert werden, um erfolgreich zu sein. Zudem wird Erfolg meist nicht klar definiert oder rein bilanzgetrieben ausgelegt. Das heißt auch: Eine Entscheidung oder Lösung wird von wenigen erarbeitet und soll dann durch den Rest der Organisation umgesetzt werden. Hier erkennen wir wieder den Versuch, eine komplizierte Lösung für ein komplexes System zu finden.

Beteilige stattdessen *alle* über die Hierarchie- und Abteilungsgrenzen hinweg, die zu einer Entscheidungsfindung beitragen können und von der Entscheidung betroffen sind. Durch die gemeinsame Arbeit an der Lösung bilden sich wertschaffende, wertschätzende und *entfesselte* Beziehungen.

Mithilfe von `Social Network Webbing` findest du heraus, wer zu einer Herausforderung beitragen kann und wie du diese Personen miteinbeziehen kannst. `Generative Relationships STAR` beleuchtet gezielt Beziehungen innerhalb einer Gruppe, um herauszufinden, wie du diese wertbringender gestalten kannst.

2. Starte niemals ohne klaren Purpose!

Wenn du ein Schiff bauen willst, dann trommle nicht Männer zusammen, um Holz zu beschaffen, Aufgaben zu vergeben und die Arbeit einzuteilen, sondern lehre sie die Sehnsucht nach dem weiten, endlosen Meer.

Antoine de Saint-Exupéry, Autor

In der Arbeitswelt begegnen uns generische Visionen und Mission-Statements, mit denen wir uns oft nicht identifizieren können. Diese Leitbilder werden meistens von einer kleinen Gruppe „Wissender" erarbeitet und erst dann einem Team, einem Projekt oder der ganzen Organisation verkündet.

Erarbeite stattdessen zu Beginn einer Initiative oder eines Projekts gemeinsam mit allen Beteiligten *euren* Purpose. Der Purpose, der tiefere Sinn und Zweck eures Tuns, beschreibt, was ihr vorhabt und warum euch dieses Vorhaben persönlich wichtig ist. Er bildet die Grundlage eurer gemeinsamen Arbeit. Nur wenn der Purpose klar ist, wird das System als Ganzes zielgerichtet und inspiriert arbeiten. Nimm nicht länger hin, dass du auf scheinbar sinnvolle, kurzfristige Ziele hinarbeitest, ohne das große Ganze dahinter zu betrachten.

Dazu kannst du regelmäßig `9 Whys` durchführen, um ein deutlicheres Bild von eurem Purpose zu zeichnen. Geh einen Schritt weiter und bestimme, aufbauend auf eurem Purpose, mit `Purpose-To-Practice` alle entscheidenden Bestandteile für den Erfolg eures Vorhabens: eure Prinzipien, wichtige Teilnehmer, die Struktur eurer Zusammenarbeit und konkrete Praktiken. Der Erfolg ist definiert durch den Purpose, denn du kannst stets prüfen: „Zielen unsere Handlungen auf unseren Purpose ab? Passen unsere Handlungen zu unserem Purpose?"

Purpose! Und was ist eine Vision und der ganze Rest?

Wir sprechen von Vision, Mission, Purpose, Strategie. Diese Begriffe werden manchmal synonym verwendet und durcheinandergebracht. Ich will anhand eines Beispiels – der Hummusinitiative – Ordnung schaffen und meine Interpretation der Begriffe mit dir teilen.

Anhand dieses Beispiels stellt sich die Purpose-Leiter oder auch *Hummusleiter* wie folgt dar:

Fragestellung	Begriff	Beispiel
Was machen wir und *warum* ist das wichtig?	**Purpose**	Die Hummusinitiative existiert, um Hummus in Deutschland beliebt zu machen. Das ist mir wichtig, da Hummus lecker und nahrhaft ist und damit zur Gesundheit aller Menschen beiträgt.
Was machen wir Wichtiges?	**Mission**	Die Hummusinitiative existiert, um Hummus in Deutschland beliebt zu machen.
Wie sieht unser Umfeld oder die Welt aus, wenn wir unseren Purpose erfolgreich verfolgen?	**Vision**	An jeder Ecke gibt es guten Hummus zu kaufen, alle essen ihn täglich und sind deshalb gesund und glücklich.
Welchen längerfristigen Plan verfolgen wir, um unsere Vision Realität werden zu lassen?	**Strategie**	Das Ansehen von Hummus massiv steigern, sodass jeder unbedingt Hummus essen will.
Was ist eine Zielsetzung unserer Strategie?	**Ziel**	Hummus in Kitas begehrenswert machen.
Was tun wir konkret, um unser Ziel zu erreichen?	**Handlung**	Ich rufe in der Kita meiner Tochter an, halte eine flammende Rede für Hummus und bringe Hummus auf den Speiseplan.

3. Übe dich im tiefen Respekt für Menschen und lokale Lösungen!

Unternehmen kaufen vorgefertigte Lösungen und Experten ein, lassen ihre Mitarbeiter daraufhin trainieren und ignorieren immer wieder die Fähigkeiten der eigenen Belegschaft. Lösungen, die in einen Kontext passen, können in einem anderen Kontext sogar schaden.

Verlasse dich stattdessen auf die diejenigen, die bereits täglich in ihrem Umfeld mit ihren Herausforderungen konfrontiert sind und die selbst Experten sind. Sorge dafür, dass ihr Wissen, Können und Ideenreichtum Raum bekommt und sie selbst passende Lösungen entwerfen.

Mit Discovery & Action Dialogue entdeckst du mit der Gruppe passende Lösungen für Probleme im lokalen Kontext. Eine Simple Ethnography hilft euch, vorhandenes, implizites Wissen und Können greifbar zu machen oder das Verhalten und den Umgang mit Lösungen und Produkten zu untersuchen. Darauf aufbauend kannst du mit deiner Gruppe neue, geeignete Lösungsansätze gestalten. Mit einer User Experience Fishbowl kommen diejenigen zu Wort, die wichtige Erfahrungen mit allen zu teilen haben.

4. Baue Schritt für Schritt Vertrauen auf!

Auf der Vorderbühne folgen Kollegen und Vorgesetzte Vorschlägen und preisen sogar die Ideen anderer. Backstage wird dann zynisch gelästert, sich mit fremden Federn geschmückt und Meinungen und Ideen werden ins Lächerliche gezogen. Gleichzeitig neigen Mitarbeiter und Vorgesetzte dazu, zu viel zu erklären und die Arbeit anderer zu kontrollieren. All dieses Verhalten zeugt von und verstärkt Misstrauen.

Erschaffe stattdessen ein Umfeld, in dem jede Meinung gehört und respektiert wird. Sorge dafür, dass offene Worte und Feedback ihren festen Platz haben und wertgeschätzt werden. Ermögliche, dass alles Geschaffene als ein geteilter Erfolg gesehen wird. Treffe gemeinsam mit deiner Gruppe Entscheidungen basierend auf den Ideen aller. Übernimm Führung *und* folge anderen!

Praktiziere **Heard, Seen, Respected**, um greifbar zu machen, wie wichtig es ist, sich gehört zu fühlen, und was passiert, wenn wir das Gefühl verspüren, übergangen zu werden. Durch regelmäßiges **Troika Consulting**, bei dem sich Dreiergruppen wertschätzend zu ihren Problemen beraten, förderst du ein vertrauensvolles Miteinander.

5. Mache Fehler und lerne dabei!

Im klassischen Management wird gehandelt und entschieden, um Stillstand ja zu vermeiden. Gleichzeitig wird oft penibel darauf geachtet, dabei keine Fehler zu machen, denn „Fehler machen nur die anderen und sind fatal". Gerne werden bei Fehlschlägen die „Verursacher" bestraft und die Verantwortung dafür auf wenige abgeschoben. Hieraus können nur unbewegliche und fantasielose Unternehmen und Projekte resultieren, die dann irgendwann mit Scheuklappen in den Abgrund marschieren.

Etabliere stattdessen das Vorgehen für komplexe Systeme: ausprobieren, wahrnehmen und darauf aufbauend reagieren. Je kürzer du diesen Zyklus hältst, desto sicherer kannst du auch Risiken eingehen. So kannst du und andere unbesorgt Fehler machen. Und das ist wichtig! Denn wir lernen besonders gut durch unsere Fehler und anschließendes Reflektieren.

Spielt in raschen Zyklen Situationen und Herausforderungen mit **Improv Prototyping** nach und entdeckt dabei durch Improvisation und Regieführung, welche Veränderungen und Ideen funktionieren und welche nicht. Reflektiere mit deiner Gruppe über Geschehenes mit einem **Conversation Café** und zieht besonnen Schlüsse daraus.

6. Praktiziere Eigenständigkeit (in der Gruppe)!

Entscheider – Vorstände, Experten, Manager – geben vor, was zu tun ist und erklären sogar manchmal den Untergebenen, *wie* sie es tun sollen. Sie vermuten, dass die Masse der Leute widerwillig und uninteressiert an Veränderungen ist. Die Überzeugung, dass Angestellte in ihrem Grundzustand motiviert und gesteuert werden müssen, ist auch in der sogenannten neuen Arbeitswelt noch sichtbar. „Empowerment" spricht Managern zu, dass sie für die unmündigen Mitarbeiter am besten entscheiden können, wie diese sich entfalten sollen. Doch gerade dadurch entsteht Unmündigkeit, und intrinsische Motivation wird verhindert.

Verlass dich stattdessen auf die Vielfalt deiner Gruppe! Erlaube es, mehrere parallele Lösungen entstehen zu lassen. So kann die Gruppe voneinander lernen. Lass die Gruppe dann die passendsten Lösungen entdecken.

Setze beispielsweise 25/10 Crowd Sourcing ein, um die vielversprechendsten Ideen deiner Gruppe zu identifizieren und dabei direkt Mitstreiter für die Ideen zu motivieren. Lass die Ergebnisse von Lösungen und Experimenten mit Shift & Share teilen. Oder unterstütze und verfeinere mit Wise Crowds einzelne Lösungen durch die Kreativität der ganzen Gruppe!

7. Fördere Freiheit und Verantwortung!

In Unternehmen existieren viele Regeln, Verfahren und Prozesse, die eingehalten werden müssen. Leicht werden dadurch Ideen und Initiativen im Keim erstickt. Dagegen fehlt oft ein inspirierender und effektiver Rahmen zum Austausch darüber, wie sich die Arbeit, Entscheidungen und Produkte eines Unternehmens untereinander beeinflussen und welche Zusammenhänge zwischen Teams und Gruppen bestehen. Die Auswirkungen der eigenen Arbeit auf die Kunden innerhalb und außerhalb des Unternehmens bleiben verborgen.

Schaffe stattdessen einen Rahmen für die gemeinsame Arbeit, basierend auf einem minimalen Satz an Anforderungen oder Prinzipien und entwickle einen gemeinsamen Purpose. Sorge dafür, dass Ergebnisse wirklich regelmäßig mit allen geteilt werden und sich Teams, Abteilungen und Gruppen dazu Feedback geben. Feiert Fehler als Grundlage für Fortschritt und Lernen und macht sie für alle sichtbar.

Du kannst Min Specs verwenden, um gemeinsam eine Reihe von Prinzipien zu entwickeln, die so klein wie möglich und so groß wie nötig ist, um euren gemeinsamen Purpose zu verfolgen.

Durch Integrated Autonomy könnt ihr die scheinbar gegensätzlichen Anforderungen, nämlich dass ein Unternehmen wie eine zusammengehörige Einheit agiert *und gleichzeitig* jedes Einzelteil selbstständig und unabhängig von den anderen handelt, zu einem robusten, stabilen Konstrukt verweben.

8. Glaube an Möglichkeiten, noch bevor sie greifbar sind!

Wir neigen manchmal dazu, uns nur auf die negativen Dinge zu fokussieren. Geprägt vom Pessimismus unseres Umfelds warten wir darauf, dass sich etwas von selbst ändert. Oder wir versuchen das gesamte System auf einmal anzupassen und an allen Stellschrauben, die uns einfallen, gleichzeitig zu drehen. Solche erschlagenden Herangehensweisen führen zwangsläufig zum Stillstand.

Stelle stattdessen das ins Rampenlicht, was funktioniert hat. Überlege, woran das liegt, und gehe dann in kleinen machbaren Schritten voran. Orientiere dich dabei am Purpose.

Ergründe mit Appreciative Interviews, welche Erfolgsfaktoren dazu beigetragen haben, ein Problem zu meistern. Darauf aufbauend könnt ihr dann die nächste Herausforderung angehen. Entwickelt mit Critical Uncertainties Strategien, die für mögliche zukünftige Realitäten funktionieren. Entdeckt mit 15 % Solutions die kleinen, direkt durchführbaren Maßnahmen jedes Einzelnen.

9. Fördere kreative Zerstörung, um Platz für Innovationen zu schaffen!

Unwegsamkeiten werden von Kollegen oft entweder als unumstößliche Barrieren hingenommen oder deren Existenz wird ignoriert. An offensichtlich schädlichen Verhaltensweisen, Regeln und Praktiken wird festgehalten, anstatt sie zu stoppen. In der Folge entstehen Lähmung und Frust bis hin zur Resignation.

Decke stattdessen auf, was die Leute von ihren Zielen abhält, was sie auf dem Weg dorthin behindert und entferne diese Stolpersteine. Mach es den Kollegen einfach, ihre Ängste auf den Tisch zu bringen und gemeinsam anzugehen.

Setze **TRIZ** ein, um Hindernisse zu identifizieren und sie zu stoppen! Mithilfe eines **Ecocycle Planning** kannst du sichtbar machen, welche Aktivitäten oder Praktiken gerade Zeit beanspruchen, welche davon hilfreich und zielführend sind und welche euch Kraft kosten und davon abhalten, Neues zu schaffen.

10. Lass dich von ernsthaft-verspielter Neugierde leiten!

Entscheider finden es anstrengend, alle zu beteiligen. Sie machen es sich einfach und entscheiden vorab im kleinen Kreis, wie die Lösungen aussehen. Sie verwenden dann beispielsweise eine moderierte Diskussion, um noch den Anschein von Beteiligung zu wahren, während sie den Inhalt und das Resultat kontrollieren. Sie kauen Ergebnisse und Schlussfolgerungen mit Präsentationen vor und stellen nur geschlossene Fragen. Die Arbeit in einem solchen Umfeld macht keinen Spaß und ist nicht inspirierend.

Lass stattdessen ein Spielfeld für intrinsische Motivation entstehen und die Kollegen ihre eigenen Innovationen spielerisch und mit Leichtigkeit erforschen. Die gemeinsame Arbeit soll fordernd *und* einladend sein.

Entwickelt mit **Wicked Questions** die paradoxen und einladenden Fragestellungen, die eure gemeinsame Arbeit ausmachen. Verlasst mit **Drawing Together** die übliche verbale, rein logisch geprägte Herangehensweise und entdeckt neue gemeinsame Wege.

Du kannst gespannt darauf sein, wie die zehn Prinzipien langsam, aber sicher in deinem Umfeld gelebt werden, sobald du regelmäßig Liberating Structures einsetzt.

Zusammenfassung

Liberating Structures sind Mikrostrukturen, die du für die Entscheidungsfindung und weit darüber hinaus einsetzen kannst. Sie stellen einen Gegenentwurf zu den „Großen Fünf“ dar. Die Qualitätskriterien und die klaren Beschreibungen der Structures entlang der fünf mikrostrukturellen Elemente sorgen dafür, dass du die meisten Liberating Structures leicht nachvollziehen und sie in deinem eigenen Kontext anwenden kannst. Die genannten Qualitätskriterien stellen sicher, dass sich die Prinzipien der Liberating Structures jederzeit entfalten können. Liberating Structures bieten einen Rahmen für die in der Regel komplexe Natur eurer Zusammenarbeit, sind die ideale Voraussetzung für intrinsische Motivation und erlauben es den Beteiligten, Verantwortung zu übernehmen. So kannst du mit Liberating Structures allen Beteiligten gleichermaßen ermöglichen, gemeinsam ihre Zukunft zu gestalten.

Folgende Abbildung stellt alle genannten Aspekte in einem „Weltbild“ dar.

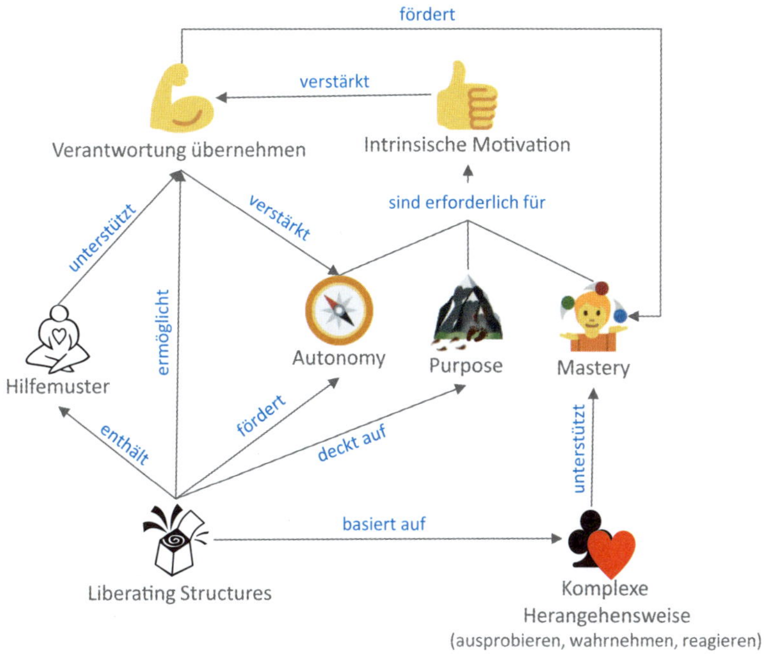

Spielerische Einordnung der beschriebenen Konzepte im Rahmen von Liberating Structures

Nun bist du mit den wesentlichen Hintergründen und den Konzepten von Liberating Structures vertraut und bereit für deine Praxis mit Liberating Structures.

Selbstreflexion

- Welches Verhalten legst du bei einer offenen Diskussion an den Tag?
- Wenn du an die offenen Diskussionen der letzten Wochen denkst, gab es erfolgreiche? Woran lag das?
- Wie sehen die fünf mikrostrukturellen Elemente für die die Statusrunde und das Brainstorming aus? Was sind die Konsequenzen daraus?
- Welche Phase der Entscheidungsfindung ist in deinem Umfeld die schwierigste? Welche kostet die meiste Kraft? Woran liegt das?
- Welches ist dein favorisiertes Hilfemuster? Als Hilfesuchender? Als Hilfegebender? Warum?
- Wann fällt es dir besonders schwer, Verantwortung zu übernehmen? Wann fällt es dir leicht? Woran liegt das?
- Welche Beispiele für einfache, komplizierte oder komplexe Problemstellungen aus deinem Alltag fallen dir ein?
- Wie gehst du an diese Problemstellungen heran? Bist du dabei erfolgreich? Warum/warum nicht?

- Welche der drei Säulen der intrinsischen Motivation sind in deinem Umfeld vorhanden? Welche fehlen?
- Welches der Prinzipien spricht dich am meisten an? Warum?
- Welches der Prinzipien kommt in deinem Umfeld nicht vor, was du gerne ändern wollen würdest? Warum?

Kapitel 3
Erste Schritte, Tipps und Stolperfallen

Purpose: *Du erfährst hier, worauf du bei der Durchführung von Liberating Structures achten solltest, wie du Meetings mit Liberating Structures planst und durchführst. Das ist wichtig, damit du mit diesem Buch Liberating Structures erfolgreich selbst einsetzen kannst.*

Aus kleinem Anfang entspringen alle Dinge.

Cicero, Philosoph

Kapitelübersicht

Viele Liberating Structures sind einfach zu erlernen und anzuwenden. Dennoch birgt die Durchführung einige Stolperfallen. Auf diesen Seiten vermittle ich dir die Grundlagen und gebe nützliche Tipps für die Praxis. So kannst du unbeschwert und zielführend mit Liberating Structures loslegen oder weitermachen. Du wirst sehen, wie du Meetings und Workshops planen und dafür passende Liberating Structures finden kannst. Zudem gebe ich Hinweise zum Gestalten von Einladungen – Fragestellungen oder Aufforderungen für die einzelnen Schritte einer Liberating Structure – und Tipps, wie du Liberating Structures auch virtuell durchführen kannst.

Grundsätzliches zum Einsatz von Liberating Structures

Zuerst einige wichtige grundsätzliche Überlegungen für deine Praxis mit Liberating Structures:

Die Macht des Facilitators

Du bist während der Durchführung der Liberating Structures der *Facilitator*. Das heißt, du gibst den Rahmen für die Interaktionen mit Liberating Structures vor und führst die Gruppe durch die einzelnen Schritte der Liberating Structures. Das bedeutet auch, dass du *Verantwortung* für die Gruppe trägst. Dadurch, dass du in der Regel die Einladungen formulierst und die Abfolge der Interaktionen bestimmst, übst du indirekt *Macht* auf die Gruppe aus!

Gehe bewusst und sorgfältig mit dieser Macht um. Versuche, die zehn Prinzipien von Liberating Structures zu leben, und gib insbesondere die Kontrolle über den Inhalt vollständig an die Gruppe ab. Widerstehe der Versuchung zu moderieren, Beiträge zu paraphrasieren oder Gehörtes zusammenzufassen. Vor dir stehen die Experten. Vertraue also auf die Gruppe und zeige ihr, dass du es tust! So wirst du die Kraft der Liberating Structures erst entfalten können.

Vergiss nicht, dass Liberating Structures zunächst eine ungewohnte Art sind, miteinander zu interagieren. Sie brechen mit jahrelang gelernten Verhaltensmustern und können, wenn du sie unachtsam einsetzt, Menschen aus ihren gewohnten Rollen unangenehm herausreißen. Dadurch wirst du immer mal wieder auf Widerstände bei der Arbeit mit Liberating Structures treffen. Wenn du einige grundlegende Dinge zu Beginn der Einführung von Liberating Structures beachtest, kannst du diesen Effekt reduzieren:

- Versuche, klar zu transportieren, *warum* du *was* mit deiner Gruppe vorhast – vermittle den Purpose. Dazu gehört auch, gute Einladungen auszusprechen beziehungsweise Fragen zu formulieren, die einzelnen Schritte deutlich zu erklären und Verständnisfragen zu erbitten. Tipps zu guten Einladungen findest du in diesem Kapitel.
- Entwickle vorab mithilfe einiger oder aller Beteiligten den Purpose eines anberaumten Termins: *Was* wollt ihr in dem Termin erreichen und *warum* ist das wichtig? Verwende dazu beispielsweise Design StoryBoards und orientiere dich an den Hinweisen auf den folgenden Seiten.
- Vermeide, Meetings und Workshops im stillen Kämmerlein und ohne Hilfe oder Feedback von weiteren Beteiligten vorzubereiten.
- Es kann hilfreich für die Gruppe sein, wenn du beschreibst oder fragst, was eine konventionelle Mikrostruktur in eurer Situation typischerweise für Auswirkungen hätte und warum und wie die von dir gewählte Liberating Structure das Problem umgeht.
- Allerdings gilt auch hier: Anstatt alles vorzukauen und zu erklären, vertraue darauf, dass die Beteiligten bald selbst Gefallen an der neuen Arbeitsweise finden. Dem kannst du mit kurzen Nachbesprechungen auf der Metaebene nachhelfen. Du kannst beispielsweise nach der Durchführung einer Liberating Structure fragen, was der Gruppe dabei aufgefallen ist, wie sich die Interaktion angefühlt hat und was anders gelaufen ist als sonst.
- Achte stets auf die Stimmung und das Energielevel im Raum. Die besten Methoden sind nichts wert, wenn sie nicht zur aktuellen Situation passen.

Deine längerfristige Motivation als Facilitator *könnte* sein, die Abhängigkeit von deiner Person überflüssig zu machen und die Gruppe zu befähigen, ihre Interaktionen eigenständig mit Liberating Structures zu strukturieren. Hierbei schlagen zwei Herzen in meiner Brust. Einerseits will ich glauben, dass Liberating Structures ohne Machtstruktur auskommen und irgendwann keinen dedizierten Facilitator mehr erfordern. Andererseits habe ich das in der Praxis noch nicht erlebt. Zudem wird immer eine Person vorübergehend in die Rolle des Facilitators schlüpfen, um dem nächsten Schritt der Interaktion einen Rahmen zu geben. Dabei wird diese Person Macht ausüben und die Gruppe durch ihre Formulierungen, Persönlichkeit und vielleicht auch ihre eigene Agenda beeinflussen.

Liberating Structures im virtuellen Raum

In virtuellen Meetings werden einige Unzulänglichkeiten der großen Fünf weiter verschärft. So können beispielsweise Diskussionen ermüdender sein und mit großen Gruppen chaotische Züge annehmen. Wenn die Vortragenden das Tempo und die Ausführlichkeit ihrer Präsentation nicht mehr an die Stimmung im Raum anpassen können, wird es dem Publikum schwerer fallen, zu folgen. Zudem fallen zwischenmenschliche Signale undeutlicher aus und die Beziehungsebene leidet darunter.

Glücklicherweise eignen sich Liberating Structures hervorragend, um auch im virtuellen Raum zielführend und wertschätzend zusammenzuarbeiten. Um wirklich (fast) alle Liberating Structures virtuell durchführen zu können, brauchst du zwei technische Voraussetzungen:

1. die Möglichkeit, die Teilnehmenden in Kleingruppen aufzuteilen, und
2. ein virtuelles Board für (geteilte) Notizen und gemeinsame Resultate.

Zu 1.: Die Aufteilung in Kleingruppen funktioniert zum aktuellen Zeitpunkt komfortabel etwa mit den Videokonferenztools Zoom, Microsoft Teams und Toasty.AI. Diese Werkzeuge erlauben dir, die Teilnehmenden automatisiert in Kleingruppen beliebiger Größe aufzuteilen und in eigene Konferenzräume zu verschieben. Fehlt deinem Tool der Wahl diese Möglichkeit, dann kannst du die Teilnehmenden (vorab) per Hand in Kleingruppen einteilen und sie bitten, für einen oder mehrere Schritte und verabredete Zeitfenster geschlossen miteinander zu konferieren. Manche Tools, wie Microsoft Teams oder Slack, erlauben, mehrere virtuelle Konferenzräume zu erstellen, in die die Teilnehmenden dann eigenständig wechseln können.

Bietet dein Tool keine automatisierte Aufteilung in Kleingruppen, dann plane in jedem Fall mehr Zeit ein und mach die Zeitfenster und gemeinsamen Treffpunkte besonders deutlich. Dazu kannst du zusätzlich einen Zeitplan vorbereiten, der die Teilnehmenden für einzelne Schritte virtuellen Räumen zuordnet. Mach diesen Zeitplan für alle Teilnehmenden sichtbar. Unter dieser technischen Limitierung kannst du manche Liberating Structures mit kleinen Variationen auch vereinfachen. Führe beispielsweise anstelle eines 1-2-4-All ein 1-3-All durch – lege also den „2"- und den „4"-Schritt zu einem „3"-Schritt zusammen. So sparst du dir eine Umkonfiguration der Kleingruppen, während die Nachteile in der Situation vertretbar sind.

Zu 2.: Prinzipiell eignen sich die meisten virtuellen Boards und geteilten Dokumente für die Arbeit mit Liberating Structures. Als aktuell DSGVO-konform, komfortabel und umfangreich kann ich insbesondere Conceptboard empfehlen. Miro und Google Docs sind gute Alternativen, nur sind sie zum Zeitpunkt der Drucklegung dieses Buchs nicht DSGVO-konform. Beachte bei der Wahl des Tools, dass es dir erlaubt, mindestens einer Person pro Kleingruppe Schreibzugriff auf das Board zu gewähren, sodass die Kleingruppe einen gemeinsamen Ort hat, um ihre Ergebnisse zu entwickeln und festzuhalten.

Virtuell funktionieren einige Liberating Structures ein wenig anders und manche sogar besser. So freuen sich regelmäßig Teilnehmende über die Ruhe und das Wegfallen der Partnersuche bei einem virtuellen Impromptu Networking. Ein Troika Consulting bekommt virtuell einen leicht anderen, interessanten Charakter, wenn die Klienten hierbei während der Beratungsrunde ihr Mikro und ihre Kamera ausschalten. Für weitere Tipps und Hilfestellungen zur virtuellen Durchführung einzelner

Liberating Structures schau auf der Seite zu diesem Buch (liberatingstructures.de/buch) oder bei der Liberating Structures Slack-Community im Kanal „virtual" (liberatingstructures.slack.com/virtual) vorbei.

Tipps und Stolperfallen zu den fünf mikrostrukturellen Elementen

Die folgenden Hinweise helfen dir bei der Durchführung von Liberating Structures:

- Die ***Tipps*** beschreiben Überlegungen zu einigen mikrostrukturellen Elementen (Raum und Material, Ablauf und Dauer, Einbindung der Beteiligten, Konfiguration der Gruppen), auf die du achten solltest oder die du ausprobieren kannst. Tipps und Überlegungen zum mikrostrukturellen Element *Einladung* beschreibe ausführlicher weiter hinten in diesem Kapitel.
- Die ***Stolperfallen*** erläutern Situationen, die gerne mal schiefgehen und beschreiben, wie sie gelingen können.

Raum und Material

- ***Tipp:*** Sorge dafür, dass der verwendete Raum groß genug ist, sodass Umkonfigurationen der Gruppe und die Arbeit in Kleingruppen angenehm möglich sind. Insbesondere bei großen Gruppen kann ein zu kleiner Raum eine problematische Akustik erzeugen. Durch das Parallelisieren der Gespräche kann es laut werden!
- ***Stolperfalle:*** Bei einigen Liberating Structures in diesem Buch gebe ich vor, Flipcharts zum Teilen von Ergebnissen und Zwischenschritten zu verwenden als einfache und verbreitete Möglichkeit, Informationen mit allen zu teilen. Mache dir jedoch bewusst, dass du Kontrolle über den Inhalt ausübst, wenn du als Facilitator Ergebnisse am Flipchart anschreibst. Du betrittst für einen Moment die Domäne der moderierten Diskussion oder der Präsentation. Dadurch verursachst du *möglicherweise* Passivität oder Widerstände. Wenn alle anderen sitzen und du oder jemand der Beteiligten vorne steht und Ergebnisse auf dem Flipchart anklebt oder anschreibt, dann repräsentiert das *eventuell* einen höheren Status und beeinflusst die Machtstruktur im Raum. Falls dir also auffällt, dass in solch einer Situation die Beteiligten sich zurücknehmen, abwehrend reagieren oder sich gegenseitig dominieren, dann ändere das Vorgehen. Wenn die Gruppe die Ergebnisse sichtbar für alle machen will, um beispielsweise im nächsten Schritt darauf aufzubauen, lass die Gruppe die einzelnen Punkte selbst anschreiben oder lass die Resultate auf Post-its sammeln und diese auf den Boden oder auf den Tisch legen. Positioniert euch dann drum herum.
- ***Tipp:*** Verwende eine Glocke, Klangschalen oder Ähnliches, um die Übergänge zwischen einzelnen Schritten oder zwischen Rollenwechseln anzukündigen. Erkläre der Gruppe, was das Signal bedeutet.

Ablauf und Dauer

- ***Tipp:*** Verkünde laut und deutlich, wie viel Zeit die Gruppe für den kommenden Schritt hat.
- ***Tipp:*** Achte auf die Einhaltung der Zeitfenster, sei aber auch behutsam: Wenn du bemerkst, dass die Energie im Raum und die Unterhaltungen gut und lebendig sind, dann lass den Beteiligten noch einen Moment, bevor du den nächsten Schritt ankündigst. Verwende eine Formulierung wie „führt euren Gedanken zu Ende", um die Gruppe behutsam zur Beendigung des aktuellen Schritts zu bewegen.

- *Stolperfalle:* Achte auf die Einhaltung der ⌛ Zeitfenster! Lass dich gerade zu Beginn deiner Praxis mit Liberating Structures nicht dazu hinreißen, die Zeitfenster *unbedacht* zu verlängern. Das führt bei einigen Liberating Structures sogar zu Unübersichtlichkeit bis hin zum Stillstand. Wenn du beispielsweise Maßnahmen sammeln lässt, ist *ein* guter, konkreter nächster Schritt wertvoller als fünf vage Ideen der Sorte „sollten wir wirklich mal machen". Letztere werden garantiert *nicht* umgesetzt.
- *Tipp:* Manche Beteiligten werden sich über die knappen ⌛ Zeitfenster wundern und dir mitteilen, dass sie mehr Zeit brauchen. Vermittle an dieser Stelle, dass die Zeit bewusst knapp gewählt ist: Die Ergebnisse werden häufig nicht besser, nur weil man länger darüber spricht. Die angegebenen Zeitfenster sorgen für eine Fokussierung auf das Wesentliche. Durch die Vielfältigkeit der ganzen Gruppe kommen in der Regel überraschend viele verschiedene Aspekte zum Vorschein. Die Zeitfenster machen Liberating Structures so effizient. Die Gruppe spart Zeit bei gleichbleibend guten Ergebnissen. Ein Hinweis darauf, dass es beispielsweise gerade nicht darum geht zu vertiefen, sondern darum, gezielt wichtige Ideen zu finden, kann hier helfen.
- *Tipp:* Führe eine *zweite Runde* der gesamten Liberating Structure durch, wenn sich für die Gruppe (oder dich) die Ergebnisse noch nicht stimmig anfühlen.

Einbindung der Beteiligten, Konfiguration der Gruppen

- *Tipp:* Lade dazu ein, bei der Durchführung mehrerer Liberating Structures hintereinander die *Paarungen und Gruppenkonstellationen immer wieder neu zu formen*, sodass sich die ganze Gruppe und deren Ideen vermischen. So stärkst du auch die Beziehungsebene in der Gruppe.
- *Tipp: Flüstere laut* – sprich deine Gedanken zur aktuellen Stimmung, zu Änderungen im Ablauf oder spontane Ideen vor der ganzen Gruppe laut aus, anstatt sie für dich zu behalten. So kann die Gruppe leichter nachvollziehen, was als Nächstes warum passiert. Das funktioniert gut mit mehreren Facilitatoren, aber auch allein.
- *Tipp:* Flüstere laut, falls du ein anderes Zwischenergebnis erwartet hast oder die Ergebnisse sich für dich nicht stimmig anfühlen. Sprich auch deine Schlussfolgerungen aus, wie beispielsweise „die Einladung war nicht klar genug formuliert", und lade die Gruppe ein, einzelne Schritte oder eine ganze Liberating Structure zu wiederholen.
- *Stolperfalle:* Bedenke, dass Liberating Structures für viele zunächst eine ungewohnte Art ist, miteinander zu interagieren. Wir alle sind so an die konventionellen Mikrostrukturen und damit einhergehende Rollen und Verhaltensweisen gewöhnt, dass es nicht immer einfach ist, daraus auszubrechen. Lass dir Zeit mit deiner (R)Evolution!

Bewertung verbreiteter Meetingtechniken

Diese Tabelle will keine der genannten Techniken verteufeln oder ablehnen, sondern darstellen, welche (auch positive) Konsequenzen für die Interaktion der Gruppe daraus entstehen *können* und welche Alternativen dir durch Konzepte im Kosmos der Liberating Structures zur Verfügung stehen. In der Beschreibung der aufgeführten Liberating Structures findest du konkrete Hinweise oder Ideen dazu.

Technik	Was sind mögliche Konsequenzen?	Alternativen	Unterstützende Liberating Structures
Teilnehmerzahl begrenzen	Bei einigen konventionellen Mikrostrukturen ist das die einzige Möglichkeit, noch möglichst viele zu beteiligen. Alle anderen Betroffenen sind und fühlen sich ausgeschlossen.	Verwende Liberating Structures in deinen Terminen – viele davon skalieren ohne weitere Anpassungen beliebig.	Alle
Agenda vorab erstellen oder bekannt geben	Hilfreich, um einen Termin zu strukturieren. Kann dazu führen, dass bestimmte Ergebnisse bereits vorformuliert sind.	Sprich einen klaren, anziehenden Purpose für den Termin aus oder entdecke ihn mit der Gruppe. Überlegt dann gemeinsam, wie ihr diesen unterstützen könnt und wählt für die einzelnen Ziele passende Mikrostrukturen.	9 Whys Design StoryBoards
Erwartungshaltung für das Ergebnis des Termins zu Beginn vorgeben	Das kann ohne sorgfältige Strukturierung des Termins zu Stress („wir haben nur noch fünf Minuten und müssen uns noch einigen") oder zu Widerständen führen.	Überlege dir zuerst den Purpose, dann mögliche Schritte und passende Mikrostrukturen. Erwarte mehrere mögliche Ergebnisse!	9 Whys Design StoryBoards
PowerPoint oder Flipcharts *präsentieren*	Übliche Konsequenzen einer Präsentation: Die Teilnehmer schweifen zum Beispiel nach einer Weile Frontalbeschallung gedanklich ab.	Nutze diese Medien bewusst pointiert und gib den Teilnehmern die Gelegenheit, die gehörten und gesehenen Inhalte zu verdauen.	Gallery Walk XxX-Writing Celebrity Interview
Für alle sichtbar mitschreiben	Es entsteht ein geteiltes Bild, das der Gruppe hilft, sich zu fokussieren. Allerdings beeinflussen die Formulierungen und das Tempo des Protokollierenden die Gedanken aller Teilnehmer und deren Aktivierung sinkt.	Nutze verteiltes Mitschreiben oder eine grafische Visualisierung. Wähle eine Purpose-gerechte Mikrostruktur, die bereits eine passende, einbeziehende Visualisierung mitbringt. Baue direkt auf parallele Interaktionen.	Drawing Together Viele Liberating Structures

Technik	Was sind mögliche Konsequenzen?	Alternativen	Unterstützende Liberating Structures
Post-its schreiben (oder ganz allgemein: getrennt Ergebnisse erarbeiten) und reihum vorstellen lassen	Übliche Konsequenzen einer Statusrunde: Die Teilnehmer fokussieren sich beispielsweise eher auf ihren eigenen Vortrag oder sie können nicht immer die Masse an anderen Äußerungen verarbeiten. Oft ist eine Statusrunde ineffizient, da auch möglicherweise irrelevante oder weniger wichtige Ergebnisse geteilt werden.	Fordere die Teilnehmer dazu auf, ihre Ergebnisse vorab zu priorisieren, und bitte sie, reihum jeweils ihren wichtigsten Aspekt zu teilen, der noch nicht von jemand anders genannt wurde. Lass die Ergebnisse in Kleingruppen verdichten und verproben. Frage bei größeren Gruppen (50+ Personen): „Wer hat ein Ergebnis, von dem unbedingt alle anderen erfahren müssen?" Mach dir klar, warum oder ob die Teilnehmer ihre Post-its oder Ergebnisse überhaupt mit allen teilen sollen.	≡X≡ XxX-Writing 25/10 25/10 Crowd Sourcing 1-2-4-All
Massenhaft Post-its schreiben	Inzwischen gewohnt in jedem Meeting Post-its zu verfassen, greifen die Teilnehmer oft ohne Aufforderung zum Stift und füllen munter stapelweise Post-its. Dabei wird die später verarbeitbare Menge an Information schnell überschritten. Wenn Teilnehmer nun noch unleserlich schreiben oder ihre Post-its zu verschieden strukturieren, ist es nicht mehr möglich die Ergebnisse für weitere Schritte sinnvoll zu nutzen.	Lass die Ergebnisse in Kleingruppen verdichten und sich dort auf ein bis zwei relevante Ergebnisse einigen. Gib ein Schema für die Formulierung vor, wie etwa „Was ist passiert? Warum ist das wichtig?" oder „Substantiv Verb". Beschränke die Anzahl der Wörter pro Post-it auf beispielsweise fünf. Bitte die Beteiligten möglichst leserlich oder in Druckbuchstaben zu schreiben.	1-2-4-All

Technik	Was sind mögliche Konsequenzen?	Alternativen	Unterstützende Liberating Structures
Flipcharts zum Festhalten von Ergebnissen verwenden	Flipcharts beeinflussen die Machtstruktur im Raum. Die Gruppe zieht sich meist ein wenig zurück und die Aktivierung der Teilnehmer sinkt.	Siehe die Stolperfalle zu Flipcharts weiter oben.	
Dotvoting zur Themenbestimmung oder bei Entscheidungen	Die Themen mit wenigen Punkten werden nie besprochen. Minderheiten werden ignoriert.	Lass sich Gruppen um Themen bilden und parallele Experimente entstehen, um später erfolgreiche Ergebnisse, Fehlschläge und Gelerntes zu teilen. Nicht alle müssen immer an jeder Konsensbildung teilhaben.	25/10 Crowd Sourcing UX Fishbowl Open Space Technology
Protokoll führen und hinterher verschicken	Das Protokoll wird nicht (von allen) gelesen und dient allein dadurch nicht dazu sicherzustellen, dass alle Zeuge desselben waren.	Sorge während des Termins dafür, dass alle beteiligt sind und Zwischenergebnisse bei Bedarf passend visualisiert werden. Schließe den Termin mit einem gemeinsamen Schlussfolgern.	What, So What, Now What?

Gruppendynamik und Konflikte

Igel und Löwen

Ich will gerne etwas überspitzt auf zwei Archetypen von Beteiligten eingehen, bei denen du besonders behutsam im Einsatz von Liberating Structures sein solltest: dem Igel und dem Löwen. Der Igel hat gelernt, sich zu verstecken und es sich bequem zu machen. Er muss sich selten mitteilen, kann sich bei offenen Diskussionen unbemerkt im Hintergrund halten und fühlt sich wohl in dieser Rolle. Dagegen fällt es dem Löwen leicht, sich Gehör zu verschaffen. Er ist gewohnt, in Meetings seinem Willen Beachtung zu geben und ihn auch meistens durchzusetzen. Igel sind meist introvertierte und Löwen meist extrovertierte Persönlichkeiten. Liberating Structures können beide aus ihrer Komfortzone bringen.

Der Igel kann sich auf einmal nicht mehr verstecken und soll sich nun ständig mit einbringen. Er fühlt sich gezwungen, sich zu äußern. Du kannst dem Igel helfen, indem du Einladungen so formulierst, dass es in Ordnung ist, wenn jemandem nichts einfällt oder jemand sich nicht äußern will. Wenn du mit Liberating Structures persönliche Themen aufgreifst, dann biete dem Igel eine neutralere Fragestellung an. Vor allem aber gib dem Igel nicht das Gefühl, dass er einer ist und eine Sonderbehandlung braucht.

Der Löwe muss sich der Strukturierung unterwerfen und kann so nicht mehr direkt das Ergebnis beeinflussen. Er empfindet die Abläufe möglicherweise als ineffizient oder umständlich. Hier hilft es, in einem persönlichen Gespräch (oder der ganzen Gruppe) von den typischen Konsequenzen der großen Fünf zu erzählen, denn in der Regel will auch der Löwe alle einbeziehen. Er übersieht dabei, dass es nicht unbedingt am Naturell der vermeintlich uninteressierten Kollegen liegt, dass sie sich zurückhalten und selten Verantwortung übernehmen, sondern an der Über- oder Unterstrukturiertheit der großen Fünf.

Für beide Archetypen gilt gleichermaßen: Je klarer du vermittelst, warum und was du mit der Gruppe in einem Meeting vorhast und warum du eine bestimmte Liberating Structure verwendest, desto eher können sich die Beteiligten darauf einlassen und desto wohler werden sie sich fühlen.

Die im nächsten Kapitel beschriebene Variante von 1-2-4-All, das Folding Spectogram, kannst du gut einsetzen, um es Igel und Löwe ein wenig gemütlicher zu machen: Lade die Beteiligten ein, sich danach zu sortieren, ob sie das Gefühl haben, gerade viel oder wenig zur Fragestellung beitragen zu können. Auf diese Weise treffen oft Igel und Löwen aufeinander und tauschen sich miteinander zur Fragestellung aus. So erteilst du beiden Extremen die Erlaubnis, so zu handeln, wie sie sich wohlfühlen, und senkst insbesondere den Druck auf den Igel.

Ganz allgemein kannst du immer dazu einladen, dass bei paarweisen Begegnungen die Person beginnt, die bereits eine Antwort, Idee oder Geschichte parat hat. Meistens wird durch die Ausführungen der ersten Person die Fantasie der zweiten beflügelt, sodass sie ebenfalls etwas beitragen wird.

Keith McCandless versucht in Kontexten, in denen Igel und Löwen vertreten und stark ausgeprägt sind, gezielt nach innen gerichtete (beispielsweise XxX-Writing) und nach außen gerichtete (beispielsweise Improv Prototyping) Liberating Structures aufeinanderfolgen zu lassen, sodass beide Charaktere sich wenigstens teilweise wohlfühlen können.

Liberating Structures und Führungskräfte

Führungskräfte sind meist einen langen Weg durch die Hierarchien gegangen. Sie sind es gewohnt und geübt darin, sich in und mit konventionellen Interaktionsstrukturen durchzusetzen. Mit Liberating Structures sollen nun auf einmal alle beteiligt und gefragt werden und am Ende noch mitentscheiden? Manch eine Führungskraft mag das als unpassend empfinden und ihre Macht bedroht sehen oder sich schlicht nicht respektiert fühlen. Wenn du als Führungskraft ähnliche Bedenken hast oder bei einer Führungskraft Widerstände spürst, dann mach Folgendes verständlich: (Intrinsisch) motivierte Mitarbeiter sind in jeder Hinsicht wertvoll. Sie bringen sich und ihr Können aktiv ein und übernehmen Verantwortung. Liberating Structures bieten einen Rahmen, der Sinnhaftigkeit und damit intrinsische Motivation gedeihen lässt. Moderne Führung bedeutet, dass Führungskräfte ihren Mitarbeitern ermöglichen, ihr Potenzial einzubringen.

Führungskräfte können mit Liberating Structures Erfolg gemeinsam mit ihren Mitarbeitern definieren, sinnvolle Ziele entwickeln oder gar einen gemeinsamen Purpose entdecken und sich gemeinsam für die wichtigen und richtigen nächsten Schritte entscheiden. Auch in hierarchischen, zahlenfixierten, börsennotierten Unternehmen besteht so mehr denn je die Chance, realistische Ziele transparent zu definieren und zu erreichen, und die geforderten Daten für Reporting und Controlling können mit der Überzeugung der ganzen Gruppe geliefert werden.

Denk daran, dass du mit Liberating Structures einen evolutionären Prozess anstößt und nicht gleich alles zu revolutionieren brauchst. So *kannst* du als Führungskraft die Entscheidungshoheit behalten und gleichzeitig alle daran beteiligen, passende Lösungen zu entwerfen.

Liberating Structures und Konflikte

Es existiert immer eine Art von Konflikt, sobald Menschen interagieren.

Anna Jackson, Liberating Structures-Pionierin

Sobald eine Gruppe von Menschen zusammenarbeitet, entstehen Spannungen. Oft sind es nur kleine Reibereien oder Meinungsverschiedenheiten auf der Sachebene. Solche unterschwelligen Konflikte nimmt die Gruppe selten wahr. Oft sind sie sogar hilfreich, denn sie reflektieren die Vielfalt an Expertise, Hintergründen und Herangehensweisen – das Potenzial der Gruppe. Liberating Structures machen dieses Potenzial einfacher zugänglich, auch indem sie diese Spannungen durch das wertschätzende, gleichberechtigte Miteinander elegant in Kreativität und Ideenreichtum umwandeln.

Dann gibt es die „großen" Konflikte zwischen zwei oder mehreren Parteien, die die ganze Gruppe belasten und hinderlich für das gemeinsame Fortschreiten der Gruppe sind. Je länger sie schwelen oder offen ausgetragen werden, desto komplexer werden sie. Sach- und Beziehungsebene vermischen sich, verletzte Egos versteifen und die Beteiligten verharren in den unteren Stufen des Responsibility Process© (siehe *Entscheidungsfindung revolutionieren*). Mit Liberating Structures kannst du Konflikte nicht *lösen* – das ist meiner Meinung nach sowieso von *außen* nicht möglich –, du kannst aber gute Voraussetzungen dafür schaffen, durch den Konflikt zu *navigieren* und den Konfliktparteien zu ermöglichen, sich wertschätzender, aufgeräumter und klarer zu begegnen. So eignen sich einige Liberating Structures wunderbar, um Konzepte zur Konfliktmoderation, -bewältigung oder -navigation, wie beispielsweise die *Gewaltfreie Kommunikation* (GFK)[26], mit ganzen Gruppen in einem sicheren, wertschätzenden Rahmen anzuwenden. Webe etwa die vier Schritte des Grundmodells der GFK („Wenn ich *Beobachtung* sehe, dann fühle ich *Gefühl*, weil ich *Bedürfnis* brauche. Deshalb möchte ich jetzt gerne *Bitte.*“) in eine Abfolge von Liberating Structures ein. Im Kapitel *Strings aus der Praxis* beschreibe ich konkrete Vorgehensweisen dafür.

Manchmal führt auch das fehlende gemeinsame Verständnis für ein Vorhaben, eine Entscheidung oder eine Initiative zu Konflikten. Hier hilft beispielsweise 9 Whys oder Purpose-to-Practice, um den gemeinsamen Antrieb zu entdecken.

Mach dir klar: Selbst das ausgefeilteste Methodenfeuerwerk wird verpuffen, wenn die Gruppe nicht dafür bereit ist. Im Kapitel *Die Gruppe einstimmen* findest du Liberating Structures, die helfen können, Vertrauen aufzubauen, die Zusammenarbeit zu beleuchten und einen gemeinsamen Startpunkt zu setzen.

Meetings und Workshops planen

Das Gute an der Strukturiertheit der Liberating Structures ist, dass du dich als Facilitator auf die Struktur verlassen und ein Meeting oder einen mehrtägigen Workshop entspannt durchführen kannst. Die Abläufe geben dir und den Beteiligten einen sicheren Rahmen. Dafür entscheidend ist die Vorbereitung eines Termins. Um ein Meeting oder einen Workshop erfolgreich durchzuführen, musst du herausfinden, was „erfolgreich“ in diesem Fall bedeutet: Wie lautet der *Purpose* deines Termins? Welche *Liberating Structures* helfen der Gruppe dabei, den Purpose zu unterstützen, und wie lauten die einzelnen *Einladungen*?

Purpose eines Meetings klarstellen

Ein Ziel ist lediglich ein vergangenes Ereignis, auf das Leute in der Zukunft zurückblicken möchten. Ziele sind statisch, kontrollierend und einengend und ich ziehe keinerlei Befriedigung daraus.

frei nach Fisher Qua, Liberating Structures-Pionier

Wir sind es gewohnt, unklaren und unstrukturierten Meetings beizuwohnen: Regelmäßig haben Meetings gar keinen Purpose. Fokus und Motivation der Beteiligten sind dann meist kaum vorhanden. Wenn nicht klar ist, warum ein Meeting wichtig ist, fragen sich die Beteiligten bald, warum sie diesem physisch oder mental weiter beiwohnen sollen. Das gilt manchmal auch, wenn Meetings bereits vordefinierte Ziele haben.

Der Purpose verleiht einem Meeting den notwendigen und wohlverdienten Fokus. Er setzt sich aus zwei Bestandteilen zusammen: aus Zweck – dem *Was* – und dem Sinn – dem *Warum*. Das macht den Purpose zum Prüfstein für die Vorbereitung und die Durchführung eines Meetings. Ein guter Purpose kann stets beantworten, ob die richtigen und die wichtigen Dinge im Meeting passieren.

Manchmal existiert der Purpose zwar implizit, wird aber nicht klar kommuniziert. Ein Beispiel aus meiner Erfahrung sind Team-Retrospektiven. Das ist ein regelmäßiges Meeting im agilen Kontext, in dem ein Team auf die gemeinsame Arbeitsweise zurückblickt. Dabei überlegt sich das Team, welche Anpassungen an seinen Arbeitsvereinbarungen es durchführen will, um effizienter und effektiver zu arbeiten (*Was*). Team-Retrospektiven sind wichtig, damit das Team seine Wirkungskraft selbst optimieren kann, die Teammitglieder Verantwortung übernehmen und sich gehört und wohlfühlen (*Warum*). In der Praxis ist Teams dieser Purpose oft nicht klar. Insbesondere für solche Teams ist es schwierig, in Retrospektiven sinnvolle Resultate zu erzielen. Sie empfinden Retrospektiven dann als Zeitverschwendung.

Es ist also wichtig, den Purpose eines Termins zu identifizieren *und* zu kommunizieren. Finde gemeinsam mit einigen oder allen Beteiligten heraus, was sie warum erreichen wollen. Oft verbergen sich hinter den initial genannten Zielen für ein Meeting tiefer liegende und gute Gründe. Diese offenzulegen, verleiht einem Meeting Klarheit und macht es anziehend.

Du kannst diese tieferen Gründe mit passenden Fragen aufdecken. Frage beispielsweise:

- Warum ist dir/euch das Meeting wichtig?
- Wenn das Meeting nicht stattfinden würde, was würde fehlen?
- Was würde passieren, wenn der Purpose des Meetings nicht erfüllt wird?
- Stellt euch vor, wir haben das Meeting erfolgreich durchgeführt. Wie sähe unsere Zukunft in einem Monat/Jahr aus?

Aus den Antworten kannst du gemeinsam mit den Beteiligten schrittweise den Purpose herausarbeiten. 9 Whys bietet dir eine strukturierte Vorgehensweise dafür an.

Sinnvolle Meetings

Du findest hier beispielhaft eine Reihe von guten sowie schlechten Gründen, um ein Meeting oder einen Workshop durchzuführen. Die schlechten Gründe beschreiben Situationen, in denen du das *Ziel* ohne Meeting besser erreichen kannst oder in denen ein Meeting einfach keinen Sinn macht.

Ja! Das macht Sinn!	Nein! Das macht keinen Sinn!
Sich den Sinn einer gemeinsamen Herausforderung von verschiedenen Standpunkten aus zu erschließen.	Fortschritt von Arbeit oder Aufgaben aktualisieren, die keiner Koordination oder voneinander abhängiger Handlungen bedürfen.
Gemeinsam Möglichkeiten erörtern und auswählen, um bei einer komplexen Herausforderung voranzukommen.	Informationen präsentieren, die auch gut im Vorfeld geteilt werden können.
Hilfe und Ratschläge von Kollegen erhalten, um Entscheidungen zu treffen, ins Handeln zu kommen, Vorhaben zu formulieren oder um sich zu beteiligen.	Leute von einer Entscheidung überzeugen, die bereits getroffen worden ist.
Ideen, Fragen, Ängste, Zweifel, Antworten von allen Beteiligten und Betroffenen aufdecken.	Informationen teilen, die bereits im Vorfeld über andere Kanäle geteilt wurden – wie beispielsweise den Inhalt einer E-Mail wiederzugeben, die alle bereits erhalten haben.

Ich will dir noch ein Beispiel geben: Führe dir einen Termin vor Augen, in dem die Geschäftsführung der ganzen Firma die strategischen Kernthemen für das nächste Quartal präsentieren will. Du möchtest den Purpose dieses Termins herausfinden und schärfen. Die Geschäftsführung nennt dir „Transparenz über die Kernthemen herstellen“ als Ziel für das Meeting. Du gehst jedoch tiefer, fragst „Warum wollt ihr Transparenz über die Themen herstellen?“ und findest mit der Geschäftsführung heraus, dass „Einbindung der Mitarbeiter", „Verantwortung stärken", „echte Beteiligung erzeugen" und „gemeinsam die Zukunft formen" die dahinterliegenden Ziele sind. Daraus bildet ihr folgenden Purpose: „Der Termin existiert, um unsere strategischen Kernthemen gemeinsam mit allen Mitarbeitern zu bestimmen und daraus Anpassungen an der Unternehmensstrategie abzuleiten. Das ist uns wichtig, um alle Mitarbeiter gleichermaßen zu beteiligen und die Verantwortung für unser Unternehmen zu stärken." Mit diesem Purpose kannst du anschließend gemeinsam mit einigen Beteiligten einen zweckvollen Termin gestalten, in dem eine reine Präsentation der Kernthemen für das nächste Quartal vermutlich nicht stattfinden wird.

Die passende Liberating Structure auswählen

Überlege dir sorgfältig, welche Liberating Structure für deine Situation passt. Ein üblicher Fehler ist, von nun an jedes Meeting ausschließlich mit 1-2-4-All zu strukturieren und so das verwendete Repertoire sogar einzuschränken.

So kann es bei heiklen Themen vorkommen, dass sich die Gruppe selbst im geschützten Rahmen des Zweiergesprächs oder in den Vierergruppen nicht traut, offen zu sprechen. Wenn es beispielsweise darum geht, Sorgen und Ängste der Beteiligten bei einer anstehenden Veränderung aufzudecken, und du weißt, dass in deren Umfeld nicht offen mit Ängsten umgegangen wird, dann berücksichtige dies bei der Wahl der Liberating Structure. In diesem Fall bietet sich anstelle eines 1-2-4-All ein Anxiety Circus – eine Variante von 25/10 Crowd Sourcing – an, um *anonym* die *größten* Sorgen der Gruppe sichtbar zu machen.

Zu Beginn kann die Menge der verfügbaren Liberating Structures erschlagend wirken. Deshalb findest du in diesem Buch eine ganze Reihe von Hilfestellungen, um passende Liberating Structures für dein Anliegen auszusuchen.

- Zunächst bieten dir die **Buchkapitel** *Die Entscheidung richtig finden*, *Die richtigen Entscheidungen finden*, *Von der Entscheidung zur Handlung* und *Entscheidungen prüfen und reflektieren* und deren Unterkapitel eine erste grobe Orientierung und Einordnung der Liberating Structures in deinen Entscheidungsprozess. Beachte dabei, dass die Unterteilung in die Buchkapitel von den Phasen der klassischen Entscheidungsfindung gefärbt ist und ich dir für jedes Unterkapitel 3–4 passende Liberating Structures anbieten will. Denn: Fast alle Liberating Structures würden auch in anderen Unterkapiteln gut passen! Weite deine Suche nach einer passenden Liberating Structure also ruhig auf die anderen Buchkapitel aus.
- Durch den **Purpose** jeder Liberating Structure kannst du gut erkennen, wofür du sie auch jenseits von Entscheidungsfindungen einsetzen kannst.
- Du findest bei jeder Liberating Structure in diesem Buch einen **Infokasten** „… in der Entscheidungsfindung". Dieser fasst knapp zusammen, was du mit dieser Liberating Structure bei der Entscheidungsfindung bewirken kannst.
- Zudem findest du im Kapitel *Liberating Structures in diesem Buch* eine Tabelle, die jede Liberating Structure in die **sieben Entscheidungsphasen einordnet**. Diese Einordnung beantwortet die Frage: Wenn du dich in einer der Phasen befindest, welche Liberating Structure hilft dir weiter?
- Eine weitere Hilfestellung in dieser Tabelle ist die Zuordnung jeder Liberating Structure in die sechs farblich codierten Kategorien (**Teilen, Offenlegen, Analysieren, Helfen, Strategien entwickeln, Planen**) der Liberating Structures Design Cards und der Liberating Structures App von der Firma Holisticon zu.

- Suche dir eine Abfolge von Liberating Structures – einen *String* – aus dem Buchkapitel *Strings aus der Praxis* heraus, der für deine Situation passt. Lies dir im Anschluss die verwendeten Liberating Structures durch, um den String selbst durchführen zu können und Inspiration für deine Praxis mit einzelnen Liberating Structures zu finden.

Einige der Liberating Structures sind eher spezifisch. Mit diesen kannst du zwar beispielsweise ein Problem identifizieren, es ist aber dann ein spezielles. Beispielsweise deckt **Generative Relationships Star** unter anderem einen fehlenden gemeinsamen Purpose einer Gruppe auf. Durch die Unterkapitel, die Übersichtstabelle und vor allem den Purpose findest du das leicht heraus.

Diese Einordnungen sollen dir vor allem zu Beginn deiner Reise mit Liberating Structures helfen. Mit ein wenig mehr Erfahrung wirst du weitere Anwendungsmöglichkeiten jeder Liberating Structure entdecken.

Gute Einladungen gestalten

Eine gute Einladung zu formulieren machen 90 Prozent des Aufwands, aber auch der Wirksamkeit von Liberating Structures aus.

frei nach Christiaan Verwijs, Liberating Structures-Pionier

Jede Liberating Structure beginnt mit der Einladung – eines der fünf mikrostrukturellen Elemente jeder Interaktionsstruktur. Die Formulierung der Einladung beeinflusst die Resultate einer Liberating Structure maßgeblich. Eine gute Einladung entscheidet bei vielen Liberating Structures darüber, ob die Beteiligten einfach nur ihre Meinung kundtun und auf der Stelle treten oder ob die Gruppe bedeutsame Erkenntnisse und Ergebnisse kreiert und gemeinsam voranschreiten kann.

Warum eigentlich *Einladung*? Die Einladung lädt die Beteiligten ein, sich an einer konkreten Fragestellung oder Interaktion zu beteiligen. In der Regel setzt sich die Einladung aus Spezifika der Mikrostruktur und einer individuellen Fragestellung oder Aufforderung zusammen. 1-2-4-All gibt beispielsweise vor, dass sich die Teilnehmer zu einer *bestimmten Fragestellung* Gedanken machen und diese miteinander teilen, vergleichen und ergänzen. Die konkrete Fragestellung gibst du vor.

Auch jeder Zwischenschritt einer Liberating Structure hat seine eigene kleine Einladung. Oft sind diese Einladungen von der Liberating Structure vorgegeben. Bei 1-2-4-All lautet sie für den ersten Schritt: „Mache dir allein Gedanken zu der genannten Fragestellung." Du kannst die vorgegebenen Einladungen je nach Zielsetzung variieren und beispielsweise fragen: „Was ist deine *eine* wichtigste Idee zu der genannten Fragestellung?"

Gute Einladungen unterstützen die Zielsetzung, die deine Gruppe für ihre Interaktion hat. Wenn eure Zielsetzung ist, dass ihr möglichst viele Ideen und Meinungen erzeugt, dann ist eine Einladung hilfreich, die *Divergenz* erzeugt. Dafür kannst du beispielsweise im zweiten und dritten Schritt von 1-2-4-All auffordern: „Teilt eure Ideen und findet gemeinsam neue." Willst du dagegen gefilterte und verfeinerte Ideen entstehen lassen, dann sprich eine Einladung aus, die *Konvergenz* hervorruft. Bitte etwa im zweiten Schritt von 1-2-4-All: „Teilt eure Ideen und einigt euch auf die für euch zwei wichtigsten." Dann lade die Vierergruppen im dritten Schritt ein: „Wählt aus euren Ideen die für euch wichtigste Idee aus und verfeinert sie, um sie anschließend mit der ganzen Gruppe zu teilen."

Eine gute Einladung erzeugt Fokus *und* inspiriert. Dafür ist wichtig, dass die Einladung weder eine geschlossene Frage darstellt noch zu weit gefasst ist. Ein wenig Luft für Interpretation ist unerlässlich, um ein breit gefächertes Spektrum an Ideen zu generieren und zu kreativen Antworten zu inspirieren. Sprich dir die Einladung probeweise selbst aus. Überlege dir, wie du antworten würdest und ob dich die Fragestellung einschränkt, verwirrt, anspricht oder inspiriert. Dabei gilt keineswegs, dass eine eindeutige und vereinfachte Einladung besser ist als eine abstrakte oder mehrdeutige. Letztere sind durchaus wichtig, um alle Beteiligten anzusprechen und ausreichend Raum für Interpretation zu lassen. Gehe davon aus, dass die Beteiligten in der Lage sind, abstrakte oder vermeintlich komplizierte Einladungen zu verstehen. Sollten dennoch einige Beteiligte eine Einladung nicht auf Anhieb verstehen, dann können sie immer noch zu den Antworten der anderen beitragen oder durch deren Antworten auf eigene Ideen kommen.

Ich will dir noch einen entscheidenden Hinweis geben: Du übst durch die Formulierung der Einladung Macht aus und manipulierst so die Gruppe! Mach dir das klar und wähle die Einladungen mit Bedacht. Überlege dir, ob du die Gruppe mit deiner Formulierung in eine bestimmte Richtung drängst oder ob du ihr genug Freiheit lässt, um eigene Perspektiven, Denkpfade und Interpretationen zu entwickeln. Oft bietet sich deshalb an, die Einladungen vorab gemeinsam mit weiteren Beteiligten zu formulieren.

Zusammengefasst besitzen gute Einladungen folgende Eigenschaften:

Eine gute Einladung …

1. … bewertet die Herausforderung nicht und betrachtet sie von mehreren Seiten.
2. … lässt verschiedene Denkpfade zu.
3. … ist eindeutig bezüglich des Problemraums *und* mehrdeutig bezüglich des Lösungsraums beziehungsweise bezüglich der Perspektive, die die Beteiligten einnehmen können.
4. … ist immer ein wenig abstrakt und lässt den Beteiligten Raum für Interpretation.

Am Beispiel: Stell dir vor, es steht eine tiefgreifende Veränderung für eine Gruppe an. Du merkst, dass die Stimmung angespannt ist, und weißt, dass die Beteiligten bekümmert sind. Du willst aufdecken, welche Ängste und Sorgen in der Gruppe existieren, um im Anschluss gezielt darauf einzugehen. Überlege dir, was folgende Fragestellungen für ein ⁘ 1-2-4-All in dieser Situation bewirken könnten, wie du antworten würdest und welche der vier Charakteristika einer guten Einladung berücksichtigt wurden, bevor du die Bewertung in der rechten Spalte liest.

Fragestellung für die Einladung von 1-2-4-All	Mögliche Konsequenzen und Bewertung
„Habt ihr gerade Sorgen?"	Eine geschlossene Frage erzeugt für die Zielsetzung (im Anschluss gezielt auf vorhandene Sorgen eingehen) keine relevanten Ergebnisse. Diese Frage kann allerdings helfen, die Gruppe zu ermutigen, ihre Sorgen im Anschluss offen anzusprechen. Sie zeigt dem Einzelnen auf, dass er nicht allein mit seinen Sorgen ist. Wenn diese Art von Ermutigung notwendig ist, dann sollte diese Frage aber vielleicht anonym beantwortet werden und die Antworten anonym mit allen geteilt werden. Sammle beispielsweise die Antworten („Ja"/„Nein") auf gefalteten Zetteln ein und summiere sie auf.
„Was sind die Vor- und Nachteile von Veränderung?"	Diese Frage ist zu allgemein gestellt und passt nicht zur Zielsetzung.

Fragestellung für die Einladung von 1-2-4-All	Mögliche Konsequenzen und Bewertung
„Wie geht es euch gerade?"	Die Frage hat keinen Bezug zur anstehenden Veränderung. Sie kann dir dabei helfen, auf eine konkretere Frage hinzuleiten. Für die Zielsetzung ist die Frage nicht zielführend.
„Wenn ihr an die anstehende Veränderung denkt, was bereitet euch Sorgen? Auf was freut ihr euch?"	Wenn du ein ausgeglichenes Bild erzeugen willst, dann biete wie hier beide Seiten an. Derart knapp formuliert kann das jedoch dazu führen, dass die Beteiligten auf die einfachere Hälfte der Frage ausweichen. Diese Frage hilft dir in diesem Beispiel nicht oder nur zur Vorbereitung.
„Stellt euch vor, die Veränderung hat bereits stattgefunden. Was hat das mit euch gemacht? Wie fühlt ihr euch?"	Das ist eine anregende und inspirierende Art zu fragen, die gleichzeitig Sicherheit vermittelt, denn die beschriebene Situation ist ja (noch) fiktiv. So kannst du ehrlichere und mutigere Antworten entstehen lassen. Die Frage ist allerdings ein wenig zu offen formuliert, sodass du die Beteiligten mit einer Folgefrage auf konkrete Sorgen bringen müsstest.
„Stellt euch vor, die Veränderung hat bereits stattgefunden. Was ist das Schlimmste, das passiert ist?"	Mit dieser Frage reduzierst du die Anzahl der Ergebnisse bereits zu Beginn. So erhöhst du die Wahrscheinlichkeit, dass die Paare und Vierergruppen nur wenig Gemeinsames teilen können. In dieser Situation ist es möglicherweise wichtig, dass die Gruppe sich bestärkt fühlt und sieht, dass andere ähnliche Sorgen haben. Das „Schlimmste" ist drastisch und könnte dafür sorgen, dass einige Beteiligten abgehängt werden oder dass es zu einer Polarisierung der Gruppe führt.
„Welche Sorgen oder Ängste hast du, bezogen auf die anstehende Veränderung?"	Diese Formulierung ist direkt und für manche Beteiligten einfach zu fassen. Dafür wirkt sie weniger inspirierend und schränkt möglicherweise den Lösungsraum ein.
„Stell dir vor, die Veränderung hat bereits stattgefunden. Welche deiner Sorgen oder Ängste haben sich bewahrheitet? Was wird durch die Veränderung verhindert oder blockiert?"	Die persönliche Ansprache ist wichtig, damit jeder Beteiligte sich sofort in die fiktive Situation hineindenken und -fühlen kann. Diese Frage bietet verschiedene Formulierungen an, sodass die Chance steigt, dass sich alle Beteiligten angesprochen fühlen. Auch lässt die Formulierung den Lösungsraum geweitet.

In der Praxis hat sich bewährt, selbst oder mit anderen Beteiligten oder mit Außenstehenden einige Varianten von Fragestellungen für deine Einladungen durchzuspielen und dabei die kleinen, aber entscheidenden Unterschiede der Formulierungen zu erforschen.

Du kannst auch gut bei der Durchführung einer Liberating Structure die vorformulierte Einladung aussprechen und sie dann noch einmal paraphrasieren. So erhöhst du die Chance, dass für alle Beteiligten eine anregende Formulierung dabei ist. Alternativ kannst du dir vorab verschiedene Formulierungen der Einladung überlegen und diese der Gruppe nennen.

Eine gute Einladung zu entwerfen braucht Zeit. Nimm sie dir!

Strings – Kombinationen mehrerer Liberating Structures

Mit einzelnen Liberating Structures kannst du bereits viel erreichen. Doch in der Realität sind Herausforderungen oft so komplex, dass erst durch die Aneinanderreihung mehrerer Liberating Structures der Purpose eines Meetings oder eines Workshops erfüllt werden kann. Diese Aneinanderreihung von Liberating Structures nennt man *Strings* – vom englischen *to string*: auffädeln, aufreihen.

Ein String reicht die Resultate oder Erkenntnisse einer Liberating Structure in die nächste weiter.

Die einzelnen Liberating Structures eines Strings sind die Bausteine, mit denen du den Purpose deines Meetings zum Leben erweckst.

Für obiges Beispiel – eine tiefgreifende Veränderung für eine Gruppe erfassen und angehen – sieht ein einfacher String so aus:

	Schritt	Mikro-struktur	Einladung	Resultat
1	Ängste und Sorgen identifizieren	1-2-4-All	„Welche Sorgen oder Ängste hast du, bezogen auf die anstehende Veränderung?“	eine Liste von Sorgen und Ängsten
2	Gegenmaßnahmen finden	1-2-4-All	„Was würde dir helfen, die genannten Sorgen und Ängste abzubauen oder einzudämmen?“	eine Liste von Gegenmaßnahmen und Ideen

	Schritt	Mikro-struktur	Einladung	Resultat
3	Auf Gegenmaßnahmen einigen	1-2-4	„Identifiziert pro Vierergruppe *eine* Maßnahme oder Idee, die euch am sinnvollsten erscheint."	pro Vierergruppe eine Maßnahme oder Idee
4	Gegenmaßnahmen konkretisieren	1-2-4-All	„Bleibt in den Vierergruppen und entwickelt Ideen und konkrete erste Schritte, wie ihr die Maßnahme umsetzen könnt."	pro Vierergruppe eine konkrete Maßnahme, die vorhandene Sorgen oder Ängste abbaut, mit ersten konkreten Schritten zur Umsetzung

Du siehst hier, dass eine einzelne Liberating Structure durch das Wählen der Einladung vielseitig einsetzbar ist und du damit bereits Strings gestalten kannst. Im Repertoire von Liberating Structures existieren für die einzelnen Schritte im Beispiel passendere Mikrostrukturen. Da unser gemeinsames Alphabet an Mikrostrukturen zu diesem Zeitpunkt nur aus den großen Fünf und 1-2-4-All besteht, habe ich den String darauf beschränkt.

Diese tabellarische Darstellung orientiert sich grob an der von Design Storyboards, eine Liberating Structure, die dir dabei hilft, Strings zu erstellen.

Einige Strings kannst du als Blaupause immer wieder für ähnliche Situationen verwenden oder sie leicht für einen anderen Kontext adaptieren, indem du die Einladungen variierst.

Manche Liberating Structures geben selbst eine Agenda vor, die du dann mit Mikrostrukturen füllen kannst. Diese Liberating Structures fungieren als *Metastrukturen*. So besteht beispielsweise Purpose-to-Practice aus fünf Schritten, die du jeweils gut mit einer oder mehreren Liberating Structures ausschmücken und durchlaufen kannst. Überhaupt sind einzelne Schritte vieler Liberating Structures ein möglicher Einstiegspunkt für einen String mit einer weiteren Liberating Structure. Ist beispielsweise das Ziel eines Schritts das Finden von Ideen, dann kannst du diesen gut durch eine Liberating Structure zur Ideenfindung, wie zum Beispiel 25/10 Crowd Sourcing, ersetzen.

Am Ende dieses Buchs findest du im Kapitel *Strings aus der Praxis* eine Reihe von Strings, die sich im Kontext der Entscheidungsfindung und darüber hinaus bewährt haben.

Wie fängst du mit Liberating Structures an?

Du kannst Liberating Structures aus Büchern lernen. Um darüber hinaus die Vielfalt, die Tiefe und die Nuancen der verschiedenen Anwendungen von Liberating Structures zu erleben, hilft es, eine Reihe verschiedener Liberating Structures-Facilitatoren selbst mitzuerleben.

frei nach David Heath, Liberating Structures-Pionier

Wie kannst du damit beginnen, aus den festgefahrenen Interaktionsstrukturen auszubrechen? Wenn du an dieser Stelle noch nicht den Mut gefasst hast, bei einem deiner nächsten Meetings Liberating

Structures einzusetzen, dann bist du vermutlich nicht alleine. Manchmal fühlt sich das eigene Umfeld wirklich unbeweglich und erdrückend an. Hier sind ein paar Tipps, wie du es trotzdem schaffst, deine ersten Schritte mit Liberating Structures zu gehen:

- Lies dir in Ruhe eine einfachere Liberating Structure wie 1-2-4-All in diesem Buch durch und versuche, dir den Ablauf und deine Rolle dabei mithilfe der grafischen Darstellung vorzustellen.
- Suche dir vier Kollegen, Freunde oder Familienmitglieder und mach einen Probelauf zu einem unverbindlichen oder lustigen Thema: „Was ist dein Lieblingsfilm und warum?"
- Suche dir Verbündete in deiner Organisation, um Liberating Structures dort gemeinsam auszuprobieren und zu verbreiten.
- Mach bei der inzwischen riesigen und stets hilfsbereiten Slack-Community (liberatingstructures.slack.com) mit. Dort werden die meisten Fragen rasch beantwortet.
- Suche dir beispielsweise auf meetup.com eine Liberating Structures User Group – eine sich regelmäßig treffende Gruppe, die abends die Durchführung von Liberating Structures gemeinsam ausprobiert und übt – oder gründe deine eigene Community of Practice in deinem Umfeld. Eine Liste aller europäischen User Groups findest du auf liberatingstructures.eu.
- Besuche einen *Immersion Workshop* (siehe liberatingstructures.de), in dem mit einer großen Gruppe eine ganze Reihe von Liberating Structures anhand von konkreten Themen durchgeführt werden.
- Um noch tiefer einzusteigen, nimm an meinem Liberating-Structures-Baustein-Programm teil, wo du die Konzepte und Mechanismen, die ich in diesem Buch beschreibe – und viele weitere –, vertiefen und in der Praxis entdecken und ausprobieren kannst. Ich biete regelmäßig Workshops für Gruppen und Unternehmen an. Mehr Informationen dazu findest du unter liberatingstructures.de/programm.

Selbstreflexion

- Bist du lieber Moderator oder Facilitator? Warum?
- In welchen Situationen neigst du dazu, die Kontrolle nicht abzugeben? Woran liegt das?
- Wer in deinem Umfeld wird die Arbeit mit Liberating Structures lieben oder schätzen? Warum?
- Wie kannst du diese Personen dafür gewinnen, dir bei der Einführung von Liberating Structures zu helfen?
- Wer in deinem Umfeld wird Zweifel haben oder Widerstände gegen Liberating Structures haben? Warum?
- Wie kannst du diese Personen einladen, Liberating Structures offen eine Chance zu geben?
- Bist du eher Igel oder Löwe? Oder wechselt sich das ab?
- Wann fühlst du dich in einem Meeting wohl?
- Was ist deine Erfahrung mit Zeitfenstern/Timeboxing? Warum findest du das Konzept gut oder schlecht?
- Wie planst du ein Meeting? Machst du dir Gedanken zum Purpose oder zur Struktur? Was sind die Konsequenzen daraus?
- Welche der Möglichkeiten, eine passende Liberating Structure auszuwählen, spricht dich am meisten an?
- Welches Meeting in nächster Zeit willst du gerne mit Liberating Structures gestalten? Warum?
- Hält dich etwas davon ab, das zu tun? Falls ja, was und wie kannst du dir helfen, das zu ändern?

Kapitel 4
Liberating Structures in diesem Buch

Purpose: *Hier erhältst du eine Übersicht über die beschriebenen Liberating Structures und erfährst, wie Liberating Structures in diesem Buch dargestellt werden. Das ist wichtig, damit du dich im Praxisteil dieses Buchs gut zurechtfinden kannst.*

Du kannst keinen Ozean überqueren, indem du einfach nur aufs Wasser starrst.

Rabindranath Tagore, Dichter

Kapitelübersicht

In diesem Buch beschreibe ich die Liberating Structures gelegentlich spezifischer und auch ein wenig anders als in dem Buch oder auf der Webseite von Keith und Henri. Hintergrund: Als Einsteiger kannst du dich so an einem konkreteren Ablauf orientieren. Zudem haben sich manche der Liberating Structures über die Jahre weiterentwickelt und verändert. Dieses Buch beschreibt die Abläufe so, wie sie für mich gut funktionieren. Gleichzeitig stellt dies nur eine Momentaufnahme dar, denn das Repertoire entwickelt sich stetig weiter. Liberating Structures werden oft mündlich überliefert und weitergetragen, und die vielen aktiven und kreativen Facilitatoren erschaffen regelmäßig neue hilfreiche Varianten und setzen einzelne Liberating Structures in bislang unbekannten Situationen ein. Mit ein wenig Übung wirst du selbst eigene Varianten einzelner Liberating Structures entdecken, Konzepte mischen und frei improvisieren.

Außerdem findest du hier eine im Vergleich zu den Originalbeschreibungen abgewandelte *Darstellungsform* der Liberating Structures. Diese soll dir die Liberating Structures übersichtlicher und greifbarer vermitteln. Insbesondere stellt dieses Buch die fünf mikrostrukturellen Elemente (*Einladung, Aufbau des Raums und benötigte Materialien, Einbindung der Beteiligten, Konfiguration der Gruppen, Ablauf und Dauer*) teilweise symbolisch dar.

Zudem biete ich dir bei der Beschreibung der Liberating Structures zahlreiche Hilfestellungen. Einige davon richten sich gezielt an Liberating Structures-Neulinge, wie etwa die Einordnung in die Phasen der Entscheidungsfindung oder die allgemeinen Beschreibungen (unter dem Abschnitt „Wann kannst du diese Liberating Structure einsetzen und was kannst du damit erreichen?"), andere eher an erfahrene Facilitatoren. Insbesondere die *Optionen* und *Varianten* kannst du zu Beginn erst einmal ignorieren. Die zahlreichen Grafiken sollen erfahrenen Facilitatoren zusammen mit der Kurzbezeichnung des Schritts helfen, in der Vorbereitung oder direkt in der Praxis rasch die Kernpunkte der Abläufe zu erinnern. Lass dich nicht von der Vielzahl der Informationen abschrecken und suche dir die Aspekte heraus, die du hilfreich findest.

Ich beschreibe die Abläufe stets aus deiner Sicht und nehme dabei an, dass *du* eine *Gruppe* durch die Liberating Structure führst. Ich unterscheide die Gruppenkonstellationen dabei wie folgt: *Beteiligte* agieren entweder allein, in mehreren *Kleingruppen* oder als ganze *Gruppe*.

Überblick über die Liberating Structures in diesem Buch

Legende

Dauer: Die ungefähre Dauer der Durchführung. Die Vorbereitung ist hier nicht mit inbegriffen.

Niveau: Eine grobe Einschätzung des Schwierigkeitsgrads der Liberating Structure. Das soll Einsteiger nicht vor anspruchsvolleren Liberating Structures abschrecken, sondern kennzeichnen, wo ein wenig mehr Übung oder Vorbereitung von Vorteil ist.

- ★**Einfach:** Mit diesen Liberating Structures kannst du ohne Bedenken gleich loslegen.
- ★★**Fortgeschritten:** Diese Liberating Structures beinhalten meist noch andere Liberating Structures, wie beispielsweise 1-2-4-All. Sie bestehen aus vielen Schritten oder bergen einige Stolperfallen.
- ★★★**Anspruchsvoll:** Eine anspruchsvolle Liberating Structure setzt sich aus vielen Schritten und mehreren anderen Liberating Structures zusammen und birgt einige Stolperfallen oder Herausforderungen bei der Durchführung.

Anzahl der Personen mit denen du diese Liberating Structure *prinzipiell* durchführen kannst. Hier erfährst du, ob du eine Liberating Structure auch mit weniger Personen als im beschriebenen Standardablauf – oder gar nur mit dir selbst – durchführen kannst. (Führe beispielsweise ein Ecocycle Planning oder ein 9 Whys zu deinen eigenen Projekten, Freundschaften oder Hobbys mit dir selbst durch!)

👌 **Ideale Anzahl an Personen:** Jede Liberating Structure funktioniert in der hier vorliegenden Beschreibung besonders gut für eine bestimmte Teilnehmerzahl. Lass dich durch diese Angabe nicht abschrecken, sondern eher zu etwas mehr Sorgfalt bei der Vorbereitung der Liberating Structure inspirieren. Zwar lässt sich beispielsweise ein verkürztes 1-2-4-All auch gut zu zweit durchführen, der Standardablauf ist jedoch auf vier oder mehr Personen ausgelegt. Am anderen Ende funktioniert der „All"-Schritt spätestens ab 80 Personen nicht mehr so, wie im Standardablauf beschrieben. Dazu beschreibe ich dir in diesem Buch bei vielen Liberating Structures *Varianten*.

Einordnung in die Matchmaker-Kategorie der Liberating Structures Design Cards und der Liberating Structures App

Die *Liberating Structures Design Cards* bieten folgende farblich codierte Kategorisierungen, die dir ebenfalls dabei helfen können, eine passende Liberating Structure für eine bestimmte Herausforderung auszuwählen (sogenanntes *matchmaking*). Die Design Cards sind ein Kartendeck, das derzeit 33 Spielkarten mit den ursprünglichen 33 Liberating Structures enthält. Das Kartendeck hilft dir bei der Erstellung von Strings (siehe *Strings aus der Praxis*).

Teilen oder Verbreiten von Ideen, Wissen, Erfahrungen oder Herausforderungen
Offenlegen, Entdecken, Entwickeln oder Verbessern von Lösungen, Hindernissen, Möglichkeiten und Ideen
Analysieren, Untersuchen, Diagnostizieren, Klären oder Nachbesprechen
Helfen, Hilfe erhalten oder Zusammenarbeiten
Strategien entwickeln
Planen

Einordnung in die sieben Phasen der klassischen Entscheidungsfindung

Diese Einordnung beantwortet die folgende Frage: Wenn du dich im Rahmen deiner Entscheidungsfindung in einer der Phasen befindest, welche Liberating Structures können dir helfen?

- ✅: Du kannst in dieser Phase diese Liberating Structure direkt einsetzen.
- ⏩: Bei der Durchführung der Liberating Structure kannst oder wirst du diese Phase durchlaufen (in der Regel ausgehend von einem vorangegangen ✅).
- 📋: Mithilfe dieser Liberating Structure kannst du die Phase oder die Gruppe *auf* die Phase vorbereiten. Du wirst allerdings damit nicht direkt *in* der Phase arbeiten.
- ❌: Diese Liberating Structure wird dir in der Phase nicht, kaum oder nur mit viel Erfahrung helfen.

Die sieben Phasen der klassischen Entscheidungsfindung

	Fragestellung	Ausgangslage	Symbol
1. Formulierung des Problems	Welche Herausforderung liegt vor?	Die Gruppe kennt das Problem noch nicht, denkt, sie hat keines, oder will es schärfen.	📢
2. Informationsbeschaffung	Wie sehen die Details und der Kontext aus?	Die Gruppe kennt das Problem oder beginnt es zu verstehen. Sie möchte in dieser Phase weitere Informationen, Rahmenbedingungen, mögliche Konsequenzen, Betroffene und Beteiligte suchen.	🔬
3. Lösungsentwurf	Wie können wir das Problem lösen?	Die Gruppe hat genügend Informationen, um konkrete Lösungen zu entwickeln.	💡
4. Bewertung	Wie schätzen wir die Lösung(en) ein?	Die Gruppe verfügt über eine Reihe von Maßnahmen oder Lösungsentwürfen, die sie bewerten möchte.	🧮
5. Entscheidung	Für welche Lösung(en) entscheiden wir uns?	Die Gruppe will sich in dieser Phase für eine oder mehrere der Lösungsalternativen entscheiden.	👍
6. Umsetzung	Die Lösung(en) umsetzen und die ersten und folgenden Schritte dazu identifizieren.	Die Gruppe setzt die Lösung(en) oder Maßnahmen um.	🛠
7. Rückkopplung	Wurde auf die Herausforderung angemessen reagiert? Was ist noch zu tun?	Die Gruppe will wissen, wie die umgesetzten Lösungen oder Maßnahmen gewirkt haben.	🔎

Liberating Structures in diesem Buch

Liberating Structure	Seite	in Minuten	Niveau	Anzahl Beteiligte	Ideale Anzahl							
1-2-4-All	100	12–15	★	2–99+	4–80	✓	✓	✓	✓	📋	✗	✓
Folding Spectogram (P)	106	15–20	★	4–99+	8–80	✓	✓	✓	✓	📋	✗	✓
9 Whys	109	20–25	★	1–99+	2–40	📋	✗	✗	✗	✗	📋	✗
Design StoryBoards	116	25–80	★★	1–20+	2–8	📋	📋	📋	📋	📋	📋	📋
Impromptu Networking	128	12–15	★	4–99+	8–99+	✓	✓	✓	📋	📋	✗	✓
Agreement-&-Certainty Matrix	132	70–150	★★★	1–99+	4–24	✓	📋	📋	✗	✗	✗	✓
TRIZ	149	40–50	★★	1–99+	4–40	✓	✓	⏩	⏩	⏩	📋	✓
Celebrity Interview	158	35–50	★★	4–99+	8–99+	✓	✓	✗	✗	✗	✗	✓
Social Network Webbing	164	60	★★	1–99+	4–20	✗	✓	✗	✗	✗	📋	✗
What I Need From You	172	30–60	★★	4–99+	8–99+	✓	✓	⏩	⏩	⏩	✓	✓
Heard, Seen, Respected	182	30	★	2–99+	4–99+	📋	✗	✗	✗	✗	📋	✗
Generative Relationships STAR	187	30	★★	1–99+	4–32	⏩	✗	✗	✗	✗	✓	✓
Purpose-to-Practice	195	120–150	★★★	1–99+	2–32	📋	✗	✗	✗	✗	📋	✗
Network Patterning Cards (E)	204	20–25	★	1–99+	4–99+	📋	📋	📋	📋	📋	📋	📋
Conversation Café	214	20–50	★★	4–99+	4–99+	✓	✓	✓	✓	✓	✗	✓
Wicked Questions	220	30–35	★★	1–99+	4–80	✓	⏩	✓	⏩	✗	✗	✓
XxX-Writing (P)	228	7–25	★	1–99+	2–99+	✓	✓	✓	✓	📋	✗	✓

Liberating Structure	Seite	⏳ in Minuten	Niveau	Anzahl Beteiligte	Ideale Anzahl							
Ecocycle Planning	234	70–85	★★★	1–99+	4–32	✗	✓	⏫	✓	⏫	✓	✓
Panarchy	249	140–150	★★★	1–99+	16–40	✗	✓	⏫	✓	⏫	✓	✗
Critical Uncertainties	267	90–105	★★★	1–99+	12–24	✓	⏫	⏫	⏫	⏫	✗	✓
Simple Ethnography	278	75–450	★★	1–40+	4–20	✓	✓	⏫	⏫	⏫	✓	✓
Appreciative Interviews	285	45–60	★★	2–99+	4–80	✗	✓	✓	⏫	✗	✓	✓
Critical Incident Interviews (P)	288	45–60	★★	2–99+	4–80	✓	✓	⏫	⏫	✗	✓	✓
Gallery Walk (E)	290	6–25	★	2–99+	4–99+	📋	✓	📋	✓	📋	✗	✓
25/10 Crowd Sourcing	296	25	★★	4–99+	20–99+	📋	✗	✓	⏫	⏫	✓	✗
Anxiety Circus (P)	302	25	★★	4–99+	20–99+	✓	⏫	✗	⏫	⏫	✗	✓
Improv Prototyping	305	35–90	★★	3–99+	8–99+	✗	✓	✓	⏫	⏫	✓	✓
Wise Crowds	312	15–60	★	3–99+	3–99+	✓	✓	✓	✓	✗	✓	✓
Ritual Dissent (P)	316	15–60	★	3–99+	3–99+	✗	✓	✓	✓	✗	✓	✓
Wise Crowds für große Gruppen	318	35–70	★★	10–99+	20–99+	✓	✓	✓	✓	✗	✓	✓
Discovery & Action Dialogue	326	25–75	★★	1–99+	4–15	✓	✓	⏫	⏫	⏫	✓	✗
Integrated~Autonomy	337	70	★★	1–99+	4–80	✗	✓	✓	⏫	⏫	✗	✗
Open Space Technology	344	45–135	★★	4–99+	20–99+	✓	✓	✓	⏫	⏫	✓	✓
Min Specs	354	40–45	★★	1–99+	4–20	✗	✓	✓	✓	✓	✓	✗
15 % Solutions	360	25–45	★	1–99+	3–99+	✗	✗	✓	⏫	⏫	✓	✗
Drawing Together	365	30–50	★	1–99+	4–99+	✓	⏫	⏫	✗	✗	✓	✓

Liberating Structure	Seite	in Minuten	Niveau	Anzahl Beteiligte	Ideale Anzahl							
Troika Consulting	370	30–45	★	3–99+	3–99+	✓	⇈	⇈	⇈	✗	✓	✗
Shift & Share	376	25–95	★	14–99+	15–80	✓	✓	✓	✓	✗	✓	✓
Caravan Consulting (P)	379	25–95	★★	4–99+	10–80	✗	✓	✓	✓	✗	✓	✓
User Experience Fishbowl	382	40–75	★★	2–99+	10–99+	✓	✓	✗	✗	✗	✗	✓
What, So What, Now What?	388	20–45	★★	1–99+	4–80	✓	✓	⇈	⇈	⇈	✗	✓

Punctuations und offizielle Liberating Structures

Die mit einem (P) markierten Methoden in obiger Tabelle sind eigentlich sogenannte *Punctuations* und keine eigenständigen Liberating Structures. Punctuations ergänzen Liberating Structures, indem sie gezielt Aspekte dieser hervorheben, verstärken oder veranschaulichen. Wenn Liberating Structures Noten in der Musik sind, dann sind Punctuations Akzente, die Betonungen vorgeben. In diesem Buch mache ich der Einfachheit halber diese Unterscheidung aber nicht.

Die mit einem (E) markierten Liberating Structures sind Liberating Structures in der Entwicklung (siehe Infokasten), die sich aber schon gut für die Entscheidungsfindung eignen.

Liberating Structures in der Entwicklung

Neben den ursprünglichen 33 Liberating Structures (aus dem Buch von Keith und Henri), deren Variation und Punctuations existieren noch etliche weitere eigenständige Liberating Structures. Diese wurden noch nicht in das offizielle Repertoire aufgenommen. Das hat zwei Gründe. Einerseits befinden sich viele davon noch in der Entwicklung. Das bedeutet, dass nicht alle der elf genannten Qualitätskriterien für Liberating Structures erfüllt sind, der Purpose noch unscharf ist, die fünf mikrostrukturellen Elemente noch nicht vollständig oder final sind oder die Liberating Structure noch nicht ausreichend in der Praxis validiert wurde. Feldversuche mit diesen Liberating Structures werden regelmäßig hinsichtlich der genannten Punkte ausgewertet und die zugehörigen Evaluationsbögen zentral gesammelt, um diese Liberating Structures zu verfeinern und fertigzustellen.

Andererseits existiert keine offizielle „Prüfstelle" für Liberating Structures, sodass „fertige", in der Praxis validierte Liberating Structures den Status „in der Entwicklung" behalten.

Dabei sollten nach Meinung einiger Liberating Structures-Pioniere neue Liberating Structures vor allem stets einen neuen Purpose mitbringen, also eine Lücke im Repertoire füllen.

Hier ist eine knappe und nicht vollständige Auflistung einiger vielversprechender Liberating Structures, die noch in Entwicklung sind und von denen ich einige regelmäßig verwende. Weiterführende Informationen findest du auf liberatingstructures.com/ls-in-development/.

- **Spiral Journal:** Vertiefe Erkenntnisse und entdecke offene Punkte in Selbstreflexion.
- **Mad Tea:** Erweitere spielerisch den Rahmen für Reflexionen, Erkenntnisse und Maßnahmen.
- **Talking With Pixies:** Identifiziere Überzeugungen und Annahmen, die dich daran hindern, voranzukommen.
- **MindMeld** (eine Variante von `What, So What, Now What?`): Mache alle Beobachtungen, Schlussfolgerungen und Handlungsvorschläge für alle sichtbar.
- **Future-Present:** Entwickle fantasievolle Taktiken, um von Handlungen in deinem Umfeld zu allgemein gültigen Maßnahmen zu gelangen.
- **Positive Gossip:** Begegne destruktivem Verhalten, wie Lästern, mit etwas Positivem.
- **Grief Walking:** Vertraue auf die Unterstützung einer Gruppe, um einen Verlust oder eine tiefgreifende Veränderung zu verarbeiten.
- **Strategy Knotworking:** Beantworte sechs Fragen, um eine gemeinsame Strategie zu entwickeln.
- **Relational Coordination Mapping:** Beleuchte und verbessere die Zusammenarbeit einer Gruppe.

- **Ritual Dissent Pixies** (eine Variation von Talking with Pixies): Lasse kein gutes Haar an den Annahmen und Überzeugungen, die dich daran hindern, voranzukommen.
- **Wise Fish** (eine Variation von Wise Crowds für große Gruppen kombiniert mit User Experience Fishbowl): Stelle die Ideen und Expertise zufälliger Ratgebender sowie die der ganzen Gruppe den Hilfesuchenden zur Verfügung.
- **Liquid Courage** (eine Variation von Impromptu Networking): Nehme Frustrationen und Ausreden die Kraft, indem du sie ins Absurde führst.
- **Tiny Monsters** (eine Punctuation beispielsweise zu Anxiety Circus): Visualisiere deine Ängste und eigene Dämonen und nehme ihnen so die Kraft.
- **Flocking** (eine Punctuation zu Min Specs, Komplexitätstheorie): Erlebe spielerisch, dass weniger Regeln für mehr Ordnung und Freiheit sorgen und wie Innovationen und Experimente angenommen werden und wieder verebben.
- **Back to Back Listening** (ein Punctuation zu Heard, Seen, Respected): Übe dich in Empathie und darin, dich in dein Gegenüber hineinzuversetzen.
- **Leader Follower** (eine Punctuation zum Thema *Führung*): Erlebe das Wechselspiel und das ineinander Übergehen von Führung und geführt werden.

Darstellung der Liberating Structures in diesem Buch

Folgenden Aufbau findest du bei der Beschreibung jeder Liberating Structure:

Titel: Der Originalname der Liberating Structure

Untertitel: Der Purpose, der dir hilft, auf einen Blick zu sehen, ob die Liberating Structure zu deinem Anliegen passt.

(Was), um

- *(Warum ist das wichtig)*
- *(Warum noch)*

Symbol der Liberating Structure

Dauer Niveau: einfach/ fortgeschritten/ anspruchsvoll Anzahl Personen Ideale Anzahl Personen

Wann kannst du diese Liberating Structure einsetzen und was kannst du damit erreichen?

Hier beantworte ich folgende Fragen:

- Was ist die typische Problemstellung, die du mit dieser Liberating Structure angehen kannst?
- Was ist das Besondere dieser Liberating Structure, die Idee dahinter?
- Wie läuft sie ungefähr ab?
- Was wird durch sie ermöglicht?
- Was macht sie mit den Beteiligten?

> **Einordnung der Liberating Structure in die Entscheidungsfindung**
> Eine kurze Einordnung der Liberating Structure in die Entscheidungsfindung und ein Hinweis darauf, in welchen Phasen der Entscheidungsfindung sie hilfreich ist.

Wie? Vorbereitung, Einladung und Durchführung

Hier findest du eine tabellarische Darstellung der Liberating Structure und ihrer fünf mikrostrukturellen Elemente.

<table>
<tr><td>Vorbereitung (optional)</td><td>Gibt es etwas, was du vor der Durchführung der Liberating Structure vorbereiten musst oder kannst?</td></tr>
<tr><td>Raum und Material</td><td>Was wird wo im Raum benötigt und welches Material brauchen die Beteiligten für die Durchführung?</td></tr>
<tr><td>Einladung</td><td>Einladung zur Art der Interaktion und Aufgabenstellung, um Fokus zu erzeugen. Du kannst diese Einladung zu Beginn der Liberating Structure aussprechen sowie für Termineinladungen verwenden.</td></tr>
<tr><td>Schritt n
Kurzbeschreibung des Schritts
Dauer</td><td>Beschreibung des Schritts mit einer grafischen Darstellung. Die Beteiligung und die Gruppenkonfiguration ergeben sich aus der symbolischen Darstellung der Abläufe. Diese Grafiken bilden die Abläufe meistens für Gruppen von vier oder acht Personen ab.
Die Tipps, Stolperfallen, Optionen und Varianten kannst du für einen ersten Überblick überspringen. Allerdings empfehle ich dir, insbesondere die Tipps und Stolperfallen gerade vor der Durchführung anspruchsvollerer Liberating Structures sorgfältig zu studieren.
• Tipp: Worauf solltest du achten und wie kannst du die Durchführung klarer oder spannender gestalten?
• Stolperfalle: Was geht gerne mal schief und wie kannst du das verhindern?
• Optional: Was kannst du zusätzlich ausprobieren? Diese Hinweise kannst du zu Beginn deiner Praxis mit Liberating Structures ignorieren.
• Variante: Welchen alternativen Ablauf kannst du in diesem Schritt wählen?</td></tr>
</table>

<table>
<tr><td>Hilfemuster (optional)</td><td>Gibt es ein durchgängiges Hilfemuster (siehe Abschnitt „Sie bieten wirkungsvolle Hilfemuster an“ im Kapitel Entscheidungsfindung Revolutionieren), das die Beteiligten während der Liberating Structure einnehmen können?</td></tr>
</table>

Allgemeine Tipps, Varianten und Stolperfallen

An dieser Stelle findest du Hinweise und Ergänzungen, die auf die Durchführung der ganzen Liberating Structure zutreffen.

Kombinationen mit anderen Liberating Structures

<table>
<tr><th>Wann?</th><th>Was?</th><th>Wozu?</th><th>Wie?</th></tr>
<tr><td>Zur Vorbereitung
Wie kannst du diese Liberating Structure gut vorbereiten, um beispielsweise die konkrete Fragestellung oder das Thema vorab herauszuarbeiten?</td><td rowspan="3">Welche Liberating Structure?</td><td rowspan="3">Wozu kannst du diese Liberating Structure in Kombination verwenden?</td><td rowspan="3">Wie führst du die Liberating Structure durch? Wie lautet die Einladung? Steht an dieser Stelle „Standardablauf“, dann ist damit gemeint, dass die Liberating Structure (in der Tabellenspalte unter „Was?“) gemäß ihres Standardablaufs durchgeführt wird.</td></tr>
<tr><td>Währenddessen
Mit welchen anderen Liberating Structures kannst du einzelne Schritte ersetzen oder ergänzen, um einen bestimmten Aspekt oder eine Fragestellung hervorzuheben?</td></tr>
<tr><td>Im Anschluss
Wie kannst du die entstandenen Ergebnisse und Erkenntnisse weiterverwenden?</td></tr>
</table>

Beispiel

Hier beschreibe ich ein konkretes Beispiel aus meiner Erfahrung.

Ursprung und Inspiration: Wer hat diese Liberating Structure entworfen, wodurch wurde sie inspiriert?

Die verwendete Symbolik

Hier findest du einen Überblick über die Symbole, die ich bei der tabellarischen Darstellung der Liberating Structures und der grafischen Darstellung der Abläufe verwende. So kannst du jederzeit nachschlagen, falls dir eine Abbildung rätselhaft erscheint. Jedes Symbol adressiert eines oder mehrere der mikrostrukturellen Elemente.

Symbol	Bedeutung	Mikrostrukturelle Elemente
	Dauer eines Schritts oder einer ganzen Liberating Structure	*Dauer*
	Aktiver Beteiligter, der sich austauscht	*Einbindung der Beteiligten, Konfiguration der Gruppen*
	Beteiligter, der zuhört oder dem gerade geholfen wird	*Einbindung der Beteiligten, Konfiguration der Gruppen*
	Facilitator – in diesem Buch in der Regel du	*Einbindung der Beteiligten*
	Interaktion zwischen Personen oder mit einem Gegenstand für eine bestimmte Zeitspanne (hier: 5 Minuten)	*Einbindung der Beteiligten, Dauer*
	Alle interagieren miteinander für eine bestimmte Zeitspanne (hier: 4 Minuten)	*Einbindung der Beteiligten, Dauer*
	Übergang zwischen Schritten oder Runden innerhalb eines Schritts	*Ablauf*
	Mehrere Durchgänge, in der Regel verbunden mit einem Wechsel der Rollen (hier: insgesamt zwei Durchläufe mit jeweils unterschiedlicher Rollenaufteilung)	*Einbindung der Beteiligten, Ablauf*
	Indexkarte zum Schreiben: eine festeres Stück Papier oder dünne Kartonage, das die Form behält, gut in einer Hand zu halten ist und nicht so leicht kaputtgeht	*Benötigte Materialien*
	Papier und Stift zum Schreiben	*Benötigte Materialien*
	Post-it	*Benötigte Materialien*
	Post-its in verschiedenen Farben	*Benötigte Materialien*
	Stift zum Schreiben auf Indexkarte, Papier oder Post-it	*Benötigte Materialien*
	Buntstift oder Kreide	*Benötigte Materialien*
	Beliebiger Stuhl	*Aufbau des Raums*

Symbol	Bedeutung	Mikrostrukturelle Elemente
	Schreibunterlage oder ein Tisch	*Benötigte Materialien (Aufbau des Raums)*
	Bequemer Stuhl für Talkshow- oder Wohnzimmeratmosphäre	*Aufbau des Raums*
	Flipchart und Flipchartstifte. Du kannst das Flipchart in der Regel durch Metaplanwand, Laptop und Beamer oder Whiteboard ersetzen.	*Aufbau des Raums und benötigte Materialien*
	Metaplanwand	*Aufbau des Raums und benötigte Materialien*
	Whiteboard oder Blackboard und Marker	*Aufbau des Raums und benötigte Materialien*
	Mikrofon und Beschallungsanlage	*Aufbau des Raums und benötigte Materialien*
	Beamer und Leinwand oder großer Monitor	*Aufbau des Raums und benötigte Materialien*
	Akustisches Signal für den Wechsel zwischen Schritten oder Rollen	*Benötigte Materialien*

Selbstreflexion

- Auf welche Hilfestellung zur Auswahl von Liberating Structures willst du dich erstmal fokussieren? Warum?
- Welche Liberating Structure willst du gleich lesen? Warum?
- Für welche Situationen möchtest du möglichst bald Liberating Structures einsetzen?

Kapitel 5
Grundlegende Liberating Structures

Purpose: *Du lernst hier grundlegende Liberating Structures kennen. Das ist wichtig, da viele andere Liberating Structures darauf aufbauen. Zudem erfährst du, wie eine Gruppe den Purpose ihrer Initiative entdecken kann und wie du Meetings und Workshops mit Liberating Structures planst. Das ist wichtig, denn …*

Die Grundlage ist das Fundament der Basis.
Le Corbusier, Architekt

Kapitelübersicht

1-2-4-All

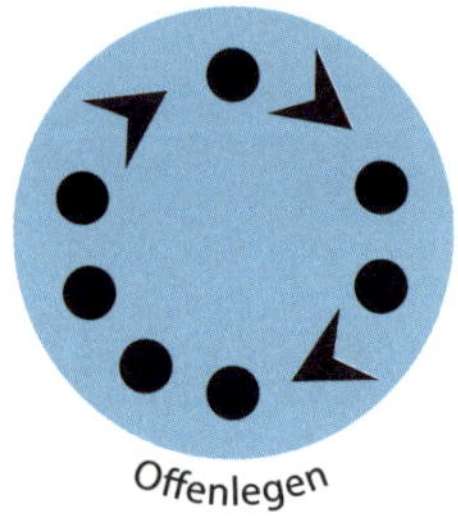

Beteilige jeden in einer Gruppe, Fragen, Ideen und Vorschläge zu generieren, um

- *alle bei der Suche nach Antworten zu integrieren,*
- *Groupthink zu verhindern und so das Spektrum an Meinungen und Ideen breit zu halten,*
- *Ideen zu schärfen, bevor sie in der ganzen Gruppe geteilt werden,*
- *einen sicheren Rahmen für Austausch frei von Machtgefällen zu erschaffen,*
- *Personen, die nicht gerne vor Gruppen sprechen, im Paar geschützt Gehör zu verschaffen,*
- *auf effiziente Art und Weise ein gemeinsames Verständnis zu erzeugen.*

ca. 12–15 Minuten ★ Niveau: einfach 2–99+ Personen Ideal: 4–80 Personen

Alle Menschen haben die Anlage, schöpferisch tätig zu sein. Nur merken es die meisten nie.
Truman Capote, Autor

Wann kannst du 1-2-4-All anwenden und was kannst du damit erreichen?

1-2-4-All ist eine wahre Alleskönnerin unter den Liberating Structures! Du kannst damit Meinungen und Ideen sammeln, ergänzen oder konvergieren lassen. Mit dieser Liberating Structure bringst du Eindrücke, Erwartungen und Stimmungen an die Oberfläche. Zu Beginn bekommt jeder Zeit, in Ruhe über eine Fragestellung nachzudenken („1"). Anschließend teilt jeder seine Gedanken mit einem Partner („2"). Als Nächstes treffen je zwei Paare aufeinander und teilen, vergleichen, ergänzen und schärfen ihre Ergebnisse zu viert („4"). Schließlich werden die Resultate aus den Vierergruppen mit allen geteilt („All").

Durch den parallelen Ablauf der Gespräche kommen innerhalb kürzester Zeit alle gleichberechtigt zu Wort. Vielredner, die bei einer offenen Diskussion die ganze Gruppe dominieren würden, bekommen den gleichen Redeanteil wie alle anderen Beteiligten. Hierarchien und Machtverhältnisse innerhalb der Gruppe üben kaum noch einen lähmenden Effekt auf die Gespräche aus. Es spielt keine Rolle mehr, ob eine *dominante* Führungskraft anwesend ist – die Gruppe beachtet ihren Beitrag während der Choreographie von 1-2-4-All nicht mehr, aber auch nicht weniger als alle anderen Beiträge.

Durch 1-2-4-All bekommen die Beteiligten Zeit, sich selbst Gedanken über das Thema zu machen. Diese Gedanken und Ideen können sie dann im geschützten Rahmen der Paare erst einmal verproben. Dies bringt auch die eher introvertierten Beteiligten ins Spiel, und jeder kann seine Gedanken mindestens einmal zum Ausdruck bringen. So wird die Vielfältigkeit der ganzen Gruppe stimuliert. Ideen, die sonst im Verborgenen geblieben wären, werden in Paaren und Kleingruppen ernsthaft betrachtet. Die Vierergruppen verfeinern die guten Ideen, sodass diese verständlich mit der ganzen Gruppe geteilt werden können. 1-2-4-All schafft einen Raum zum Nachvollziehen der Gedanken der anderen, erzeugt ein Gefühl von Gemeinschaft und beflügelt die Bereitschaft, den wirklich guten Ideen nachzugehen.

1-2-4-All ist genauso einfach wie wirkungsvoll. Probier es direkt bei deinem nächsten Meeting aus!

1-2-4-All in der Entscheidungsfindung

Du kannst ⁘ 1-2-4-All in jeder Phase deiner Entscheidungsfindung einsetzen. Mit ⁘ 1-2-4-All ergründet deine Gruppe gemeinsam eine Herausforderung. Sie generiert Ideen, Maßnahmen und Lösungen. Du beziehst die Meinungen und Stimmen aller mit ein. Aus der Expertise und der Fantasie der Gruppe entsteht ein holistischer Blick. Dabei kann jeder in Ruhe nachdenken, sich artikulieren und die Perspektiven der anderen hören. So kannst du Chancen und Risiken einer Entscheidung und deren Konsequenzen aus Sicht der Gruppe aufdecken. Die Beteiligten verschaffen sich innerhalb weniger Minuten einen umfangreichen Überblick über die Meinungen der Gruppe zu einer Problemstellung, zu Lösungsalternativen oder zu einer Entscheidung.

Wie? Vorbereitung, Einladung und Durchführung

Vorbereitung	Überlege dir die Fragestellung und beachte dabei die Tipps zur Formulierung von Einladungen im Kapitel *Erste Schritte, Tipps und Stolperfallen*. Mach dir insbesondere Gedanken darüber, ob das Ergebnis divergent sein soll, sodass die Gruppe ein breites Spektrum an Meinungen und Ideen erzeugt, oder ob Konvergenz für das Vorhaben der Gruppe dienlicher ist und die Fragestellung darauf abzielt, wenige, dafür herausragende Ideen zu generieren.
Raum und Material	• *Optional:* Signal zum Ankündigen des nächsten Schritts • *Optional:* Stifte, Post-its, Flipchart zum Festhalten der Ergebnisse • *Optional:* Die Fragestellung auf einem Flipchart sichtbar machen
Einladung	„Überlege dir, welche Ideen, Anmerkungen oder Vorschläge du in Bezug zu der gestellten Frage hast. Teile diese." *Tipp:* Lies dir die Tipps und Hinweise zur Formulierung von guten Einladungen und Fragestellungen im Kapitel *Erste Schritte, Tipps und Stolperfallen* durch, um deine Einladung spezifisch für die Herausforderung, inspirierend und zielführend zu gestalten.

Schritt 1 „1“ **1 Minute**	Stell die Frage und lade die Gruppe ein, in Ruhe darüber nachzudenken. 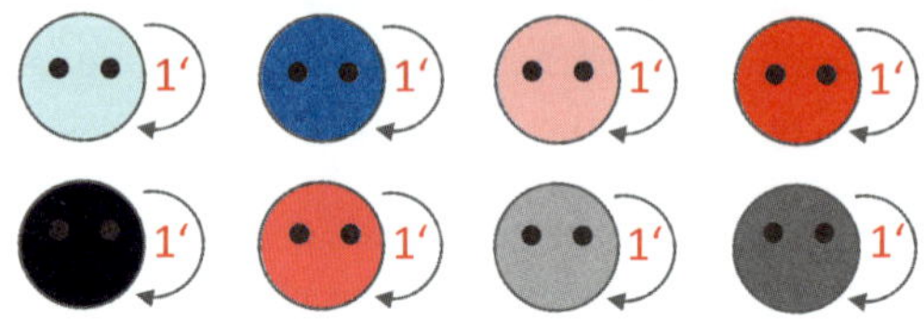 • *Tipp:* Achte darauf, dass wirklich Ruhe herrscht, sodass sich jeder konzentrieren und sich eigene Gedanken machen kann. • *Stolperfalle:* Wenn du bei der Formulierung das Gefühl hast, dass die Fragestellung für die Beteiligten unklar ist, dann frage in die Runde, ob es noch Verständnisfragen gibt. Kläre diese, bevor du die Durchführung startest. • *Stolperfalle:* Wenn die Gruppe gewohnt ist, ihre Gedanken auf Post-its festzuhalten, dann kann es passieren, dass sich die Gruppe zu sehr auf das Schreiben konzentriert. Anstatt sich dann wirklich auszutauschen, lesen sich die Beteiligten nur ihre Zettel vor. Falls das auf deine Gruppe zutrifft, dann verzichtet komplett auf Notizen.
Schritt 2 „2“ **2 Minuten**	Bitte die Beteiligten, Paare zu bilden und ihre Ideen miteinander auszutauschen, weiterzuentwickeln und zu schärfen. 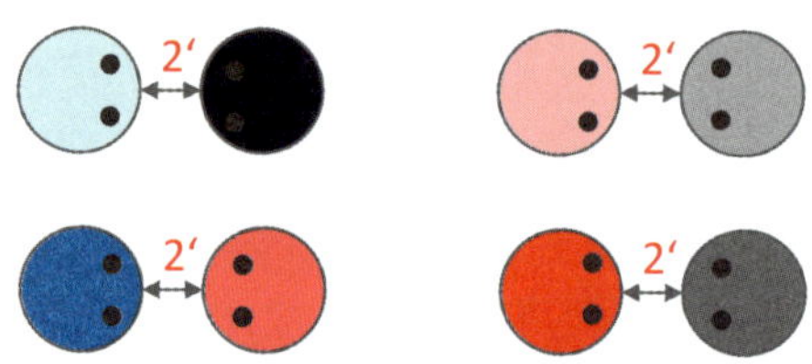 • *Tipp:* Bitte darum, dass sich ein Paar die Redezeit von zwei Minuten untereinander selbstständig aufteilt, sodass sich beide äußern können. • *Tipp:* Bei ungerader Teilnehmerzahl lass eine Dreiergruppe bilden oder spring selbst ein, sodass sich dein Gegenüber einmal ausdrücken kann, um sich im nächsten Schritt einem anderen Paar anzuschließen.

Schritt 3
„4“
⌛ **4 Minuten**

- Bitte die Gruppe, Vierergruppen aus je zwei Paaren zu formen.
- Lade die Vierergruppen ein, Gemeinsamkeiten und Unterschiede herauszuarbeiten, gemeinsame Ideen zu entwickeln und zu schärfen.

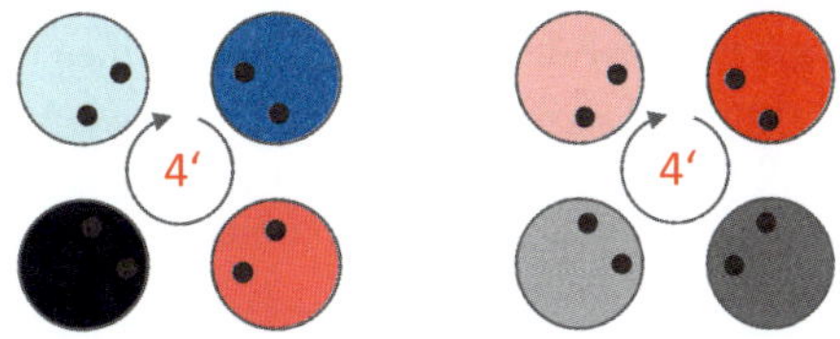

- *Tipp:* Wenn du ein fokussiertes Ergebnis haben möchtest, dann soll sich jede Gruppe auf wenige vielversprechende, neue, bemerkenswerte, kritische oder wichtige Ergebnisse am Ende dieser Runde einigen. Je mehr Ergebnisse du pro Gruppe zulässt, desto breiter wird der Ergebnisraum. Überlege dir vorher, wie viel die Gruppe wirklich für die weitere Arbeit benötigt. Für größere Gruppen solltest du auf jeden Fall die Menge an Ergebnissen pro Gruppe beschränken.
- *Tipp:* Bei unpassenden Teilnehmerzahlen lass ein paar Dreiergruppen bilden. Vermeide Fünfer- oder gar Sechsergruppen, damit ein echter Austausch zwischen den Beteiligten im angegeben Zeitfenster möglich bleibt.

Schritt 4
„All“
⌛ **5 Minuten**

Jede Vierergruppe teilt reihum eine Idee mit der ganzen Gruppe, bei Bedarf weitere Ideen in weiteren Runden.

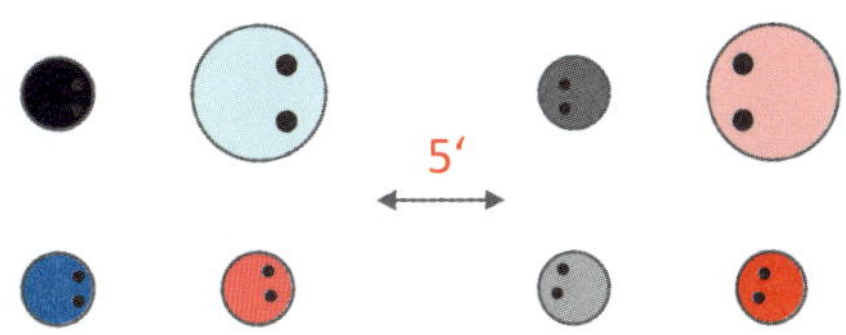

- *Tipp:* Lass die Ergebnisse auf Post-its an ein Flipchart anbringen oder für alle lesbar auf den Boden zu verteilen. Bitte die Beteiligten, die Ergebnisse, die neu sind, kurz und knapp vorzustellen. Falls eine Gruppe nichts Neues zu den bisherigen Ergebnissen beizutragen hat, bitte darum, auf die Vorstellung zu verzichten.
- *Tipp:* Bei größeren Gruppen ab 40 Personen, kannst du auch hier nochmal die Menge der Ergebnisse einschränken. Du kannst beispielsweise auffordern: „Welche Gruppe hat ein so spannendes/wichtiges Ergebnis, dass sie absolut überzeugt davon ist, dass es alle anderen hören müssen?“

Hilfemuster

Gemeinsames Formen – dein Gegenüber und du, ihr deckt gemeinsam Lösungen auf, nehmt Angebote voneinander an und entwickelt sie weiter.

Allgemeine Tipps, Varianten und Stolperfallen

- ***Stolperfalle:*** Widerstehe der Versuchung, mit einer kleinen Gruppe doch direkt in den „All“-Schritt zu springen und in eine Gruppendiskussion zu verfallen („wir sind erwachsen und bekommen das gut ohne Struktur hin“). Auch in kleinen Gruppen von zwei bis acht Personen sind die ersten Schritte von 1-2-4-All gut investierte Zeit und erhöhen die Qualität der Ergebnisse.
- ***Tipp:*** Falls du 1-2-4-All einsetzt, um Ergebnisse oder Erfahrungen von Beteiligten aus verschiedenen Kleingruppen zu teilen, durchmische die ursprünglichen Kleingruppen: „Teilt eure Erfahrungen mit einem neuen Partner.“

Abkürzende Darstellung für dieses Buch

Mit folgender Symbolik stelle ich 1-2-4-All und 1-2-4 (hierbei findet kein „All“-Schritt statt) in den folgenden Kapiteln dar. Falls die Ergebnisse zentral gesammelt werden sollen, wird dies durch Variationen dieser Symbolik dargestellt. Abweichungen von den Standardzeitfenstern („1“-Schritt: 1', „2“-Schritt: 2', „4“-Schritt: 4', „All“-Schritt: 5') gebe ich in den Grafiken und im Text wie folgt an: 1-2-4-All (1', 4', 4', 5') – beschreibt beispielsweise einen Durchlauf mit 4' für den „2“-Schritt.

Abkürzung „1-2-4-All“ **12 Minuten**	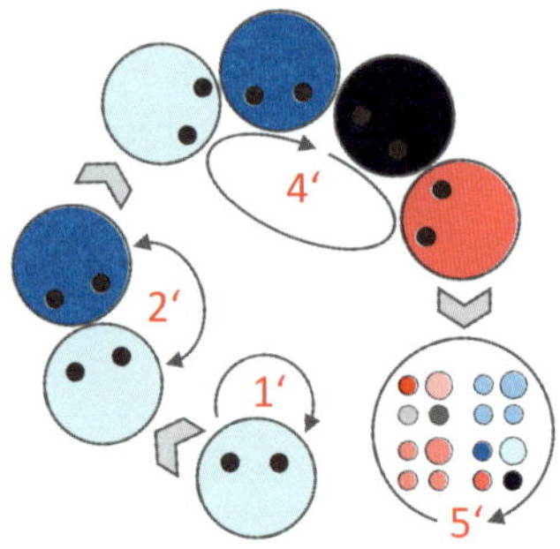 1-2-4-All
Abkürzung „1-2-4“ **7 Minuten**	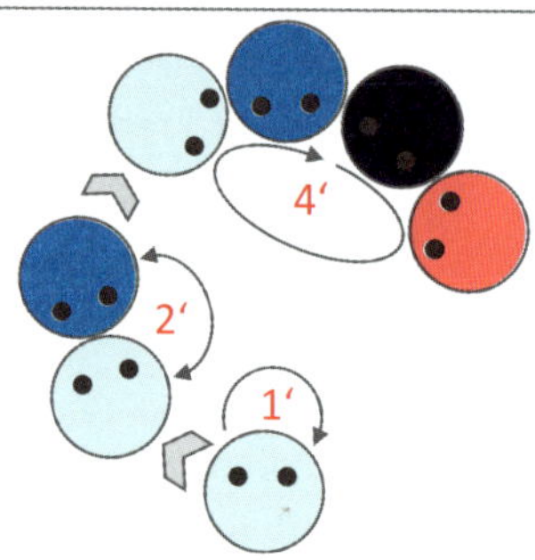 1-2-4

Kombinationen mit anderen Liberating Structures

- ⁛ 1-2-4-All kannst du mit den meisten Liberating Structures kombinieren. Einige Liberating Structures haben ⁛ 1-2-4-All bereits als festen Bestandteil. Du findest Beispiele dazu in den entsprechenden Kapiteln.

Beispiel: Bedingungen für den Erfolg einer Entscheidungsfindung klären

Die Zusammenarbeit zwischen mehreren Teams, die ich betreute, war mangelhaft. Abstimmungen blieben oft ergebnislos. In einem Workshop wollten die Beteiligten entscheiden, wie die Teams in Zukunft miteinander arbeiten wollen. Dazu ließ ich mithilfe von ⁛ 1-2-4-All zu Beginn des Workshops klären, wann der Workshop für die Beteiligten erfolgreich ist.

Die Einladung lautete: „Es ist 17 Uhr. Der Workshop ist vorbei und war ein voller Erfolg. Woran stellt ihr das fest?"

Die Ergebnisse lauteten unter anderem: „Wir haben ein gemeinsames Verständnis der Arbeitsweise" und „Wir haben konkrete Maßnahmen für die Verbesserung der Zusammenarbeit festgelegt".

In Konsequenz war den Beteiligten während des ganzen Workshops ihre Motivation klar. Die Beteiligten haben hilfreiche Maßnahmen entschieden, sodass die Teams nun zielgerichteter und besser abgestimmt miteinander arbeiten.

Ursprung und Inspiration: Diese Liberating Structure wurde von Henri Lipmanowicz und Keith McCandless entwickelt.

Folding Spectogram

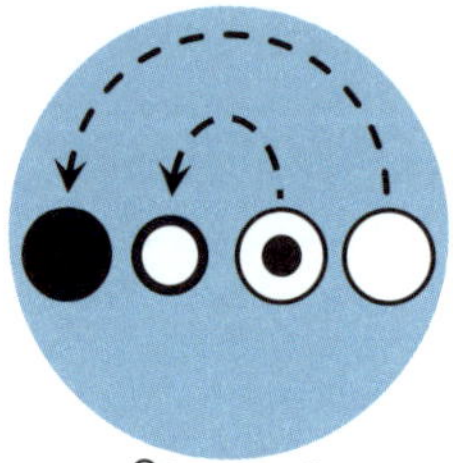

Beteilige jeden daran, zu einer Fragestellung mit kontroversen Meinungen zusammenzukommen und gemeinsam Ideen, Fragen oder Maßnahmen zu generieren, um

- *gezielt Platz für konträre Ansichten zu schaffen,*
- *für Verständnis zwischen den Extremen zu sorgen,*
- *Bereitschaft für Kompromisse und Neues herzustellen,*
- *trotz Gegensätzen gemeinsam voranzuschreiten.*

ca. 15–20 Minuten **Niveau: einfach** **4–99+ Personen** **Ideal: 8–80 Personen**

Wer seine Meinung nie zurückzieht, liebt sich selbst mehr als die Wahrheit.

Joseph Joubert, Moralist

Folding Spectogram in der Entscheidungsfindung

Ein Folding Spectogram ist immer dann eine hilfreiche Variante von 1-2-4-All, wenn deine Fragestellung verschiedene, starke Meinungen hervorruft. Dann hilft diese Variante dabei, Verständnis zwischen den Extremen herzustellen.

Wie? Vorbereitung, Einladung und Durchführung

Einladung	Lade die Beteiligten ein, sich zu einem Thema oder einer Fragestellung auch physisch zu positionieren und sich mit konträren und gemäßigteren Ansichten auseinanderzusetzen.
Schritt 1 Sortieren **2–3 Minuten**	Lass die Beteiligten sich entlang einer Linie nach ihrer Einstellung zu einem Thema aufstellen. Zum Beispiel: „Siehst du eher Chancen oder eher Risiken, wenn wir diese Entscheidung treffen?“ 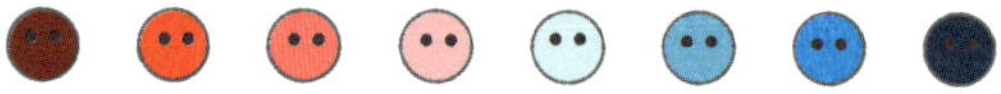 *Optional:* Bitte jemanden im ersten und im letzten Viertel des Spektrums darum, seinen Standpunkt zu teilen. Gib anschließend den Beteiligten die Möglichkeit, sich anhand der genannten Standpunkte neu einzusortieren. **+3 Minuten**

Schritt 2
Erstes Falten
⌛ **1–2 Minuten**

Lass die Gruppe sich entlang ihres Mittelpunkts einmal falten, sodass die extremsten Meinungen ein Paar bilden, dann die zweitextremsten Meinungen und so weiter.

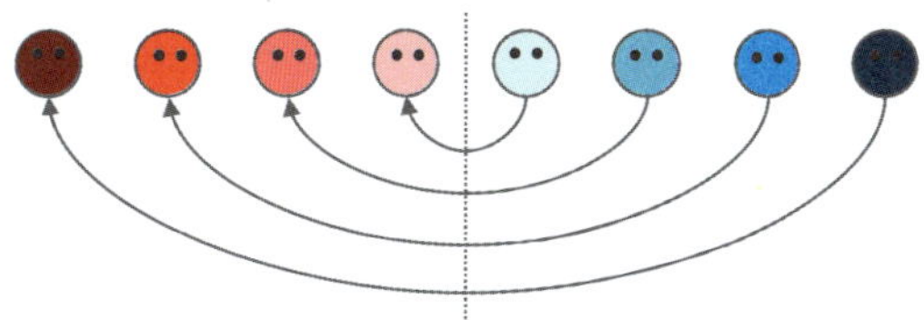

Schritt 3
„2“
⌛ **2 Minuten**

Austausch in Paaren

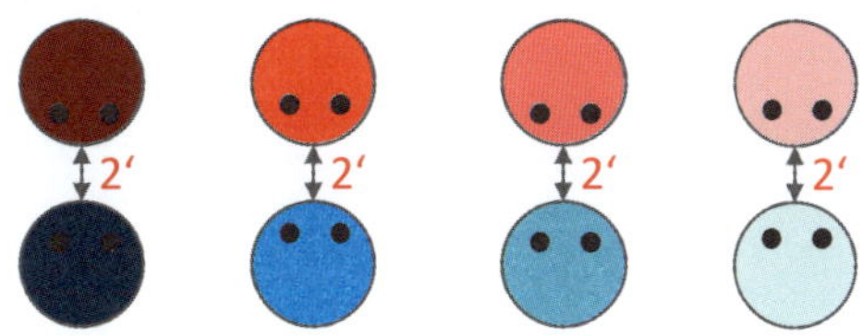

- *Tipp:* Gib vor, dass es vor allem darum geht, den Standpunkt der anderen Seite zu hören und nachzuvollziehen und nicht darum, gegeneinander zu argumentieren.
- *Optional:* Gib den Paaren bei heißen Themen einen Moment mehr Zeit, sich auszutauschen. Bitte sie darum, von sich zu sprechen und beide Seiten ausreden zu lassen. ⌛ **+3 Minuten**
- *Hilfemuster:* *Stille Präsenz*

Schritt 4
Zweites Falten
⌛ **1–2 Minuten**

Lass die Linie der Paare sich erneut entlang ihres Mittelpunkts einmal falten, sodass das Paar mit extremen Meinungen mit dem Paar mit gemäßigten Meinungen zusammentrifft, dann das zweitextremste Paar mit dem zweitgemäßigten Paar und so weiter.

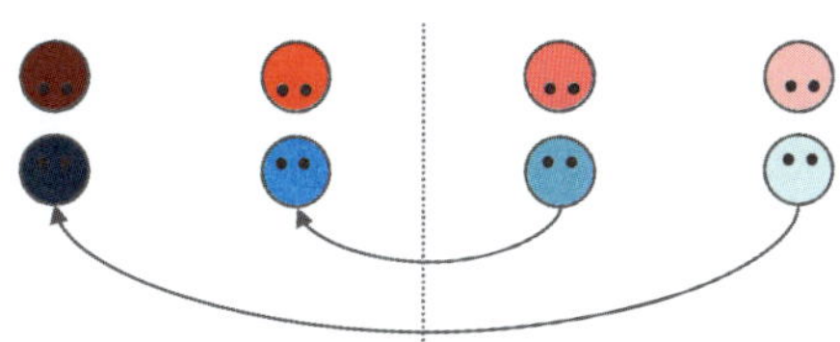

Schritt 5
„4“
⌛ **4 Minuten**

Austausch zu viert

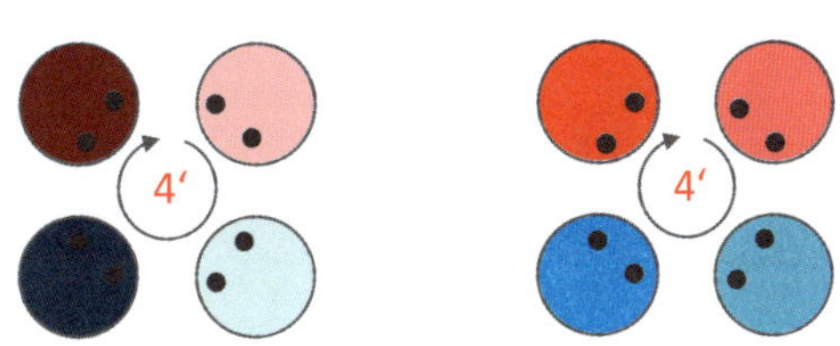

Schritt 6 „All“ **5 Minuten**	Jede Vierergruppe teilt reihum ihre Erkenntnisse mit der ganzen Gruppe. 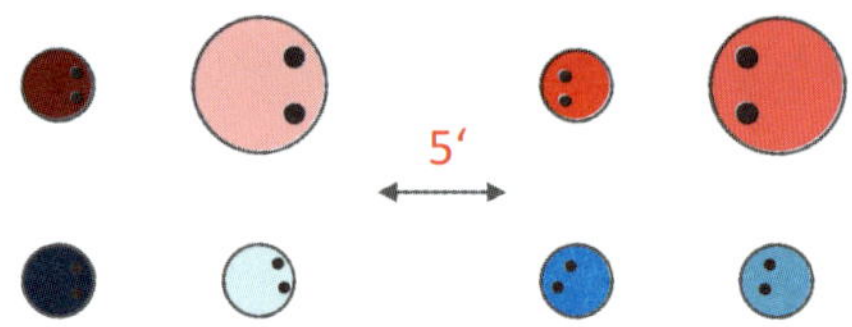

Ursprung und Inspiration: Diese Variante von 1-2-4-All wurde von „Kinetic Spectrum“ von Tree Bressen, beschrieben in „Possibilities for Transformational Conferences“, inspiriert und von Charley Haley in die Liberating Structures Community eingeführt.

9 Whys

Entdecke und teile den Purpose eurer gemeinsamen Arbeit, um

- *fokussiert und motiviert voranzuschreiten,*
- *zu entdecken, worauf es den Beteiligten wirklich ankommt,*
- *entscheiden zu können, wer noch beteiligt werden muss.*

ca. 20–25 Minuten **Niveau: einfach** **1–99+ Personen**
Ideal: 2–40 Personen

Hat man sein Warum des Lebens, so verträgt man sich fast mit jedem Wie.
Friedrich Nietzsche, Philosoph

Wann kannst du 9 Whys anwenden und was kannst du damit erreichen?

Wir sind umgeben von Meetings und Projekten, deren Sinn und Zweck uns nicht richtig klar ist. In solchen Situationen können wir nur wenig Fokussierung und kaum Motivation der Teilnehmer erkennen. Die Zielrichtung erscheint uns unklar oder nicht vorhanden zu sein.

Du kannst dem mit 9 Whys ein Ende setzen und den Purpose, also den tieferen Sinn und Zweck, für Meetings, Projekte oder Entscheidungsfindungen aufdecken. Die neun Warums stehen metaphorisch dafür, die tiefer liegenden Gründe Schritt für Schritt durch Warum-Fragen freizulegen. Zuerst überlegen sich die Beteiligten, *Was* sie tun oder planen zu tun. Dann lässt du sie in paarweisen Interviews immer tiefer hinabsteigen, bis sie ein *Warum* gefunden haben, das sie wirklich anspricht. Schließlich teilt die Gruppe ihre Entdeckungen miteinander und formuliert einen gemeinsamen Purpose für ihr Vorhaben.

Durch diesen Purpose erhalten die Beteiligten einen persönlichen Prüfstein. Daran können die Beteiligten in Zukunft ihre Handlungen und Entscheidungen ausrichten. Das gemeinsame Vorhaben bekommt eine Anziehungskraft und eine Daseinsberechtigung, die nicht so leicht angezweifelt werden kann. Mit 9 Whys kannst du die erste der drei entscheidenden Säulen (*Purpose, Mastery, Autonomy* – siehe *Entscheidungsfindung revolutionieren*) für die intrinsische Motivation der Gruppe errichten.

9 Whys in der Entscheidungsfindung

Jedes Projekt, Meeting, Unternehmen, jede Gruppe, Initiative oder Entscheidungsfindung kann nur dann erfolgreich sein, wenn klar ist, auf *was* sie abzielt und *warum* das wichtig ist. 9 Whys erlaubt es den Beteiligten, ihr gemeinsames Was und Warum – den Purpose – zu entdecken und zu schärfen. Im Rahmen der Entscheidungsfindung erzeugst du mit 9 Whys Sinnhaftigkeit, Fokussierung und Verantwortung für die vorliegende Herausforderung. Du verhinderst, dass die Gruppe unklar und in die falsche Richtung voranstürmt. Du ermöglichst, dass jeder die Motivationen der anderen Beteiligten kennenlernt, und motivierst dazu, die Herausforderung gemeinsam zu bewältigen.

Eigenschaften eines Purpose

Ein kraftvoller Purpose wirkt anziehend, regt zum Mitmachen an und hat zwei wesentliche Attribute:

Er ist ein persönlicher Prüfstein für jeden Beteiligten	Er unterstreicht die Daseinsberechtigung der gemeinsamen Arbeit im größeren Umfeld

Darüber hinaus unterscheidet sich ein guter von einem schlechten Purpose durch einige Eigenschaften:

Ein starker Purpose …	Ein schwacher Purpose …
… bezieht sich auf eine beständige und wichtige Tätigkeit in der Gemeinschaft, im eigenen Kontext oder im größeren Umfeld.	… ist eine klischeehafte, kraftlose Plattitüde.
… spricht jeden Einzelnen genauso an wie die ganze Gruppe.	… hat nur für einen Teil der Gruppe eine Bedeutung.
… ist unerschöpflich, selbst wenn die Beteiligten sich weiterentwickeln.	… kann wie ein Ziel erreicht oder irrelevant (gemacht) werden.
… verleiht jedem Schritt auf dem Weg Bedeutung.	… ist eine gewöhnliche Leitlinie, ein Mission Statement oder ein Werbeslogan.
… ist greifbar.	… ist schwierig zu erklären.

Wie? Vorbereitung, Einladung und Durchführung

Raum und Material	• Stift und Papier für alle Beteiligten zum Festhalten des *Was* und des *Warums* • *Optional:* Stühle und Schreibunterlagen für die Interviews
Einladung	Lade die Gruppe ein, miteinander herauszufinden, was der Sinn und Zweck der gemeinsamen Arbeit oder Herausforderung ist.

Schritt 1

Liste der Tätigkeiten erstellen

2–3 Minuten

Bitte jeden Beteiligten, eine Liste mit Tätigkeiten zu erstellen, die sie oder er bei der Herausforderung oder bei der täglichen Arbeit in diesem Kontext durchführt. Frage „Womit verbringst du hierbei deine Zeit?".

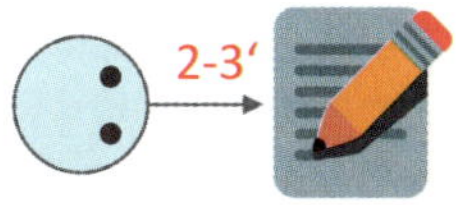

- *Tipp:* Falls du den Purpose von etwas aufdecken lassen willst, das in der Zukunft liegt, dann lass Tätigkeiten identifizieren, die voraussichtlich in diesem Kontext durchgeführt werden, oder Tätigkeiten aufschreiben, die die Beteiligten planen zu tun: „Was wirst du hierfür tun?"
- *Stolperfalle:* Verlängere diesen Schritt nicht, sonst kann der nächste Schritt schwierig werden. Du kannst diesen Schritt auch gut auf eine Minute kürzen.

Schritt 2

Liste teilen und nach dem *Warum* fragen

10 Minuten (5 Minuten pro Person)

- Bitte die Beteiligten, Paare zu bilden.
- Die erste Person stellt im Paar ihre Tätigkeiten vor.
- Anschließend versucht ihr Gegenüber in der Rolle des Interviewenden mithilfe von Warum-Fragen, die Gründe und Wichtigkeit dieser Tätigkeiten zu erforschen: „Warum ist *dir* diese Tätigkeit wichtig?" Der Interviewer schreibt die Antworten mit.
- Nach fünf Minuten tauschen Interviewer und Interviewter die Rollen.

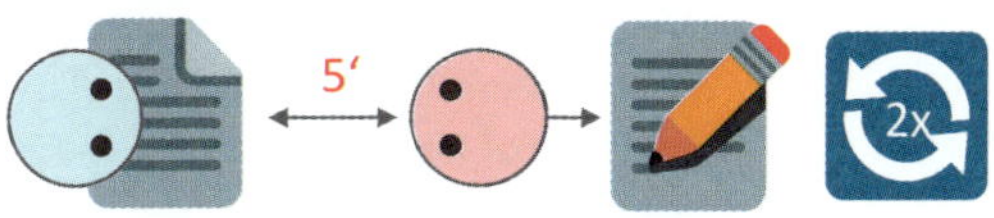

- *Tipp:* weitere Arten, nach dem Warum zu fragen:
  - Wozu? (zukunftsgerichteter)
  - Was ist *dir* daran wichtig? Was noch? Erzähl mir mehr darüber!
  - Was ist der Grund dafür, dass du das tust oder tun willst?
  - Was hoffst und glaubst du, dass diese Dinge ermöglichen?
  - Wenn diese Dinge/deine Arbeit heute ausgelöscht würden, was würdest du morgen als Erstes zurückbringen?
  - Wenn dein Traum morgen wahr würde, was wäre dann anders? Wie sähe die Welt dann aus?
  - Warum ist es gerade jetzt wichtig, diese Herausforderung anzugehen/diese Handlung auszuführen?

- *Tipp:* Beschreibe den Beteiligten, dass der tiefste Grund in der Regel dann aufgedeckt worden ist, wenn der Interviewte sich freut, glänzende Augen bekommt oder lacht – sich also sichtlich inspiriert fühlt. Oft ist das Paar dann auf das Verlangen nach *Mastery* (siehe *Entscheidungsfindung revolutionieren*) gestoßen. Hier kann es für die vorliegende Herausforderung dienlich sein, eine Ebene zurückzurudern und nur den „zweittiefsten" Grund festzuhalten. Sonst klingt der Purpose leicht zu generisch: „Das ist mir wichtig, weil es mich erfüllt."
- *Tipp:* Gib den Paaren mit, 9 Whys (neunmal *warum*) nicht zu wörtlich zu nehmen, sondern immer wieder auf die Antworten des Interviewten einzugehen: „Wieso denkst *du*, dass das wichtig ist?"
- *Stolperfalle:* Fordere die Beteiligten auf, danach zu fragen, warum etwas für den *Interviewten* wichtig ist und nicht für das Unternehmen oder das Projekt. Das kann für manche Beteiligten irritierend und ungewohnt sein. Erläutere, dass der Purpose erst einmal etwas ganz Persönliches ist. Nur dann können daraus Motivation und ein Prüfstein entstehen. Andernfalls steigt die Wahrscheinlichkeit, dass am Ende etwas Zynisches wie „na, um Geld zu verdienen" herauskommt.
- *Stolperfalle:* Das Vorstellen der Tätigkeiten ufert manchmal aus, sodass keine Zeit mehr für die Warum-Fragen bleibt. Betone deshalb, dass das Vorstellen nur der Einstieg für den Interviewer ist, und bitte darum, dass dieser Teil **nicht mehr als eine Minute** dauern sollte.
- *Stolperfalle:* Mechanisch ausschließlich „Warum" zu fragen, kann das Gegenüber in eine Rechtfertigungshaltung bringen und unangenehm sein. Zudem führt ein „Warum" meist ausschließlich in die Tiefe. Manchmal ist ein „Welcher Aspekt davon ist dir besonders wichtig?" hilfreich, um gezielt in eine andere Richtung abzubiegen. Lade die Interviewer ein, darauf zu achten und die oben genannten Alternativen je nach aktuellem Interviewverlauf zu berücksichtigen.
- *Optional:* Lass den Interviewer im Anschluss das, was er verstanden und mitgeschrieben hat, erzählen, sodass sich der Interviewte gehört und gesehen fühlt. Du kannst das auch spielerisch durchführen und zum Beispiel die Moderation von der TV-Sendung „Herzblatt" imitieren lassen: „Der Kollege Müller ist eine gute Partie und macht … (Tätigkeiten). Das ist ihm wichtig, weil … (Antworten auf Warum-Fragen)." ⌛ **+5 Minuten**
- *Optional:* Lade dazu ein, innerhalb der Paare ein gemeinsames Purpose-Statement aus den Erkenntnissen zu formulieren. Dazu können diese die *Was* (= Tätigkeiten) mithilfe der *Warums* zu einem größeren Was abstrahieren und aus der Menge der Warums die wichtigsten für das Paar identifizieren. ⌛ **+5–10 Minuten**

Schritt 3 Erkenntnisse und Purpose teilen **⏳ 5 Minuten**	Bitte nun jeweils zwei Paare, ihre Erkenntnisse und Ergebnisse miteinander zu teilen. Lade dazu ein, auf Gemeinsamkeiten zu achten. 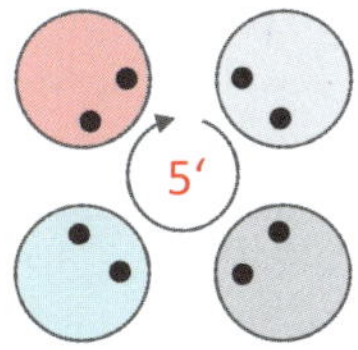 • *Optional:* Bitte die Vierergruppen, sich auf eine Menge von Was und Warums zu einigen, sodass für jeden etwas Ansprechendes oder Anziehendes dabei ist. • *Variante:* Wenn du für den nächsten Schritt ein enges Zeitfenster hast, dann lade bei großen Gruppen mit mehr als 20 Leuten die Vierergruppen dazu ein, sich auf ein oder zwei wichtige Gründe zu einigen.
Schritt 4 Purpose mit allen teilen **⏳ 5 Minuten**	Lade jede Vierergruppe dazu ein, ihren Purpose, also die wichtigsten Aktivitäten und ihre Motivationen, mit allen zu teilen, sodass die ganze Gruppe ein Bild eines gemeinsamen Purpose entwickeln kann. 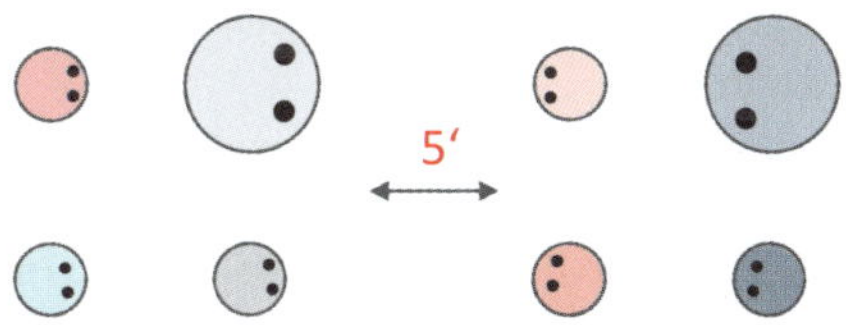
Hilfemuster	*Geführtes Entdecken – dein Gegenüber hört dir zu und greift deine Formulierungen auf, um für dich weitere Details deiner Geschichte oder deines Problems aufzudecken.*

> **Purpose in neun Worten**
>
> Einen wirklich klaren und anziehenden Purpose kannst du in wenigen Worten zum Ausdruck bringen. Versuche nur neun (oder möglichst wenige) Wörter zu verwenden und orientiere dich an folgender Formulierung. Die Schablone selbst zählt nicht zu den neun Wörtern dazu:
>
> **…** existiert, um … (**was**). Das ist **mir/uns** wichtig, weil … (**warum**).
>
> Beispielsweise: Die Hummusinitiative (siehe *Entscheidungsfindung revolutionieren*) existiert, um *Hummus zu verbreiten*. Das ist mir wichtig, weil *Hummus zur Gesundheit aller Menschen beiträgt.*

Allgemeine Tipps, Varianten und Stolperfallen

- *Tipp:* Mach 9 Whys zu einer Routine für dich und dein Umfeld. Beleuchte, entdecke und festige damit Motivation, Sinn und Zweck von Projekten, Unternehmen, Beziehungen oder Hobbys.

- *Tipp:* Probiere aus, mit dem gefundenen Purpose loszulegen. Falls die Gruppe merkt, dass der Purpose nicht passt und ihr nicht als Prüfstein dient, führe 9 Whys erneut durch.
- *Stolperfalle:* Die einzelnen Schritte erzeugen nur dann ein attraktives Ergebnis, wenn die Beteiligten bei der persönlichen Motivation bleiben: „Warum ist das für *dich* wichtig?" Andernfalls entstehen Plattitüden oder gewöhnliche Mission Statements, die kaum Anziehungskraft ausüben.
- *Variante:* Lass die Gruppe ein gemeinsames Purpose Statement verschriftlichen. Das kann hilfreich sein, um den Purpose für die Gruppe präsent zu halten und ihn mit Außenstehenden teilen zu können. Diese Variante birgt immer die Gefahr, den Purpose so abstrakt zu formulieren, dass er für niemanden mehr anziehend wirkt. Ihr könnt euch an der Formulierungsweise des *Purpose in neun Worten* (siehe Infokasten) orientieren oder ihr verwendet die Formulierung „Unser Projekt existiert, um …". Setze dazu für Gruppengrößen von über vier Personen Liberating Structures ein, um die *Was* und *Warums* der ganzen Gruppe zu abstrahieren und für alle passend in ein gemeinsames Purpose Statement zu integrieren. Du findest einen geeigneten String dazu im letzten Kapitel dieses Buchs. **+5–60 Minuten**
- *Variante:* Binde eine weitere Perspektive ein: „Warum ist das, was du tust, wichtig für den größeren Kontext?" neben „Warum ist es für dich wichtig?". Mit „größerem Kontext" können die Gesellschaft, Gemeinschaft, die Kunden, das Unternehmen, das Team, die Welt gemeint sein. Nenne einen Kontext, der der Gruppe wichtig ist. Das heißt, wenn deine Gruppe ein Produkt entwickelt, dann sind möglicherweise der Kunde und die Gesellschaft kraftvolle Antriebe. Diese Variante birgt allerdings das Risiko, dass die Gruppe sich zu sehr auf die Außenperspektive fokussiert, also beispielsweise eher die Vorgaben des Managements anführt, anstatt ihre eigene Motivation aufzudecken.
- *Variante:* Du kannst 9 Whys auch verwenden, um Beziehungen oder Freundschaften zu festigen. Entdecke direkt mit deinem Partner/deiner Partnerin/deinem Freund/deiner Freundin die wichtigsten Aspekte eurer Beziehung. Frage dich alternativ selbst zu einer Beziehung: „Warum, warum, warum ist mir diese Beziehung wichtig?"

Kombinationen mit anderen Liberating Structures

Wann?	Was?	Wozu?	Wie?
Zur Vorbereitung	Appreciative Interviews	Um das *Was* zu finden und greifbar zu machen.	„Erzählt euch paarweise eine Erfolgsgeschichte in unserem Kontext. Was ist Tolles passiert?" Fahre danach mit Schritt 2 fort und frage: „Warum ist diese Erfolgsgeschichte/der Erfolg in dieser Geschichte wichtig für dich?"
Im Anschluss	1-2-4-All	Um die nächsten gemeinsamen Schritte aufzudecken.	„Wie beeinflusst dieser Purpose unsere nächsten gemeinsamen Schritte?"

Unterschied zur 5-Why-Methode

Die 5-Why-Methode wurde von dem Erfinder Toyoda Sakichi, dem Gründer von Toyota Industries, entwickelt, um Ursache-Wirkung-Beziehungen aufzudecken. Sie wird beispielsweise im Qualitätsmanagement verwendet, um die Ursache eines Defekts zu finden. Verallgemeinert hilft die Methode, die Ursache eines Symptoms aufzudecken. Auch hier steht die „5" nur symbolisch für eine Reihe von Warum-Fragen. 9 Whys und die 5-Why-Methode unterscheiden sich also wesentlich in ihrem Purpose (und in ihrer restlichen Mikrostrukturiertheit).

Beispiel: Den Purpose eines Workshops zur Konfliktbehandlung mit Liberating Structures finden

Während der Vorbereitung eines Workshops zum Thema „Konfliktbehandlung in Teams mit Liberating Structures" überlegten meine Co-Facilitatoren und ich, was wir wie zum Thema Konfliktbehandlung den Workshopteilnehmern anbieten wollten. Dazu arbeiteten wir zuerst unseren persönlichen Purpose in Paaren heraus und teilten ihn anschließend miteinander.

Die Einladung lautete „Erstelle eine Liste mit den Lern- und Programmpunkten, die du für den Workshop wichtig findest".

In den Interviews fanden wir heraus, dass für uns Konflikte in Teams trotz unserer Erfahrung jedes Mal wieder herausfordernd waren. Wir wollten Möglichkeiten anbieten, Konflikte zuverlässiger und sicherer zu *navigieren.*

Mithilfe von 9 Whys konnten wir einfach und rasch Klarheit über die durchaus unterschiedlichen Motivationen und Ideen unserer Co-Facilitatoren gewinnen und anschließend einen gemeinsamen Purpose unseres Workshops daraus ableiten. So konnten wir den Workshop zielführend ausgestalten.

Ursprung und Inspiration: Diese Liberating Structure wurde von Henri Lipmanowicz und Keith McCandless entwickelt. Sie wurden von Geoffrey Bellman[27] inspiriert.

Design StoryBoards

Planen

Gestalte die essenziellen Bestandteile produktiver Meetings und Workshops, um

- *den Purpose eines Termins klarzumachen,*
- *erfolgreiche, produktive und vergnügliche Termine vorzubereiten,*
- *alle für den Erfolg relevanten Beteiligten zu identifizieren,*
- *Synergien zwischen den Beteiligten gezielt zu fördern,*
- *bewusst mit den Vor- und Nachteilen konventioneller Mikrostrukturen umzugehen,*
- *gezielt hilfreiche Mikrostrukturen auszuwählen.*

ca. 25–80 Minuten ★★**Niveau: fortgeschritten** **1–20+ Personen** **Ideal: 2–8 Personen**

Nicht am Reißbrett gewinnen Revolutionen Gestalt, sondern in den Herzen und Hirnen widerspruchsvoller Menschen.

Willy Brandt, Politiker

Wann kannst du Design StoryBoards anwenden und was kannst du damit erreichen?

Unklare und zähe Meetings kennen wir alle. Neben unpassenden Mikrostrukturen liegt das meistens an mangelhafter oder schlicht fehlender Vorbereitung. Die Teilnehmer vertrauen auf die Agenda des Einladenden und dieser auf die Expertise der anwesenden Teilnehmenden. Und im Handumdrehen sind wieder 60 Minuten wertvoller Zeit verbrannt.

Mit Design StoryBoards eliminierst du die Ursachen für diese dysfunktionalen Meetings: fehlender Purpose, mangelhafte Beteiligung, fehlende Personen, Groupthink und frustrierte Teilnehmer. Schritt für Schritt klärst du mit repräsentativen Vertretern des anstehenden Termins dessen Purpose, wichtige Teilnehmende, eine Abfolge passender Mikrostrukturen und Einladungen, um den Purpose zu erreichen. Mit diesen Informationen füllt ihr euren Ablaufplan für den Termin – das *Storyboard.*

Die Vertreter entdecken gemeinsam die Bestandteile eures Meetings oder Workshops. So entsteht Klarheit über Ziel, Beteiligte und Ablauf. Der anstehende Termin wird für die ganze Gruppe mit hoher Wahrscheinlichkeit erfolgreich sein.

Design StoryBoards in der Entscheidungsfindung

Verschaffe dir gemeinsam mit deiner Gruppe Klarheit über eure Termine! Was wollt ihr erreichen und wie sehen die einzelnen Schritte dorthin aus? Mit Design StoryBoards gestaltest du deine Workshops und Termine produktiver, prägnanter und leichtherziger. Bei der Entscheidungsfindung helfen dir diese Ablaufpläne in allen Phasen. Fertige sie regelmäßig gemeinsam mit anderen Beteiligten für eure Meetings und Workshops im Prozess der Entscheidungsfindung an!

Wie? Vorbereitung, Einladung und Durchführung

Storyboard-Vorlage

1. **Purpose**: Dieser Termin existiert, um … . Das ist für die Gruppe wichtig, weil … .
2. **Teilnehmer**: …
3. **Wie erkennen wir, ob unser Design für den Termin erfolgreich war?** …
4. **Ablauf:**

Agendapunkt	Ziel	Mikrostruktur	Warum diese Mikrostruktur?	Einladung	Schritte & Timing	Facilitator(s)
Beispielhaft: Willkommen	Auf das Thema des Termins vorbereiten.	Impromptu Networking	Sie beteiligt jeden Teilnehmer direkt und aktiviert die ganze Gruppe.	„Was denkst du zu Thema …? Was kannst du heute dazu beitragen?“	3 Runden à 3 Minuten	Heidi, Peter
…						
…						

- *Variante:* „Warum diese Mikrostruktur?" eignet sich vor allem zu Beginn deiner Reise mit Liberating Structures und immer wenn du Design StoryBoards mit Liberating Structures-Neulingen durchführst. Mit mehr Erfahrung wird diese Spalte für dich überflüssig werden.

Vorbereitung

Lade repräsentative Vertreter deiner Gruppe – das *Design Team* – ein und erkläre dein Vorhaben.

- *Tipp:* Lade genügend, aber nicht zu viele Personen ein; ideal sind zwei bis acht Personen. Je länger der anstehende Termin und je mehr Teilnehmer eingeplant sind, desto wertvoller *kann* ein größeres Design Team sein.
- *Tipp:* Mische Charaktere und Funktionen aus der betroffenen Gruppe, um die repräsentativen Vertreter auszuwählen: Introvertierte, Extrovertierte, Spezialisten, Generalisten, Netzwerker.
- *Stolperfalle:* Insbesondere für kurze Termine wundern sich die Eingeladenen womöglich über den Termin vor dem Termin. Lass dich nicht verunsichern – die investierte Zeit wird sich auszahlen.

Raum und Material	• Stift, Papier und Schreibunterlage oder Flipchart zum Erstellen des Storyboards • *Optional:* Liberating Structures Design Cards oder Post-its • *Optional:* Die Storyboard-Vorlage ausgedruckt oder sichtbar für alle projiziert
Einladung	Lade das Design Team ein, einen detaillierten Ablaufplan – das *Storyboard* – für euren anstehenden Termin zu entwickeln. Das Storyboard soll beschreiben, wie die Beteiligten miteinander interagieren, um den Purpose des Termins zu erreichen.
Schritt 1 Purpose ermitteln **3–5 Minuten**	• Kläre den Purpose des anstehenden Termins mithilfe von 1-All: Zuerst überlegt jeder für sich, dann trägt die Gruppe ihre Sichtweise zusammen. • Halte den Purpose auf dem Storyboard fest. 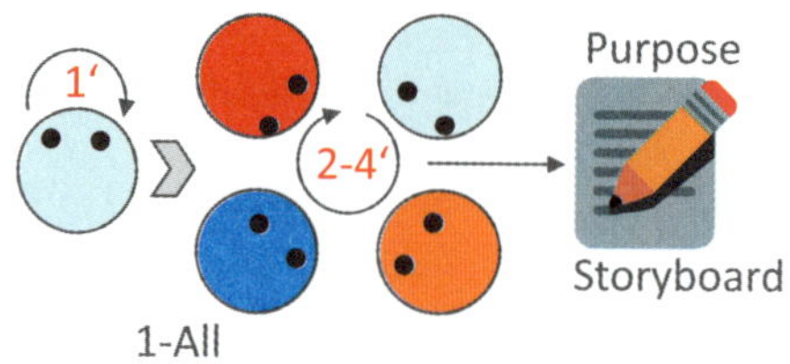 • *Tipp:* Halte das vorgegebene Zeitfenster ein und verfeinere den Purpose während der folgenden Schritte. Nimm dir beispielsweise nach Schritt 3, 5 oder 7 die Zeit, mit dem Design Team den Purpose zu validieren. **+je 3–5 Minuten** • *Tipp:* Überlegt euch, ob der Purpose mit *einem* Termin herausgearbeitet werden kann. Falls nicht, dann überlegt euch, was der Purpose des ersten Termins ist. Kümmert euch jetzt nur um den ersten Termin. • *Tipp:* Falls mehrere Termine notwendig sind, dann notiert euch kurz, was ihr bereits für die Folgetermine identifiziert habt. **+5 Minuten**

<table>
<tr>
<td>Schritt 2
Übliches Vorgehen hinterfragen
⏳ 5–10 Minuten</td>
<td>

- Beschreibt gemeinsam, welche der konventionellen fünf Mikrostrukturen ihr üblicherweise gewählt und wen ihr normalerweise eingeladen hättet.
- Überlegt euch, wie dieses Vorgehen das Erreichen des ermittelten Purpose unterstützt oder verhindert hätte.

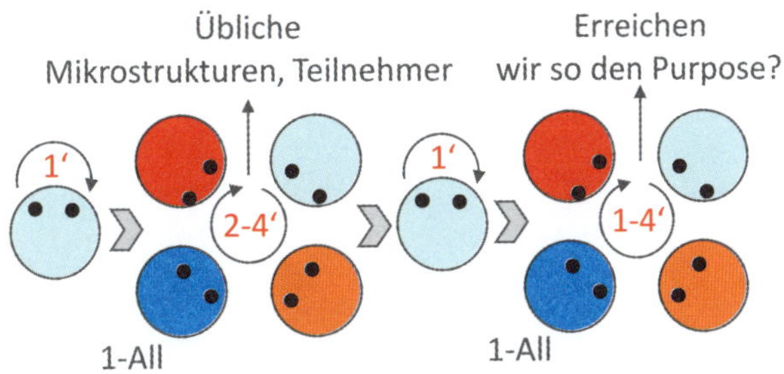

- *Tipp:* Du kannst diesen Schritt mit einer Gruppe, die oft Liberating Structures einsetzt, verkürzen oder überspringen.

</td>
</tr>
<tr>
<td>Schritt 3
Teilnehmer bestimmen
⏳ 2–5 Minuten</td>
<td>

Entscheidet, wer alles am Termin beteiligt werden muss, um den Purpose zu erreichen.

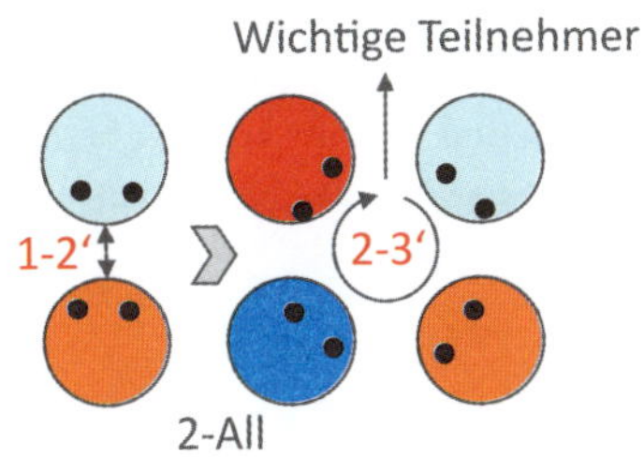

</td>
</tr>
<tr>
<td>Schritt 4
Mögliche Mikrostrukturen sammeln
⏳ 5–10 Minuten</td>
<td>

Sammelt Mikrostrukturen (konventionelle und Liberating Structures), die helfen könnten.

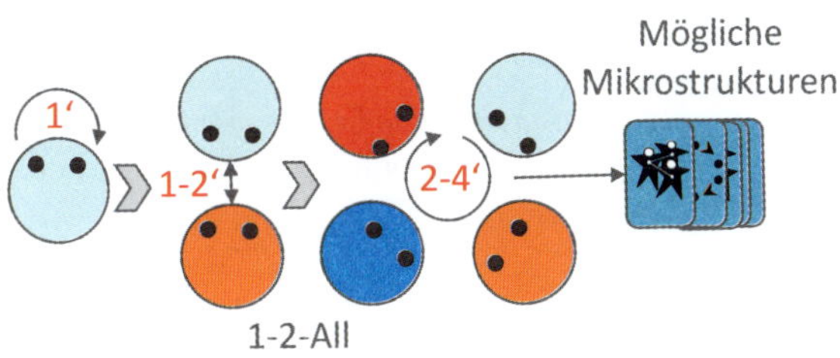

Tipp: Verwendet für die Sammlung Liberating Structures Design Cards (zum Beispiel die von Holisticon) oder schreibt euch die Mikrostrukturen auf Post-its.

</td>
</tr>
</table>

Schritt 5

Mikrostrukturen für String auswählen

⏳ **3–10 Minuten**

- Wählt aus der Sammlung eine Abfolge von Mikrostrukturen – einen String – aus, die euch gut geeignet scheint, den Termin erfolgreich durchzuführen.
- Füllt das Storyboard mit diesen Informationen.

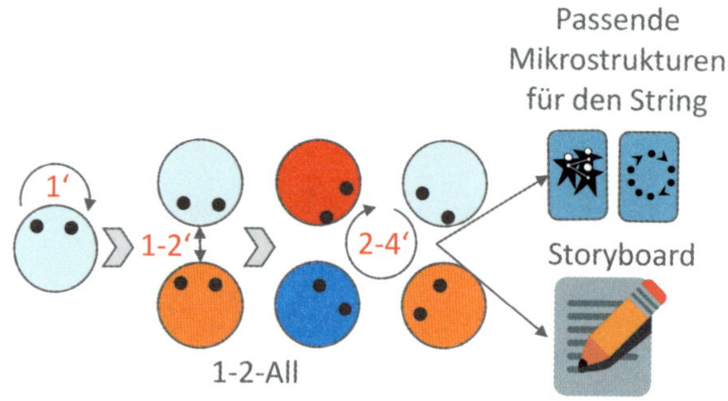

- *Tipp:* Haltet die Ziele der einzelnen Agendapunkte des Strings auf dem Storyboard fest.
- *Optional:* Hinterlegt für einige Agendapunkte eine alternative Mikrostruktur. So seid ihr während der Durchführung des Termins flexibler und könnt leichter spontan auf Unvorhergesehenes reagieren.

Schritt 6

Beteiligte und Facilitatoren bestimmen

⏳ **2–10 Minuten**

- Entscheidet, wer aus dem Design Team welche Mikrostruktur anleitet und wen ihr konkret beteiligen werdet.
- Ergänzt das Storyboard um diese Informationen.

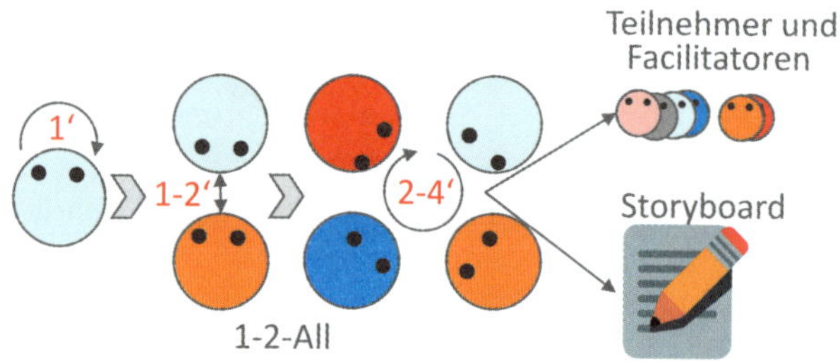

Optional: Suche Paare von Facilitatoren pro Mikrostruktur. Das verschafft den Facilitatoren Sicherheit, und die Paare können voneinander lernen.

Schritt 7 Einladungen gestalten ⌛ **5–25 Minuten**	Formuliere mit der Gruppe die Einladungen und Besonderheiten zum Ablauf der einzelnen Mikrostrukturen und füge sie in das Storyboard ein. 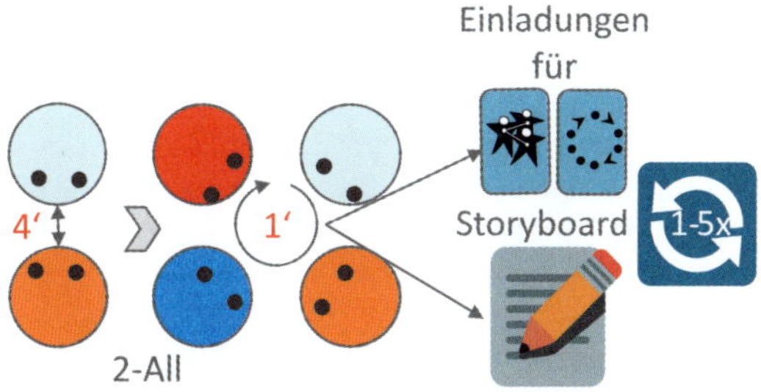 *Tipp:* Arbeitet paarweise an einzelnen Agendapunkten und synchronisiert euch regelmäßig.
Schritt 8 Evaluation planen ⌛ **2–5 Minuten**	Überlegt euch Fragen und Möglichkeiten, um euer Design im Nachgang zu evaluieren. 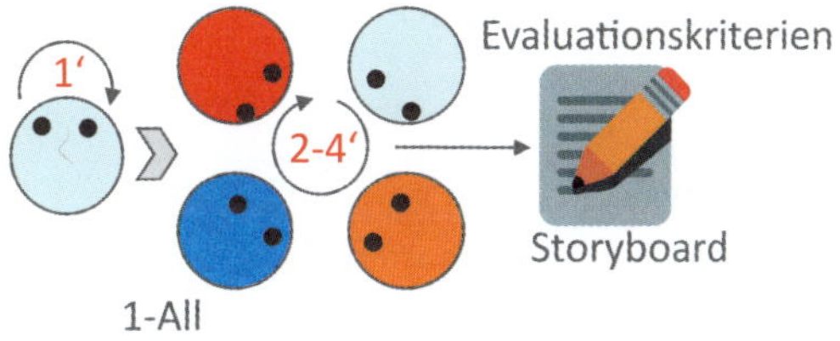 • *Tipp:* Gute Fragen sind: – Hat das Design die gewünschten Resultate erzeugt? – Hat die Gruppe produktiv zusammengearbeitet? – Ist nun etwas Neues möglich? – War die Gruppe motiviert, gemeinsam ein Ergebnis zu produzieren? • *Tipp:* Plant Zeit nach dem anstehenden Termin ein, um mit dem Design Team oder der ganzen Gruppe den Termin zu reflektieren.
Hilfemuster	• *Gemeinsames Formen – dein Gegenüber und du, ihr deckt gemeinsam Lösungen auf, nehmt Angebote voneinander an und entwickelt sie weiter.* • *Strukturelle Bewusstheit – dein Gegenüber und du, ihr macht euch die Art eurer Interaktion bewusst und überlegt gemeinsam, welches Hilfemuster oder welche Interaktionsmethode euch jetzt weiterhilft.*

Allgemeine Tipps, Varianten und Stolperfallen

- *Tipp:* Orientiere dich an diesem Ablauf, auch wenn du alleine Termine vorbereitest!
- *Tipp:* Die angegebenen Zeiten funktionieren gut für Termine von 30 Minuten bis drei Stunden. Wenn du einen längeren Workshop vorbereitest, plane entsprechend mehr Zeit für die einzelnen Schritte des Design StoryBoards ein.

- ***Stolperfalle:*** Halte dich an die genannten Variationen von 1-2-4-All, selbst wenn ihr nur zu zweit seid. Die eine Minute stille Kontemplation sowie die Gespräche im Paar sind *immer* gut investierte Zeit.
- ***Variante:*** Nimm an der Liberating Structure, wie in den Grafiken dargestellt, selbst teil, um deine Kenntnisse über Liberating Structures einzubringen oder bleibe vollständig in der Rolle des Facilitator.
- ***Variante:*** Advanced Design StoryBoards ermöglichen es, größere Vorhaben und ganze Unternehmenstransformationen Schritt für Schritt zu entwickeln. Die Beschreibung dazu findet sich im Buch von Keith und Henri und sprengt den Rahmen dieses Buchs.

Kombinationen mit anderen Liberating Structures

Wann?	Was?	Wozu?	Wie?
Zur Vorbereitung	Impromptu Networking	Auf den anstehenden Termin einstimmen.	Gib folgende Fragen vor: „Was ist das Ziel unseres anstehenden Termins? Wer muss dazu beteiligt werden.“ Führe je nach Teilnehmerzahl bis zu drei Runden à 2-3 Minuten durch.
Währenddessen	9 Whys	Den Purpose des anstehenden Termins klären.	Ermittle mit dem Design Team den Purpose des anstehenden Termins: Listet zuerst auf, *Was* ihr vorhabt, und ergründet dann das *Warum* in den paarweisen Interviews.
Im Anschluss	What, So What, Now What?	Nach dem Termin das Design bewerten und reflektieren.	Fragt euch: Was ist während des Termins passiert? Was schlussfolgert ihr daraus für euer Design und für die Gruppe? Welche Erkenntnisse nehmt ihr für zukünftige Design StoryBoards mit? Was werdet ihr in Zukunft anders machen bzw. beibehalten?

Beispiel: Unklaren Termin mit Abteilungsleitung schärfen

Ich wurde beauftragt, einem firmenpolitisch brisanten Projekt, das mehrere Abteilungen berührt, zu Struktur und Transparenz zu verhelfen. Es stand ein Termin mit den Abteilungsleitungen an, dessen Zweck und Ziel den Teilnehmern unklar war. Ich lud verschiedene Teilnehmer vorab zu einem Design StoryBoards ein. Wir machten letztlich genau diese Unklarheit offensiv zum Teil unseres Designs und sahen vor, dass alle Teilnehmer während des Termins strukturiert gemeinsam Teile der Agenda des Termins entwickeln. Als Purpose hat das Design Team identifiziert: Transparenz für den aktuellen Stand und die nächsten Schritte des Projekts herstellen und dazu alle offenen Punkte der Teilnehmer berücksichtigen.

Der String bestand aus einem Celebrity Interview, um den aktuellen Stand der Projekts mitsamt aktuellen Herausforderungen und Chancen zu teilen, einer Kurzform von 25/10 25/10 Crowd Sourcing zum Entwickeln der restlichen Agenda, 1-2-4-All für die priorisierten Agendapunkte und einem Min Specs zum Identifizieren der essenziellen Fragen und nächsten Schritte.

Unser String erfüllte unsere vorab festgelegten Evaluationskriterien, denn alle haben sich beteiligt, die offenen Punkte der Abteilungsleitungen und der Teilnehmer wurden adressiert und wir konnten unseren Purpose erfüllen.

Ursprung und Inspiration: Diese Liberating Structure wurde von Henri Lipmanowicz und Keith McCandless entwickelt.

Kapitel 6
Die Entscheidung richtig finden

Purpose: *Du erfährst hier, wie du eure Herausforderung aufdecken kannst, wie du die Gruppe, Betroffene und weitere wichtige Personen beteiligen kannst, was diese benötigen, um gemeinsam voranzuschreiten und wie du deine Gruppe auf ein Vorhaben einstimmst. Das ist wichtig, um die Grundvoraussetzungen für eine gelungene Entscheidungsfindung zu schaffen. Dabei bedenke …*

Das Bequeme ist selten das Richtige.

Ernst Wiechert, Autor

Herausforderungen erkennen

Purpose: *Du lernst hier, wie du erkennen kannst, dass überhaupt ein Problem vorliegt, und es zu benennen. Du erfährst, wie du jeden Beteiligten dazu einbindest und wie ihr gemeinsam Herausforderungen der richtigen Problemdomäne zuordnet. Das ist wichtig, um passende Lösungen und dienliche Entscheidungsfindungen zu initiieren, denn …*

Zu einem guten Ende gehört auch ein guter Beginn.
Konfuzius, Philosoph

Kapitelübersicht

Impromptu Networking

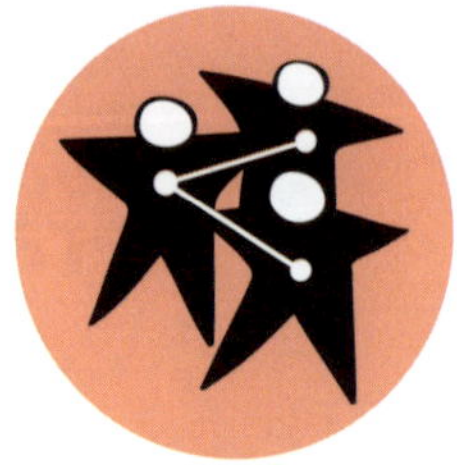

Teilen

Teile rasch Herausforderungen und Erwartungen und bilde neue Verbindungen, um

- *alle zu aktivieren und zu beteiligen,*
- *direkt in die vorliegenden Herausforderungen und Fragen einzutauchen,*
- *zurückhaltende Menschen „aufzutauen“,*
- *die Gedanken der Beteiligten durch Wiederholung zu schärfen,*
- *jeden Beitrag jedes Beteiligten wertzuschätzen.*

ca. 12–15 Minuten Niveau: einfach 4–99+ Personen Ideal: 8–99+ Personen

Die Neugier steht immer an erster Stelle eines Problems, das gelöst werden will.
Galileo Galilei, Universalgelehrter

Wann kannst du Impromptu Networking anwenden und was kannst du damit erreichen?

Zu Beginn eines typischen Meetings wird die Agenda verkündet und alle Teilnehmenden stellen sich und ihre Sicht der Dinge ermüdend reihum vor. Kaum einer merkt sich, was die anderen von sich erzählen. Und dann stürzen sich die Extrovertierten in die Diskussion. Nur scheinbar herrscht Klarheit über das vorliegende Thema oder die bestehende Herausforderung; die Teilnehmenden verschaffen sich häufig erst Klarheit darüber, während sie sprechen. Die Diskussion verläuft unfokussiert, einige kommen gar nicht zu Wort und niemand kann gezielt seine Gedanken sammeln.

Impromptu Networking wirkt dem entgegen und stimmt die Beteiligten lebendig auf ein Thema ein. In drei Runden beantworten sich die Beteiligten in Paaren zwei bis drei Fragen, wie beispielsweise: „Welche Herausforderung siehst du in unserer gemeinsamen Arbeit? Was ist deine Erwartung an diesen Termin?“

Die Fragen bleiben in allen drei Runden dieselben, sodass jeder Beteiligte seine initialen Gedanken verfeinern kann. Auch diejenigen, die sich sonst in Terminen und größeren Runden eher zurückhalten, werden einbezogen und können sich gleichberechtigt äußern. Hemmungen bauen sich von selbst ab. Durch die Wiederholung gewinnen die Beteiligten einen ersten Eindruck vom Stimmungsbild der Gruppe und schärfen ihre eigene Position. Du aktivierst alle Teilnehmer direkt zu Beginn eines Termins und bringst sie unmittelbar in den Austausch. Du wirst merken, dass deine Meetings mit Impromptu Networking energiegeladener und fokussierter werden!

Kennen sich die Beteiligten nicht, dann erzeugt Impromptu Networking direkt neue Verbindungen. Mach der anfänglichen Verlegenheit auf Konferenzen und Workshops einen Strich durch die Rechnung und bring die Leute ins Gespräch!

Impromptu Networking in der Entscheidungsfindung

Bei Entscheidungsfindungen taumeln wir oft vage durch den Dschungel der Symptome auf der Suche nach den Ursachen. Mit Impromptu Networking bringen alle Beteiligten gemeinsam die unterschiedlichen Blickwinkel auf die Herausforderung ans Licht. Fehlt diese Basis, wird die Lösungsfindung schwerfällig. Eine darauffolgende Entscheidung lindert möglicherweise nur Symptome, und die eigentliche Herausforderung wird nicht angegangen. Nur mit einem klaren Verständnis der Herausforderung ist das Team motiviert und in der Lage, zielgerichtete Lösungen zu entwickeln.

Wie? Vorbereitung, Einladung und Durchführung

Raum und Material	• akustisches Signal, um die Runden kenntlich zu machen • Ein offener Raum, in dem sich die Beteiligten ungehindert bewegen können, um Paare zu bilden
Einladung	Lade die Beteiligten ein, gemeinsam herauszufinden, wo die Herausforderung liegt und schärfe sie mit allen Teilnehmern: „Was ist aktuell deine größte Herausforderung in diesem Kontext? Was erhoffst du dir von diesem Treffen und dieser Gruppe? Was bist du bereit beizutragen?“
Schritt 1 Austausch in Paaren **12–15 Minuten (4–5 Minuten pro Runde)**	• Bitte die Beteiligten, sich paarweise zusammenzutun und sich gegenseitig die Fragen zu beantworten. Gib ihnen dafür **4–5 Minuten** Zeit. • In jeder Runde suchen sich die Beteiligten einen neuen Partner. • Führe insgesamt drei Runden durch. 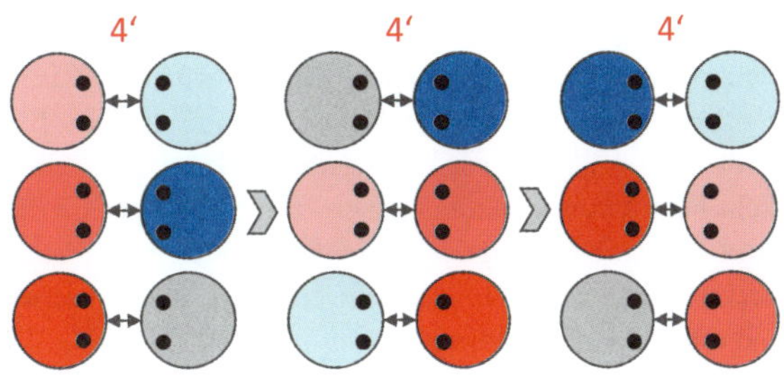 • *Tipp:* Lass die Partner sich die Fragen gegenseitig stellen („Was ist aktuell *deine* größte Herausforderung?“), anstatt sich die Fragen selbst zu beantworten („Was ist aktuell *meine* größte Herausforderung? Also meine größte Herausforderung ist …“). • *Tipp:* Bitte darum, zu Beginn jeder Runde umherzugehen, in Bewegung zu kommen, um einen neuen Partner zu finden. • *Stolperfalle:* Extrovertierte kapern gerne die gesamte Redezeit. Bitte die Paare darum, sich die 4–5 Minuten selbstständig untereinander aufzuteilen, sodass beide Partner ungefähr dieselbe Redezeit bekommen.

	• ***Stolperfalle:*** Die Beteiligten wundern sich manchmal darüber, dass sie dreimal dieselben Fragen beantworten sollen. Frage die ganze Gruppe hinterher, was das bewirkt hat. Erläutere bei Bedarf, dass durch das Wiederholen die eigenen Ideen und Gedanken geschärft werden und jeder Beteiligte drei weitere Sichtweisen erfährt. • ***Optional:*** Schreibe die Fragen für alle sichtbar auf. • ***Variante:*** Bitte darum, sich Partner zu suchen, mit denen man noch nie oder in letzter Zeit nur selten etwas zu tun hatte.
Hilfemuster	*Stille Präsenz – dein Gegenüber hört dir einfach nur zu und ist für dich da.*

Allgemeine Tipps, Varianten und Stolperfallen

- ***Tipp:*** Du kannst die Fragen völlig frei wählen. Frage beispielsweise: „Was ist deine größte Sorge? Was kann schlimmstenfalls passieren, wenn sie sich bewahrheitet?" Oder: „Was ist deine Erfahrung mit Thema X? Welche Chancen siehst du hierbei?"
- ***Tipp:*** Leite jeden Workshop oder Termin mit `Impromptu Networking` ein, um alle zu aktivieren und zu motivieren.
- ***Tipp:*** Du kannst `Impromptu Networking` auch gut am Ende eines Workshops oder Meetings durchführen, beispielsweise um Gelerntes reflektieren zu lassen und die Resultate zu festigen: „Was hast du im heutigen Meeting gelernt? Was war für dich die größte Erkenntnis?" oder: „Was haben wir heute besprochen? Was war für dich wichtig? Was ist zu kurz gekommen?"
- ***Variante:*** Lass die Erkenntnisse zurück ins Plenum fließen. Bitte die Beteiligten zum Abschluss, bemerkenswerte Antworten mit der ganzen Gruppe zu teilen: „Was hast du gehört, das dich überrascht hat? Was war besonders bemerkenswert?" Weise die Gruppe vorab auf diesen Ablauf hin. So können die Beteiligten selbst entscheiden, wie diskret sie in der Veröffentlichung der Informationen sein wollen und dies ihren Gesprächspartnern mitteilen. Halte diesen Abschnitt kurz und prägnant. **+5 Minuten**

Kombinationen mit anderen Liberating Structures

Wann?	Was?	Wozu?	Wie?
Im Anschluss	What, So What, Now What?	Auf den Erkenntnissen aufbauend Schlussfolgerungen und Maßnahmen ableiten. *Variante:* Den verbleibenden Teil des Termins oder Workshops gemeinsam mithilfe von Now What? planen.	Beginne das What, So What, Now What? mit der Frage: „Was habt ihr in den Paarungen gehört? Was für Herausforderungen und Hoffnungen existieren in der Gruppe?“
	1-2-4-All	Die Erkenntnisse teilen und für alle sichtbar machen.	Lade zur Beantwortung der Frage „Was habt ihr in den Paarungen gehört? Was für Herausforderungen und Hoffnungen existieren in der Gruppe?“ ein.

Beispiel: Erwartungen zu Beginn eines Workshops aussprechen lassen

Bei einem Workshop zur Teamfindung wollte ich den Workshop-Teilnehmern zu Beginn ihre persönlichen Erwartungen und Themen für den Workshop identifizieren, aussprechen und schärfen lassen, die Gruppe aktivieren und gleichzeitig einen Einblick in die Erwartungen und offenen Themen anderer bieten. Die Fragen für die drei Runden lauteten: „Was sind deine persönlichen Erwartungen für diesen Workshop? Welche Themen sind dir für diesen Workshop zur Teamfindung wichtig?“

Die Gruppe war sofort bei der Sache und motiviert, gemeinsam in ihre Themen einzutauchen. Jeder Beteiligte konnte für sich klären, was ihm oder ihr wichtig ist, und die Themen im Verlauf des Workshops ergänzen und adressieren.

Ursprung und Inspiration: Diese Liberating Structure wurde von Henri Lipmanowicz und Keith McCandless entwickelt.

Agreement-&-Certainty Matrix

Ordne Herausforderungen der einfachen, komplizierten, komplexen oder chaotischen Domäne zu, um

- *vorhandene Lösungsansätze zu verifizieren,*
- *die Natur und Bandbreite vorhandener Herausforderungen für alle sichtbar zu machen,*
- *herauszufinden, wo kleine, lokale Experimente helfen könnten, größere Probleme zu lösen,*
- *Frustration und Verschwendung zu reduzieren, die entstehen, sobald Methoden und Lösungen nicht zur Herausforderung passen.*

ca. 80–160 Minuten **Niveau: anspruchsvoll** **1–99+ Personen** **Ideal: 4–24 Personen**

Wenn über das Grundsätzliche keine Einigkeit besteht, ist es sinnlos, miteinander Pläne zu machen.
Konfuzius

Wann kannst du Agreement-&-Certainty Matrix anwenden und was kannst du damit erreichen?

Regelmäßig ist Mitarbeitenden, Abteilungen oder Unternehmen gar nicht bewusst, mit welchen Herausforderungen die Kollegen und die Teams konfrontiert sind. Einzelne Personen kämpfen hilflos vor sich hin. Sie kommen nicht weiter und fühlen sich im Stich gelassen. Ebenso gravierend wirkt sich aus, wenn es den Beteiligten unklar ist oder keine Einigung darüber herrscht, welche Art von Herausforderung vorliegt: Ist sie einfach, kompliziert, komplex oder gar chaotisch (siehe *Entscheidungsfindung revolutionieren*)? Dann passen die gewählten Herangehensweisen oft nicht zum Problem. Einfache Probleme werden mit komplizierten Prozessen erschlagen. So steigt der Aufwand, sie zu lösen, unnötig: Anstelle auf eine „Best Practice" zurückzugreifen werden (immer) neue Lösungen entworfen. Regelmäßig versuchen Unternehmen komplexe Herausforderungen allein mit Planung und Analyse – also komplizierten Lösungskonzepten – zu beherrschen. Als Paradebeispiel sei die vollständig analytisch durchgeplante Produktentwicklung genannt, die *frei von Feedbackzyklen* ist. Bei dieser komplizierten Vorgehensweise kommt am Ende leicht ein Produkt heraus, das niemand so wollte oder das inzwischen schlicht nicht mehr zum Markt passt. In der Regel sind solche unpassenden Lösungsansätze für Teams und Unternehmen kostspielig, ineffizient und bleiben hinter den Erwartungen zurück. Die Ergebnisse sind unbefriedigend und die Vorgehensweise wirkt auf viele Beteiligte frustrierend.

Mithilfe von **Agreement-&-Certainty Matrix** sammelst und priorisierst du mit deiner Gruppe vorliegende Herausforderungen und sortierst sie anhand zweier Fragen in die vier Problemdomänen auf der *Agreement-Certainty-Matrix* ein. Anschließend überlegt sich die Gruppe, ob ihre Herangehensweise an die Herausforderungen in derselben Problemdomäne liegt und ob sie ihr Vorgehen an die Art der Herausforderung anpassen sollte.

So erzeugst du einerseits Klarheit und einen Überblick über die vorliegenden Herausforderungen, andererseits kann die Gruppe ihre bisherigen Lösungsansätze validieren und anschließend bewusst anpassen.

Die Achsen und Bereiche der Agreement-Certainty-Matrix

Die *Agreement*-Achse (vertikal) der Agreement-Certainty-Matrix bildet die *Einigkeit* der Gruppe hinsichtlich der Herausforderung oder des Themas der Herausforderung ab: Sind wir uns einig darüber, welches Ergebnis gewollt ist? Die *Certainty*-Achse (horizontal) steht für die Vorhersagbarkeit der Auswirkungen des Handelns zur Lösung der Herausforderung: Wissen wir, wie wir erfolgreich Resultate erzeugen können?

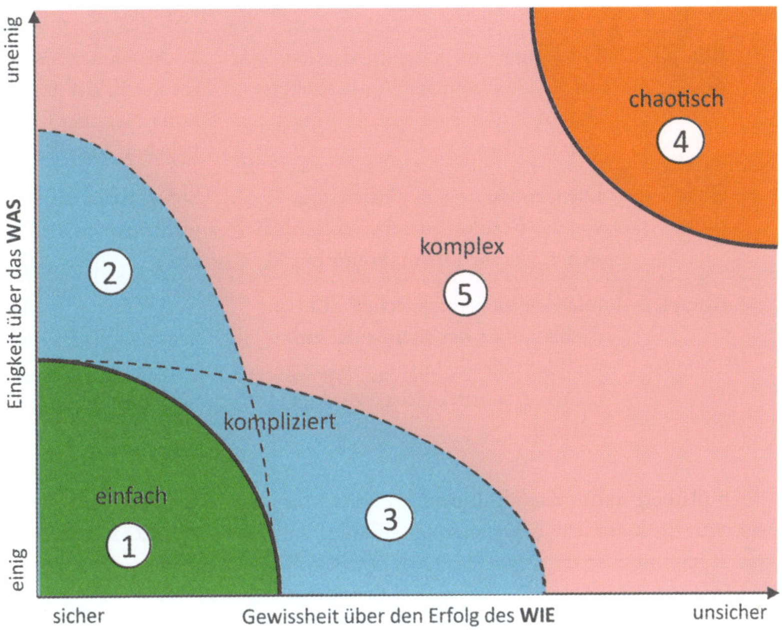

Die Matrix unterscheidet insgesamt *fünf Bereiche*. Insbesondere unterteilt die Matrix die komplizierte Problemdomäne (siehe *Entscheidungsfindung revolutionieren*) in zwei Bereiche.

Bereich	Domäne	Beschreibung	Vorgehen
1	Einfach	Die Gruppe ist sich einig darüber, was das Resultat sein soll. Die Gruppe weiß, wie sie dorthin kommt, denn die Beziehung von Ursache und Wirkung ist offensichtlich.	Einfach machen! Bewährte Lösungen wiederholen.
2	Kompliziert	Die Gruppe ist sich sicher, wie sie Resultate erzeugen kann, ist sich aber nicht darüber einig, was das wünschenswerte Resultat ist.	Wahrnehmen, analysieren, reagieren; Verhandlungen, klassische Entscheidungsfindung und Kompromissfindung.
3	Kompliziert	Die Gruppe ist sich einig darüber, was das Resultat sein soll, muss aber erst analysieren, wie sie zu dem Resultat gelangen kann.	Wahrnehmen, analysieren, reagieren; auf das gemeinsame Ziel oder festgelegte Ergebnis hinarbeiten.
4	Chaotisch	Die Gruppe ist sich weder einig, wie das Resultat aussehen soll, noch sicher, wie sie dorthin kommt.	Sofort handeln! Dann wahrnehmen und reagieren.
5	Komplex	Die Gruppe ist sich sicher und einig darüber, dass das richtige Resultat und der richtige Lösungsansatz gemeinsam schrittweise entdeckt werden müssen.	Ausprobieren, wahrnehmen, reagieren; zum Beispiel mit Liberating Structures* oder agilen Methoden.

* Dieses Buch plädiert dafür, dass du Liberating Structures auch für die Bereiche 2 und 3 (wie beispielsweise für die klassische Entscheidungsfindung) wunderbar einsetzen kannst.

Agreement-&-Certainty Matrix in der Entscheidungsfindung

Mit 🔎`Agreement-&-Certainty Matrix` deckst du die vorliegenden Herausforderungen auf. Sie hilft euch herauszufinden, ob eure Lösungsentwürfe zur Herausforderung passen. Dadurch, dass die Gruppe die Herausforderungen in die vier Kategorien „einfach“, „kompliziert“, „komplex“ und „chaotisch“ einordnet, kann die Gruppe passende Lösungsentwürfe entdecken. Für die Entscheidungsfindung legst du hiermit die Basis, um Entscheidungen für die wichtigen Herausforderungen *richtig* treffen zu können.

Wie? Vorbereitung, Einladung und Durchführung

Raum und Material	• Eine große Agreement-Certainty-Matrix auf einem Flipchart (idealerweise ohne Beschriftung der Bereiche) • Post-its in verschiedenen Farben (idealerweise eine Farbe pro Herausforderung) • Je ein Flipchart für die Liste der Herausforderungen, Herangehensweisen und Diskrepanzen • Pro Herausforderung ein Flipchart für die Herangehensweisen • Stifte, Papier und ausgedruckte Agreement-Certainty-Matrices oder Papier zum Aufmalen der Matrix für jeden Beteiligten • ***Variante „Vergleich“*** (siehe *Allgemeine Tipps, Varianten und Stolperfallen*): eine Beschreibung der vier Problemdomänen oder fünf Bereiche für jeden Beteiligten oder für alle sichtbar auf einem Flipchart
Einladung	Lade die Beteiligten ein, ihre Herausforderungen zu sammeln und einer Problemdomäne zuzuordnen, um anschließend vorhandene Lösungsansätze zu validieren.
Schritt 1 Ablauf und Konzept erläutern **3 Minuten**	• Beschreibe knapp den mehrstufigen Ablauf von **`Agreement-&-Certainty Matrix`**: Herausforderungen identifizieren, priorisieren, Herangehensweisen identifizieren, einordnen, abgleichen. • Erläutere, dass die Beteiligten für jede Herausforderung die tatsächlichen Herangehensweisen validieren und eventuell unpassende Herangehensweisen aufdecken werden. • ***Optional:*** Beschreibe interessante Diskrepanzen zwischen der Problemdomäne der Herausforderung und der Herangehensweise (zum Beispiel zu verkomplizieren oder zu vereinfachen – siehe Schritt 11) und mögliche Konsequenzen. Erläutere beispielsweise die Konsequenzen aus der Annahme, dass ein komplexes Problem – wie die Entwicklung eines für Nutzer attraktiven, hilfreichen Produkts – durch ein kompliziertes, rein analytisches Vorgehen, bei dem Anpassungswünsche und Feedback der Nutzer nie zwischendurch eingeholt werden, gut gelöst werden kann. Zum Beispiel besteht das hohe Risiko, nicht das zu entwickeln, das die Kunden oder die Nutzer wirklich wollen oder brauchen, oder Verschwendung zu erzeugen, indem nicht die wertvollsten Anforderungen fokussiert werden. **+5 Minuten**

Schritt 2

Herausforderungen auflisten

5 Minuten

Bitte die Beteiligten, mithilfe von 1-4 wesentliche Herausforderungen im gemeinsamen Kontext in einer Liste zusammenzuführen.

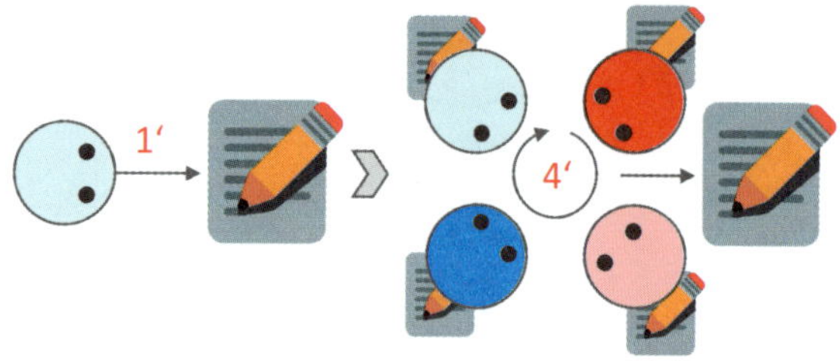

Schritt 3

Gemeinsame Priorisierung erstellen

10–15 Minuten

- Lass die Vierergruppen ihre Herausforderungen priorisieren und sich auf die ein bis drei wichtigsten einigen.
- Diese sollen die Vierergruppen verständlich und prägnant auf Post-its schreiben.
- Bitte die Vierergruppen, reihum ihre wichtigste Herausforderung auf ein Flipchart zu kleben und dabei Duplikate zu überspringen.
- Dabei soll sich die Gruppe auf eine gemeinsame Priorisierung einigen.

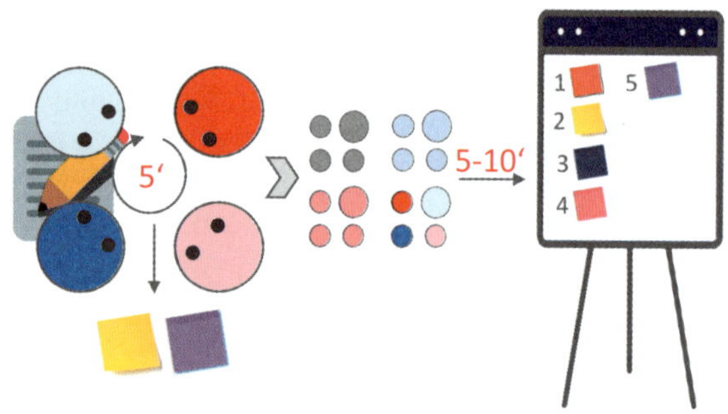

- *Tipp:* Empfiehl der Gruppe, dass sie zur Priorisierung folgende Faktoren in Betracht ziehen soll: *zähes Vorankommen*, *gefühlte Uneinigkeit*, *Diskussionsbedarf*, die Vermutung, dass *Lösungsansätze nicht zur Herausforderung passen*, und die *allgemeine Priorität* der Herausforderung.
- *Tipp:* Gib eine Formulierung für die Herausforderungen vor, die diese einheitlich, greifbar und klar beschreibt, wie etwa: *Substantiv Verb* („Klima retten“) oder *„Wie können wir …?“* („Wie können wir das Klima retten?“) und nicht etwa eine Zustandsbeschreibung *Adjektiv Substantiv* („schlechtes Klima“), aus der die Herausforderung nicht direkt hervorgeht, oder bereits eine Lösung („Kohlekraftwerke abschalten“) – außer, das ist genau die Herausforderung.

- *Tipp:* Nummeriere die Herausforderungen (wie in der Grafik) durch, um sie im weiteren Verlauf leichter referenzieren zu können.
- *Tipp:* Pro Herausforderung wird die Gruppe anschließend ungefähr **45 Minuten** brauchen. Berücksichtige dies bei der Erstellung der Liste und halte diese entsprechend der Zeit, die euch zur Verfügung steht, kurz.
- *Tipp:* Frage bei großen Gruppen (>24 Personen): „Welche Vierergruppe hat eine Herausforderung, die wir heute unbedingt genauer betrachten müssen?“
- *Tipp:* Bereite ein nummeriertes, verschiedenfarbiges Post-it pro Herausforderung auf dem Flipchart vor, sodass die Gruppe diese Post-it-Farben für die nächsten Schritte verwendet. In diesem Schritt kleben die Beteiligten ihre Herausforderungen noch auf beliebigen Post-its neben die vorgegebene Farbe.

Schritt 4
Achsen beschreiben
2 Minuten

- Erläutere die Fragen der beiden Achsen der Agreement-Certainty-Matrix.
  - **Agreement**: „Wie **einig** sind wir uns bei der Herausforderung (oder bei dem Thema)?“
  - **Certainty:** „Wie **vorhersagbar** ist die Auswirkung unseres Handelns (zur Lösung der Herausforderung)?“
- Erwähne die Bereiche (1–5) und die Domänen (einfach, kompliziert, komplex, chaotisch), aber beschreibe beides noch nicht im Detail.

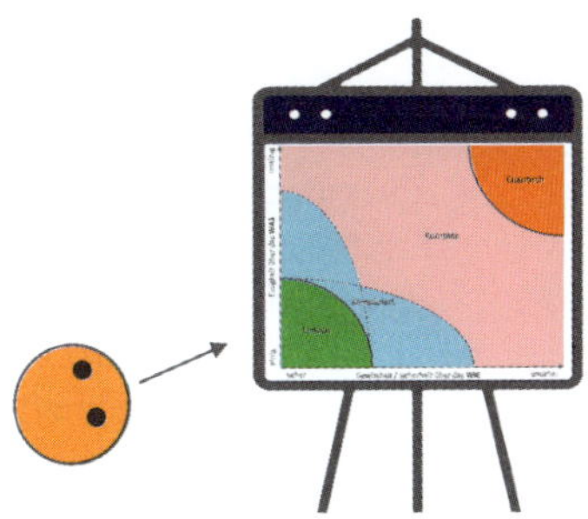

- *Variante „Vergleich“:* Erläutere den Beteiligten entweder die vier Problemdomänen oder die fünf Bereiche oder/und lass die Beteiligten die Beschreibung einen Moment studieren. **+5 Minuten**

Wiederhole pro Herausforderung die Schritte 5–12 *Problemdomänen von Herausforderung und Herangehensweisen vergleichen* ***45 Minuten pro Herausforderung***	Führe die folgenden Schritte für die jeweils nächste Herausforderung auf dem Flipchart durch. *Tipp:* Verwende eine Post-it-Farbe pro Herausforderung, sofern ihr mehrere Herausforderungen besprechen wollt.
Schritt 5 Herausforderung in Matrix einordnen **2 Minuten**	• Lass die Beteiligten die Herausforderung mithilfe der beiden Fragen in ihre eigene Agreement-Certainty-Matrix einordnen. • Dabei können die Beteiligten obige Nummerierung (im Beispiel „1") der Herausforderungen verwenden. 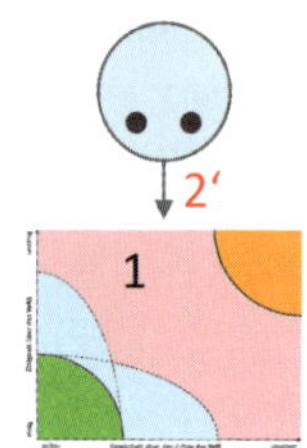 • *Tipp:* weitere Fragemöglichkeiten: – Agreement: „Wie einig sind wir uns darüber, wie das gewünschte Ergebnis auszusehen hat?" – Agreement: „Wie einig sind wir uns darüber, was wir wollen?" – Certainty: „Wie sicher sind wir, dass wir das gewünschte Ergebnis auf direktem Wege erreichen?" – Certainty: „Wissen wir, wie wir erfolgreich Resultate erzeugen können?" • *Stolperfalle:* Erinnere die Beteiligten daran, die Herausforderung vor Augen zu behalten und **nicht in die Lösung** oder auf andere Ebenen zu springen. Falls beispielsweise die Herausforderung „Wie können wir das Klima retten?“ lautet, dann sollen sie bei der Beantwortung der beiden Fragen dabei bleiben und nicht an „Wir müssen alle Kohlekraftwerke abschalten!“ (mögliche Lösung) oder „Wie können wir den CO_2-Ausstoß reduzieren?“ (eine mögliche konkretere Ebene, aber eben eine andere Herausforderung) denken. • *Variante „Vergleich“:* Lass die Beteiligten die Herausforderungen anhand der Beschreibungen in die vier Problemdomänen oder fünf Bereiche einordnen. Frage die Gruppe: „Wie sollten wir uns bei dieser Herausforderung verhalten, um erfolgreich zu sein?“

Schritt 6 Einordnung vergleichen **6 Minuten**	Lass die Beteiligten mithilfe von 2-4 ihre Einordnung der Herausforderung vergleichen, auch um einen Blick auf die möglicherweise verschiedenen Sichtweisen zu bekommen. 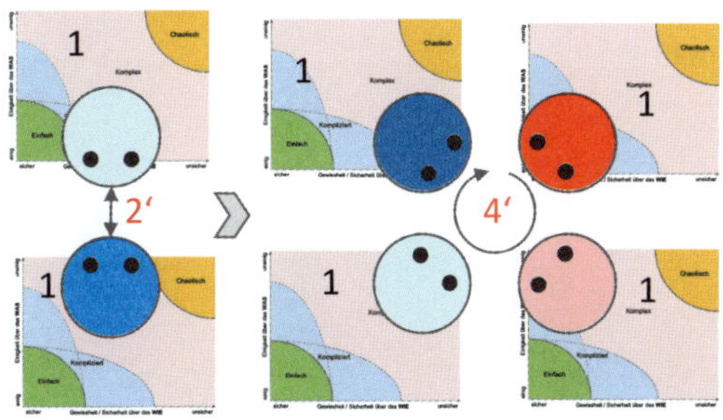 • *Tipp:* Ähnliche Platzierungen (gleicher Bereich oder ähnliche Koordinaten) sollen die Kleingruppen direkt zusammenführen. • *Tipp:* Die Beteiligten können sich über verschiedene Platzierungen austauschen und sich auf eine einigen, müssen das jedoch nicht.
Schritt 7 Einordnungen für alle sichtbar machen **3 Minuten**	Lass die Vierergruppen ihre Einordnung der Herausforderung auf der großen Agreement-Certainty-Matrix mit Post-its sichtbar machen. Führe dabei, mit dem Einverständnis der Gruppe, ähnliche Platzierungen (gleicher Bereich, ähnliche Koordinaten) zusammen. 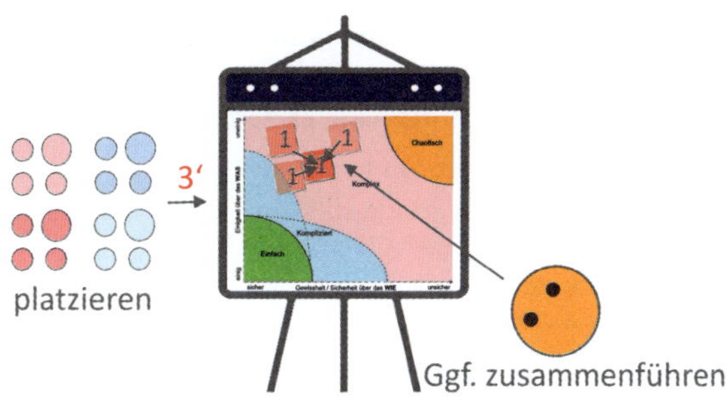 *Tipp:* Falls Beteiligte in den Vierergruppen wesentlich verschiedene Platzierungen für die Herausforderung identifizieren, bitte sie, alle Platzierungen auf der großen Agreement-Certainty-Matrix zu vermerken.

<table>
<tr>
<td>Schritt 8
Herangehensweisen auflisten und priorisieren
5 Minuten</td>
<td>Bitte die Beteiligten, mithilfe von 1-4 die verwendeten, aktuellen Herangehensweisen für die Herausforderung möglichst spezifisch zu benennen, aufzulisten und Duplikate zusammenzuführen.

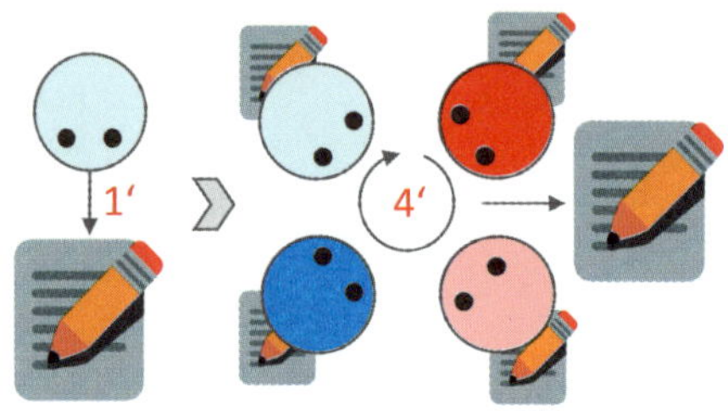

• Tipp: Falls die Herausforderung noch nicht angegangen worden ist, lass Herangehensweisen betrachten, die die Gruppe oder ihr Umfeld üblicherweise für ähnliche Herausforderungen nutzt oder in der Vergangenheit genutzt hat.
• Tipp: Die Kleingruppen sollen ähnliche, aber dennoch verschiedene Herangehensweisen getrennt lassen. Beispielsweise sollen sie für die Herausforderung „Klima retten“ die Herangehensweisen „Kohlekraftwerke abschalten“ und „Gaskraftwerke abschalten“ nicht zu „Fossile Kraftwerke abschalten“ zusammenführen, denn möglicherweise werden beide Herangehensweisen mit Verhaltensmustern aus unterschiedlichen Problemdomänen angegangen.
• Tipp: Es ist gut möglich, dass für die Herausforderung nur eine Herangehensweise vorhanden und präsent ist. Halte diesen und die folgenden Schritte dann entsprechend kürzer.
• Tipp: Du kannst die Schritte 8–11 auch wie folgt einleiten: „Was tun wir gerade alles zur Lösung des Problems und wie verhalten wir uns dabei?“</td>
</tr>
</table>

<table>
<tr><td>Schritt 9
Auflistung mit allen teilen
⏳ 5 Minuten</td><td>Lass die Vierergruppen reihum eine Herangehensweise nennen und notiere diese auf einem Flipchart. Bitte die Vierergruppen, Duplikate zu überspringen.
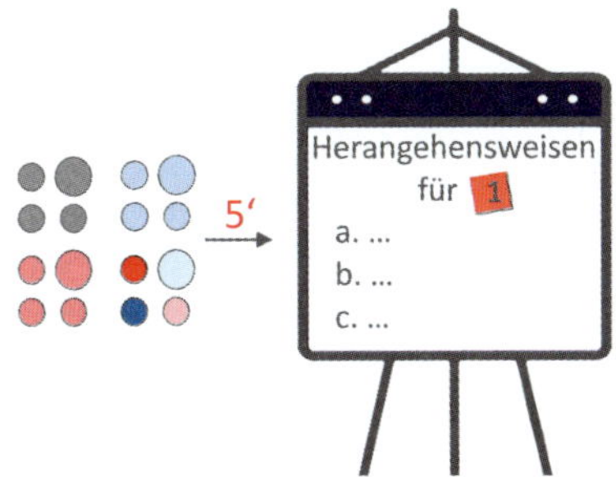

• Tipp: Vergib Buchstaben (a, b, c …) für die Herangehensweisen, um sie im weiteren Verlauf leichter referenzieren zu können.
• Stolperfalle: Zu viele Herangehensweisen machen die folgenden Schritte unübersichtlich. Beschränke die Liste auf vier bis sechs Herangehensweisen und lass diese die Vierergruppen gegebenenfalls nach Relevanz (Wie stark fokussieren wir diese Herangehensweise zur Lösung unseres Problems?), Verbreitung (Fokussieren sich nur wenige oder alle in der Gruppe auf diese Herangehensweise?), vermutetem Erfolg (Wie stark trägt diese Herangehensweise zur Lösung unserer Herausforderung bei?) oder Potenzial für (vermutete) Diskrepanz zur Herausforderung priorisieren und nur die wichtigsten nennen. ⏳ +3 Minuten</td></tr>
</table>

Schritt 10

Herangehensweisen in Problemdomänen einordnen

7 Minuten

Lass die Vierergruppen mithilfe von 1-4 (2', 5') und der folgenden fünf Handlungsmuster die aufgelisteten Herangehensweisen kategorisieren und die Kategorisierung auf ihren Agreement-Certainty-Matrices eintragen. Dabei sollen sie sich fragen, welches Handlungsmuster sie *aktuell* bei der Herangehensweise verfolgen:

1. „Einfach machen: bewährte Methoden Schritt für Schritt durchführen." (einfach – Bereich 1)
2. „(Mit Experten) verhandeln und analysieren, um sich für eine Lösung zu entscheiden." (kompliziert – Bereich 2)
3. „(Mit Experten) koordinieren und analysieren, um eine bereits festgelegte Lösung anzusteuern." (kompliziert – Bereich 3)
4. „Sofort handeln, dann versuchen, neue Lösungsansätze aus den Resultaten abzuleiten." (chaotisch – Bereich 4)
5. „Erforschen, Hypothesen aufstellen, Experimente starten, um Hypothesen zu validieren, und die Ergebnisse berücksichtigen." (komplex – Bereich 5)

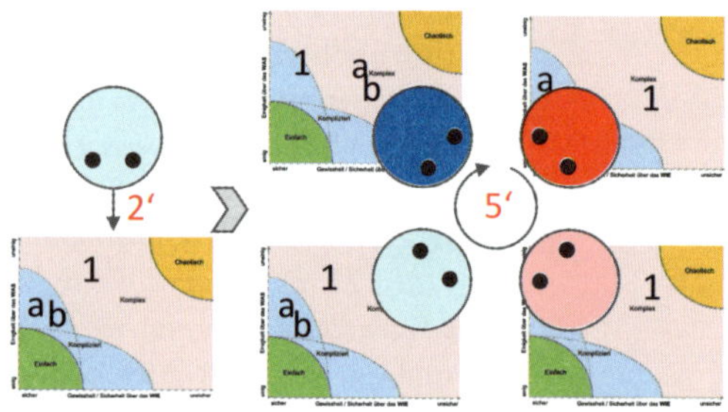

- ***Stolperfalle:*** Betone, dass es in diesem Schritt um das aktuelle und nicht um ein ideales Handlungsmuster geht.
- ***Optional:*** Verwende alternativ folgende Beschreibungen für die fünf Bereiche:
  a. „Einfach machen! Auf Bewährtes zurückgreifen."
  b. „Wahrnehmen, analysieren, reagieren; ein Ziel oder Ergebnis durch Verhandlungen, klassische Entscheidungsfindung und Kompromissfindung festlegen."
  c. „Wahrnehmen, analysieren, reagieren; auf das vorab festgelegte Ziel oder Ergebnis hinarbeiten."
  d. „Sofort handeln! Dann wahrnehmen und reagieren."
  e. „Ausprobieren, wahrnehmen, reagieren; Hypothesen aufstellen, mit Experimenten validieren, Feedback einholen – zum Beispiel durch agile Methoden oder Liberating Structures."

<table>
<tr><td>Schritt 11
Einordnungen für alle sichtbar machen
5 Minuten</td><td>Bitte die Vierergruppen, reihum ihre Kategorisierungen auf die große Agreement-Certainty-Matrix mit Post-its zu übertragen.
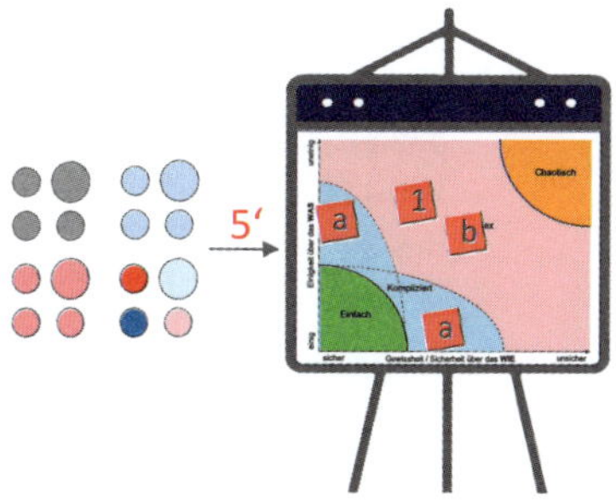

• Tipp: Die Vierergruppen sollen dabei die Post-it-Farbe der Herausforderung verwenden, sodass sich Herausforderung und Herangehensweisen leicht visuell zuordnen lassen.
• Tipp: Hier können eine Menge unterschiedlicher Platzierungen entstehen. Verweise die Gruppe darauf, dass sie im letzten Schritt gemeinsam Schlussfolgerungen daraus ziehen und Maßnahmen dafür bestimmen kann.</td></tr>
<tr><td>Schritt 12
Diskrepanzen zwischen Problemdomänen von Herausforderung und Handlungsweisen besprechen
12 Minuten</td><td>• Bitte die Gruppe, mithilfe von 1-2-4-All Unterschiede zwischen den Problemdomänen von Herausforderung und Herangehensweisen zu besprechen: Wo passen die tatsächliche und die als ideal vermutete Vorgehensweise zur Lösung der Herausforderung nicht zusammen?
• Lass die Vierergruppen die Diskrepanzen beschreiben.
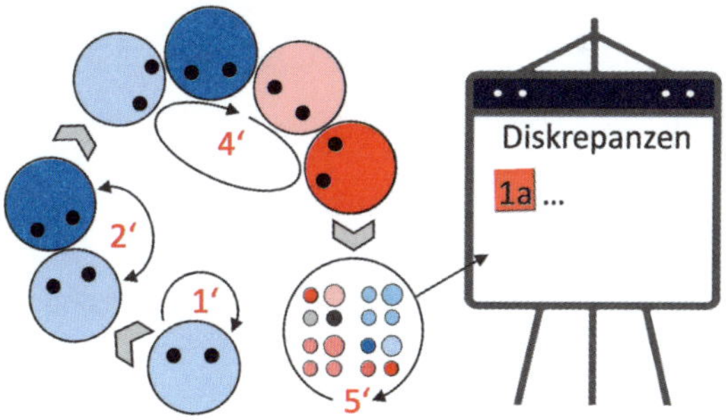
</td></tr>
</table>

- *Tipp:* Lass die Beteiligten insbesondere auf folgende Konstellationen achten:
  - Wird eine komplexe Herausforderung einfach oder kompliziert angegangen (vereinfacht)?
  - Wird eine einfache Herausforderung kompliziert behandelt (verkompliziert)?
  - Wird eine komplexe Herausforderung chaotisch behandelt (unreflektierter Aktionismus)?
  - Wird eine komplizierte oder komplexe Herausforderung unvollständig angegangen? Fehlen also beispielsweise Kompromissfindung, Umsetzung oder Feedbackschleifen (verkümmern lassen)?
- *Tipp:* Mach den Beteiligten klar, dass nicht alle Diskrepanzen „schlecht“ sind, sondern manchmal auch wichtig. So hat zum Beispiel das agile Vorgehensmodell *Scrum*, das eine passende Herangehensweise für komplexe Projekte darstellt, durchaus auch *einfache* Teilvorgehen, die es erlauben, die Komplexität der Herausforderung mit *offensichtlichen* Mustern anzugehen, wie etwa einer vorgegebenen Taktung des Entwicklungszyklus von beispielsweise zwei Wochen.
- *Optional:* Markiere die Diskrepanzen direkt auf der großen Agreement-Certainty-Matrix, beispielsweise durch Pfeile zwischen Herausforderung und Herangehensweise.
- *Optional:* Lass die Beteiligten direkt einige Konsequenzen aus den Diskrepanzen nennen. Meistens ist es jedoch hilfreicher, die Konsequenzen nachgelagert zu entdecken.

Schritt 13

Reflexion und nächste Schritte

15 Minuten

Bitte die Beteiligten, mithilfe eines kurzen What, So What, Now What? die Resultate und insbesondere die große Agreement-Certainty-Matrix und die Diskrepanzen zu reflektieren und nächste Schritte zu bestimmen.

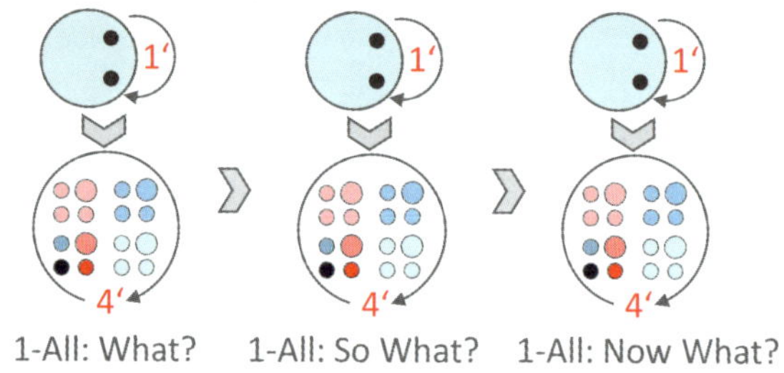

Variante: Führe bei vielen Herausforderungen, Diskrepanzen oder unterschiedlichen Platzierungen ein vollständiges What, So What, Now What? durch. **+30 Minuten**

Allgemeine Tipps, Varianten und Stolperfallen

- *Stolperfalle:* Achte darauf, dass die Gruppe nicht in offene Diskussionen über die Platzierungen abrutscht. Eine große Bandbreite bei den Platzierungen ist auch ein möglicher Indikator für die Problemdomäne und kann der Gruppe in Schritt 12 oder 13 helfen, gemeinsam Erkenntnisse zu generieren.
- *Variante:* Wähle mit deiner Gruppe vorab *eine* zu betrachtende Herausforderung (und beginne mit Schritt 4). **-15 Minuten**
- *Variante:* Grenze die Art von Herausforderungen und Herangehensweisen vorab ein oder besprich das gemeinsam mit der Gruppe. Beschränkt euch beispielsweise auf konkrete technische oder organisatorische Herausforderungen.
- *Variante:* Lass die Gruppe individuelle Herausforderungen im gemeinsamen Kontext betrachten, um die Beteiligten für individuelle Probleme ihre Lösungsansätze validieren zu lassen. Verwende dann die Variante „Vergleich".
- *Variante:* Führe Schritt 5 – die Einordnung der Herausforderung in die Problemdomänen – gleich für alle Herausforderungen durch und lass die Gruppe erst dann wählen, welche Herausforderung sie zuerst genauer betrachten will.
- *Variante „Vergleich":* Hier ordnen die Beteiligten die Herausforderungen, anstatt durch die beiden Fragen, mithilfe der Beschreibung entweder der vier Problemdomänen oder der fünf Bereichen der Agreement-Certainty-Matrix in eine Problemdomäne ein. In beiden Fällen handelt es sich nicht mehr um eine kontinuierliche Matrix, sondern um eine Einordnung in vier beziehungsweise fünf diskrete Zustände. Diese Variante bietet sich an, falls die beiden Fragen für die Beteiligten schwer greifbar sind. Allerdings fehlt dann die indirekte Hinführung auf die Problemdomäne, die mit den beiden Fragen ermöglicht wird. Dadurch bleibt in Fällen, in denen sich die Beteiligten bereits uneins bezüglich der Problemdomäne und der Herangehensweise sind, diese Uneinigkeit eher bestehen. Beispielsweise schätzen meiner Erfahrung nach einige Softwareentwickler und -architekten, die Software für Kunden entwickeln, ihre Herausforderung und Herangehensweise gemäß der Beschreibung der Domäne als kompliziert ein, andere im selben Team dagegen beides als komplex.

Vergleich der Problemdomänen

Einfach	Kompliziert	Komplex	Chaotisch
„Einem Kochrezept folgen“	„Eine Rakete zum Mond schicken“	„Ein Kind groß-ziehen“	„Eine Katastrophen-situation in den Griff bekommen“
Das Rezept ist erforderlich.	Strikte Pläne und genaue Formeln sind notwendig.	Pläne helfen selten. Experimente zeigen, was funktioniert und was nicht.	Strikte Regeln oder Pläne können hinderlich sein oder irreführend wirken.
Das Rezept wurde wiederholt getestet, um sicherzustellen, dass es einfach umzusetzen ist.	Eine Rakete erfolgreich zum Mond geschickt zu haben, erhöht die Wahrscheinlichkeit für weitere Versuche. Die entscheidenden Schritte und Verfahren sind identisch.	Ein Kind großzuziehen, sorgt für Erfahrung, aber garantiert nicht, dass es in Zukunft genauso gut klappt.	Erfahrung kann dabei helfen oder verhindern herauszufinden, was die Krise abklingen lässt.
Es ist keine Expertise notwendig. Kochkünste können die Erfolgsquote erhöhen.	Expertise aus mehreren Fachgebieten ist notwendig, um erfolgreich zu sein.	Expertise trägt zum Erfolg bei, ist aber weder notwendig noch hinreichend, um den Erfolg zu garantieren.	Schnelles Handeln und Improvisieren von Leuten mit verschiedenstem Fachwissen kann hilfreich sein.
Rezepte erzeugen jedes Mal die gleichen vorhersagbaren Resultate.	Raketen sind ähnlich und die Wahrscheinlichkeit des Ergebnisses lässt sich vorhersagen.	Jedes Kind ist ein einzigartiges Individuum mit unvorhersehbarem „Ergebnis“.	Sobald der Nebel des Chaos sich lichtet, können neue Lösungsansätze für zukünftige Situationen erkennbar werden.
Es gibt eine richtige Lösung.	Es gibt mehrere gute Lösungen.	Es gibt keine *beste* Lösung.	Zuerst handeln, dann Lösungen entdecken.

Kombinationen mit anderen Liberating Structures

Wann?	Was?	Wozu?	Wie?
Zur Vorbereitung	Impromptu Networking	Um sich vorliegende Herausforderungen vor Augen zu führen.	„Mit welcher Herausforderung beschäftigst du dich gerade?“ und „Kommst du bei dieser Herausforderung gut voran?“.
	Wicked Questions	Um Herangehensweisen für eine Herausforderung in Form einer verzwickten Frage zu validieren.	Starte nach der Erklärung in Schritt 1 mit der verzwickten Frage direkt in Schritt 4. Falls es um eine Herausforderung in der Zukunft geht, fokussiere die Gruppe in Schritt 8 auf die Herangehensweisen, die die Gruppe für andere ähnlich gelagerte Herausforderungen üblicherweise durchführt.
Währenddessen	1-2-4-All	Um die einzelnen Schritte weiter zu strukturieren.	Ersetze die verkürzten Varianten von 1-2-4-All durch vollständige Durchläufe.
Im Anschluss	Discovery and Action Dialogue	Um konkrete Handlungen und Strategien abzuleiten, die zur Problemdomäne der Herausforderung(en) passen.	Standardablauf für Herausforderungen mit vielen Diskrepanzen.
	Appreciative Interviews	Um funktionierende Handlungsweisen aus anderen Kontexten zu identifizieren, die besser zur Problemdomäne der Herausforderung(en) passen.	Für Herausforderungen mit vielen Diskrepanzen: „Erzähle eine Erfolgsgeschichte für eine ähnliche Herausforderung in einem anderen Kontext.“
	Purpose-to-Practice	Um aus den Erkenntnissen fundierte Strategien zu entwickeln und die grundlegenden Elemente der Zusammenarbeit der Gruppe auszuarbeiten.	Standardablauf

Wann?	Was?	Wozu?	Wie?
	Critical Uncertainties	Um Strategien oder Herangehensweisen zu entwickeln, die im Kontext einer Herausforderung für verschiedene mögliche Szenarien passend und hilfreich sind.	Standardablauf für Herausforderungen mit vielen Diskrepanzen.
	Conversation Café	Um bei vielen unterschiedlichen Platzierungen der Herausforderungen und/oder Herangehensweisen gemeinsam darüber zu reflektieren.	Standardablauf mit folgender Frage für die erste Runde: „Wie deutest du die Unterschiede in den Platzierungen?"

Beispiel: Herangehensweisen zur Neukundengewinnung validieren

Ich wollte die aktuellen Herausforderungen einer Abteilung mithilfe von `Agreement-&-Certainty Matrix` beleuchten.

Zuerst sollten die Beteiligten ihre akuten Herausforderungen identifizieren und priorisieren. Sie wollten das Thema „Wie können wir neue, passende Kunden an unserem Standort gewinnen?" genauer betrachten. Die Beteiligten stuften diese Herausforderung mithilfe der beiden Fragen (Einigkeit über das Was, Sicherheit über das Wie) einstimmig als komplex ein. Anschließend erkannte die Gruppe vier aktuelle Herangehensweisen zur Lösung ihrer Herausforderung, wie beispielsweise „neue Produkte entwickeln und vermarkten" (komplex/chaotisch) oder „Vertrieb planen" (kompliziert). Bei der Einsortierung und dem Vergleich der Bereiche von Herangehensweisen und Herausforderungen fiel der Gruppe auf, dass einerseits bei der Produktentwicklung der Feedbackzyklus fehlte, um tatsächlich passend zur komplexen Domäne vorzugehen, und dass andererseits der Vertrieb zum aktuellen Zeitpunkt ebenfalls nach komplexen und nicht nach komplizierten Verhaltensweisen ablaufen sollte.

Mithilfe des abschließenden `What, So What, Now What?` fasste die Gruppe ihre Erkenntnisse zusammen und nahm konkrete Maßnahmen und Gesprächspunkte mit.

Ursprung und Inspiration: Diese Liberating Structure wurde von Henri Lipmanowicz und Keith McCandless entwickelt. Sie adaptierten dabei das Konzept von Ralph Stacey und Brenda Zimmerman.[28] Ich habe verschiedene Fassungen der Liberating Structure mit Ansätzen des Cynefin Frameworks kombiniert.

TRIZ

Offenlegen

Stoppe kontraproduktive Aktivitäten und Verhaltensweisen, um

- *Raum für Innovation zu schaffen,*
- *gemeinsam Hindernisse zu überwinden und so Vertrauen aufzubauen,*
- *die Leichen aus dem Keller zu holen.*

⏳ **ca. 40–50 Minuten** ⁂ **Niveau: fortgeschritten** 👫 **1–99+ Personen** 👌 **Ideal: 4–40 Personen**

Jeder Akt der Schöpfung ist zuerst ein Akt der Zerstörung.
Pablo Picasso, Maler

Wann kannst du TRIZ anwenden und was kannst du damit erreichen?

Bei vielen Problemen stürzen wir uns direkt auf die Symptombekämpfung. Derart zielfixiert sind wir dann blind für einige der wahren Ursachen und unseren eigenen Anteil am Problem. Bei der Lösungssuche bewegen wir uns in gewohnten Sphären und verwenden meist dieselben Lösungsprinzipien. Dabei versuchen wir, möglichst widerspruchsfrei zu bleiben.[29] So verpassen wir innovative, neuartige Ansätze oder wir übersehen Lösungen, die zum Problem passen.

TRIZ zäumt das Pferd von hinten auf! Diese Liberating Structure besteht aus drei Schritten, die es in sich haben: Zuerst entdeckst du mit den Beteiligten spielerisch, was alles getan werden *könnte*, um ein wichtiges Ziel *nicht* zu erreichen. Wenn sie dann im zweiten Schritt entdecken, was sie davon *bereits schon* tun und wie sie sich selbst und ihre Arbeit sabotieren, sind sie meist erschrocken darüber. Am Ende werden dann Gegenmaßnahmen erarbeitet, wie diese kontraproduktiven Verhaltensweisen *gestoppt* werden können.

Dadurch kommen die Verhaltensweisen endlich auf den Tisch, die die Gruppe daran hindern, Fortschritte zu machen. Für den ersten Schritt von TRIZ lässt du einen geschützten Raum entstehen, in dem die Beteiligten offen und spielerisch mögliche Strategien für das *Scheitern* entwerfen können – frei nach dem Motto „Ist der Ruf erst ruiniert, lebt es sich ganz ungeniert". Mithilfe dieses disruptiven Ansatzes deckt die Gruppe dann im zweiten Schritt die bereits bestehenden „falschen" Verhaltensweisen mit ernsthafter Leichtigkeit auf und entwirft dann innovative Lösungen in Form von Gegenmaßnahmen. Da die Beteiligten ihren Problemen selbst auf die Schliche gekommen sind, werden sie auch motiviert sein, die entstandenen Lösungen umzusetzen.

„TRIZ" ist das russische Akronym für „Theorie der erfinderischen Problemlösung", russisch: „теория решения изобретательских задач". Und erfinderisch sind die Lösungen, die du mit den Beteiligten hier entstehen lassen kannst. Hol die Leichen aus dem Keller!

TRIZ in der Entscheidungsfindung

Mit TRIZ lädst du die Beteiligten zu einem disruptiven Ansatz ein und schaffst Raum für neue innovative Denkansätze. Die Gruppe kann die Ursachen von Symptomen aufdecken, kontraproduktive Verhaltensweisen erkennen und diese frühzeitig durch Gegenmaßnahmen *stoppen*. TRIZ schafft eine gute Grundlage für schwierige Entscheidungen, an die man sich bis jetzt noch nicht herangetraut hat.

TRIZ zeigt klar auf, was passieren kann, wenn eine Entscheidung *nicht* getroffen wird. Du kannst die Liberating Structure einsetzen, wenn du Entscheidungsgrundlagen bewerten möchtest. Stell dir folgende Situation vor: Dein Team ist seit längerer Zeit unzufrieden mit seinem Büro und möchte gerne umziehen. Es bekommt die Chance, neue Räumlichkeiten in einem anderen Firmengebäude zu beziehen. Es gilt zu entscheiden: „Passen diese Räumlichkeiten zu uns, können wir uns dort wohl fühlen?" TRIZ nähert sich der Entscheidung mit folgender Fragestellung: „Was müssen wir tun, um uns in den neuen Räumlichkeiten komplett unwohl zu fühlen?" Durch die Verschiebung der Perspektive, also der Vorstellung, was im schlimmsten Fall passieren kann, entwickeln die Beteiligten eine neue Blickweise auf Themen. Sie können sich besser in die Situation hineinfühlen und sie auch besser bewerten.

Wie? Vorbereitung, Einladung und Durchführung

Vorbereitung	Bereite die Fragestellung für das unerwünschte Ergebnis vor. • *Tipp:* Verschärfe die Fragestellung und trau dich, zu übertreiben. Formuliere beispielsweise: „Was könnt ihr alles tun, das zuverlässig garantiert, dass euer Projekt nicht nur scheitert, sondern niemand mehr Lust hat, miteinander zu arbeiten?" • *Tipp:* Bereite für jeden Schritt von TRIZ ein Flipchart oder eine Spalte auf einem Whiteboard vor, auf dem die Gruppe ihre Ergebnisse sammeln wird. Denk daran, die Flipcharts für die Folgeschritte (Schritte 3 und 4) abzudecken, um die Überraschung nicht zu verderben. • *Variante:* Verwende eine der Optionen aus der Tabelle der Kombinationen, wie beispielsweise 1-2-4-All, um *mit der Gruppe* ein unerwünschtes Ergebnis oder eine unerwünschte Situation zu identifizieren und auszuformulieren.
Raum und Material	• Stift und Papier für alle Beteiligten • Flipchart oder Whiteboard für die Ergebnisse aus den Schritten 2, 3 und 4 für alle Gruppen sichtbar platziert • *Optional:* Stühle angeordnet für die Arbeit in Vierergruppen

Einladung	Sprich *nacheinander* folgende drei Einladungen an die Beteiligten aus: 1. „Erstellt eine Liste mit Maßnahmen, die garantieren, dass ihr für euer wichtigstes Ziel das schlechteste Ergebnis erzielt." 2. „Geht diese Liste Schritt für Schritt durch und fragt euch: 'Was davon tun wir bereits?' Seid schonungslos ehrlich und erstellt eine zweite Liste mit den bereits existierenden kontraproduktiven Aktivitäten." 3. „Geht die Punkte der zweiten Liste durch und fragt euch bei jedem Punkt: 'Wie können wir diese kontraproduktive Aktivität *stoppen*?'"
Schritt 1 Unerwünschtes Ergebnis vorstellen **2 Minuten**	Stelle das unerwünschte Ergebnis vor. *Tipp:* Schmücke dies ruhig ein wenig aus, damit sich die Beteiligten das Szenario gut vorstellen und sich in die Situation hineinversetzen können. Hab Spaß bei der Schilderung. Ein wenig Übertreibung ist erlaubt und hilfreich.
Schritt 2 Wie erreichen wir unser unerwünschtes Ergebnis? **12–15 Minuten**	• Frage die Gruppe: „Welche Aktivitäten garantieren, dass ihr für euer wichtigstes Ziel das schlechteste Ergebnis erzielt. Welche Ideen habt ihr außerdem, um euer Ziel zu torpedieren?" • Bitte die Beteiligten, 1-2-4-All zu verwenden und ihre Ergebnisse auf einem Flipchart zu sammeln. 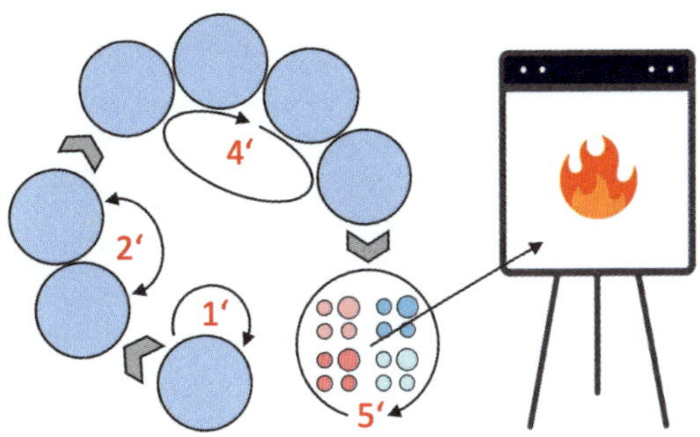 • *Tipp:* Lade die Beteiligten dazu ein, Spaß zu haben, auch die scheinbar absurden und lustigen Maßnahmen aufzuschreiben und sich dabei gegenseitig zu beflügeln. Mach den Beteiligten klar, dass TRIZ am besten funktioniert, wenn alle ein wenig über das Ziel hinausschießen. • *Stolperfalle:* Verrate noch nicht die unerwartete Wendung von Schritt 3. Sonst verknüpfen die Beteiligten die unerwünschte Situation mit ihrer aktuellen Situation und ihre Ehrlichkeit und Kreativität wird eingeschränkt.

Schritt 3

Was machen wir bereits?

⌛ **12–15 Minuten**

- Bitte die Beteiligten, die folgende Frage mithilfe von 1-2-4-All zu beantworten: „Geht die Liste aus Schritt 2 durch und fragt euch: ‚Was davon tun wir heute bereits genau so oder ähnlich? Was kommt euch bekannt vor?'"
- Lass die Gruppe die erkannten kontraproduktiven Aktivitäten klar ausformulieren und für alle sichtbar sammeln.

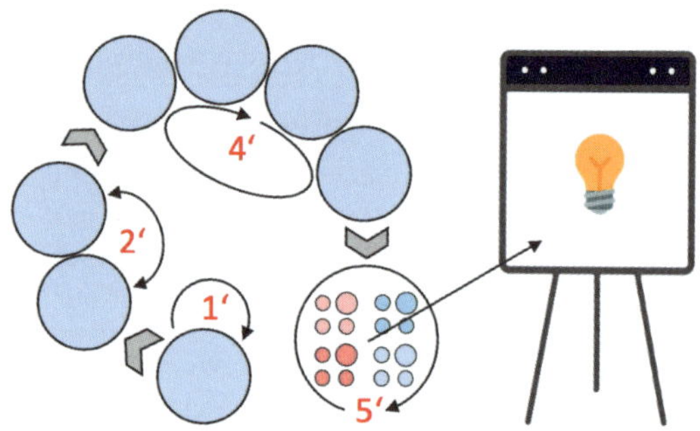

- *Stolperfalle:* Bei größeren Gruppen kann die Menge an erkannten Aktivitäten für den nächsten Schritt zu groß werden. Fordere dann die Vierergruppen auf, nur die *schmerzhaftesten, schädlichsten* oder *hinderlichsten* Aktivitäten zu nennen.
- *Variante:* Lass die Gruppe die erkannten kontraproduktiven Aktivitäten lediglich auf der ersten Liste anhaken, sofern diese bereits passend formuliert sind.

Schritt 4

Wie stoppen wir das?

⌛ **12–15 Minuten**

- Frage die Gruppe: „Geht die Liste eurer kontraproduktiven Aktivitäten durch und fragt euch: ‚Was werden wir konkret gegen diese Aktivitäten tun? Wie können wir diese Aktivitäten *stoppen*? Was ist der erste Schritt dazu?'"
- Verwende 1-2-4-All, um Maßnahmen generieren und im Anschluss mit allen auf einem Flipchart zu teilen.

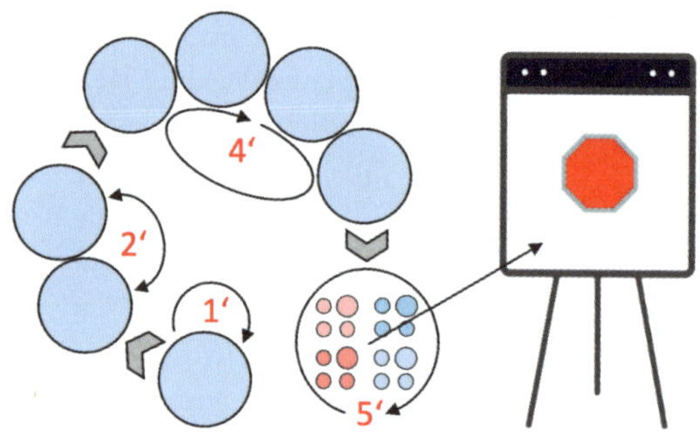

	• *Tipp:* Fokussiere die Gruppe auf die Aktivitäten, die sie wirklich selbst stoppen will und kann. • *Stolperfalle:* Es kann passieren, dass die Gruppe Maßnahmen generiert, die nicht zu den kontraproduktiven Aktivitäten passen. TRIZ ist zum Stoppen da und schafft Platz. Missbrauche es nicht zum Starten neuer Dinge! Weise die Gruppe darauf hin und wiederhole diesen Schritt bei Bedarf. • *Stolperfalle:* Achte bei den Maßnahmen darauf, dass sie wirklich ernst gemeint und umsetzbar sind. Ein guter Indikator für wenig hilfreiche Maßnahmen sind Formulierungen wie „sollten" oder „Jemand sollte …". Bitte die Beteiligten darum, die Maßnahmen beginnend mit „Ich werde aufhören, …" oder „Wir werden ab sofort … stoppen" zu formulieren. Frage außerdem: „Wer kann noch helfen, diese Verhaltensweisen zu stoppen? Wer muss noch involviert werden?" • *Optional:* Um die Maßnahmen und Entscheidungen noch fundierter zu machen, frage die Gruppe *zusätzlich*: „Was sind die Auslöser für das kontraproduktive Verhalten?" und/oder „Gibt es konkurrierende Annahmen und Entscheidungen, die dich oder euch davon abhalten, das Verhalten zu stoppen?" und/oder „Was brauchst du von anderen, um mit dem Verhalten aufzuhören?" ⌛ **+5–15 Minuten**
Hilfemuster	*Gemeinsames Formen – dein Gegenüber und du, ihr deckt gemeinsam Lösungen auf, nehmt Angebote voneinander an und entwickelt sie weiter.*

Allgemeine Tipps, Varianten und Stolperfallen

- *Optional:* Nimm dir nach jedem Schritt Zeit, die Ergebnisse der Gruppen zu beleuchten. Lies noch einmal einige Ideen, erkannten Aktivitäten oder gefundenen Maßnahmen vor und lass sie ausschmücken: „Wie fühlt es sich an, wenn dies oder jenes passiert?", „Was würde dann noch passieren?", „Wen würde dies oder jenes am schlimmsten treffen?" oder „Was wird dadurch ermöglicht?"
- *Variante:* Teile größere Gruppen auf, die dann Schritte 2 bis 4 parallel durchführen und ihre eigenen Zwischenergebnisse erzeugen. Lass im Anschluss die Maßnahmen aus Schritt 4 oder sogar die Erkenntnisse aus Schritt 3 mit allen teilen. Du kannst hierzu gut ein Shift & Share verwenden.
- *Variante:* Falls die Beteiligten nicht denselben Kontext teilen oder du ganz generell nur auf persönlicher Ebene Maßnahmen anstoßen willst, dann weise in den Schritten 3 und 4 an, diese für sich im Stillen durchzuführen.

Kombinationen mit anderen Liberating Structures

Wann?	Was?	Wozu?	Wie?
Zur Vorbereitung	Ecocycle Planning	Um gemeinsam sicherzustellen, dass die Gruppe eine Aktivität auf dem Ecocycle weiterbewegt. Zum Beispiel, wenn eine Gruppe eine Idee in die Umsetzung bringen will. Das unerwünschte Ergebnis ist dann, dass die Aktivität auf dem Ecocycle stehenbleibt.	„Welche Aktivität auf eurem Ecocyle wollt ihr auf jeden Fall weiterbewegen?" Die Einladung für das TRIZ lautet dann: „Wie könnt ihr garantieren, dass die Aktivität stehen bleibt, wo sie ist, und sich keiner von euch um das Fortschreiten der Aktivität kümmert?" Am Beispiel einer Idee: „Wie könnt ihr garantieren, dass eure Idee niemals umgesetzt wird?"
	Impromptu Networking 1-2-4-All	Um gemeinsam mit den Beteiligten ein unerwünschtes Ergebnis zu finden.	Mit einem Impromptu Networking teilt die Gruppe zuerst ihre Ideen: „Was wäre das schlechteste Ergebnis für die Gruppe?", „Wie äußert sich das?", „Wie fühlt sich das für dich im Alltag an?" Mithilfe von 1-2-4-All findet die Gruppe heraus, welches Ergebnis am schlechtesten ist: „Was ist das schlimmste Ergebnis aus euren Gesprächen? Welchem wollt ihr nachgehen?" Dabei muss sich jede Vierergruppe auf ein Ergebnis einigen.
	25/10 Crowd Sourcing	Um das Ergebnis, die Situation oder das Verhalten zu finden, das die Gruppe am meisten kontraproduktiv findet.	Führe 25/10 Crowd Sourcing durch mit der Einladung „Welches Ergebnis oder welche Situation fändest du am schlimmsten?" oder „Welches Verhalten in unserer Gruppe fändest du am schädlichsten?" Formuliere Schritt 1 von TRIZ entsprechend: „Wie können wir sicherstellen, dass dieses Ergebnis/diese Situation/dieses Verhalten eintritt?"

Wann?	Was?	Wozu?	Wie?
	Anxiety Circus (Variante von 25/10 Crowd Sourcing)	Um die größte Angst einer Gruppe zu identifizieren und herauszufinden, was bereits passiert, damit sich die Angst bewahrheitet.	Führe den Anxiety Circus mit der Einladung durch: „Wovor hast du am meisten Angst?“ (im Kontext der aktuellen Herausforderung oder wenn eine Entscheidung umgesetzt würde). Stelle dann die folgende Frage für die Angst mit der höchsten Punktzahl: „Was können wir alles tun, dass sich diese Angst oder Befürchtung bewahrheitet?“
Währenddessen	15 % Solutions	Um im Schritt 4 vor allem den persönlichen Handlungsspielraum aufzudecken.	Führe im Schritt 4 anstelle des 1-2-4-All ein 15 % Solutions mit folgender Einladung durch: „Welche Gegenmaßnahmen kannst du aus eigener Kraft ohne fremde Hilfe oder zusätzliche Ressourcen ergreifen?“
Im Anschluss	15 % Solutions	Um die Umsetzung der gemeinsamen Gegenmaßnahmen aus Schritt 4 bei jedem Einzelnen zu initiieren.	15 % Solutions: „Welche der Gegenmaßnahmen kannst du aus eigener Kraft ohne fremde Hilfe oder zusätzliche Ressourcen vorwärtsbringen?“
	Open Space	Um tiefer in die Gegenmaßnahmen aus Schritt 4 einzusteigen und diese in der Gruppe auszuarbeiten.	Open Space: „Sucht euch eine der Gegenmaßnahmen aus und findet eine Gruppe, in der ihr detaillierter besprecht, was nun zu tun ist.“
	Ecocycle Planning	Um die Gegenmaßnahmen auf einem Ecocycle zu verorten oder einen Überblick über den aktuellen Stand und den Fortschritt zu erhalten.	„Ordnet die Gegenmaßnahmen auf dem Ecocycle an und entscheidet, welche ihr als nächstes voranbringen möchtet.“

Beispiel: Führungskräfte und Entscheidungsfindung

Eine Gruppe von Führungskräften war unzufrieden damit, wie ihre Entscheidungen aufgenommen und umgesetzt wurden. Ich habe mit ihnen ein TRIZ durchgeführt und sie eingeladen: „Erstellt eine Liste von Verhaltensweisen, die garantieren, dass die Entscheidung völlig intransparent und über die Köpfe der Leute hinweg getroffen wird."

Anschließend habe ich gefragt: „Welche dieser Verhaltensweisen legt ihr heute schon an den Tag, wenn ihr Entscheidungen trefft? Erstellt eine Liste von Konsequenzen, die in der Vergangenheit daraus resultierten, dass ihr Entscheidungen auf diese Art und Weise getroffen habt."

Abschließend habe ich sie eingeladen zu entscheiden, welche Verhaltensweisen sie ändern oder stoppen müssen, damit ihre Entscheidungen transparent und von den Beteiligten umgesetzt werden.

Durch das TRIZ konnten die Führungskräfte reflektieren, warum das Treffen von Entscheidungen, ohne die Betroffenen einzubinden, dazu führt, dass die Entscheidung nicht verstanden und daher schlecht umgesetzt wird. Die Führungskräfte haben auf diese spielerische Weise einen klaren Blick auf die Konsequenzen ihres Handels bekommen und entschieden, die Beteiligten zukünftig in die Entscheidungsfindung einzubinden.

Ursprung und Inspiration: Diese Liberating Structure ist inspiriert durch den namensgebenden russischen Ansatz.

Die einbeziehen, die es betrifft

Purpose: *Du erfährst hier, wer bei der Entscheidungsfindung mitwirken muss, wie du Informationen vermittelst und welche Bedarfe sie haben. Das ist wichtig, um mit den richtigen Beteiligten in die richtige Richtung voranzuschreiten, denn …*

Sag es mir, und ich werde es vergessen, zeig es mir, und ich werde mich daran erinnern, beteilige mich, und ich werde es verstehen.

Chinesisches Sprichwort

Kapitelübersicht

Celebrity Interview

Teilen

Teile mit einer Gruppe unterhaltsam Informationen von Experten, um

- *einem Thema Substanz und Tiefe zu geben,*
- *jeden am Stellen von Fragen und Aufdecken von weiteren Informationen zu beteiligen,*
- *eine Verbindung zwischen der Gruppe und dem Experten herzustellen oder zu festigen,*
- *große Konzepte durch Geschichten zum Leben zu erwecken.*

ca. 35–50 Minuten **Niveau: fortgeschritten** **1–4 Celebrities & 4–99+ Personen**
Ideal: 1 Celebrity & 8–99+ Personen

Wenn du eine weise Antwort verlangst, musst du vernünftig fragen.
Johann Wolfgang von Goethe, Dichter

Wann kannst du Celebrity Interview anwenden und was kannst du damit erreichen?

Direkte Kommunikation ist am effizientesten: Wenn du Informationen für eine Gruppe verfügbar machen willst, dann funktioniert das am Besten im Gespräch zwischen den Beteiligten. Denn schriftliche Berichte sind manchmal kompliziert und unverständlich geschrieben und Präsentationen können schnell langweilig werden. In beiden Fällen musst du als Lesender oder Zuhörender selbst herausfinden, was der Autor vermitteln möchte. Rückfragen oder ein direkter Austausch sind hierbei nicht oder kaum möglich. Und wenn dir etwas unklar bleibt, kann das schnell zu Missverständnissen führen.

Beim `Celebrity Interview` drehst du den Spieß um. Du weißt, wer die benötigten Informationen hat? Das ist deine *Celebrity*. Und du hast eine Vermutung, welche Informationen wirklich für eine Gruppe relevant sind? Dann formuliere dazu eine Reihe von Fragen, die diese Informationen aufdecken helfen. Nun suche dir eine angenehme Umgebung, in der du die Celebrity befragen willst. Lade alle, die diese Informationen ebenfalls benötigen und weitere Fragen haben könnten, dazu ein, sich am Interview zu beteiligen. In einer ersten Runde stellst du deine Fragen an die Celebrity, die sie frei beantworten kann. In einer zweiten Runde werden Fragen aus dem Publikum gesammelt, die dann ebenfalls von der Celebrity beantwortet werden.

Die Celebrity vermittelt die benötigten Informationen direkt und ihr umgeht so das Phänomen „Stille Post“. Dieses Format macht die Teilnehmer zu echten Beteiligten, da sie selbst entscheiden können, welche Informationen sie noch benötigen.

Celebrity Interview in der Entscheidungsfindung

Zu Beginn der Entscheidungsfindung willst du das Problem beleuchten und Informationen darüber mit der Gruppe teilen. Diese Informationen werden üblicherweise in Präsentationen verpackt oder in Berichte geschrieben. Durch ein `Celebrity Interview` kannst du dir diese Informationen auf eine unterhaltsame und interaktive Art und Weise beschaffen! Du befragst einfach direkt die Person, die die Informationen hat. Und die Beteiligten können direkt ihre wirklich wichtigsten Fragen adressieren.

Wie? Vorbereitung, Einladung und Durchführung

Vorbereitung	Vor dem `Celebrity Interview` treffen sich Interviewer – in der Regel ist das der Facilitator, also du – und Celebrity und erarbeiten gemeinsam Fragen, die das Thema gut beleuchten und das Publikum interessieren könnten. • *Tipp:* Achte darauf, offene Fragen zu stellen und vermeide Ja/Nein-Fragen. Beschränke dich auf wenige und wichtige Fragen, um das Interview kurzweilig zu gestalten. Eine gute Mischung aus anspruchsvollen und tiefergehenden, humorvollen und ernsten Fragen ist für das Publikum am spannendsten. • *Variante:* Sammle im Voraus Fragen von allen Beteiligten ein. Frage sie zum Beispiel: „Was willst du wirklich wissen und traust dich nicht, selbst zu fragen? Was interessiert dich brennend und was möchtest du über das Thema oder die anstehende Arbeit wissen?"
Raum und Material	• Indexkarten, Stifte, Stühle für alle Beteiligten • *Optional:* Lounge-/Talkshow-Sitzgelegenheit für Celebrity, Interviewenden • *Optional* bei großen Gruppen: Mikrofon für Interviewer und Celebrity, Bühne für Interviewer und Celebrity
Einladung	Lade die Celebrity dazu ein, von einer formalen Präsentation Abstand zu nehmen und die *wirklich* relevanten Fragen der Beteiligten in einem lockeren „Talkshow"-Format zu beantworten. Lade das Publikum dazu ein, zuzuhören und sich Fragen zu notieren, die der Interviewer anschließend der Celebrity stellen soll.

<table>
<tr>
<td>Schritt 1
Vorstellung
3 Minuten</td>
<td>Zu Beginn des Celebrity Interview begrüßt der Interviewende das Publikum und stellt die Celebrity sowie das Thema vor.
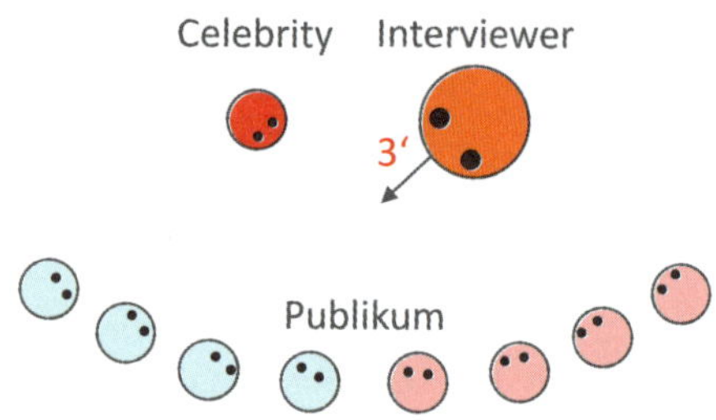

Optional: Bitte den Interviewenden, die Rolle des Talkshow-Hosts humorvoll auszuschmücken. „Verehrtes Publikum, ich heiße sie willkommen! Wir haben heute einen wunderbaren Gast…“</td>
</tr>
<tr>
<td>Schritt 2
Erstes Interview
10–20 Minuten</td>
<td>Der Interviewende stellt der Celebrity die vorbereiteten Fragen.
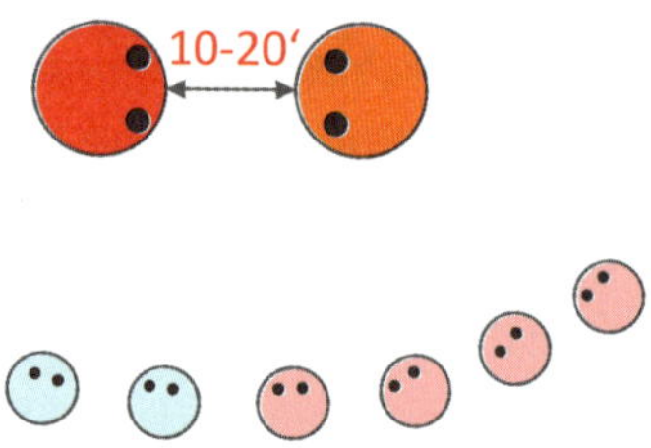

Stolperfalle: Pass darauf auf, dass das Interview nicht länger als 20 Minuten geht, sonst wird das Publikum abschalten und das Interesse verlieren.</td>
</tr>
<tr>
<td>Schritt 3
Weitere Fragen generieren
8 Minuten</td>
<td>• Die Zuhörer generieren mithilfe von 1-2-4 Fragen, die sie der Celebrity stellen wollen.
• Die Vierergruppen schreiben ihre wichtigsten Fragen auf Indexkarten.
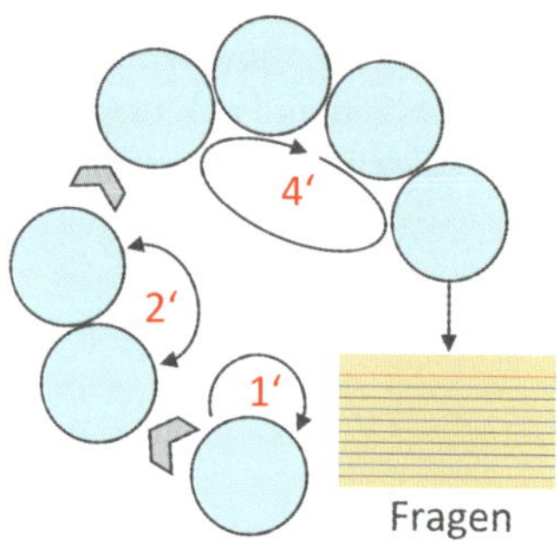

Tipp: Bitte die Vierergruppen, ihre Indexkarten dem Interviewer zu überreichen, sobald sie fertig sind.</td>
</tr>
</table>

Schritt 4 Fragen sichten ⌛ **5 Minuten**	• Der Interviewende sammelt die Indexkarten ein, sichtet die Fragen und sortiert sie nach Ähnlichkeit. • Ähnliche Fragen werden vom Interviewenden zu einer Frage zusammengefasst. 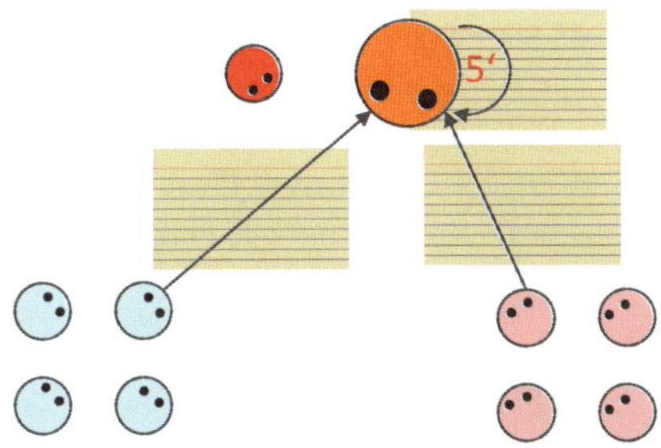
Schritt 5 Zweites Interview ⌛ **5–10 Minuten**	Der Interviewende stellt der Celebrity die Fragen des Publikums. 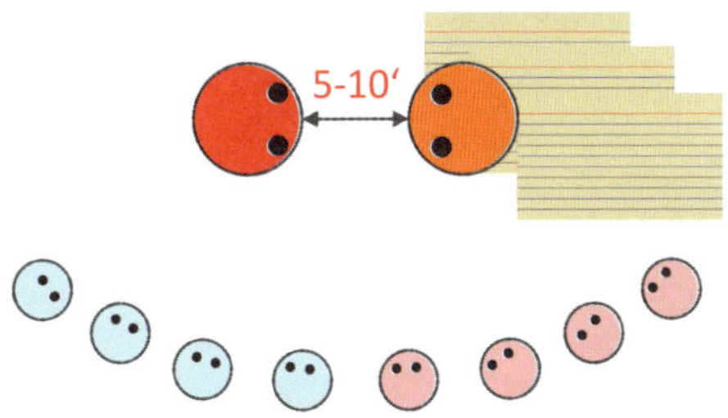
Schritt 6 Schlussworte ⌛ **2 Minuten**	Der Interviewende dankt der Celebrity und den Beteiligten und schließt das **Celebrity Interview** ab. 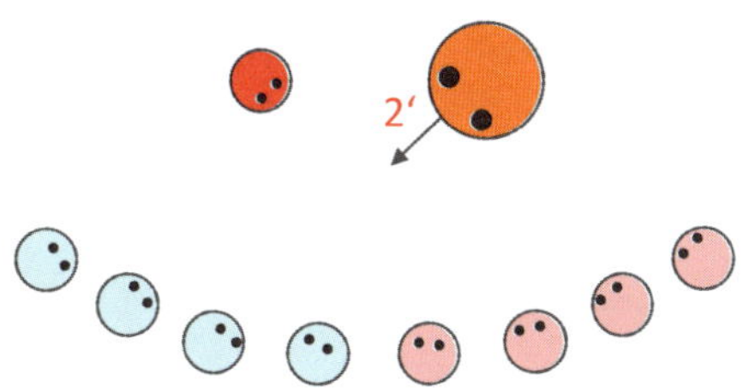

Kombinationen mit anderen Liberating Structures

Wann?	Was?	Wozu?	Wie?
Zur Vorbereitung	25/10 Crowd Sourcing	Zum Generieren der wichtigsten Fragen der Beteiligten. Das Thema und die Celebrity werden den Beteiligten vorher vorgestellt, damit sie sich sinnvolle Fragen überlegen können.	„Was möchtest du auf jeden Fall von unserer Celebrity wissen?“
Währenddessen	25/10 Crowd Sourcing	Um im Schritt 3 die dringendsten Fragen der Gruppe zu generieren.	„Was möchtest du auf jeden Fall von unserer Celebrity wissen?“
Im Anschluss	25/10 Crowd Sourcing	Ideen für die besten nächsten Schritte basierend auf den präsentierten Informationen sammeln.	„In welchen nächsten Schritt würdest du jetzt Zeit und Energie investieren, basierend auf den Informationen, die du jetzt hast? Was wäre deine erste Aktion, um diesen Schritt umzusetzen?“
	Open Space	Ideen für die besten nächsten Schritte basierend auf den präsentierten Informationen sammeln und gemeinsam ausarbeiten.	„Welches Thema oder welche Idee sollte basierend auf den neuen Informationen nun tiefer ausgearbeitet werden?“
	What I Need From You	Falls durch das Celebrity Interview neue Impulse für eine Zusammenarbeit entstehen, decke die Bedürfnisse und Wünsche auf.	„Welche Wünsche und Bedarfe habt ihr an andere Gruppen oder Teams basierend auf den neuen Informationen?“

Beispiel: Projektstart einer Produktneugestaltung

Ich habe bei einem Kunden mehrere Teams als Agile Coach betreut. Alle Teams haben an demselben Produkt gearbeitet. Die Benutzeroberfläche wirkte altbacken und uneinheitlich und sollte aufgefrischt und vereinheitlicht werden. Dazu wurde ein neues Projekt gestartet, das alle drei Teams mit über 40 Teammitgliedern betraf. Um das Vorhaben für alle greifbar und verständlich zu machen, habe ich zu einem Celebrity Interview eingeladen.

Vorab habe ich mit den beiden Projektleitern gemeinsam überlegt, welche Informationen wir durch welche Fragen anschaulich transportieren können.

Während des Interviews habe ich die beiden gefragt: „Was habt ihr vor?“, „Was stimmt denn nur mit unserem aktuellen Produkt nicht?“, „Warum ist die Neugestaltung aus Kundensicht genau jetzt wichtig?“, „Und warum aus Unternehmenssicht?“, „Was sind die größten Herausforderungen?“, „Habt ihr zufällig ein paar Beispieldesigns mitgebracht, die ihr jetzt zeigen könnt?“, „Was für offene Fragen gilt es noch zu klären?“

Das Publikum wollte im Anschluss wissen, wie die nächsten Schritte aussehen, wie die Priorität im Vergleich zu anderen Themen liegt, ob es unterschiedliche Ausbaustufen und Varianten gibt und wer außerhalb der drei Teams noch beteiligt werden muss, damit die Projektidee erfolgreich umgesetzt werden kann.

Danach haben wir mithilfe von 1-2-4-All die nächsten Schritte und Klärungen identifiziert. Dadurch, dass alle die gleichen Informationen hören und Rückfragen stellen konnten, waren alle Teilnehmer engagiert und bereit, sich um die nächsten Schritte zu kümmern.

Ursprung und Inspiration: Diese Liberating Structure wurde von Henri Lipmanowicz und Keith McCandless entwickelt. Sie wurden inspiriert von Improvisierenden aus Venezuela.

Social Network Webbing

Visualisiere informelle Verbindungen und entscheide, wie das Netzwerk durch diese gestärkt werden kann, um

- *den Purpose zu erreichen,*
- *einflussreiche und erfahrene Personen einzubeziehen,*
- *den Beteiligten zu helfen, sich selbst zu organisieren,*
- *Verbindungen zu entdecken und in Anspruch zu nehmen,*
- *Wissen über die Grenzen von Silos, Hierarchien und Unternehmen hinaus zu nutzen und zu verbreiten,*
- *Verantwortlichkeit, Führung und den Willen zum Wandel zu stärken,*
- *ohne große Budgets und Vorplanung ins Handeln zu kommen.*

ca. 60 Minuten ****Niveau: fortgeschritten** **1–99+ Personen** **Ideal: 4–20 Personen**

Auf hoher See sind Netzwerke wichtiger als Seilschaften.
Dr. Fritz P. Rinnhofer, Publizist

Wann kannst du Social Network Webbing anwenden und was kannst du damit erreichen?

Steckt deine Gruppe bei ihrem Vorhaben fest? Fehlen ihr Ressourcen, wichtige Partner, Verbündete oder Expertise? Wie kommt ihr an die benötigten Ressourcen und Personen heran? Um welche Personen und wichtigen Gruppen – *Schlüsselgruppen* – handelt es sich überhaupt? Wer kann euren Erfolg gefährden? Wen müsst ihr einbeziehen?

Social Network Webbing macht verborgene Verbindungen zu wichtigen Personen und Gruppen sichtbar und nutzbar. Zuerst identifizierst du die für euren Erfolg zu beteiligenden Schlüsselgruppen. Dann deckst du euer informelles Netzwerk Stück für Stück auf, bis ihr Verbindungen zu *Schlüsselpersonen* gefunden habt. Schrittweise visualisiert ihr dabei euer Netzwerk. Schließlich überlegt sich die Gruppe, wie sie diese Personen einbeziehen oder für eure Arbeit gewinnen kann.

Jeder Beteiligte kann seine informellen Verbindungen für euer Netzwerk zur Verfügung stellen und somit einen wertvollen Beitrag leisten. Die Gruppe entkommt ihrer gefühlten Hilflosigkeit und entdeckt Optionen, um mit ihrem Purpose oder ihren Zielen voranzukommen.

Social Network Webbing in der Entscheidungsfindung

Mit Social Network Webbing findest du Verbindungen zu Personen, die den Erfolg eurer Entscheidungsfindung beeinflussen oder die du zum Erreichen eures Purpose einbeziehen musst. Wer kann euch helfen? Wer kann die Entscheidungsfindung gefährden und muss beteiligt werden?

Wie? Vorbereitung, Einladung und Durchführung

Raum und Material	• Mindestens eine Metaplanwand, eine freie Wand oder mehrere Flipchartständer pro 15 Beteiligte, auf denen die Gruppe das Netzwerk visualisiert • Post-its in vielen verschiedenen Farben (ideal sind acht oder mehr) • Dickere Stifte, um die Post-its lesbar zu beschriften und die Verbindungen sichtbar zu machen • Papier und Stifte, um die Maßnahmen festzuhalten • *Optional:* Bindfaden und Stecknadeln, um die Verbindungen sichtbar zu machen und leicht anzupassen
Einladung	• Lade den Kern einer Gruppe, die an einem gemeinsamen Purpose oder Ziel arbeitet, dazu ein, eine Karte ihres informellen Netzwerks zu erstellen und zu entscheiden, wie sie es erweitern und stärken will. • Bitte die Beteiligten, Personen zu identifizieren, mit denen sie aktuell und mit denen sie in Zukunft arbeiten wollen, um von deren Expertise oder deren Einfluss zu profitieren, sodass die Gruppe ihren Purpose erreichen kann. • Lade die Gruppe ein, Verbindungen zu diesen Personen aufzudecken und nutzbar zu machen.
Schritt 1 Schlüsselgruppen ermitteln **10 Minuten**	Lass die Gruppe mit einem 1-2-4-All (1', 1', 3', 5') eine Legende mit allen Schlüsselgruppen erstellen, die für euren Purpose, Erfolg oder eure Ziele von Bedeutung sind. 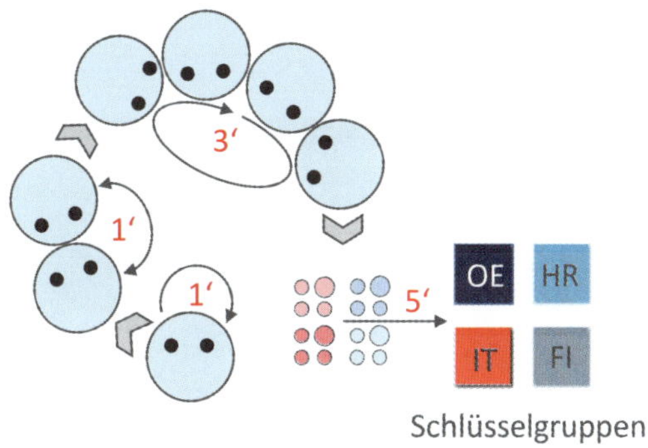 • *Tipp:* Verwendet eine Post-it-Farbe pro Schlüsselgruppe. • *Tipp:* Die Schlüsselgruppen, denen die Beteiligten angehören, *können* ebenfalls berücksichtigt werden, insbesondere falls weitere Personen aus diesen Gruppen einbezogen werden sollen. • *Stolperfalle:* Beschränke die Legende auf zehn Schlüsselgruppen. Mehr Schlüsselgruppen machen die Karte unübersichtlich. • *Variante:* Lass die Gruppe anstelle der Post-its Symbole für jede Schlüsselgruppe verwenden

Schritt 2 Eigene Gruppe darstellen **3 Minuten**	Bitte die Beteiligten, ihre Namen auf Post-its zu schreiben, diese in der Mitte der Metaplanwand zu platzieren und so die eigene Gruppe darzustellen. 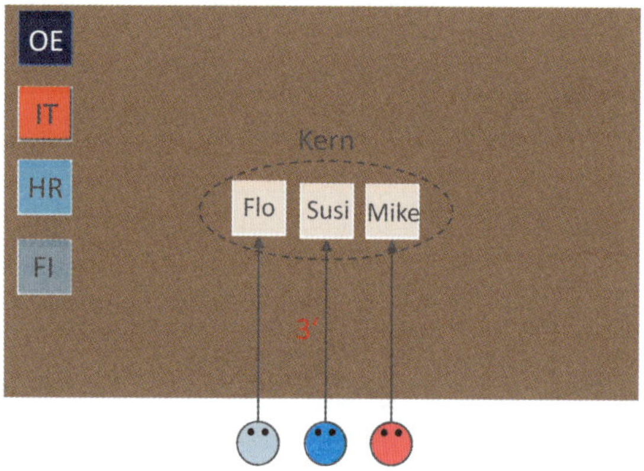 • *Tipp:* Verwendet hierbei eine neue Post-it-Farbe oder die Farbe der Schlüsselgruppe(n), der (denen) die Gruppenmitglieder angehören. • *Variante:* Stellt bei vielen Beteiligten (>20) nur Teilgruppen, die eng zusammenarbeiten, oder nur einzelne, gut vernetzte Personen als Kern in der Mitte der Metaplanwand dar oder stelle mehr Platz – beispielsweise eine ganze Wand – zur Verfügung.
Schritt 3 Kontakte sichtbar machen **10 Minuten**	Bitte die Beteiligten, Personen aus den Schlüsselgruppen, mit denen sie bereits zusammenarbeiten oder die sie gut kennen, auf der Metaplanwand anzuordnen. Dabei können sie engere Kontakte näher an der Kerngruppe platzieren. 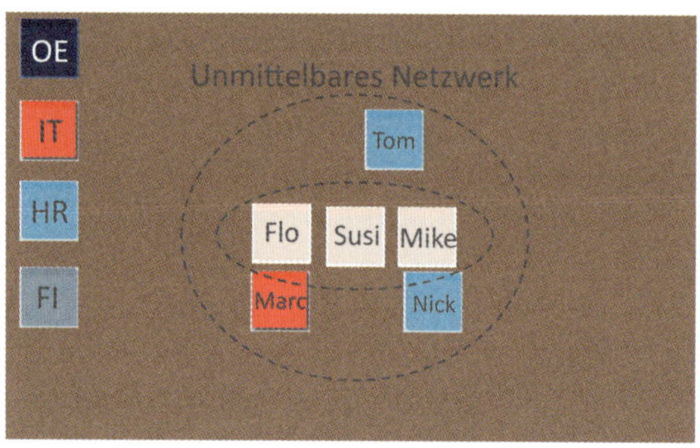 • *Optional:* Lass die Gruppe durch räumlichen Abstand visualisieren, wie eng eine Beziehung zu einem Kontakt ist. – Im Beispiel wurde Folgendes visualisiert: Mike ist Teil der Kerngruppe. Nick aus der HR-Abteilung ist ein guter Kontakt von Mike. Mike und Susi kennen Tom aus der HR-Abteilung weniger gut.

- *Optional:* Lass die Gruppe visualisieren, welche Beteiligten eine Person kennen beziehungsweise mit dieser bereits zusammenarbeiten. Dabei reicht es, jeweils die engste Verbindung darzustellen.
  - *Im Beispiel:* Mike kennt Marc, aber Flo kennt Marc viel besser. Susi und Mike kennen Tom etwa gleich gut.
- *Optional:* Strukturiere diesen Schritt mit 1-2-4-All und halte die Zeitfenster kurz. Berücksichtige bei der Bildung von Paaren und Vierergruppen grob die Zusammenarbeit oder den Kontakt mit ähnlichen oder überlappenden Schlüsselgruppen. So wird die Gruppe eine übersichtlichere Karte erstellen.
  - *Im Beispiel:* Falls also klar ist, dass Susi und Mike viel mit der HR-Abteilung zu tun haben, dann lass sie im „2“-Schritt eine Paarung bilden.

Schritt 4

Schlüsselpersonen identifizieren

10 Minuten

Bitte nun darum, Personen außerhalb des direkten Netzwerks auszumachen, die wichtig, wertvoll oder kritisch für den Erfolg der Gruppe sind.

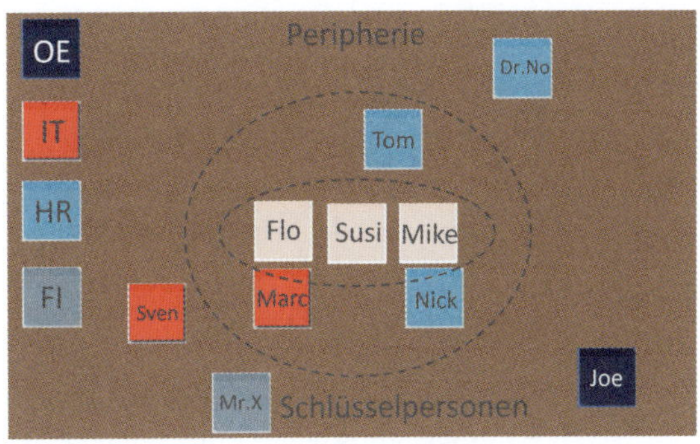

- *Tipp:* Konkrete Namen von wichtigen Personen sind hilfreicher als reine Rollenbezeichnungen, wie beispielsweise „Abteilungsleiter OE“.
- *Tipp:* Möglicherweise kommen hier neue Schlüsselgruppen zutage. Halte dafür weitere Post-it-Farben bereit.
- *Tipp:* Strukturiere diesen Schritt mit 1-2-4-All und halte die Zeitfenster kurz.
- *Tipp:* Mach der Gruppe klar, dass sie hierbei auch Personen ausfindig machen kann, die neue Ideen, Impulse und Wachstum bringen. Lade dazu ein, fantasievoll und groß zu denken.
- *Optional:* Lass die Beteiligten auf separaten Post-its notieren, warum sie die Personen einbeziehen wollen. **+5 Minuten**

Schritt 5 Verbindungen finden und Einfluss der Kontakte auf eigene Arbeit bewerten ⌛ **15 Minuten**	• Lass nun die Verbindungen zu den Schlüsselpersonen visualisieren. • Bitte darum zu überlegen, wer noch helfen könnte, an die Schlüsselpersonen heranzukommen. 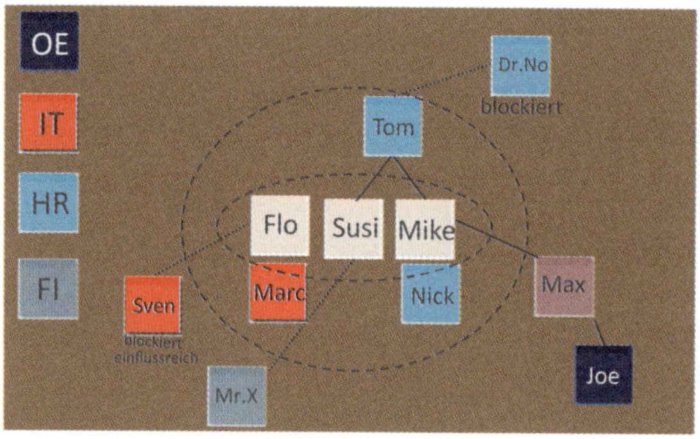 • *Tipp:* Frage „Wer kennt wen?“, „Wer könnte wen kennen?“, „Welche Personen kennt ihr noch, die helfen können, die Schlüsselpersonen zu kontaktieren oder zu integrieren?“. – Im Beispiel hat die Gruppe Max als mögliche Verbindung zur Schlüsselperson Joe ausgemacht. • *Tipp:* Lass die Gruppe darstellen, welche der Schlüsselpersonen Einfluss hat oder Expertise für den eigenen Purpose mitbringen kann. Wer kann das Vorhaben der Gruppe behindern und wer kann es voranbringen? Die Gruppe notiert diese Informationen unter den Personen oder auf den Post-its. • *Tipp:* Lass direkte („diese Personen kennen sich und haben Kontakt“) und indirekte („es ist noch unklar, wie wir an diese Person herankommen oder ob tatsächlich eine Verbindung besteht“) Verbindungen kennzeichnen. • *Tipp:* Strukturiere diesen Schritt mithilfe von 1-2-4-All.

Schritt 6 Maßnahmen ableiten ⏳ **12 Minuten**	Lade die Gruppe dazu ein, zu überlegen, wie sie die identifizierten Schlüsselpersonen einbinden und für die eigene Sache begeistern kann. 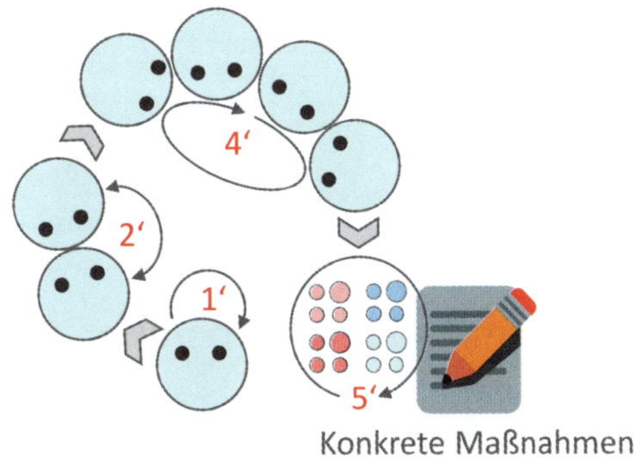 • *Tipp:* Frage die Gruppe: – Wie könnt ihr die identifizierten Schlüsselpersonen einbinden oder für unseren Purpose gewinnen? – Wie könnt ihr dabei Hindernisse umgehen? – Wie sieht jeweils der erste konkrete Schritt dazu aus? Wer will oder wird sich darum kümmern? • *Tipp:* Lass die Gruppe die Maßnahmen schriftlich festhalten.

Allgemeine Tipps, Varianten und Stolperfallen

- *Optional:* Trenne (wie in den Grafiken) den Kern der Gruppe (die Beteiligten), die direkten Kontakte und die gewünschten Kontakte mit Linien voneinander ab, um den aktuellen Zustand des Netzwerks deutlich zu kennzeichnen.
- *Variante:* Falls mehr als 15 Personen teilnehmen, *kann* Social Network Webbing unübersichtlich und die Zeitfenster *können* knapp werden. Teile dann die Gruppe auf Kleingruppen zu sechs bis acht Personen auf, die alle ihr eigenes Social Network Webbing durchführen. Führe die Ergebnisse nach Schritt 4 oder 5 zusammen und synchronisiere die Maßnahmen aus Schritt 6. ⏳ **+15 Minuten**

Variante Embodied Social Network Mapping

Um das Netzwerk der Beteiligten eines Meetings, eines Workshops, einer Firmenveranstaltung oder einer Konferenz sichtbar und nutzbar zu machen, kannst du die Variante Embodied Social Network Mapping durchführen. So kannst du Verbindungen hervorheben und den Beteiligten erleichtern, direkt in Kontakt zu treten.

Dazu sprichst du eine oder mehrere Einladungen gegenüber der Gruppe aus, die sie dazu auffordern, Verbindungen physisch darzustellen. Fordere beispielsweise dazu auf, sich zu einer Person zu stellen, mit der andere Beteiligte in Zukunft enger zusammenarbeiten wollen.

Weitere Einladungen lauten: Stelle dich zu der Person, …

- … von der du heute am meisten gelernt hast.
- … die dich in letzter Zeit inspiriert hat.
- … die heute etwas gesagt hat, für das du dich bedanken willst.
- … von der du gerne mehr lernen willst.
- … mit der du bereits regelmäßig arbeitest (um das aktuelle Netzwerk darzustellen).
- … mit der du gemeinsam die besprochenen Maßnahmen umsetzen willst.

Kombinationen mit anderen Liberating Structures

Wann?	Was?	Wozu?	Wie?
Zur Vorbereitung	Generative Relationships STAR	Um die Zusammenarbeit der Gruppe unter die Lupe zu nehmen und herauszufinden, ob Expertise fehlt.	Standardablauf
	9 Whys	Um den gemeinsamen Purpose der Gruppe herauszukristallisieren.	Standardablauf
Währenddessen	TRIZ	Um herauszufinden, wen die Gruppe gerade für ihren Erfolg ignoriert.	Beginne TRIZ vor Schritt 1 oder nach Schritt 3 mit der Einladung: „Was können wir tun, um zu garantieren, dass wir uns so nur auf uns selbst konzentrieren, niemals mit Personen außerhalb unserer Kerngruppe kommunizieren und in der Folge scheitern?" Im zweiten Schritt von TRIZ frage dann: „Was tun wir davon bereits? Wen ignorieren wir hierbei?" Den letzten Schritt von TRIZ – „Wie können wir das stoppen?" – beantwortet die Gruppe dann mit Social Network Webbing.
	Shift & Share	Um bei größeren Gruppen die Ergebnisse der Kleingruppen zu teilen und zu synchronisieren.	Lass die Ergebnisse von Schritt 4, Schritt 5 und/oder Schritt 6 teilen.

Wann?	Was?	Wozu?	Wie?
Im Anschluss	15 % Solutions	Um persönlich machbare Maßnahmen anzugehen.	Lade die Teilnehmer dazu ein, ihre 15-%-Lösungen für das Einbinden und Kontaktieren der Schlüsselpersonen zu finden und zu schärfen.
	Design StoryBoards	Um die ersten gemeinsamen Schritte mit den wichtigen Personen zu vollziehen.	Gestalte mit deiner Gruppe ein erstes gemeinsames Meeting mit einer oder mehreren Schlüsselpersonen und identifiziert die gemeinsamen nächsten Schritte.

Beispiel: Globale Partner und Kundenvertreter identifizieren und einbeziehen

Ich betreute ein Team, dessen Produkt im eigenen Konzern in über 40 Ländern verwendet wurde. Das Team hatte Schwierigkeiten, einen direkten Kontakt zu Kunden, anderen wichtigen Abteilungen und Schlüsselpersonen im Konzern aufzubauen. Mithilfe eines Social Network Webbing konnte das Team direkte Verbindungen zu diesen Gruppen aufdecken und herstellen. Die Einladung lautete: „Wer sind unsere Kunden und wer sind unsere Stakeholder? Wer kann zu unserem Erfolg beitragen? Wen müssen wir in unsere Prozesse integrieren, um unserem Purpose gerecht zu werden?“

Dem Team wurde bewusst, wen sie noch einbeziehen mussten und wer für ihren Erfolg hilfreich und wer hinderlich war. Anschließend bezog das Team Schlüsselpersonen aus dem Kundenkreis, globale Partner und Kritiker aus dem Konzern enger in die eigenen Prozesse ein.

Ursprung und Inspiration: Diese Liberating Structure wurde von Henri Lipmanowicz und Keith McCandless entwickelt. Sie wurden von der Arbeit von June Holley inspiriert.

What I Need From You (WINFY)

Helfen

Bringe Erwartungen zwischen Abteilungen, Teams und Rollen auf den Tisch und lass diese darauf reagieren, um

- *Klarheit zwischen den beteiligten Gruppen herzustellen,*
- *Erwartungen auszusprechen,*
- *offen Stellung zu beziehen,*
- *zu lernen, wie man Bedürfnisse zum Ausdruck bringt,*
- *zu lernen, wie man klar auf Wünsche anderer reagiert,*
- *gestörte Kommunikation wieder zum Laufen zu bringen,*
- *alle Probleme für alle sichtbar zu machen,*
- *Gerüchte und Vorurteile aus der Welt zu schaffen,*
- *Vertrauen aufzubauen, sodass die Beteiligten verantwortlich miteinander umgehen können.*

ca. 30–60 Minuten ★★ Niveau: fortgeschritten 4–99+ Personen
Ideal: 2–7 Teams oder Gruppen

Wünsche sind die beachtlichsten Brückenbauer und die mutigsten Begeher.
Elfriede Hablé, Autorin

Wann kannst du What I Need From You (WINFY) anwenden und was kannst du damit erreichen?

Wenn mehrere Gruppen, Teams oder Abteilungen an einer gemeinsamen Aufgabe arbeiten, verpassen sie es oft, sich klar untereinander abzustimmen. Sei es, dass die an einer Produktentwicklung beteiligten Teams ihre Informationen und ihre Erwartungen an Vermarktung, Finanzierung, Kundenservice und Entwicklung nicht klar artikulieren, oder dass die Abteilungen einer Supermarktkette wie Kassenkräfte, Manager, Reinigungspersonal, Sicherheitsdienst und Lagerverwaltung die voneinander benötigten Dienstleistungen ungenügend abstimmen. Die beteiligten Gruppen sprechen zu selten miteinander, sondern eher übereinander. Erwartungen, Wünsche und Bedürfnisse, die sich die Gruppen erfüllen müssten, um die gemeinsame Aufgabe voranzubringen, werden nicht ausgesprochen. Enttäuschung, Ärger und Frust entstehen.

Mithilfe von `What I Need From You`, kurz WINFY, durchbrichst du dieses Muster und sorgst für Transparenz und Klarheit. Zuerst formulieren die Gruppen ihre jeweiligen Wünsche und Bedürfnisse und adressieren sie an die anderen Gruppen. Dabei sorgen greifbare Vorgaben für präzise formulierte Wünsche. Anschließend überlegen sich alle Gruppen, welchen der gehörten Wünsche sie nachkommen werden, welchen nicht und welche Wünsche ihnen noch unklar sind. Schließlich teilen sich die Gruppen ihre Antworten mit.

Hierbei gibt `WINFY` klare Regeln vor, die Rechtfertigungen und Diskussionen unterbinden. So erzeugt die Liberating Structure Offenheit, die bald für ein gestärktes Vertrauen zwischen den Gruppen sorgt. Die Gruppen wissen, woran sie sind, und können verantwortungsvoll miteinander umgehen. Die Beteiligten üben sich darin, eigene Erwartungen zu identifizieren, Wünsche auszusprechen und Wünsche von anderen deutlich zu beantworten.

> **WINFY in der Entscheidungsfindung**
>
> WINFY erlaubt es Gruppen, die gemeinsam an derselben Aufgabe arbeiten, die Erwartungen, die sie aneinander haben, auf den Tisch zu bringen und die Wünsche der anderen klar zu beantworten. So sorgst du für Transparenz in mehreren Phasen deiner Entscheidungsfindung. Du durchbrichst vorhandene Silos und schaffst die Grundlage dafür, gemeinsam bei einer Entscheidungsfindung voranzuschreiten.
>
> Lass damit ein Problem formulieren oder konkretisieren oder sammle zu einem bekannten Problem Informationen von allen beteiligten Gruppen. Am Ende einer Entscheidungsfindung kannst du damit herausfinden, ob die Erwartungen der Gruppen aneinander erfüllt worden sind.

Wie? Vorbereitung, Einladung und Durchführung

Raum und Material	• Genügend Platz oder benachbarte Räume, sodass die einzelnen Gruppen sich ungestört besprechen können • Einen Stuhlkreis in der Mitte des Raums, in dem sich die Repräsentanten der 2–7 eingeladenen Gruppen austauschen • Stift und Papier für alle Beteiligten, um eigene Wünsche, gehörte Wünsche, Antworten auf die anderen und die eigenen Wünsche mitzuschreiben • Flipchart, um Eigenschaften von guten und schlechten Wünschen (siehe Schritt 1) und die erlaubten Antworten (siehe Schritt 4) auf die Wünsche für alle sichtbar zu machen
Einladung	Lade die beteiligten Kleingruppen ein, ihre Wünsche aneinander zu formulieren und mitzuteilen, ob sie die an sie gerichteten Wünsche erfüllen wollen.
Schritt 1 Erklärung der Schritte und Regeln **5 Minuten**	• Erkläre den Ablauf von WINFY. • Nenne das gemeinsame Ziel oder die gemeinsame Aufgabe der Gruppe, sodass allen der Kontext klar ist. • Beschreibe die Eigenschaften von guten und von schlechten Wünschen. • Bitte jede Gruppe darum, einen Repräsentanten zu bestimmen, der mit den anderen Repräsentanten interagieren wird.

- Teile jeder Gruppe einen Platz im Raum oder einen benachbarten Raum zu, um ungestört zu kommunizieren.

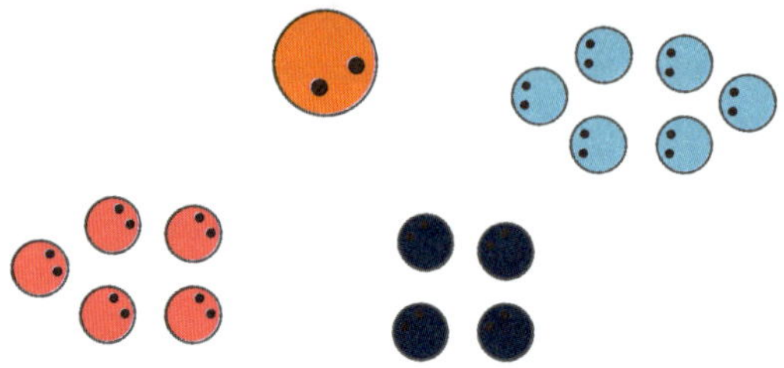

- *Tipp:* Gute Wünsche sind (ähnlich zu S.M.A.R.T.en Zielen[30]):
  - relevant (bezogen auf das gemeinsame Ziel),
  - eindeutig (sie sind verständlich und klar),
  - konkret (sie sind greifbar und machen klar, was genau gewünscht ist),
  - zeitgebunden oder zeitnah (sie geben vor, wann der Wunsch umgesetzt werden soll),
  - umsetzbar (sie lassen sich vom Adressaten realisieren).
- *Tipp:* Schlechte Wünsche sind verwirrend, ungenau, substanzlos.
- *Optional:* Gib ein paar Beispiele für schlechte („Könntet ihr vielleicht regelmäßig die Quartalszahlen teilen?") und gute Wünsche („Wir wünschen uns von euch, dass ihr die Quartalszahlen am Ende jedes Quartals schriftlich mit uns teilt.").

Schritt 2

Wünsche formulieren

7–12 Minuten

Bitte die Gruppen darum, mithilfe von 1-2-4-All ihre Wünsche an die anderen Gruppen zu identifizieren und zu formulieren. Die Gruppen bleiben dabei unter sich.

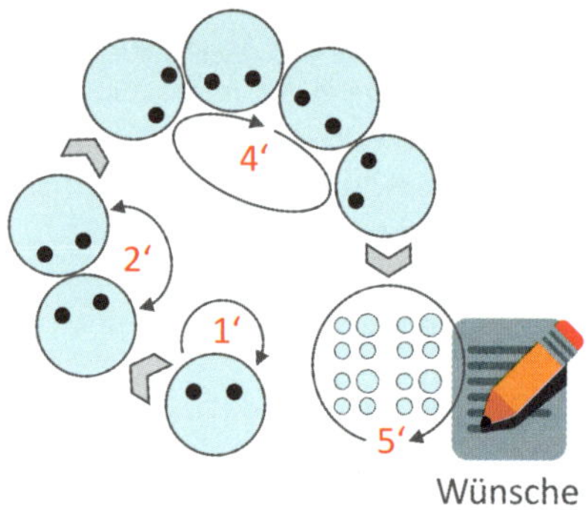

- *Tipp:* Mach nochmal klar, dass es hier um wirklich relevante Wünsche geht, deren Missachtung die Gruppe in ihrem Vorhaben behindert und deren Erfüllung die Gruppe oder mehrere Gruppen im selben Kontext voranbringen wird.

- *Tipp:* Gib vor, dass jede Gruppe maximal drei Wünsche *an* jede andere Gruppe formuliert, ab fünf beteiligten Gruppen maximal zwei Wünsche.
- *Tipp:* Gib zur Orientierung eine Formulierung vor: „(Liebe) Gruppe x, wir wünschen uns von euch, dass …"
- *Tipp:* Fordere bei größeren Gruppengrößen die jeweilige Gruppe auf, sich in den Vierergruppen auf die zwei wichtigsten Wünsche an jede der anderen Gruppen zu einigen.
- *Tipp:* Kürze das 1-2-4-All bei kleineren Gruppen entsprechend (zum Beispiel auf ein 1-2-4 bei vier Personen).
- *Tipp:* Mach die Eigenschaften von guten und schlechten Wünschen auf einem Flipchart für alle sichtbar.
- *Stolperfalle:* Falls du mehr als vier beteiligte Gruppen hast, beschränke die Anzahl der Wünsche, die jede Gruppe insgesamt äußern darf, auf fünf. Andernfalls wird der nächste Schritt unübersichtlich und dauert ermüdend lange. Bitte die Gruppen, sich zu ihren aktuell wirklich wichtigsten Wünschen zu äußern. Stell in Aussicht, dass ihr in naher Zukunft die Liberating Structure erneut durchführen könnt.

Schritt 3

Wünsche adressieren

5–15 Minuten (je nach Anzahl beteiligter Gruppen)

- Bitte die Repräsentanten, im Stuhlkreis in der Mitte Platz zu nehmen, und lass sie nacheinander die Wünsche gezielt an die betroffenen Repräsentanten richten.
- Die Repräsentanten und die restliche Gruppe schreiben die Wünsche der anderen Gruppen an sie mit.

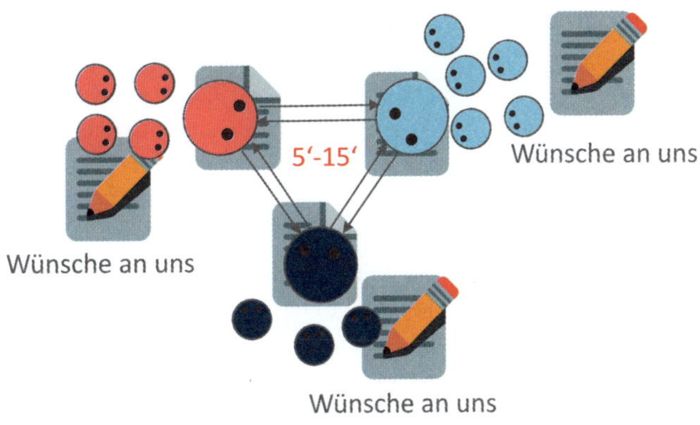

- *Tipp:* Achte darauf, dass die Wünsche den oben genannten Kriterien entsprechen. Fordere dazu auf, unklare Wünsche zu schärfen: „Bis wann braucht ihr das?", „Wie genau soll das Resultat aussehen?", „Bitte konkretisiert diesen Wunsch!". Falls die Repräsentanten oder die Gruppe nicht spontan nachbessern können, bleibt der Wunsch, wie er ist.

	• *Tipp:* Einige Repräsentanten werden direkt antworten oder Stellung beziehen wollen. Unterbrich sie dann sofort und wiederhole den Ablauf von WINFY – Wünsche werden kommentarlos im letzten Schritt beantwortet. • *Optional:* Falls viele Wünsche „schlecht“ waren, bitte die Gruppen, ihre Wünsche zu verfeinern, und wiederhole Schritt 2 und Schritt 3. **+12–30 Minuten**
Schritt 4 Wünsche an die eigene Gruppe besprechen **7–12 Minuten**	• Bitte die Gruppen nun, die an sie adressierten Wünsche zu reflektieren und zu beantworten. • Beschreibe die erlaubten Antwortmöglichkeiten: „ja“, „nein“, „ja, wenn …“, „Häh?“, „Uns doch egal!“. 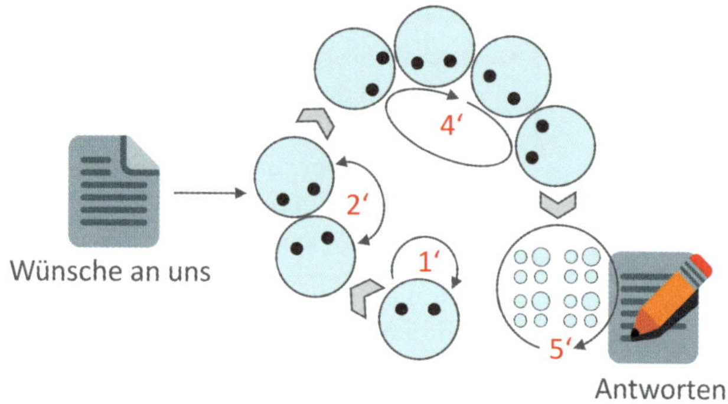 • *Tipp:* Die erlaubten Antworten sind wie folgt gemeint: – „Ja“ – wir erfüllen euch diesen Wunsch. – „Nein“ – wir werden diesem Wunsch nicht nachkommen. – „Ja, wenn …“ – wir können euch diesen Wunsch erfüllen, wenn ihr Teile davon konkretisiert oder modifiziert. – „Häh?“ – wir verstehen diesen Wunsch nicht. – „Uns doch egal!“ – wir haben keine Lust, zu diesem Wunsch Stellung zu beziehen. • *Tipp:* Betone an dieser Stelle, dass WINFY für initiale Klarheit sorgt. Alle offenen Fragen („Häh?“, „Uns doch egal!“) und die „Nein“-Antworten können die Gruppen im Anschluss klären. • *Tipp:* Mach die erlaubten Antworten auf einem Flipchart für alle sichtbar.

<table>
<tr><td>Schritt 5
Wünsche beantworten
⏳ 5–15 Minuten (je nach Anzahl beteiligter Gruppen)</td><td>

- Bitte die Repräsentanten, erneut in der Mitte Platz zu nehmen und die Wünsche der anderen Gruppen zu beantworten.
- Mach den Repräsentanten die Regeln klar: keine Rechtfertigungen, keine Diskussionen!
- Lass die Gruppen die gehörten Antworten auf ihre eigenen Wünsche mitschreiben.

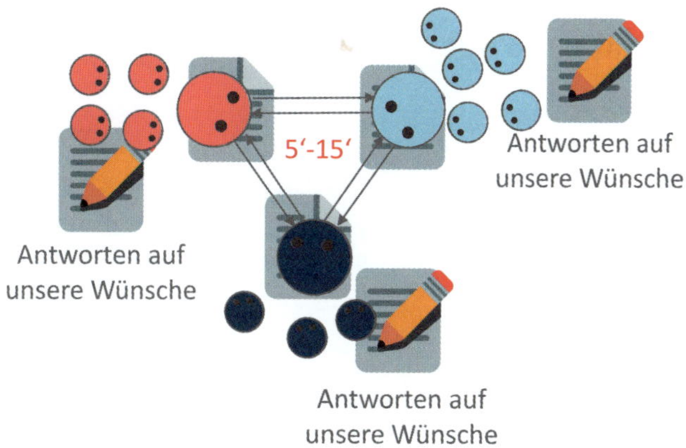

- *Tipp:* Bitte die Repräsentanten, kurz und knapp den Wunsch wiederzugeben und dann die Antwort zu nennen: „Ihr habt euch von uns gewünscht, dass … Unsere Antwort ist: nein."
- *Tipp:* In der Regel werden sich einige Repräsentanten für ihre Antworten rechtfertigen. Unterbrich sie dann sofort und wiederhole die Regeln.
- *Tipp:* Betone bei Bedarf erneut, dass es euch erst einmal um Transparenz geht und ihr alles Weitere anschließend gezielt besprechen könnt.

</td></tr>
<tr><td>Hilfemuster</td><td>Stille Präsenz – dein Gegenüber hört dir einfach nur zu und ist für dich da –, während die Repräsentanten der Gruppen Wünsche im Stuhlkreis aussprechen und beantworten.</td></tr>
</table>

Allgemeine Tipps, Varianten und Stolperfallen

- *Stolperfalle:* Lade zwischen zwei und sieben Gruppen zu WINFY ein. Bei mehr Gruppen wird WINFY lange dauern und die Wünsche werden schwerer zu greifen sein. Lade dann lieber die Gruppen, die enger zusammenarbeiten (sollten), zu jeweils eigenen WINFY-Terminen ein.
- *Wichtig:* Falls viele Wünsche offengeblieben sind, dann führe in jedem Fall anschließend ein What, So What, Now What? durch, um die Geschehnisse gemeinsam nachzubesprechen. Entscheidet dabei zusammen, wie ihr mit den offenen und unklaren Wünschen weitermachen wollt. **+15–45 Minuten**
- *Tipp:* Falls du mit den Gruppen das erste Mal ein WINFY durchführst, schließe möglichst eine Nachbesprechung auf der Metaebene an, beispielsweise mit What, So What, Now What?. Frage

die Gruppen, wie es war, klar ihre Wünsche zu formulieren, Wünsche von anderen entgegenzunehmen und beantworten zu müssen. **+15–45 Minuten**

- *Optional:* Falls zu viel unklar und zu viele Wünsche offengeblieben sind, führe eine zweite Runde von WINFY durch. Frage die Gruppen zu Beginn, wie aus ihrer Sicht gute, klare Wünsche aussehen müssen, damit sie darauf reagieren können.
- *Variante:* Führe das WINFY innerhalb einer Gruppe zwischen den einzelnen Personen durch.

Kombinationen mit anderen Liberating Structures

Wann?	Was?	Wozu?	Wie?
Zur Vorbereitung	1-2-4-All	Um das gemeinsame Ziel oder die gemeinsame Aufgabe zu schärfen.	Lade dazu ein zu erörtern, was die gemeinsame Aufgabe oder das gemeinsame Ziel aller Gruppen ist. Stelle die Vierergruppen aus Mitgliedern verschiedener Gruppen zusammen. Bitte im letzten Schritt einige Vierergruppen, die denken, sie haben eine klare Antwort gefunden, diese mit allen zu teilen.
	TRIZ	Um klarzustellen, wie das gemeinsame Ziel derzeit sabotiert wird.	Führe nur die ersten beiden Runden von TRIZ durch und verwende folgende Einladung: „Was können wir alles tun, um unser gemeinsames Ziel so zu sabotieren, dass wir alle gegeneinander arbeiten und ununterbrochen übereinander herziehen." Leite den letzten Schritt dann mit einem WINFY ein: „Was braucht ihr von den anderen Gruppen, um das Verhalten zu stoppen? Welche Gruppe soll welches Verhalten stoppen?"
	9 Whys	Um einen gemeinsamen Purpose zu identifizieren.	Führe den Standardablauf mit allen beteiligten Gruppen gleichzeitig durch. Durchmische die beteiligten Gruppen für die Interviewpaarungen und Vierergruppen.

Wann?	Was?	Wozu?	Wie?
Im Anschluss	What, So What, Now What?	Um gemeinsam das Geschehene zu reflektieren.	Frage: „Was ist passiert? Was war heute anders als sonst? Mit welchen üblichen Verhaltensmustern haben wir heute gebrochen?“, „Warum war das wichtig? Was sind eure Schlussfolgerungen?“ und „Was machen wir in Zukunft mit diesen Erkenntnissen?“.
	Conversation Café	Um die verbliebenen Fragen und offenen Wünsche zu erörtern.	Lass gemischte Café-Runden aus Beteiligten der Gruppen bilden, die sich ihre Wünsche nicht erfüllen wollten oder die ihre Wünsche nicht klar genug fanden. Lade jede Café-Runde dazu ein, zu sagen, warum ein Wunsch abgewiesen worden ist, beziehungsweise, wie sich das auf die betroffene Gruppe auswirkt. Fahre dann mit dem üblichen Ablauf und den Schritten 3, 4 und 5 des Conversation Café fort.
	Ecocycle Planning	Um die Wünsche und Antworten für alle sichtbar zu verorten.	Lass die Gruppen ihre Wünsche auf dem Ecocycle platzieren. Bitte die Gruppen, dabei die Antworten mitzuberücksichtigen. Verwendet eine Post-it-Farbe pro Gruppe. Fragt euch: Ist das Bild ausgewogen? Muss es ausgewogen sein? Überlegt dann gemeinsam, welche Wünsche die Gruppen auf dem Ecocycle fortbewegen (starten/reifen/stoppen) wollen, um beim gemeinsamen Ziel voranzukommen, ohne zu viele Ressourcen auf einmal zu binden.

Beispiel: Abstimmung zwischen drei Teams bei der Produktentwicklung

Drei Teams arbeiteten am selben Produkt. Jedes Team hatte einen unterschiedlichen Zeitplan für seine Produktfeatures. Über Monate hinweg gab es Abstimmungsprobleme, bis hin zur teilweisen Verweigerung, direkt miteinander zu kommunizieren. Ich lud die Teams zu einem WINFY ein. Dort kommunizierten die Teams, teilweise zum ersten Mal, ihre Bedarfe aneinander klar. Dabei kamen auch Wünsche auf der Beziehungsebene auf. Die Teams waren mitunter überrascht über die zuvor herrschenden Unklarheiten. Über die nächsten Wochen wuchsen die Teams näher zusammen und stimmten sich regelmäßiger und gezielter ab. Auf der Beziehungsebene begannen die Teams, gemeinsame Aktivitäten durchzuführen.

Ursprung und Inspiration: Diese Liberating Structure wurde von Henri Lipmanowicz und Keith McCandless entwickelt. Sie wurden inspiriert von Kathie Dannemiller und Dan Pesut.

Die Gruppe einstimmen

Purpose: *Du erfährst hier, wie die Beteiligten sich in Empathie üben können, ihre Beziehung besser verstehen lernen und die essenziellen Bestandteile ihres gemeinsamen Vorhabens ausarbeiten können. Das ist wichtig für die Gruppe, um für die gemeinsame Entscheidungsfindung bereit zu sein. Denn bedenke …*

Worte verbinden nur, wo unsere Wellenlängen längst übereinstimmen.
Max Frisch, Autor

Kapitelübersicht

Heard, Seen, Respected

Helfen

Praktiziere *stille Präsenz* mit einer Gruppe, um

- *sie auf eine vorliegende Herausforderung einzustimmen und Vertrauen aufzubauen,*
- *die Beziehungsebene nach Konflikten und Spannungen zu heilen,*
- *zu spüren, wie viel möglich wird, sobald die Gruppe sich wirklich zuhört.*

ca. 30 Minuten Niveau: einfach 2–99+ Personen Ideal: 4–99+ Personen

Die höchste Errungenschaft des Menschen entspringt keiner Erfindung, keiner Wissenschaft und keiner Geistlichkeit. Sie nennt sich Empathie und ist dort zu finden, wohin der Mensch sehr selten seine Blicke wirft – tief in ihm selbst.

Markus Keimel, Musiker

Wann kannst du Heard, Seen, Respected anwenden und was kannst du damit erreichen?

Wir alle haben das Bedürfnis, von anderen gehört, gesehen und respektiert zu werden. Denn nur so können wir uns in Gruppen als wirkungsvoll wahrnehmen. Fehlt eine dieser Empfindungen, dann verschließen wir uns. Wir weisen anderen die Schuld zu, machen uns selbst schlecht, fühlen uns lediglich verpflichtet und nicht intrinsisch motiviert, mitzumachen, oder kündigen innerlich. Wir fühlen uns verletzt und ärgern uns über die (vermeintliche) Ignoranz oder Arroganz der anderen. Oft treffen wir dann unnötige und voreilige Annahmen über unsere Beziehungen und zeichnen diese negativ. Unsere nun veränderte Grundhaltung beeinflusst die Sachebene. Wir sind nicht mehr bereit, unserem Gegenüber inhaltlich zu folgen und übergehen seine oder ihre Ideen oder fechten sie an. Oder wir ziehen uns zurück, halten uns raus und schmollen vor uns hin.

Heard, Seen, Respected unterbricht diese zerstörerische Reise und erinnert die Beteiligten daran, dass wir uns *alle* gehört, gesehen und respektiert fühlen *wollen*. **Heard, Seen, Respected** macht deutlich, dass uns allen dieses Gefühl gelegentlich abhandenkommt. Die Liberating Structure veranschaulicht das der Gruppe auf eine heilsame Weise: Die Beteiligten erzählen sich paarweise von einer Situation aus ihrem Leben, in der sie sich nicht gehört, gesehen oder respektiert fühlten. Der Zuhörende übt sich in *stiller Präsenz*: Sie oder er muss und darf nichts beitragen, kommentieren oder heilen, sondern ist einfach nur für den Erzählenden da. Anschließend beschreiben sich die Beteiligten einander, wie sie es empfunden haben, zu erzählen beziehungsweise zuzuhören. Schließlich identifiziert die Gruppe Muster und Verhaltensweisen, die dazu führen, sich gehört, gesehen und respektiert zu fühlen, und solche, die dieses Empfinden verhindern.

Durch diesen intimen Austausch entsteht Vertrauen und Empathie. Die Beteiligten werden sich *Heard, Seen, Respected* fühlen!

Heard, Seen, Respected in der Entscheidungsfindung

Für deine Entscheidungsfindung fühlen die Beteiligten durch **Heard, Seen, Respected** gehört, gesehen und respektiert. Du schaffst die Voraussetzung dafür, dass die Gruppe sich zuhört, andere Meinungen eher schätzt und, auf diese Weise positiv gestimmt, gemeinsam in den Prozess der Entscheidungsfindung startet oder eine Entscheidung umsetzt.

Wie? Vorbereitung, Einladung und Durchführung

Raum und Material	*Optional:* Stühle, um sich in Paaren bequem Geschichten zu erzählen
Einladung	Lade die Beteiligten dazu ein, sich paarweise eine Situation zu schildern, in der sie sich *nicht* gehört, gesehen oder respektiert gefühlt haben.
Schritt 1 Zum Zuhörenüben auffordern **3 Minuten**	Erläutere den Purpose und die Mechanik von **Heard, Seen, Respected:** Üben zuzuhören, ohne etwas an der Geschichte des anderen zu verändern, zu beurteilen oder zu heilen. • *Tipp:* Lade dazu ein, als Zuhörender für das Wohl des Erzählenden da zu sein und zu versuchen, so oft wie möglich aus der Ich-Zentriertheit herauszutreten. • *Stolperfalle:* Manchen Beteiligten fällt es schwer, ihre eigenen Geschichten und Ich-bezogenen Gedanken während des Zuhörens zurückzustellen. Mach den Beteiligten mit einem charmanten Beispiel klar, dass den Erzählenden zu unterbrechen unangebracht ist: „Ahh, das erinnert mich an eine Geschichte, die MIR neulich passiert ist. ICH wollte damals …“
Schritt 2 Geschichten erzählen **10 Minuten (2x5 Minuten)**	Bitte die Gruppe, sich in Paaren gegenseitig eine Situation zu schildern, in der sie sich nicht gehört, gesehen oder respektiert gefühlt haben. 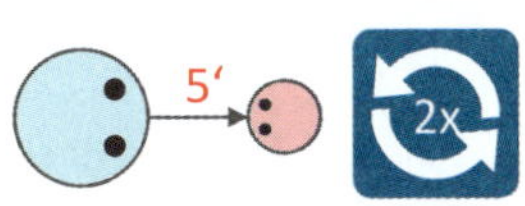 • *Tipp:* Stelle klar, dass die Geschichten vertraulich im Paar bleiben sollen. • *Tipp:* Sobald einer der Partner eine Situation vor Augen hat, soll sie oder er beginnen. • *Variante:* Lass den Beteiligten mehr Zeit, ihre Geschichten zu erzählen. Allerdings können zu lange Zeitfenster zu Unbehagen führen. **+2–4 Minuten**

Schritt 3 Das Erzählen und Zuhören beschreiben ⌛ **5 Minuten**	• Lass die Partner sich gegenseitig beschreiben, wie es war, ihre oder seine Geschichte zu erzählen und der Geschichte des anderen zuzuhören. • Frage: „Wie hat sich das für euch angefühlt?“ 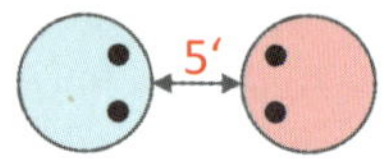
Schritt 4 Muster erkennen und teilen ⌛ **12 Minuten**	• Fordere die Beteiligten auf, sich Gedanken über Muster und Verhaltensweisen in den Geschichten zu machen, die dafür ursächlich sein könnten, dass sich die Beteiligten nicht gehört, gesehen oder respektiert gefühlt haben. • Die Paare aus Schritt 3 bleiben beisammen und suchen sich ein weiteres Paar. 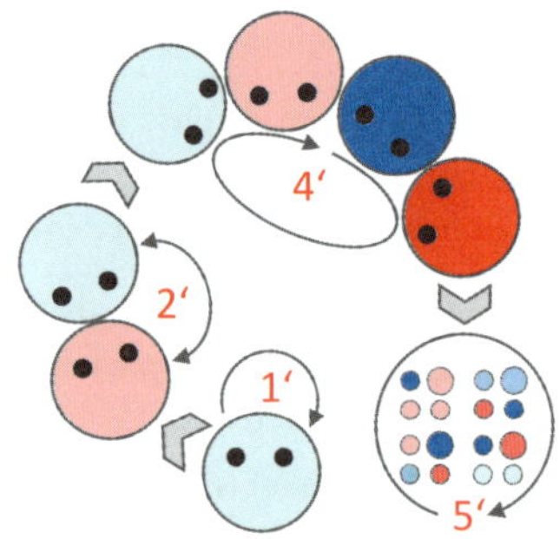 • *Optional:* Frage im „4“- oder im „All“-Schritt, wie die Mechanik oder das Hilfemuster von **Heard, Seen, Respected** oder anderer Liberating Structures eingesetzt werden könnte, um die gefundenen Muster und Verhaltensweisen zu durchbrechen. • *Stolperfalle:* Um die Muster und Verhaltensweisen zu beschreiben, neigen die Beteiligten in den Vierergruppen dazu, Details aus den Geschichten ihrer Partner zu enthüllen. Untersage das komplett oder mache klar, dass das nur mit vorheriger Zustimmung des Partners geschehen darf. Damit sich hierbei niemand unter Druck fühlt, bitte die Beteiligten, im „2“-Schritt kurz klarzustellen, ob Details der Geschichte im „4“- oder „All“-Schritt zur Veranschaulichung veröffentlicht werden dürfen.
Hilfemuster	*Stille Präsenz – dein Gegenüber hört dir einfach nur zu und ist für dich da.*

Allgemeine Tipps, Varianten und Stolperfallen

Variante: Wenn du es für deinen Kontext passend findest, dann ersetze oder ergänze „respektiert“ mit „geliebt“ im Sinne von uneigennütziger, platonischer Liebe, die uns dazu bringt, selbstlos das Beste für den anderen zu wollen.

Kombinationen mit anderen Liberating Structures

Wann?	Was?	Wozu?	Wie?
Während-dessen	Improv Prototyping	Um die beschriebenen Situationen darzustellen und die Muster genauer zu verstehen.	Lade nach Schritt 3 oder während Schritt 4 dazu ein, in Kleingruppen Geschichten mit dem Erzählenden als Regieführenden nachzustellen, um Muster und Verhaltensweisen genauer zu verstehen. Lade die Kleingruppen dazu ein, die Szenen so zu verändern, dass das Empfinden, sich nicht gehört, gesehen, respektiert zu fühlen, verändert oder verschwindet.
Im Anschluss	Conversation Café	Um sich vertieft darüber auszutauschen, was die Muster und Verhaltensweisen für die Gruppe bedeuten.	Gib folgende Einladungen für die vier Runden vor: 1. Was habt ihr für Verhaltensmuster in den Geschichten identifiziert? 2. Was machen die beschriebenen Muster mit euch? 3. Was bedeutet das für euch als Gruppe? 4. Was nehmt ihr aus dem Gespräch mit?
	Discovery and Action Dialogue	Um Strategien gegen wiederkehrende Verhaltensmuster im eigenen Kontext zu entwerfen.	Lade dazu ein, aufzudecken, wie die Gruppe den entdeckten Verhaltensmustern entgegenwirken kann.

Beispiel: Vorbereitung eines Konfliktworkshops

Ich war damit beauftragt, ein Team in die agile Transition zu begleiten. Zu Beginn wollte ich das Team ihren gemeinsamen Purpose entdecken lassen. Allerdings schwelte ein Konflikt im Team. Ich habe die Konfliktmoderation mit einem Heard, Seen, Respected vorbereitet und die Teammitglieder eingeladen, sich eine Geschichte zu erzählen, bei der sie sich entweder im Team, mit dem Gegenüber oder – unverfänglicher – in einem anderen Zusammenhang nicht gehört, gesehen, respektiert gefühlt haben.

Durch den vorangegangenen Schritt – ein Folding Spectogram zum Thema des Konflikts – sind einige „Kontrahenten" im Heard, Seen, Respected aufeinandergetroffen und haben sich teilweise eine Geschichte, in der ihr Gegenüber involviert war, erzählt.

Die zu Beginn des Workshops angespannte Stimmung löste sich auf und die Beteiligten haben sich in den folgenden Schritten erwartungsvoll und bereitwillig dem Konflikt gewidmet und waren anschließend innerlich bereit, einen gemeinsamen Purpose zu finden.

Ursprung und Inspiration: Diese Liberating Structure wurde von Henri Lipmanowicz und Keith McCandless entwickelt. Sie wurden inspiriert von Praktizierenden von *Seeds of Compassion* und Mark Jones.

Generative Relationships STAR

Decke schädliche und hilfreiche Beziehungsmuster und Verhaltensweisen einer Gruppe auf, um

- *deren Leistungsfähigkeit zu steigern,*
- *dieser zu mehr Selbstverantwortung, innovativem Arbeiten und Autonomie zu verhelfen,*
- *den Purpose und die Identität der Gruppe zu schärfen,*
- *weg von Schuldzuweisungen, hin zu gegenseitigem Verständnis zu gelangen.*

ca. 30 Minuten ★★Niveau: fortgeschritten 1–99+ Personen Ideal: 4–32 Personen

Das Ganze ist mehr als die Summe seiner Teile.
Aristoteles, Universalgelehrter

Wann kannst du Generative Relationships STAR anwenden und was kannst du damit erreichen?

Teams, Abteilungen und Gruppen unterstützen im selben Projekt, Unternehmen oder derselben Organisation dieselbe Sache oder dasselbe Ziel. Stetig produzieren sie Werte und Ergebnisse, die auf das Ziel einzahlen (sollten). Allerdings interagieren die Mitarbeiter allzu häufig weder innovativ noch besonders wertschöpfend. Ihre Beziehungen sind nicht *generativ* (siehe Infokasten). So existieren Teams, die am selben Projekt arbeiten, deren einzelne Teammitglieder jedoch kaum gemeinsam wirken. Dann heißt es: „Das Team performt nicht" oder „einzelne Teammitglieder passen nicht ins Team" und das Team wird aufgelöst oder umstrukturiert. Tatsächlich aber existiert für diesen Mangelzustand eine Reihe greifbarer Gründe: Die Beteiligten sind sich in ihren Fähigkeiten, Einstellungen, Hintergründen oder ihrem Vorgehen zu ähnlich – nicht vielfältig genug –, sie hören sich nicht zu oder tauschen sich nicht aus, sie arbeiten nie oder selten gemeinsam an einer Aufgabe oder sie teilen keinen Purpose und ziehen keinen Nutzen aus ihrer Zusammenarbeit.

Mithilfe von `Generative Relationships STAR (GR STAR)` machst du diese Gründe sichtbar. Die Gruppe bewertet ihre Zusammenarbeit anhand von vier Kriterien: der *Vielfältigkeit* der Gruppe in Expertise, Herangehensweise und Perspektiven, der Abstimmung aufeinander – dem *Rapport* in der Psychologie –, der Häufigkeit des gemeinsamen Handelns – der *Interaktionen* – und der Klarheit des gemeinsamen *Purpose*. Die Bewertung überträgt die Gruppe auf den *STAR-Kompass*, der die vier Kriterien auf seinen Achsen abbildet (das Akronym „STAR" steht für die sinngemäßen englischen Begriffe: Separateness, Tuning, Action, Reason). Aus den resultierenden Mustern zieht die Gruppe Schlüsse für das eigene Wirken.

Ein Team, das beispielsweise gut aufeinander eingestimmt ist, aber nie gemeinsam an Aufgaben arbeitet (siehe Abbildung), erreicht wenig. Umgekehrt erzeugt ein Team, das immer gemeinsam an Aufgaben arbeitet, sich aber nicht zuhört, eher innovationslose und austauschbare Ergebnisse. Anhand dieser Muster leitet die Gruppe konkrete Schritte ab, um gezielt Kriterien zu stärken und somit wertschöpfender miteinander zu arbeiten.

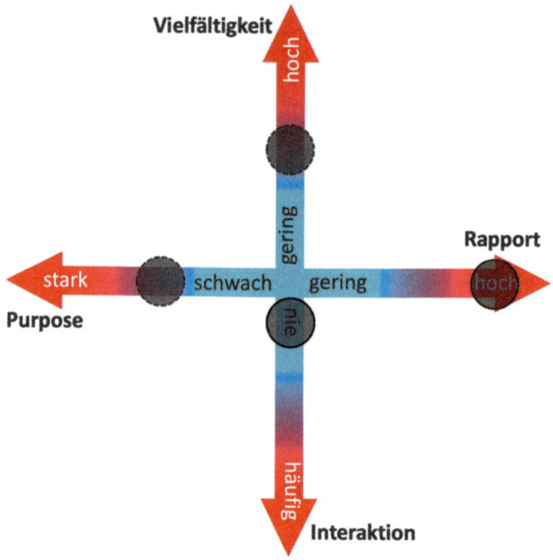

Der STAR-Kompass am Beispiel: hoher Rapport, kaum Interaktion

Auf diese Weise kann die Gruppe entdecken, ob sie ihr Potenzial an generativen Beziehungen ausschöpft. Die Beteiligten suchen nicht mehr die Schuld bei anderen Teammitgliedern, sondern überlegen gemeinsam, wo Schwachstellen liegen und welche Maßnahmen sie ergreifen können, um Dysfunktionen zu beheben und ihre Leistung zu steigern. Sei es durch die Schärfung ihres Purpose, häufigere Interaktionen oder gar durch die Aufnahme neuer Teammitglieder. ✦GR STAR steigert die Selbstorganisation der Gruppe und verhilft ihr zu mehr Autonomie. Gleichzeitig sinkt die Frustration derer, die bisher mit der Gruppendynamik und den Ergebnissen unzufrieden gewesen sind. Zudem erhöht sich das Vertrauen in die Gruppe, da diese demonstriert, Diagnose *und* Therapie in die eigene Hand nehmen zu können.

Generative Relationships STAR in der Entscheidungsfindung

✦Generative Relationships STAR hilft deiner Gruppe, wertschöpfender und innovativer miteinander zu arbeiten. Du machst damit etwaige Dysfunktionen der Gruppe sichtbar und die Gruppe entwirft konkrete Gegenmaßnahmen. So versetzt du sie in die Lage, kreative und hilfreiche Lösungsansätze für anstehende Entscheidungen zu erstellen und umzusetzen. Auch kannst du prüfen, ob eine Entscheidung hilfreich für die Gruppe gewesen ist und wie sie sich auf die Zusammenarbeit ausgewirkt hat.

Generative Beziehungen

Schon Aristoteles erkannte: „Das Ganze ist mehr als die Summe seiner Teile." Auf unsere komplexe Welt übertragen besteht *das Ganze* sowohl aus allen Beteiligten und ihren Fähigkeiten als auch aus den Interaktionen, den Beziehungen und dem gemeinsamen Purpose, der der Gruppe einen Rahmen gibt. Diese Elemente bedingen sich gegenseitig: Die Interaktionen unter einem gemeinsamen Purpose kultivieren gute Beziehungen und gute Beziehungen intensivieren Interaktionen. Eine Vielfältigkeit in Fähigkeiten und Perspektiven ermöglicht den Beteiligten, voneinander zu lernen und sich gegenseitig zu inspirieren. Diese Art von Beziehungen bezeichnen David Lane und Robert Mayfield in ihrer Publikation „Strategy under complexity: Fostering generative relationships"[31] als *generative Beziehungen.*

Eine generative Beziehung bringt Innovation und gesteigerte Wertschöpfung hervor. Sie ist definiert durch zwei Bestandteile. Zum einen muss die Beziehung etwas produzieren, das eine Person nicht alleine hervorbringen kann, zum anderen darf die Wertschöpfung oder Innovation nicht vorhersehbar sein – also nicht in der komplizierten Domäne von Analyse und Planung liegen. Sie entsteht erst durch die Interaktion zwischen den Beteiligten.

Generative Beziehungen sind der Schlüssel für innovative Lösungen in einem komplexen Umfeld.

Wie? Vorbereitung, Einladung und Durchführung

Raum und Material	• Schreibunterlagen, Papier und Stift für alle Beteiligten • Flipchart mit dem STAR-Kompass • Post-its und Flipchart für die Maßnahmen • ***Optional:*** STAR-Kompass-Ausdrucke für alle Beteiligten und Kleingruppen
Einladung	Lade die Beteiligten dazu ein, ihre Verhaltensweisen hinsichtlich folgender vier Kriterien zu beurteilen und anschließend herauszufinden, wie sie als Gruppe ihre Leistung steigern können. • **S**(eparateness) – Vielfältigkeit: die Unterschiedlichkeit hinsichtlich Expertise, Perspektiven und Herangehensweisen der Beteiligten • **T**(uning) – Rapport: das Maß an intensivem Zuhören, empathischer Aufmerksamkeit füreinander • **A**(ction) – Interaktion: die Anzahl der Möglichkeiten, an Ideen zu arbeiten oder sich gemeinsam Innovativem zu widmen • **R**(eason) – Purpose: der Grund der gemeinsamen Arbeit und der Nutzen, der sich aus der Zusammenarbeit ergibt ***Stolperfalle:*** „Rapport" wird in der Regel mit dem Militärwesen verknüpft. Verdeutliche daher den Begriff in diesem Kontext.

Schritt 1

Individuelle Bewertung

⌛ **8 Minuten**

- Beschreibe den Beteiligten die vier Kriterien auf den Achsen des ✛STAR-Kompasses. **3 Minuten**
- Bitte die Beteiligten, die ganze Gruppe entlang der vier Kriterien zu bewerten und die Bewertung anschließend auf den Achsen zu platzieren. ⌛ **5 Minuten**

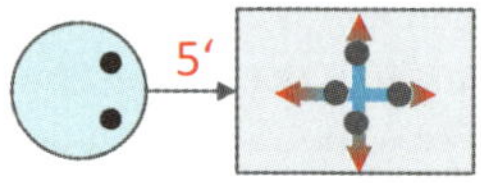

Tipp: Stell der Gruppe folgende Fragen zu den Kriterien:

- **S:** Wie stark unterscheiden wir uns in Expertise und Perspektiven? Können wir aus unserer Vielfalt Nutzen ziehen?
- **T:** Wie gut sind wir aufeinander eingestimmt? Hören wir uns zu? Tauschen wir uns untereinander aus?
- **A:** Wie oft handeln wir gemeinsam? Wie oft arbeiten wir gemeinsam an Innovativem?
- **R:** Wie wichtig ist es (uns), dass wir zusammenarbeiten? Wie klar ist unser Purpose?

Schritt 2

Bewertungen vergleichen und platzieren

⌛ **8 Minuten**

- Lass die Beteiligten mithilfe von ⁘2-4 (3', 5') ihre Bewertung auf den Achsen des ✛STAR-Kompasses platzieren und vergleichen.
- Bitte die Beteiligten, in den Paaren und Vierergruppen Unterschiede und Gemeinsamkeiten bei der Platzierung auszumachen.
- Lass die Vierergruppen ihre Platzierungen auf einen gemeinsamen ✛STAR-Kompass übertragen. Sind sie sich bei einem Kriterium uneinig, können sie mehrere Platzierungen auf der entsprechenden Achse eintragen.

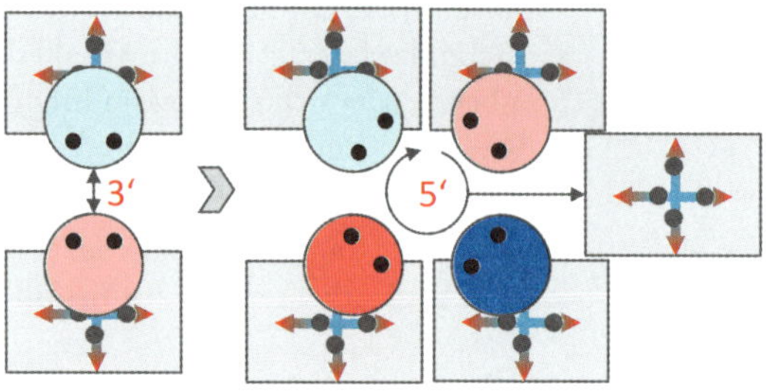

- *Stolperfalle:* Falls Kleingruppen über Platzierungen und insbesondere deren „Richtigkeit“ diskutieren, weise darauf hin, dass es keine „richtigen“ oder „falschen“ Platzierungen gibt und lediglich der Vergleich der Platzierungen und die verschiedenen Sichtweisen hilfreich für die nächsten Schritte sind.

- ***Variante:*** Bitte die Kleingruppen, ihre Bewertung mit der ganzen Gruppe zu teilen („All"). ⏳ **+5 Minuten**
- ***Variante:*** Lass die Kleingruppen ihre Bewertungen miteinander vergleichen und die individuellen, paarweisen oder gemeinsamen Platzierungen auf ein Flipchart übertragen. ⏳ **+5–15 Minuten**

Schritt 3

Schlussfolgerungen ziehen

⏳ **5 Minuten**

Bitte dieselben Kleingruppen, sich über die entdeckten Muster in der Platzierung und mögliche Konsequenzen auszutauschen.

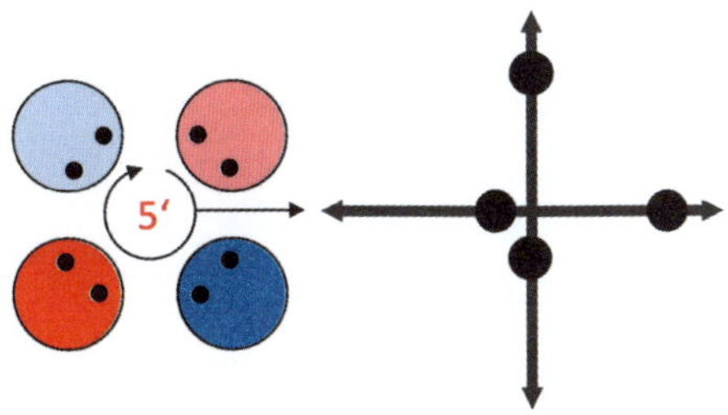

- ***Optional:*** Gib ein paar Beispiele zur Veranschaulichung:
  - Hohe Vielfältigkeit, hoher Rapport, häufige Interaktion und ein schwacher Purpose könnten zu vielen Fehlversuchen führen.
  - Hoher Rapport und geringe Interaktion könnten zu guter Stimmung, aber fehlenden Resultaten führen.
  - Hohe Vielfältigkeit und geringer Rapport könnten viele Konflikte entfachen.
  - Hohe Vielfältigkeit und fehlende Interaktion könnten Wissenssilos stärken und Innovationen verhindern.
- ***Variante:*** Lade die Beteiligten ein, die Schlussfolgerungen aus den Mustern zuerst losgelöst von der eigenen Situation zu treffen. Erst danach sollen sie prüfen, ob die Schlussfolgerungen auch auf die eigene Gruppe zutreffen. Ein Beispiel: Die Beteiligten schlussfolgern aus dem im Schritt 2 entstandenen Muster „hohe Vielfältigkeit und geringer Rapport" hohes Konfliktpotenzial für die Gruppe. Erst dann überlegen sie, ob das tatsächlich auf die eigene Gruppe zutrifft.

<table>
<tr>
<td>Schritt 4
Maßnahmen generieren
⌛ 5 Minuten</td>
<td>Bitte die Kleingruppen, Maßnahmen zu generieren, die einzelne Kriterien stärken, um gezielt die entdeckten Konsequenzen zu mindern oder zu stoppen.
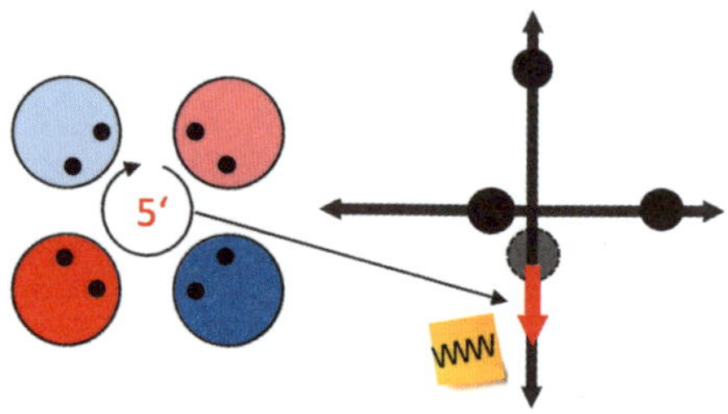
• Tipp: Fokussiere die Beteiligten auf Maßnahmen, die ihnen ganz persönlich helfen würden.
• Tipp: Fokussiere die Beteiligten auf die Konsequenzen, unter denen sie am meisten leiden.
• Tipp: Die Kleingruppen sollen ihre Maßnahmen möglichst konkret formulieren und sich vor allem bei großen Gruppen auf eine gute Maßnahme konzentrieren.</td>
</tr>
<tr>
<td>Schritt 5
Maßnahmen wählen
⌛ 5 Minuten</td>
<td>Lass die Kleingruppen ihre Maßnahmen teilen, sodass die ganze Gruppe die vielversprechendsten wählen kann.
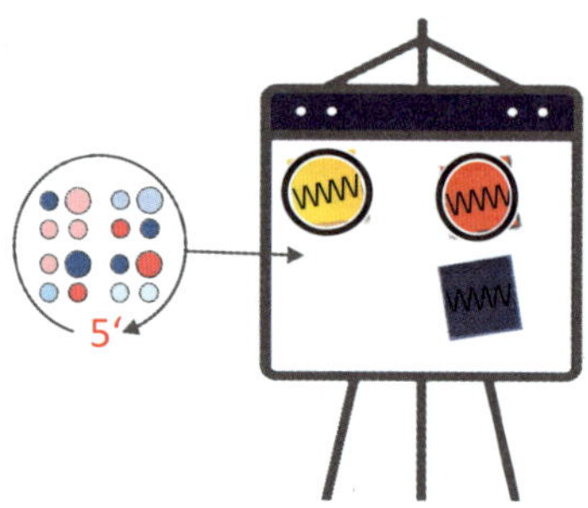
• Tipp: Achte darauf, dass möglichst alle Beteiligten eine Maßnahme wählen, die sie umsetzen wollen.
• Stolperfalle: Dieser Schritt kann leicht in eine Statusrunde ausarten. Betone, dass es an dieser Stelle darum geht, sich auf die ersten konkreten und vielversprechenden Maßnahmen zu konzentrieren, um direkt damit loszulegen. Nicht jede Kleingruppe braucht alle ihre Maßnahmen herunterzuleiern, wenn bereits genügend gute und akzeptierte Maßnahmen vorliegen.</td>
</tr>
</table>

Allgemeine Tipps, Varianten und Stolperfallen

Variante: Synchronisiere die Bewertungen, die Schlussfolgerungen und die Generierung der Maßnahmen jeweils mit der ganzen Gruppe, sodass die Gruppe in allen Schritten in etwa das gleiche Bild hat. **+15 Minuten**

Kombinationen mit anderen Liberating Structures

Wann?	Was?	Wozu?	Wie?
Im Anschluss	Purpose-to-Practice	Um alle vier Kriterien zu stärken.	Standardablauf
	Conversation Café Shift & Share What, So What, Now What?	Um die Vielfältigkeit gezielt zu stärken.	Lade dazu ein, Erfahrungen zu teilen, gemeinsam Sinn zu stiften, Geschehnisse nachzubesprechen, Expertise auszutauschen, voneinander zu lernen.
	Troika Consulting Wise Crowds Heard, Seen, Respected	Um den Rapport zu erhöhen.	Lade dazu ein, sich zuzuhören und einander zu helfen.
	25/10 Crowd Sourcing 15 % Solutions Min Specs Open Space Technology	Um direkt zu interagieren und Ideen und Innovationen zu entdecken.	Lade dazu ein, neue Ideen zu erzeugen, konkrete gemeinsame Handlungen zu entwerfen, sich auf das Wichtigste zu fokussieren und gemeinsam an Themen zu arbeiten.
	9 Whys What I Need From You	Um den Purpose zu schärfen und gegenseitige Bedürfnisse und Nutzen aufzudecken.	Lade dazu ein, den gemeinsamen Purpose der Gruppe zu entdecken und gegenseitige Bedürfnisse oder Bedürfnisse Außenstehender gegenüber der Gruppe sichtbar zu machen.

Beispiel: Wissenssilos aufbrechen und Zielorientierung erwecken

Ein Team in der Produktentwicklung bestand aus mehreren Teilteams: Produktdesign, technische Umsetzung, Test, Anforderungserhebung und Kundenbetreuung. Es hatte Schwierigkeiten, die Informationen und Ergebnisse *zwischen* den Teilteams, aber auch *innerhalb* mancher Teilteams, wie dem Produktdesign, zu teilen. Die Stimmung war teilweise angespannt und einige Konflikte schwelten.

Mithilfe von GR STAR diagnostizierte das Team für sich teilweise niedrigen Rapport, einen unscharfen Purpose und vor allem geringe Interaktion, während es seine Vielfältigkeit als sehr hoch einschätzte. Das Team beschloss, einen täglichen Austausch zwischen allen Teilteams einzuführen und den gemeinsamen Purpose zu schärfen. Innerhalb des Produktdesigns begannen die Designer, regelmäßig gemeinsam an ihren Aufgaben zu arbeiten, um Erfahrungen und Expertise auszutauschen.

Nach einem 9 Whys machte sich einige Wochen später eine ungekannte Zielstrebigkeit bemerkbar und das Team schien wertschöpfender und kundenfokussierter zu arbeiten.

Ursprung und Inspiration: Der STAR-Kompass wurde von Professorin Brenda Zimmerman entwickelt und von Henri Lipmanowicz und Keith McCandless adaptiert.

Purpose-to-Practice

Planen

Gestalte die fünf essenziellen Bestandteile einer erfolgreichen und nachhaltigen Initiative, um

- *gemeinsam entschlossen zu starten,*
- *die Vorstellungskraft aller zur Ausgestaltung der gemeinsamen Zukunft zu nutzen,*
- *robust* und *resilient Störungen zu meistern,*
- *rasch innovative Strategien zu entwickeln und kollektiv anzuwenden,*
- *Gruppen zur Selbstorganisation zu verhelfen.*

ca. 120–150 Minuten Niveau: anspruchsvoll 1–99+ Personen
Ideal: 2–32 Personen

Und plötzlich weißt du: Es ist Zeit, etwas Neues zu beginnen und dem Zauber des Anfangs zu vertrauen.
Meister Eckhard, Philosoph

Wann kannst du Purpose-to-Practice anwenden und was kannst du damit erreichen?

Eine neue Initiative, ein neues Projekt, ein neues Unternehmen wird geboren. Doch meist sind nur wenige an der Geburt beteiligt. Als endlich das Gros der Akteure daran arbeitet, ist längst alles vorgegeben – oder im Gegenteil kaum etwas. Also stolpert die Gruppe vor sich hin, sei es, weil sie nicht weiß, was, warum, mit wem und wie sie agieren soll, oder weil die bereits definierten Vorgaben die persönliche Verbindung zum Vorhaben verhindern.

Mit Purpose-to-Practice gestaltest du die wichtigsten Zutaten einer effektiven Initiative gemeinsam mit allen Beteiligten. Dabei entdeckt die Gruppe zuerst ihren *Purpose*. Darauf aufbauend entwickelt und findet sie *Prinzipien, Beteiligte, Struktur* und *Praktiken,* sodass diese Elemente den Purpose zum Leben erwecken.

Auf diese Weise durchbrichst du das übliche Stolpern zu Beginn – oder oft auch während – einer Initiative. Du sorgst für Sinnhaftigkeit, Antrieb, Klarheit, Struktur und dafür, dass die richtigen Personen involviert sind. Die Gruppe organisiert sich selbst, ist bestens für ihr Vorhaben gewappnet und auf Störungen gut vorbereitet.

Beginne am besten nichts mehr ohne ein initiales Purpose-to-Practice!

Das gilt im Übrigen auch für bereits angelaufene Initiativen: führe auch hier ein Purpose-to-Practice durch, kläre und festige die Initiative und sorge für Selbstorganisation.

Purpose-to-Practice in der Entscheidungsfindung

Mit Purpose-to-Practice bereitest du eine Gruppe auf eine Entscheidungsfindung vor und lässt sie den notwendigen Rahmen für ihre aktuellen oder zukünftigen Entscheidungen entwickeln. Auch kannst du eine Entscheidungsfindung mithilfe der Liberating Structure starten, indem du die fünf Elemente an die Schritte einer Entscheidungsfindung anpasst: *Purpose*: Was ist die

Herausforderung? Warum ist uns das wichtig? Was wollen erreichen? *Prinzipien*: Was ist wichtig? Woran wollen wir uns halten? *Beteiligte*: Wer muss an der Entscheidung beteiligt werden? Wer wird von ihr betroffen sein? *Struktur*: Wie wollen wir uns für die Entscheidungsfindung organisieren? Wer arbeitet mit wem an was? Wer entscheidet? *Praktiken*: Was tun wir konkret? Welche Mikrostrukturen verwenden wir dabei? Wie entscheiden wir?

Die fünf Elemente des Purpose-to-Practice-Zyklus

Wie? Vorbereitung, Einladung und Durchführung

Raum und Material	• Stifte und Papier für alle Beteiligten. • Ein Flipchart mit den fünf Elementen und den dazugehörigen Fragen. • Fünf Flipcharts oder ein großes Whiteboard und Post-its, um die Ergebnisse der fünf Elemente festzuhalten.
Einladung	Lade alle oder die meisten Beteiligten der Initiative dazu ein, ihre fünf essenziellen Elemente zu bestimmen: Purpose, Prinzipien, Beteiligte, Struktur und Praktiken.

Schritt 1 Konzept und Ablauf erläutern **5 Minuten**	Stell das Konzept von **Purpose-to-Practice** vor, erläutere die fünf Elemente und die entsprechenden Fragestellungen. 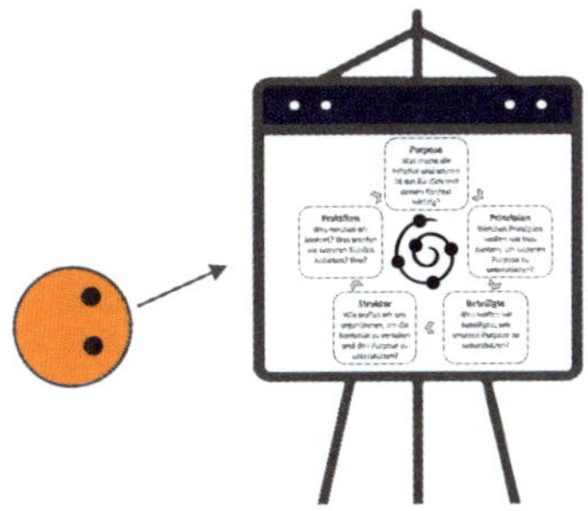
Schritt 2 Individuellen Purpose entdecken und teilen **10 Minuten**	Lass die Beteiligten mithilfe von 1-2-4 (2', 3', 5') den Purpose der Gruppe bezogen auf die gemeinsame Initiative entdecken, indem du sie fragst: „Warum ist diese Initiative für dich persönlich und für den größeren Kontext wichtig?" 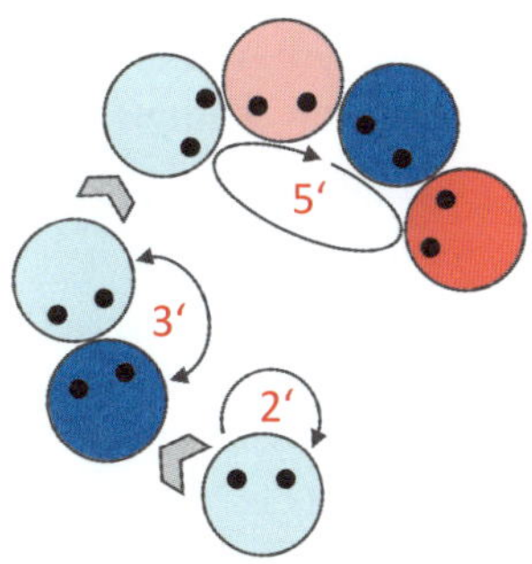 *Variante:* Kläre zuerst das *Was*: „Was wollt ihr im Rahmen der Initiative tun?" und lasse daraus das *Warum* ableiten.
Schritt 3 Purpose in Kleingruppen verfeinern **10 Minuten**	Bitte die Vierergruppen aus Schritt 2, Ideen und Gemeinsamkeiten zu entdecken, zu verfeinern und anziehende Ideen auszuarbeiten und bei Bedarf zu dokumentieren. 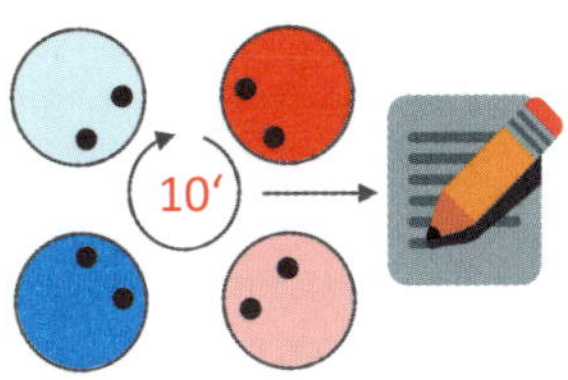 *Optional:* Lass die Kleingruppen dazu kleine Geschichten entwickeln.

Schritt 4

Purpose der ganzen Gruppe integrieren

10 Minuten

Lass die gesamte Gruppe gemeinsame Motive herausarbeiten, ihren kollektiven Purpose entdecken und mit Post-its auf dem Purpose-Flipchart festhalten.

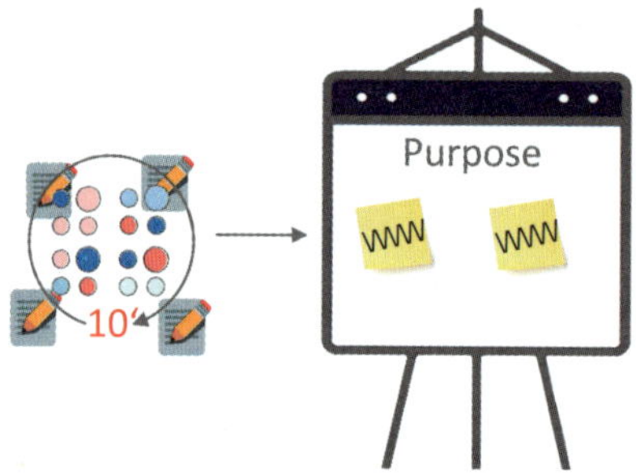

Stolperfalle: Dieser Schritt kann leicht ausufern. Erinnere die Gruppe daran, dass der wichtigste Aspekt hierbei ist, einen Eindruck von den bestimmt vielfältigen Antrieben aller Beteiligten zu bekommen. Die Gruppe braucht sich nicht zwingend auf den *einen* Purpose zu einigen und kann verschiedene Aspekte auflisten. Allerdings hilft ein *klarer* und *greifbarer* gemeinsamer Purpose bei den weiteren Schritten.

Wiederhole Schritte 5 und 6 für die verbleibenden vier Elemente

Restliche Elemente ausarbeiten

70–100 Minuten (17–25 Minuten je Element)

Verwende folgende Fragestellungen, um die verbleibenden vier Elemente auszuarbeiten:

- **Prinzipien**: „Welchen Prinzipien wollen wir treu bleiben, um unseren Purpose zu unterstützen?“
- **Beteiligte**: „Wen wollen wir beteiligen, um erfolgreich zu sein und unseren Purpose zu unterstützen?“
- **Struktur**: „Wie wollen wir uns organisieren, um die Kontrolle zu verteilen und unseren Purpose zu unterstützen?“
- **Praktiken**: „Was machen wir konkret? Was wollen wir unseren Kunden (im eigenen Unternehmen) anbieten? Wie?“
- *Tipp:* Lade zur Ausschmückung der *Struktur* die Beteiligten dazu ein, mit Metaphern zu arbeiten und die Organisationsstruktur zu visualisieren. Frage beispielsweise: „Wie welche Tiergattung oder -familie wollt ihr euch organisieren? Wie ein Wolfsrudel, Bienenstaat, Fischschwarm?“
- *Tipp:* Manchmal ist obige Fragestellung für die *Praktiken* unpassend, insbesondere wenn es um ein Team geht, das (ausschließlich) im eigenen Unternehmen Dienstleistungen anbietet (HR, OE und so weiter). Formuliere die Frage entsprechend um oder lege den Fokus auf die Praktiken, die die anderen vier Elemente zum Leben erwecken.
- *Stolperfalle:* Achte bei der Ausarbeitung der *Prinzipien* darauf, dass diese nach Möglichkeit greifbar formuliert werden. Beispielsweise ist ein Prinzip in der Art „Wir müssen uns wirklich gut zuhören!“ möglicherweise nicht spezifisch oder anziehend genug für die gemeinsame Initiative.

<table>
<tr><td></td><td>

- ***Stolperfalle:*** *Prinzipien* beschreiben Vereinbarungen im Verhalten der Gruppe und keine konkreten Handlungen. Falls dir auffällt, dass Prinzipien abschließbare oder wiederholende Handlungen sind wie „Wir müssen uns einmal wöchentlich austauschen!“, dann weise die Gruppe darauf hin und verweise auf das Element *Praktiken.*
- ***Variante:*** Unterteile die Ausarbeitung der Praktiken in *Praktiken nach innen*, also innerhalb der Initiative, und *Praktiken nach außen*, also in Richtung der Kunden der Initiative. **+20 Minuten**

</td></tr>
<tr><td>

Schritt 5

Element ausarbeiten

12–15 Minuten

</td><td>

Lass die Gruppe mithilfe von 1-2-4-All die Fragestellung zum Element besprechen, sich Notizen machen und die Ergebnisse auf Post-its oder direkt auf den Flipcharts dokumentieren.

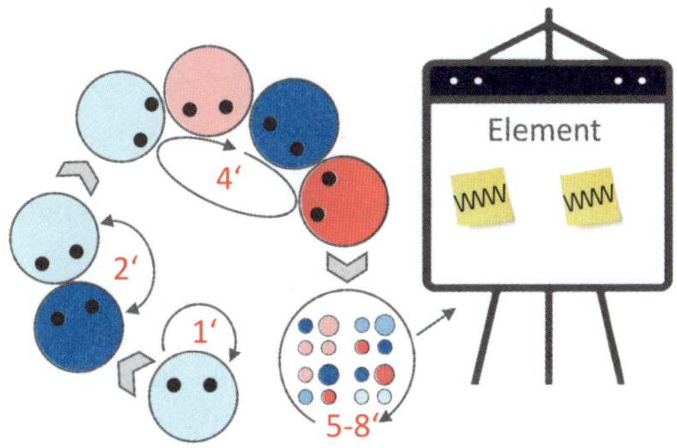

</td></tr>
<tr><td>

Schritt 6

Vorherige Elemente überarbeiten

5–10 Minuten

</td><td>

Bitte die Beteiligten, alle vorherigen Elemente durchzugehen und, falls notwendig, anzupassen oder zu ergänzen.

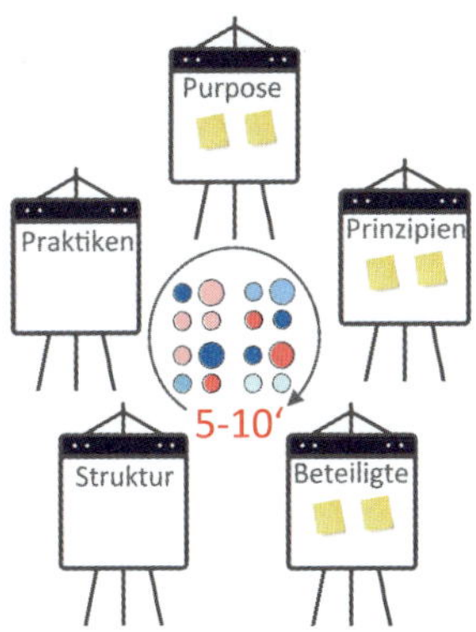

Optional: Strukturiere diesen Schritt insbesondere bei den letzten Elementen mit 1-2-4-All. **+5 Minuten**

</td></tr>
</table>

Schritt 7 Schlussfolgern und erste Schritte priorisieren ⌛ **15 Minuten**	Lade die Beteiligten dazu ein, mithilfe eines kurzen **What, So What, Now What?** die Resultate zu reflektieren und erste Schritte zum Starten der Initiative zu priorisieren. 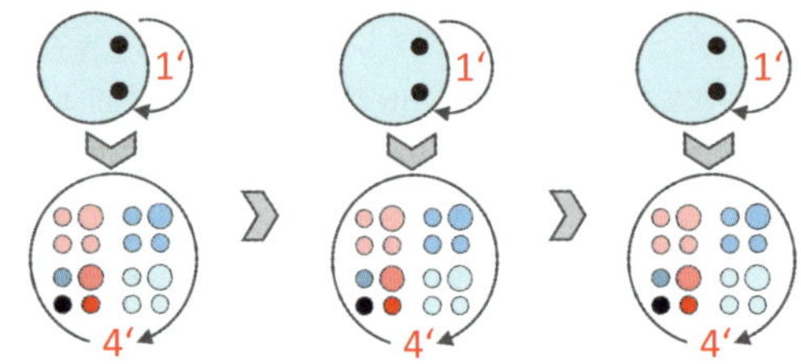
Hilfemuster	*Gemeinsames Formen – dein Gegenüber und du, ihr deckt gemeinsam Lösungen auf, nehmt Angebote voneinander an und entwickelt sie weiter.*

Allgemeine Tipps, Varianten und Stolperfallen

- *Tipp:* Hier gilt mehr als bei den meisten anderen Liberating Structures: Verwende zur Ausarbeitung der fünf Elemente Liberating Structures aus „Kombinationen mit anderen Liberating Structures" und gib Purpose-to-Practice und den einzelnen Elementen genügend Raum.
- *Tipp:* Nachdem die Initiative gestartet wurde, lass die Gruppe regelmäßig sowohl die fünf Elemente (Purpose, Prinzipien, Beteiligte, Struktur, Praktiken) als auch ihr eigenes Verhalten prüfen und anpassen.
- *Variante:* Lass Struktur und Beteiligte beim ersten Durchlauf weg und führe einige Zeit später einen zweiten kompletten Durchlauf mit den beiden Elementen durch. So können die Beteiligten die beiden Elemente später gezielter bestimmen.
- *Variante:* Führe einen raschen Durchlauf durch, um der Gruppe zu veranschaulichen, wie die einzelnen Schritte ineinandergreifen, und um zu verdeutlichen, dass der Purpose gut ausgearbeitet sein muss, um die restlichen Elemente bestimmen zu können.
- *Variante:* Erarbeite die fünf Elemente iterativ-inkrementell: Führe mehrere rasche Durchläufe durch und verfeinere die Ergebnisse Schritt für Schritt, bis sie für die Gruppe passen.
- *Variante:* Gerade mit größeren Gruppen lohnt es sich, ein Purpose-to-Practice auf mehrere Tage auszudehnen und euch in aller Ruhe den einzelnen Elementen zu widmen.

Kombinationen mit anderen Liberating Structures

Strings für Purpose-to-Practice

Purpose-to-Practice kannst und solltest du mit weiteren Liberating Structures für die Ausarbeitung der fünf Elemente kombinieren. Im Kapitel *Strings aus der Praxis* beschreibe ich zwei konkrete Strings für Purpose-to-Practice, die für mich besonders gut funktionieren.

Wann?	Was?	Wozu?	Wie?
Zur Vorbereitung	Social Network Webbing	Um die (Kern-)Gruppe der Initiative zu bestimmen.	„Wen müssen wir am Purpose-to-Practice beteiligten?“
Währenddessen	TRIZ	Um den Purpose oder die Prinzipien auszuarbeiten oder vorzubereiten.	„Was können wir tun, um zu garantieren, dass dies die erfolgloseste Initiative aller Zeiten wird?“ oder „Was können wir alles tun, sodass uns niemand unterstützen will und wir alle mit unserem Purpose abstoßen?“
	9 Whys	Um den Purpose zu entdecken.	Standardablauf anstelle der Schritte 2–3.
	Appreciative Interviews	Um die Prinzipien zu entwickeln.	Erzählt euch Erfolgsgeschichten anderer Initiativen und leitet daraus Prinzipien für eure Zusammenarbeit ab.
	Critical Incident Interviews	Um die Prinzipien zu entwickeln.	Erzählt euch Geschichten von Misserfolgen anderer Initiativen und leitet daraus Prinzipien für eure Zusammenarbeit ab. „Was dürfen wir nicht tun?“
	Min Specs	Um die Prinzipien zu entwickeln.	Standardablauf: „Welchen Prinzipien wollen wir treu bleiben, um unseren Purpose zu unterstützen?“
	Wicked Questions	Um wichtige und anziehende Pole der Initiative zu entdecken und daraus Prinzipien abzuleiten.	„Welcher paradoxen Natur unterliegt unsere Initiative?“
	Social Network Webbing	Um die Beteiligten, Unterstützer und Gefährder der Initiative zu identifizieren.	Standardablauf: „Wen wollen wir beteiligen, um erfolgreich zu sein und unseren Purpose zu unterstützen?“
	Impromptu Networking	Um eine hilfreiche Struktur der Zusammenarbeit zu identifizieren.	Standardablauf: „Wie wollen wir uns organisieren, um die Kontrolle zu verteilen und unseren Purpose zu unterstützen?“

Wann?	Was?	Wozu?	Wie?
	Network Patterning Cards	Um eine hilfreiches Organisationsmuster zu entdecken und zu wählen.	„Welches Muster hilft uns dabei, unseren Purpose zu unterstützen, die Kontrolle zu verteilen und uns in der Selbstorganisation zu stärken?“
	25/10 Crowd Sourcing	Um konkrete Ideen für die Praktiken zu generieren und zu bewerten.	„Was machen wir konkret? Was wollen wir unseren Kunden anbieten? Wie?“
	Ecocycle Planning	Um vorhandene und geplante Praktiken und Aktivitäten nach innen und/oder nach außen sichtbar zu machen, zu bewerten und zu verändern.	Standardablauf: „Was machen wir bereits konkret? Was wollen wir machen? Wofür investieren wir unsere Zeit?“
	Agreement-&-Certainty Matrix	Um die passenden Herangehensweisen für anstehende oder bestehende Herausforderungen der Gruppe zu verifizieren oder zu identifizieren.	Standardablauf
	Caravan Consulting Open Space Technology	Um alle Elemente außer dem Purpose in kleinen Gruppen schrittweise zu verfeinern.	Bilde nach Schritt 6 Kleingruppen für die vier Elemente Prinzipien, Beteiligte, Struktur, Praktiken und lass diese iterativ verfeinern. Du kannst hierbei auch Schritt 6 weglassen.
	Gallery Walk	Um im Schritt 6 die anderen Elemente zu überarbeiten.	„Welche Elemente stimmen nun gar nicht mehr?“, „Welche Elemente müssen wir überarbeiten?“, „Welchen Elementen müssen wir weitere Informationen, Ideen, Punkte hinzufügen?“
	Gallery Walk	Um im Schritt 7 das Schlussfolgern zu unterstützen.	„Welche Ideen oder Elemente sind für dich besonders anziehend?“, „Was hilft uns dabei, direkt ins Handeln zu kommen?“, „Was wird unsere Initiative nachhaltig machen?“

Beispiel: Bestehende Gruppe auf gemeinschaftliches Miteinander fokussieren

Eine Gruppe von Beratern und Wissenschaftlern an einem Forschungsinstitut hatte Schwierigkeiten in ihrer Zusammenarbeit. Ich sollte helfen, das Team wieder näher zusammenzubringen und dabei einige der Probleme, wie respektlosen Umgang, ein intransparentes Portfolio, Überarbeitung oder ignorierte Absprachen, adressieren. Ich habe mit dem Team ein eintägiges Purpose-to-Practice durchgeführt. Ihr Purpose lautete: „Unsere Arbeit existiert, um innovative Formen menschengerechter Arbeit zu erforschen, zu verbreiten und einzuführen. Indem wir darin erfolgreich sind, erfahren wir Anerkennung und schaffen Freiräume für persönliche Weiterentwicklung." Darauf aufbauend hat das Team von sich aus die genannten Probleme erkannt und mithilfe von Prinzipien und konkreten Praktiken adressiert. Sie wollten beispielsweise „alle vereinbarten Dinge umsetzen", „interdisziplinär zusammenarbeiten" und nicht mehr „in der Problemorientierung verharren". Ihr gemeinsames Portfolio an Praktiken nach außen konnten sie mit einem Ecocycle Planning sichtbar machen.

Ursprung und Inspiration: Diese Liberating Structure wurde von Henri Lipmanowicz und Keith McCandless entwickelt. Sie wurden von Dee Hock und seinem Buch „Birth of the Chaordic Age"[32] inspiriert.

Network Patterning Cards

Identifiziere und gestalte produktivere Organisationsstrukturen für die Zusammenarbeit, um

- *Klarheit über die vorhandenen Hierarchien, Kollaborationen und die Zusammensetzung der Gruppe zu erlangen,*
- *die Auswirkungen der aktuellen Organisationsstruktur(en) zu erkennen,*
- *mithilfe von bildhaften Metaphern Vor- und Nachteile einzelner Organisationsstrukturen leicht aufdecken und benennen zu können,*
- *einfacher mit Organisationsstrukturen experimentieren zu können, die Selbstverantwortung fördern.*

ca. 20–25 Minuten **Niveau: einfach** **1–99+ Personen** **Ideal: 4–99 Personen**

Jedes menschliche Wesen hat eine kompliziertere Struktur als die Gesellschaft, der es angehört.
Alfred North Whitehead, Philosoph und Mathematiker

Wann kannst du Network Patterning Cards anwenden und was kannst du damit erreichen?

Wir machen uns selten Gedanken über die Muster und Struktur der Zusammenarbeit innerhalb einer Gruppe, Abteilung oder Organisation. Hierarchien sind vielleicht noch offensichtlich, Entscheidungsketten und Verantwortlichkeiten stellen sich dagegen schon ein wenig diffuser dar. Das führt oft zu Konflikten und Unklarheiten. Vor allem aber bleibt Potenzial für Produktivität und Wirksamkeit einer Gruppe liegen, wenn diese Muster nicht genauer betrachtet werden: Herrscht eher Einzelkämpfertum oder arbeitet wirklich jeder mit jedem? Gehen die Beteiligten bei Fragen, Problemen oder Anliegen direkt aufeinander zu oder gibt es Zwischenstationen, die die Kommunikation übernehmen und dabei vereinfachen oder gar erschweren? Existieren vorwiegend disjunkte Cliquen von Gleichgesinnten mit ähnlichen Fähigkeiten und Verantwortlichkeiten oder eher heterogene Gruppen, die alle benötigten Kompetenzen innehaben? Tauschen sich diese Gruppen direkt oder über Mittelspersonen untereinander aus? Ganz allgemein: Ist die vorhandene Organisationsstruktur hilfreich oder hinderlich für das Vorhaben der Gruppe oder des Unternehmens?

Mithilfe von `Network Patterning Cards` machst du diese Muster greifbar und ermöglichst der Gruppe, ihre eigenen Muster zu erkennen und produktivere oder wirksamere Muster zu identifizieren. Die Beteiligten machen sich dabei mit den *zehn* vorgegebenen *Netzwerkmustern* vertraut und überlegen, welches dieser Muster die *offiziell vorgegebene Organisationsstruktur*, die *tatsächlich gelebte Organisationsstruktur* und eine *mögliche produktivere, wirkungsvollere Organisationsstruktur* für die Gruppe darstellt. Anschließend tauschen sich die Beteiligten über die daraus resultierenden Chancen und Hindernisse aus und versuchen, Ideen und konkrete Handlungen für die zukünftige Zusammenarbeit der Gruppe abzuleiten.

Auf diese Weise kann die Gruppe in einem strukturierten und sicheren Rahmen tiefer liegende Gründe etwaiger Dysfunktionen, wie beispielsweise Abstimmungs- oder Effizienzprobleme, erkennen. `Network Patterning Cards` bieten den Beteiligten eine Sprache, sich mit ihrem Muster der Zusammenarbeit auseinanderzusetzen, und machen so unterschiedliche Sichtweisen leichter begreifbar. Die Beteiligten können erkennen, dass es für ihren Purpose oder für verschiedene Zielsetzungen unterschiedlich nützliche Netzwerkmuster gibt. Sie lernen mit diesen bewusster umzugehen und so selbstverantwortlich ihre eigene Zusammenarbeit zu strukturieren.

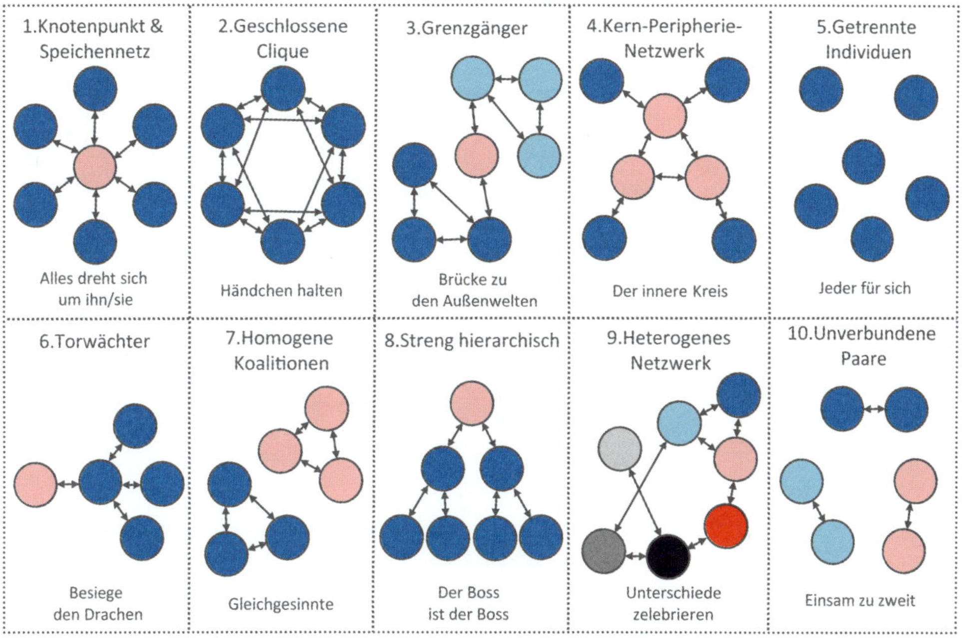

Die vorgegebenen zehn Netzwerkmuster, die Strukturen der Zusammenarbeit beschreiben

Network Patterning Cards in der Entscheidungsfindung

Du kannst **Network Patterning Cards** und die zehn Netzwerkmuster in der Entscheidungsfindung verwenden, um Informations- und Entscheidungsstrukturen offenzulegen und gemeinsam zu überlegen, welche Organisationsstruktur für die aktuelle Herausforderung oder die anstehende Entscheidungsfindung wirkungsvoll(er) wäre.

Wie? Vorbereitung, Einladung und Durchführung

Raum und Material	Ausdruck der zehn Netzwerkmuster, Stift und Schreibunterlage für alle Beteiligten
Einladung	Lade die Beteiligten ein, gemeinsam die gegenwärtigen Netzwerkmuster zu erkennen und zu beurteilen, um daraus abzuleiten, welche(s) wirksamere(n) Muster sie adaptieren wollen.

Schritt 1

Mit Netzwerkmustern vertraut machen

⌛ **2–3 Minuten**

Teile die Ausdrucke mit den zehn Netzwerkmustern aus und bitte die Beteiligten, diese kurz zu studieren.

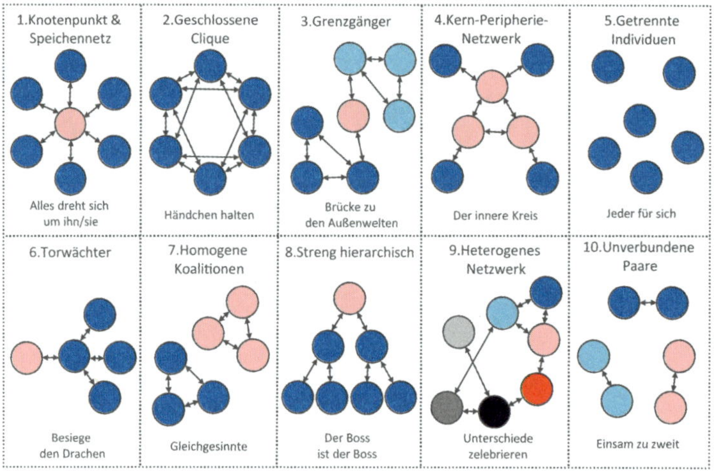

- *Tipp:* Weise die Beteiligten darauf hin, dass sie die Bedeutung der Kreisfarben in den Netzwerkmustern und ob ein Kreis eine Person, eine Rolle, eine Kleingruppe oder gar eine Abteilung darstellt nach Belieben interpretieren oder festlegen können.
- *Tipp:* Erläutere, dass es kein „richtiges" oder „perfektes" Muster gibt, sondern alle je nach Kontext und Purpose Hindernisse und Chancen mit sich bringen.

Schritt 2 Aktuelle und produktivere Muster wählen ⌛ **5 Minuten**	Bitte die Beteiligten anhand der folgenden drei Fragen, jeweils ein oder mehrere Netzwerkmuster ✏️ auszuwählen und dabei auf *Hindernisse und Chancen* zu achten: 1. „Welches dieser Netzwerkmuster entspricht der offiziell vorgegebenen Struktur der Zusammenarbeit?" 2. „Welches Muster beschreibt, wie ihr tatsächlich zusammenarbeitet?" 3. „Welches Muster wäre für euren Purpose hilfreicher?" 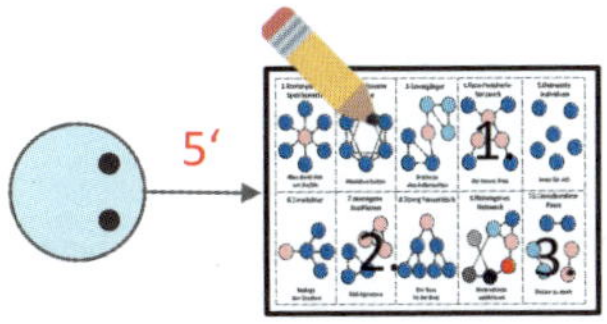 • *Tipp:* Ergänze die Fragen je nach Kontext beispielsweise wie folgt: a. „Welches Muster beschreibt euer Organigramm?", „Welches Muster habt ihr miteinander vereinbart?", „Welches Muster glaubt ihr, dass von euch erwartet wird?" b. „Wie sieht euer alltägliches Miteinander aus?", „Was ist euer inoffizielles Muster?", „Wenn ihr die ganze Gruppe betrachtet: Wer arbeitet mit wem? Gibt es Cliquen?". c. „Mit welchem Muster könntet ihr wirksamer interagieren?", „Welches Muster stellt euch mehr produktive Endpunkte für eure Zusammenarbeit zur Verfügung?". • *Variante:* Stelle die drei Fragen nacheinander und gib den Beteiligten jeweils 2–3 Minuten Zeit. ⌛ **8 Minuten**

Schritt 3

Chancen produktiverer Muster erkennen

15 Minuten

Lade die Beteiligten ein, mithilfe von 1-2-4-All (1’, 3’, 6’, 5’) ihre Auswahl zu reflektieren und die Chancen und Hindernisse in der Zusammenarbeit zu erkennen. Orientiere dich dabei an folgenden Fragen für die vier Schritte von 1-2-4-All:

- „1“-Schritt: „Was ist an deiner Auswahl bedeutsam? Welche Ideen oder Handlungen fallen dir spontan dazu ein?“
- „2“-Schritt: „Vergleicht eure Auswahl: Wo liegen Gemeinsamkeiten und wo Unterschiede? Teilt und ergänzt eure Ideen und reflektiert Chancen und Hindernisse.“
- „4“-Schritt: „Vergleicht eure Auswahl und entwickelt eure Ideen gemeinsam weiter.“
- „All“-Schritt: „Welche eine Idee oder Erkenntnis ist in euren Gesprächen herausgestochen? Teilt diese.“

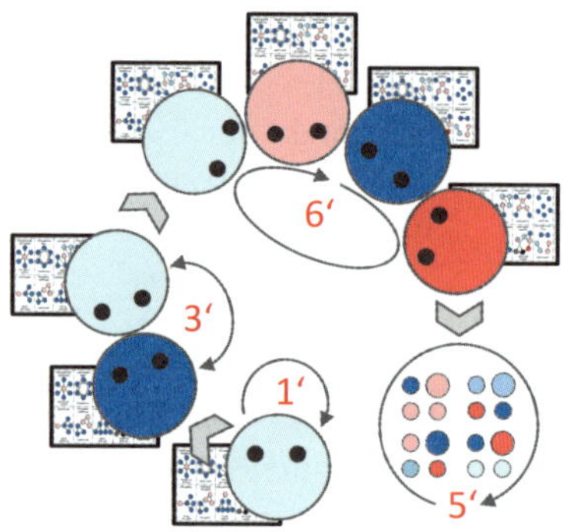

Stolperfalle: Dieser Schritt dient nicht zwingend der endgültigen Einigung auf ein neues Netzwerkmuster oder wie die Gruppe im Detail dorthin kommt, sondern als Grundlage, um eine Veränderung und Experimente mit der Organisationsstruktur anzustoßen.

Allgemeine Tipps, Varianten und Stolperfallen

- *Stolperfalle:* Orientiere dich an obigen Tipps, aber nimm nicht zu viel vorweg, sodass die Beteiligten Raum für ihre eigene Interpretation der Muster haben.
- *Optional:* Lade dazu ein, Netzwerkmuster zu ergänzen, die für die Gruppe naheliegender oder passender sind.
- *Variante:* Erstelle (Spiel-)Karten mit den zehn Netzwerkmustern und verwende diese anstelle der Ausdrucke (und werde dem Namen der Liberating Structure gerecht ☺).
- *Variante:* Lass die Gruppe zuerst das offizielle und das tatsächliche Muster bestimmen und besprechen. Erst anschließend sollen die Beteiligten die produktiveren Muster identifizieren und gemeinsam reflektieren.

Kombinationen mit anderen Liberating Structures

Wann?	Was?	Wozu?	Wie?
Zur Vorbereitung	9 Whys	Um den Purpose der Gruppe zu bestimmen.	Standardablauf
Währenddessen	Conversation Café	Um die drei Fragestellungen gemeinsam zu reflektieren.	Bitte die Beteiligten, in der ersten Runde des Conversation Café das offizielle und aktuelle Netzwerkmuster zu benennen und Konsequenzen daraus zu beschreiben, in der zweiten Runde auf die Gemeinsamkeiten und Unterschiede einzugehen, in der dritten Runde gemeinsam zu diskutieren, welches Netzwerkmuster dienlicher sein könnte, und schließlich eines zu wählen und die Chancen und Hindernisse dieses Musters zu benennen. (Inspiriert durch Martin Günther)
	Gallery Walk	Um sich mit den zehn Netzwerkmustern vertieft auseinanderzusetzen.	Biete den Beteiligten neben den drei obigen Fragen weitere Fragen an, um die Muster zu erforschen, bevor sie ein wirksameres Muster wählen: „Welches Muster würde zum Stillstand führen/den Austausch und das voneinander Lernen beflügeln/uns entscheidungsfähiger machen/… Tauscht euch jeweils paarweise darüber aus."
Im Anschluss	What, So What, Now What?	Um gemeinsam zu schlussfolgern und konkrete Handlungen abzuleiten.	Standardablauf, du kannst dabei auch die Interpretationen der gewählten Muster vertiefen.
	15 % Solutions 25/10 Crowd Sourcing	Um konkrete Maßnahmen zu bestimmen, sich zu einem oder mehreren produktiven Mustern hinzuwenden.	Standardablauf

Beispiel: Isolierte Einzelkämpfer wieder zusammenbringen

Eine Gruppe von Managern, die über Europa verteilt agierte, hatte den Überblick über ihr geteiltes Portfolio verloren. Die Beteiligten hatten insbesondere Schwierigkeiten, sich abzustimmen und auszutauschen. Mithilfe von **Network Patterning Cards** konnte ich der Gruppe helfen, ihre aktuelle Zusammenarbeit zu veranschaulichen und sich über wirksamere Kollaborationsmuster auseinanderzusetzen. Dabei wurde den Beteiligten klar, dass sie zwar offiziell *streng hierarchisch* (8) organisiert waren, die üblichen Vorteile daraus aber nicht nutzten, da ihre Führungskraft diese Rolle nicht ausfüllte (und nicht ausfüllen konnte). Inoffiziell hatten sie sich deshalb als *getrennte Individuen* (5) oder teilweise als *unverbundene Paare* (10) organisiert. Um produktiver und wirksamer zu agieren, beschlossen sie gemeinsam mit der Führungskraft, bestimmte Informationen im Muster *Knotenpunkt & Speichennetz* (1) fließen zu lassen, sodass die Führungskraft diese gezielt verteilen und nach außen weiterreichen konnte. Darüber hinaus beschlossen sie, verstärkt in wechselnden *homogenen Koalitionen* (7) zu ähnlich gelagerten Projekten zu arbeiten, um sich gegenseitig zu unterstützen und von den Erfahrungen der anderen zu profitieren.

Ursprung und Inspiration: Diese Liberating Structure wurde von Eva Schiffer im Rahmen ihrer Arbeit mit ihrer „Net-Map toolbox“[33, 34] entwickelt.

Kapitel 7
Die richtigen Entscheidungen finden

Purpose: *Du erfährst hier, wie du die Herausforderung deiner Gruppe schärfen kannst, wie du andere Flughöhen einnimmst, um den Kontext zu betrachten, und wie du Informationen, Ideen, Optionen und Möglichkeiten aufdeckst, entwickelst, bewertest, ausprobierst. Das ist wichtig, um parallele Experimente zu starten und Entscheidungen treffen zu können. Denn …*

Es ist besser, unvollkommene Entscheidungen durchzuführen, als beständig nach vollkommenen Entscheidungen zu suchen, die es niemals geben wird.

Charles de Gaulle, General und Politiker

Die Herausforderung schärfen

Purpose: *Du erfährst hier, welche Perspektiven zur Herausforderung existieren und wie du deren häufig paradoxe Natur sichtbar und nutzbar machen kannst. Das ist wichtig, um als Gruppe gezielt in den Prozess der Entscheidungsfindung einzusteigen.*

Wenn ich eine Stunde Zeit hätte, um die Welt zu retten, würde ich 55 Minuten dafür verwenden, das Problem zu definieren und nur 5 Minuten, um Lösungen zu finden.

Albert Einstein, Physiker

Kapitelübersicht

Conversation Café

Teilen

Beteilige jeden daran, sich zusammen den Sinn einer tiefgreifenden Herausforderung zu erschließen, um

- *gemeinsam voranzukommen,*
- *ein gemeinsames Verständnis der Situation zu entwickeln,*
- *gegenseitiges Verständnis zu erzeugen,*
- *sich wirklich zuzuhören und dabei Vertrauen aufzubauen,*
- *die eigenen Gedanken zu schärfen, zu spiegeln und die der anderen besser zu verstehen,*
- *das übliche Gegeneinander in Diskussionen zu umgehen und in* gemeinsames Formen *umzuwandeln.*

ca. 20–50 Minuten ★★Niveau: fortgeschritten 4–99+ Personen
Ideal: 4–99+ Personen

Aus einem vertrauten, zweisamen Gespräch im Café kann Ganzheit wachsen und rundherum fängt die Luft zu schwingen an.
Irina Rauthmann, Lyrikerin

Wann kannst du Conversation Café anwenden und was kannst du damit erreichen?

In der typischen Gruppendiskussion braucht es seine Zeit, bis jeder zu Wort kommt – falls das überhaupt passiert. Die Extrovertierten dominieren den Diskurs und beeinflussen unwillkürlich die Meinung der Gruppe. Oft sind die Teilnehmer zu Beginn gedanklich noch unsortiert und das Zurechtrücken der Gedanken passiert – mehr oder weniger quälend für die Unbeteiligten – im Tempo der wenigen, die sich äußern. Kritischere Themen heizen die Diskussion schnell auf und die Beteiligten beginnen, sich zu unterbrechen, werden ungeduldig, wütend, ungerecht, polemisch. In der Regel bleibt ein gemeinsames Fazit aus. Zu oft gehen mindestens einige Teilnehmer mit einem unguten Gefühl und einer Unklarheit über das Resultat der Diskussion auseinander.

Mithilfe des Conversation Café strukturierst du Diskussionen elegant. Die Liberating Structure unterteilt den Diskurs in vier Runden: In Kleingruppen äußert zuerst jeder Beteiligte kurz und knapp seine initialen Gedanken zum Thema. Anschließend nehmen die Beteiligten reihum Bezug zu den Äußerungen der ersten Runde. Dann folgt eine offene Diskussion. Zum Schluss teilen alle ihr Fazit aus der Diskussionsrunde.

Dadurch, dass alle zu Beginn den gleichen Redeanteil bekommen, sind die Beteiligten bereit, sich zuzuhören. Sie achten auf Details, nehmen Sorgen und Bedenken empathischer auf und lassen eher von den eigenen Geschichten los. So nimmt die offene Diskussion meist äußerst behutsame, produktive und zielführende Züge an. Das Conversation Café ermöglicht der Gruppe gleichzeitig einen breiten und tiefen Blick auf die gemeinsame Herausforderung.

> **Conversation Café in der Entscheidungsfindung**
>
> Das ☕Conversation Café ermöglicht dir, fast jede Phase deiner Entscheidungsfindung mit der Gruppe zu vertiefen. Schärfe das Problem, sammle Bedenken und Ideen, bring konträre Meinungen zum Vorschein, lass Lösungen entstehen und bewerten und erzeuge die Bereitschaft, sich für eine oder mehrere Varianten zu entscheiden.

Wie? Vorbereitung, Einladung und Durchführung

> **Die sechs Vereinbarungen des Conversation Cafés**
>
> 1. Vermeide zu bewerten.
> 2. Respektiere die anderen.
> 3. Versuche, andere zu verstehen, und nicht, sie zu überzeugen.
> 4. Akzeptiere und schätze andere Meinungen.
> 5. Sprich das aus, was für dich wirklich von Bedeutung ist.
> 6. Besinne dich auf Offenheit und Tiefsinnigkeit, ohne dabei endlos zu monologisieren.

Raum und Material	• Stuhlkreise mit vier bis sieben Stühlen für die Gespräche in Kleingruppen • *Optional:* Flipchart oder Stift und Papier pro Stuhlkreis
Einladung	Lade die Gruppe dazu ein, sich in Kleingruppen gegenseitig zuzuhören und gemeinsam eine geteilte Herausforderung zu reflektieren.
Schritt 1 Aufbau ⏳ **3 Minuten**	• Lass die Gruppe sich auf Kleingruppen aufteilen und in den Stuhlkreisen Platz nehmen. • Nenne das Thema und erläutere kurz den Ablauf, die Zeiten und die Regeln der vier Runden (siehe Schritte 2 bis 5). • Lies die sechs Vereinbarungen des ☕Conversation Café vor. Bitte die Kleingruppen, jeweils eine Person zu bestimmen, die darauf achtet, dass sich alle an diese Vereinbarungen halten. Dieser „Hüter der Vereinbarungen" nimmt ansonsten gleichberechtigt an der Kleingruppe teil. • Bitte die Beteiligten, ein Redeobjekt auszuwählen. Das kann ein Stift sein oder gut auch etwas Persönlicheres wie eine Armbanduhr oder gar ein Ehering.

<table>
<tr>
<td>Schritt 2
Initiale Gedanken teilen
4–7 Minuten (ca. 1 Minute pro Person)</td>
<td>Bitte die Beteiligten, reihum ihre initialen Gedanken zum Thema zu teilen und reichen dabei das Redeobjekt weiter. Nur die Person mit dem Redeobjekt darf sich äußern. Die Beteiligten dürfen auch passen.
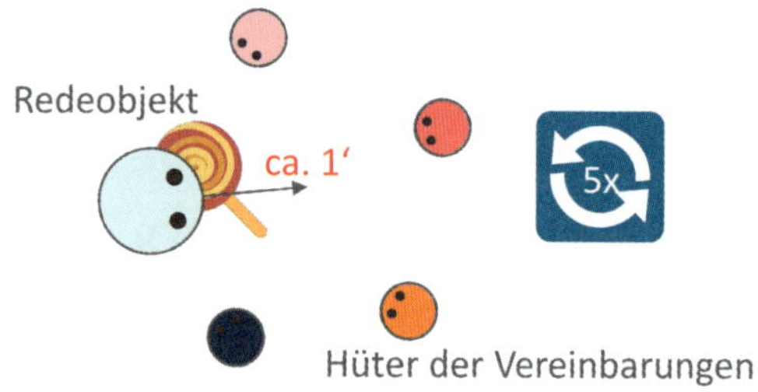
• Stolperfalle: Mach klar, dass in diesem Schritt jeder Beteiligte sich initial äußert, die anderen zuhören und keine Diskussion entstehen soll.
• Variante: Gib den Beteiligten für ein aufgeladenes, kompliziertes oder komplexes Thema ein wenig mehr Zeit. +4–7 Minuten (insgesamt 2 Minuten pro Person)</td>
</tr>
<tr>
<td>Schritt 3
Bezug nehmen
4–7 Minuten (ca. 1 Minute pro Person)</td>
<td>Bitte die Beteiligten, nachdem sie die Gedanken der anderen kennen, sich erneut zu äußern. Nur der Beteiligte mit dem Redeobjekt spricht. Die Beteiligten dürfen auch passen.
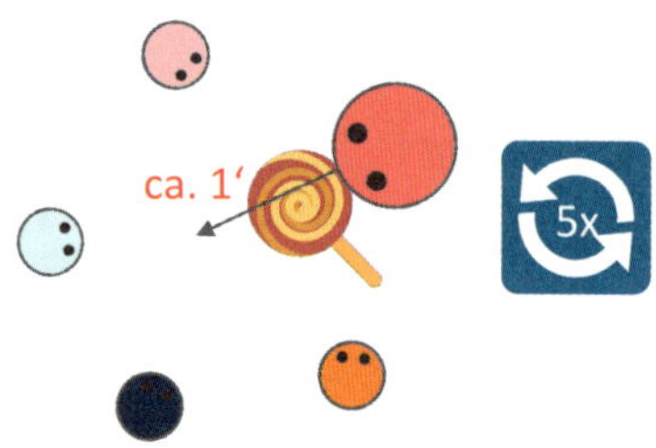</td>
</tr>
</table>

Schritt 4 Offene Diskussion **5–25 Minuten**	Die Beteiligten tauschen sich in einer offenen Diskussion in ihrer Kleingruppe aus. Die „Hüter der Vereinbarungen“ passen behutsam auf die sechs Vereinbarungen auf. 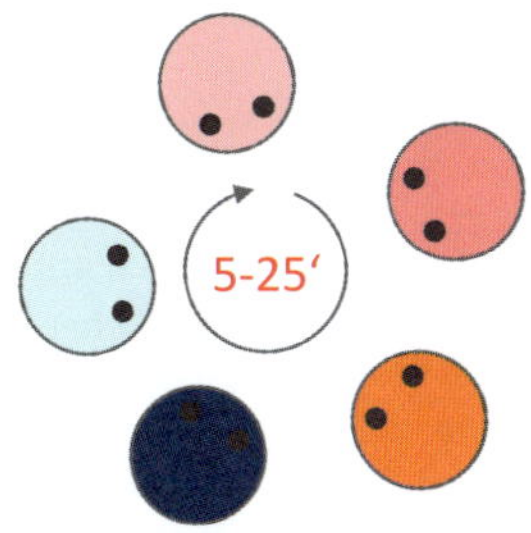 • *Stolperfalle:* Manchmal sehen die „Hüter“ sich als Moderierende und fangen an, Redebeiträge zu paraphrasieren, Personen aufzurufen und zu unterbrechen. Wenn dir das auffällt, interveniere in der entsprechenden Kleingruppe und mache der Person ihre Rolle erneut klar. • *Optional:* Jede Kleingruppe kann für sich entscheiden, ob sie weiterhin das Redeobjekt verwenden möchte.
Schritt 5 Schlussfolgerungen teilen **4–7 Minuten (ca. 1 Minute pro Person)**	Jede Person teilt reihum ihre Schlussfolgerungen und Erkenntnisse mit ihrer Kleingruppe. Die Beteiligten verwenden dabei erneut ihr Redeobjekt.  *Variante:* Jede Person nennt eine 15-%-Lösung (siehe 15 % Solutions), um die Schlussfolgerungen in konkrete Taten umzusetzen.

Allgemeine Tipps, Varianten und Stolperfallen

- *Tipp:* Während des Conversation Café nimmt der Geräuschpegel im Raum im Vergleich zu vielen anderen Liberating Structures meistens ab. Das ist normal – Behutsamkeit macht sich breit.
- *Variante:* Gib bei schwierigen, emotionalen und festgefahrenen Themen den Beteiligten ein wenig mehr Zeit pro Person in den Schritten 2, 3 und 5. Bei Zeitnot reduziere die Kleingruppen auf 4 oder 5 Personen.
- *Variante:* Führe direkt ein zweites Conversation Café mit durchmischten Kleingruppen durch, um Ideen, Meinungen, Schlussfolgerungen zu durchmengen und zu verteilen. Durchmische die

Gruppen, sodass möglichst eine Person aus jeder ursprünglichen Kleingruppe in den Kleingruppen des zweiten Conversation Café sitzt. x 2 **(Die offene Diskussion kann kürzer ausfallen.)**

Kombinationen mit anderen Liberating Structures

Wann?	Was?	Wozu?	Wie?
Zur Vorbereitung	Folding Spectogram	Um die Gruppe zu durchmischen und die Kleingruppen zu bilden.	Lass die Gruppe sich anhand einer passenden Skala zum Thema sortieren und nutze das Falten zur Bildung der Kleingruppen.
	≡X≡XxX-Writing	Um die Beteiligten auf das Thema einzustimmen.	Stelle den Beteiligten eine Reihe von Fragen, die auf das Thema einstimmen und den Beteiligten erlauben, ihre Gedanken zu sortieren und wichtige Punkte für das Café vorab zu identifizieren. Zum Beispiel: „Was bewegt dich bei dem Thema?“, „Was macht dich traurig/wütend/glücklich/ …?“, „Welches Bedürfnis hast du bei diesem Thema?“.
Währenddessen	TRIZ	Um die kreative Zerstörung von TRIZ für die vorliegende Herausforderung zu nutzen.	Formuliere für die Herausforderung einen denkbar schlimmen Zustand (siehe TRIZ). Zuerst (Schritt 2) teilen die Beteiligten reihum Ideen, wie der schlimme Zustand erreicht werden kann. Dann nennen die Beteiligten, was sie oder die Gruppe davon bereits tun. In der offenen Diskussion überlegen die Kleingruppen, wie sie damit aufhören können. Zum Abschluss nennt jeder Beteiligte, was er konkret tun wird, um das negative Verhalten zu stoppen.
Im Anschluss	15 % Solutions	Um konkrete Handlungen abzuleiten.	Lade die Beteiligten ein, 15-%-Lösungen zu entwerfen und in ihren Kleingruppen zu teilen.

Wann?	Was?	Wozu?	Wie?
	Conversation Café	Um die Ideen, Gedanken und Schlussfolgerungen der Gruppe behutsam zu vermischen und weiterzuentwickeln.	Siehe *Allgemeine Tipps, Varianten und Stolperfallen*.
	Impromptu Networking	Um die Schlussfolgerungen und Ideen wieder in der ganzen Gruppe zu verteilen.	Frage: „Was waren deine bewegendsten Erkenntnisse? Was bist du nun bereit zu investieren, um die tiefgreifende Herausforderung zu meistern?“
	1-2-4-All	Um die Schlussfolgerungen und Ideen wieder in der ganzen Gruppe zu verteilen.	Frage: „Was waren die entscheidenden Erkenntnisse?“ oder „Was waren die vielversprechendsten Ideen?“.

Beispiel: Entscheidungsfindung mit der ganzen Firma

Die Kollegen wollten ein neues Format für eine wöchentliche Austauschrunde finden, da sich das bisherige Format (eine Statusrunde) mit steigender Firmengröße (ca. 60 Mitarbeitende) für viele nicht mehr fruchtbar anfühlte. Einige dagegen fühlten sich im alten Format wohl und fanden dieses zielführend. Die Gruppe probierte verschiedene alternative Formate mit Liberating Structures aus und wollte ein Fazit ziehen. Die Einladungen für die vier Runden des Conversation Café für die Kleingruppen lauteten: „Was fandest du an dem alten Format hilfreich beziehungsweise, was fandest du an den alternativen Formaten hilfreich?“, „Was hörst du für Bedürfnisse bei den anderen, die auch für dich wichtig sind?“, „Findet gemeinsam heraus, wie ein guter Austausch aussehen könnte.“, „Was ist dein Fazit?“. Anschließend durchmischten sich die Kleingruppen und teilten Bedürfnisse und Ideen. So konnte die Gruppe ein gemeinsames Fazit bilden und alle Kleingruppen konnten sich auf die wichtigen Zutaten für ein zukünftiges Austauschformat einigen.

Ursprung und Inspiration: Diese Liberating Structure wurde von Henri Lipmanowicz und Keith McCandless entwickelt. Dabei wurden sie von Vicki Robin und Susan Partnow[35] inspiriert.

Wicked Questions

Offenlegen

Bring die gegensätzlichen Herausforderungen einer Gruppe zum Ausdruck, um

- *Strategien zu entwickeln, die alle wichtigen Aspekte berücksichtigen,*
- *die oft paradoxe Natur von Herausforderungen sichtbar zu machen,*
- *wilden Kurswechseln vorzubeugen,*
- *kreative Spannung zu entfachen und mehr Freiheit und Verantwortlichkeit zu fördern,*
- *Entscheidungen zu evaluieren: Berücksichtigen wir alle Seiten?*

ca. 30–35 Minuten **Niveau: fortgeschritten** **1–99+ Personen** **Ideal: 4–80 Personen**

Das Gleiche lässt uns in Ruhe, aber der Widerspruch ist es, der uns produktiv macht.
Johann Wolfgang von Goethe

Wann kannst du Wicked Questions anwenden und was kannst du damit erreichen?

Warum sind selbst kleine Entscheidungen oft so schwierig zu treffen? Die verfügbaren Optionen erscheinen uns vielleicht gegensätzlich und widersprüchlich: Entweder das eine oder das andere? Scheinbar unvereinbare Anforderungen führen zu Konflikten oder zum Stillstand.

Wicked Questions macht sichtbar, wo sich Gegensätze nicht ausschließen, sondern ergänzen. Die Beteiligten generieren dazu Paare von Gegensätzen, die sie in ihrem Kontext wahrnehmen. Sie formulieren die Gegensätze als positive Pole einer ***verzwickten Frage***: „Wie können wir sowohl (Pol A) als auch gleichzeitig (Pol B) erreichen?" Anschließend findet und verfeinert die Gruppe die treffendsten dieser Fragen.

So macht sich die Gruppe gemeinsam den Kern ihrer Herausforderung klar. Allen Beteiligten wird bewusst, welche Anforderungen sie erfüllen wollen. Das Paradoxe in den Fragen fördert die Kreativität und weckt Neugierde. Wicked Questions vermeidet, dass die Beteiligten andauernd zwischen verschiedenen Polen ausschlagen und beugt kräftezehrenden ständigen Richtungswechseln vor.

Wicked Questions in der Entscheidungsfindung

„Entweder, oder" oder beides? Mit Wicked Questions ermöglichst du, auf den ersten Blick konträre Anforderungen herauszuarbeiten und innerhalb deren augenscheinlicher Widersprüchlichkeit erstrebenswerte Pole zu entdecken. So schärfst du das Problem und sammelst erste Informationen. Für die Entscheidungsfindung ist Wicked Questions Gold wert: Du spannst mit deiner Gruppe gleich zu Beginn das Spannungsfeld eurer Herausforderung auf. Auch kannst damit Lösungsentwürfe und Entscheidungen evaluieren und herausfinden, ob alle wichtigen Aspekte einer Entscheidung berücksichtigt wurden oder werden.

Knappheitsdenken versus Überflussdenken

Wenn wir in Gruppen zusammenarbeiten, dann tauchen immer wieder paradoxe Zusammenhänge auf. Meistens tendieren Gruppen dazu, darauf mit *Knappheitsdenken* zu reagieren. Dann sehen sich die beteiligten Parteien als konkurrierende Gegner, die einen Kompromiss eingehen *müssen* und dabei verlieren. Die Seiten verhärten sich, und gemeinsam voranzuschreiten wird schwierig.

Im Gegensatz dazu ermöglicht Wicked Questions eine Verschiebung in Richtung des *Überflussdenkens*. Hier kooperieren die beteiligten Parteien und gehen davon aus, dass sich ihre Bedürfnisse ergänzen und dadurch mehr Optionen entstehen.

	Knappheit	**Überfluss**
Grundlegende Annahme	„Es wird niemals genug (für alle) geben."	„Es wird immer genug für alle geben."
Kernfrage	„Wie kann ich mit weniger als erwartet zurechtkommen?"	„Wie kann ich mehr als erwartet geben?"
Kooperation	Gegeneinander	Gemeinsam
Argumentations-muster	„Ja, aber …", „Ja und?"	„Ja! Und …"
Strategie	Risiken vermeiden	Möglichkeiten entdecken
Taktik	(Wissen, Ressourcen) horten	Teilen
Vertrauen	Andere verdächtigen	Beziehungen aufbauen
Veränderung	Angst vor Veränderung	Verantwortung für Veränderung übernehmen
Wachstum	Angst davor, überflüssig oder ersetzt zu werden	Streben nach Wachstum

Wie? Vorbereitung, Einladung und Durchführung

Raum und Material	• Stift und Papier pro Beteiligten, um die gegensätzlichen Herausforderungen und die verzwickten Fragen zu formulieren • Flipchart oder Projektor, um die Formulierung der verzwickten Frage für alle sichtbar zu machen • *Optional:* Post-its für die Verfeinerung der spannendsten Fragen
Einladung	Lade die Beteiligten ein, zu entdecken, welche sich ergänzenden, gegensätzlichen Strategien, sie gleichzeitig verfolgen müssen, um erfolgreich zu sein.

Schritt 1 Natur von verzwickten Fragen erläutern ⏳ **3 Minuten**	Erkläre das Konzept von Wicked Questions und von verzwickten Fragen anhand einiger Beispiele. Verwende dabei folgenden Aufbau: „Wie kommt es dazu, dass wir … und gleichzeitig …?“ oder „Wie können wir sowohl … als auch gleichzeitig …?“.  • *Tipp:* Nenne eines der folgenden Beispiele zur Veranschaulichung: – „Wie können wir unsere Kinder so aufziehen, dass sie sich mit der Familie komplett verbunden fühlen und gleichzeitig zu freien, unabhängigen Individuen aufwachsen?“ – „Wie können wir sowohl eine gemeinsame Identität für unser Unternehmen haben als auch gleichzeitig aus lauter unabhängigen, autarken Teilen bestehen?“ – „Wie kann ich mich engagiert auf meine Arbeit konzentrieren und gleichzeitig immer für meine Familie da sein?“ – „Wie können wir unsere Interaktionen befreiender und gleichzeitig strukturierter gestalten?“ • *Stolperfalle:* Betone, dass beide Pole etwas Erstrebenswertes für die Beteiligten darstellen sollen. Andernfalls wird keine verzwickte Frage entstehen, die beide Seiten vereint. Veranschauliche das mit folgendem Negativbeispiel: „Wie können wir unsere Kinder so aufziehen, dass sie der Familie nie den Rücken kehren und gleichzeitig tun, was sie wollen?“ • *Stolperfalle:* Falls die Spannungen oder der Frust in der Gruppe groß sind oder Konflikte schwelen, dann können die verzwickten Fragen vorwurfsvoll werden. Hilf der Gruppe in dieser Situation erst bei ihrem Konflikt: siehe dazu die Kapitel *Strings für die Praxis* und *Das Team einstimmen.* • *Optional:* Wenn du mit einer Gruppe zum ersten Mal Wicked Questions durchführst, nimm dir ein wenig länger Zeit, das Konzept zu erläutern. Einige Menschen brauchen einen Moment, um das Vorgehen und die Denkweise zu verstehen. ⏳ **+5 Minuten**

Schritt 2 Anziehende Pole entdecken **3–5 Minuten**	• Lass die Beteiligten Wahrheiten oder Anforderungen auflisten, die für die Herausforderung wichtig sind. • Die Beteiligten sollen in dieser Liste Paare von Wörtern oder ganzen Phrasen entdecken, die von paradoxer Natur sind. 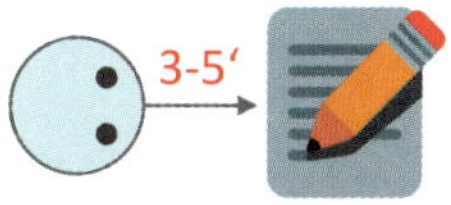 *Tipp:* Fordere dazu auf, die Wörter und Phrasen wertschätzend zu formulieren. Beispielsweise könnte „ein niedriges Budget haben" als „verantwortlich mit den vorhandenen Ressourcen umgehen" formuliert werden. Die Formulierung muss dabei nicht unbedingt positiv sein, denn die zugrundeliegende Komplexität der Realität soll erhalten bleiben.
Schritt 3 Verzwickte Fragen finden und austauschen **7 Minuten**	• Bitte die Beteiligten, mithilfe von 1-2-4 aus Paaren von Wörtern oder Phrasen aus dem vorigen Schritt verzwickte Fragen zu bilden. • Lass die Vierergruppen sich auf eine kraftvolle verzwickte Frage einigen, die die bestehende Herausforderung auf den Punkt bringt. 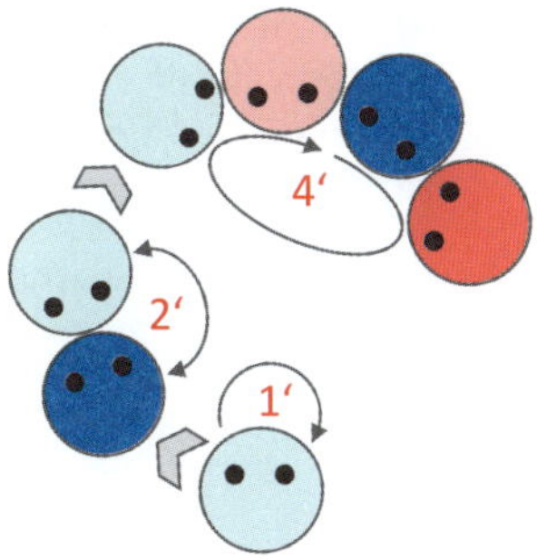 *Tipp:* Erinnere die Beteiligten erneut daran, dass beide Seiten der Frage für die Gruppe erstrebenswert sein sollen.

Schritt 4

Spannendste Fragen teilen

⌛ **5 Minuten**

Bitte jede Vierergruppe, die aus ihrer Sicht spannendste verzwickte Frage mit allen Beteiligten zu teilen.

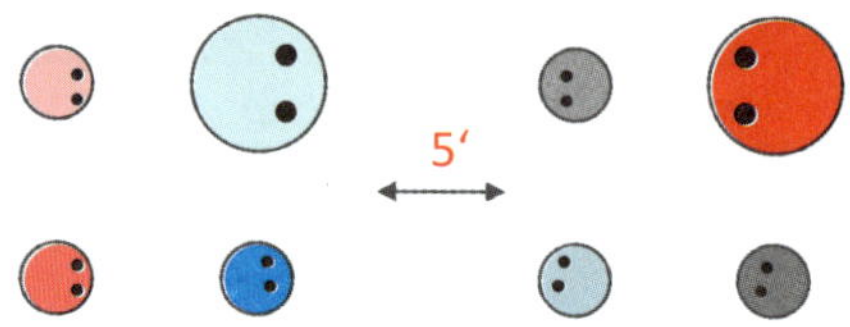

- *Tipp:* Einige Vierergruppen werden keine verzwickte Frage generieren. Weise dann darauf hin, dass das in Ordnung ist und manche auch ein wenig mehr Zeit brauchen, um in diese Denkweise hineinzukommen.
- *Tipp:* Meistens gibt es ein oder zwei Gruppen, die den Dreh raushaben und sogar mehrere gute verzwickte Fragen kreieren. Frage daher: „Gibt es noch weitere gute verzwickte Fragen, von denen alle wissen müssen?"
- *Stolperfalle:* Manchmal sind einige der geteilten Fragen nicht passend. Sie beinhalten beispielsweise nur einen oder keinen positiven Pol oder sind versteckte oder offene Anschuldigungen. Wenn dir das auffällt, dann weise behutsam darauf hin und lass diese verzwickten Fragen nicht gelten. Falls die Gruppe von ihrer Frage überzeugt ist, dann bitte darum, sie vorwurfsfrei und mit zwei positiven Polen umzuformulieren.

Schritt 5

Spannendste Fragen verfeinern

⌛ **12 Minuten**

Bitte die Gruppe nun darum, die für sie spannendsten Fragen in Kleingruppen auszuarbeiten und zu verfeinern.

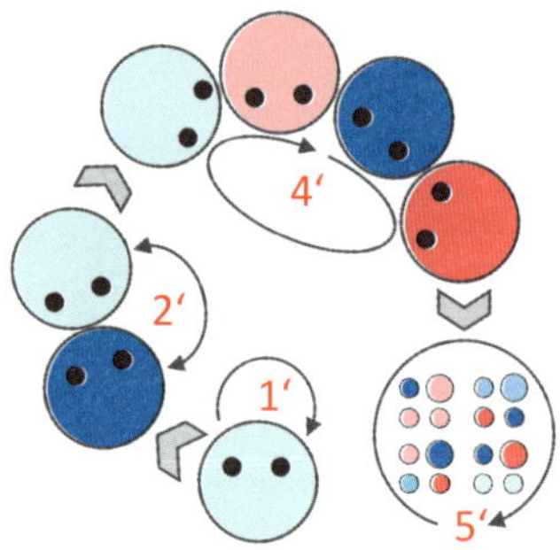

- *Tipp:* Frage die Gruppe, ob beide Pole der Fragen bereits klar und prägnant genug sind.
- *Optional:* Lass die Kleingruppen die beiden Pole noch *verzwickter* beschreiben, um mehr Spannung und Optionen für die weitere Arbeit mit den Fragen zu erzeugen.

- *Optional:* Lass die Gruppe Post-its verwenden, um Aspekte der verzwickten Fragen zu verfeinern.
- *Variante:* Lass die Beteiligten direkt nach Schritt 3 ihre favorisierte verzwickte Frage wählen, um diese dann zu verfeinern. Dazu schreiben die Vierergruppen ihre Fragen auf Post-its und hängen diese an die Wände. Die Beteiligten versammeln sich physisch bei ihrem Favoriten und beginnen mit Schritt 4. **+3 Minuten**

Allgemeine Tipps, Varianten und Stolperfallen

- *Tipp:* Schon das klare Benennen der vorhandenen Pole mithilfe einer verzwickten Frage kann der Gruppe helfen, gezielt gemeinsam zu agieren. Mach die verzwickten Fragen für eure Entscheidungsfindung oder eure gemeinsame Arbeit sichtbar. Das hilft der Gruppe, die paradoxe Natur ihrer Zusammenarbeit anzuerkennen.
- *Stolperfalle:* Mit der Formulierung der verzwickten Frage ist es oft nicht getan. Die Gruppe sollte dann herausfinden, was sie mit den identifizierten Fragen macht. Du findest weiter unten eine ganze Reihe von möglichen nächsten Schritten.
- *Variante:* Lass Schritt 4 entfallen, falls du und die Gruppe das Gefühl haben, dass in Schritt 3 bereits mindestens eine richtig gute verzwickte Frage entstanden ist, mit der ihr weitermachen könnt.

Kombinationen mit anderen Liberating Structures

Wann?	Was?	Wozu?	Wie?
Zur Vorbereitung	Heard, Seen, Respected	Um die Beteiligten auf die teilweise konfrontative Natur der paradoxen Fragen vorbereiten.	Variiere die Standardeinladung: „Erzähle von einer Situation, bei der die widersprüchlichen und gegensätzlichen Meinungen, Strategien und Optionen, die unsere Gruppe hat, dazu geführt haben, dass du nicht gehört, gesehen oder respektiert gefühlt hast."
	9 Whys	Um einen gemeinsamen Purpose der Gruppe zu identifizieren und einen gemeinsamen Rahmen aufzuspannen, in dem Verschiedenheit Platz hat.	Standardablauf

Wann?	Was?	Wozu?	Wie?
Während-dessen	Folding Spectogram	Um die verschiedenen Pole zu einem Thema zusammenzubringen.	Nutze Folding Spectogram im Schritt 2 zur Gruppenbildung. Lass die Gruppe sich anhand der bekannten verfügbaren Optionen sortieren: „Wer ist eher für Option 1, wer ist eher für Option 2?“
	Gallery Walk	Um der Gruppe Zeit zu geben, die verzwickten Fragen im eigenen Tempo zu verarbeiten, und sie darauf vorzubereiten, die Fragen im Schritt 4 zu schärfen.	Lass die Gruppe nach Schritt 3 die verzwickten Fragen an den Wänden aufhängen und stelle folgende Fragen für den Gallery Walk: „Welche verzwickte Frage drückt für uns wichtige Gegensätze am prägnantesten aus? Warum?“, „Welche verzwickte Frage ist kraftlos? Warum?“, „Welche Frage motiviert dich zum Handeln? Warum?“
Im Anschluss	Conversation Café	Um die verzwickten Fragen vertiefend zu erörtern.	Standardablauf, bei dem die Themen der Conversation Cafés die identifizierten verzwickten Fragen sind. Am Beispiel der ersten Runde: „Erzähle, was du über die identifizierten verzwickten Fragen und darüber, was diese für unsere Herausforderung bedeuten, denkst oder fühlst.“
	Improv Prototyping	Um zu entdecken, wie sich die verschiedenen Pole in der Praxis vereinbaren lassen.	Lade dazu ein, in Kleingruppen jeweils eine konkrete Situation nachzuspielen, bei der ein Pol oder beide Pole einer verzwickten Frage nicht integriert waren. Bitte die Kleingruppen, die Situation schrittweise zu verändern, sodass beide Pole integriert sind.
	25/10 Crowd Sourcing	Um erste Ideen zu sammeln, um die Pole der verzwickten Fragen zu integrieren.	Frage: „Was ist deine Idee, die beiden Pole einer der verzwickten Fragen zu integrieren? Wie sieht der erste Schritt aus, diese Idee zu verwirklichen?“

Wann?	Was?	Wozu?	Wie?
	15 % Solutions	Um die Freiheit jedes Einzelnen zu nutzen, bei den verzwickten Fragen voranzukommen.	Frage: „Was sind deine 15-%-Lösungen, um beide Pole und vor allem den Pol, der dir vorher fremd war, zu integrieren?“
	Integrated-~Autonomy	Um ein umfassenderes Bild über die Auswirkungen und Beweggründe der beiden Pole zu erhalten und konkrete Maßnahmen zu identifizieren, wie sich beide Pole der verzwickten Fragen in der Praxis vereinbaren lassen.	Integrated~Autonomy behandelt genau eine verzwickte Frage: „Wie können wir integriert und standardisiert und gleichzeitig autonom und individualisiert arbeiten?“ Passe die einzelnen Schritte der Liberating Structure auf eure verzwickte(n) Frage(n) an.
	Agreement-&-Certainty Matrix	Um passende Herangehensweisen für die verzwickte(n) Frage(n) zu validieren.	Siehe unter „Kombinationen mit anderen Liberating Structures“ bei Agreement-&-Certainty Matrix.

Beispiel: Grundlegende Herausforderungen der Marketingstrategie klären

Eine Marketingabteilung wollte Klarheit über die Herausforderungen bei der Außendarstellung ihrer Firma gewinnen. Dazu habe ich die ganze Belegschaft zu Wicked Questions eingeladen, um herauszufinden, wie sich die gegensätzlichen und zusammengehörenden Pole der Außendarstellung aus Mitarbeitersicht darstellen.

Spannende verzwickte Fragen waren:

- „Wie können wir professionell und seriös wirken und gleichzeitig dabei den Spaß, den wir an unserer Zusammenarbeit haben, transportieren?“
- „Wie können wir uns offensiver und präsenter im Markt platzieren und gleichzeitig angemessen bescheiden auftreten?“
- „Wie können wir unser Marketing professionalisieren und gleichzeitig die Freiheit für Experimente bewahren?“

In Folge konnte sich die Marketingabteilung bei der Außendarstellung an den vorhandenen Bedürfnissen und Polen orientieren und daraus gezielt eine Marketingstrategie und diverse Marketingmaßnahmen ableiten.

Ursprung und Inspiration: Diese Liberating Structure wurde von Henri Lipmanowicz und Keith McCandless entwickelt. Sie wurden durch Brenda Zimmerman und Scott Kelso[36] inspiriert. Die strikte Trennung von Schritt 2 und Schritt 3 wurde von Fisher Qua entwickelt.

XxX-Writing

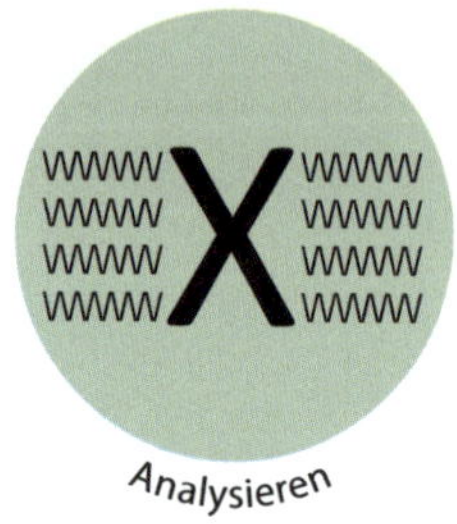

Schärfe und fokussiere deine Gedanken entlang einer Abfolge von Fragen oder Aussagen, um

- *dich in Bevorstehendes hineinzudenken,*
- *deinen initialen Gedanken freien Lauf zu lassen und die nützlichsten zu vertiefen,*
- *Termine, Gespräche, Entscheidungsfindungen oder Herausforderungen gezielt zu beleuchten,*
- *gedankliche Blockaden zu durchbrechen,*
- *auch Mutiges oder Abwegiges in Betracht zu ziehen.*

ca. 7–25 Minuten Niveau: einfach 1–99+ Personen Ideal: 2–99+ Personen

Wir lassen unseren Gedanken gerne und oft freien Lauf. Und vergessen meist, sie wieder einzusammeln.

Ernst Ferstl, Autor

Wann kannst du XxX-Writing anwenden und was kannst du damit erreichen?

Egal wie unübersichtlich oder umfassend ein Thema ist, wir stürzen uns gern ohne Vorüberlegungen in den Diskurs. Die Extrovertierten rütteln ihre losen Gedanken während des Gesprächs zurecht. Die zuerst geäußerten Meinungen prägen den weiteren Verlauf des Gedankenflusses der gesamten Gruppe. Dadurch beschränkt sich die Gruppe in der Vielfalt ihrer vorhandenen Ideen und Meinungen.

Wie hilfreich es für eine thematische Fokussierung *und* ein breiteres Meinungsbild ist, wenn sich die Beteiligten zuerst ungehindert ihren Gedanken widmen, erlebst du mit ≡X≡ XxX-Writing (sprich: „X by X writing"). Hier gibst du nacheinander x Fragen vor. Die Beteiligten notieren sich dazu jeweils x Antworten: Sie sind eingeladen, alle Ideen zu Papier zu bringen, die ihnen zur gestellten Frage einfallen. Führe beispielsweise ein ≡X≡ 5x5-Writing („5 by 5 Writing": 5 Fragen jeweils 5 Mal beantworten) durch. Anschließend gehen die Beteiligten ihre Antworten durch und markieren die spannendsten für das vorliegende Thema.

So kommen alle Ideen erstmal in Betracht. Die Beteiligten sind weniger voreingenommen und kritisch gegenüber ihren eigenen Gedanken. Sie können mit ein wenig Abstand die guten Antworten entdecken. Durch die Wahl der Fragen ermöglichst du der Gruppe, auch in ungemütliche Richtungen zu denken. So ist die Gruppe bestens für die nächsten gemeinsamen Schritte entlang eines Themas vorbereitet.

XxX-Writing in der Entscheidungsfindung

Bei deiner Entscheidungsfindung kannst du mit ≡X≡ XxX-Writing rasch alle Beteiligten ihre eigenen Gedanken, Meinungen, Ideen oder Bedenken anhand von Fragestellungen ungehindert sammeln lassen. Dadurch bewirkst du in vielen Phasen der Entscheidungsfindung eine Vertiefung und Fokussierung. So machst du Platz für gewagte Ideen und große oder kritische Gedanken.

Wie? Vorbereitung, Einladung und Durchführung

Vorbereitung	Bereite eine Reihe passender Fragen oder Aussagen für euer Thema vor. Beleuchte dabei spannende, kritische oder unangenehme Aspekte. • *Tipp:* Hier sind ein paar Beispiele für hilfreiche Aussagen zu einem beliebigen Thema: – Die naheliegenden, offensichtlichen Ideen, die mir dazu einfallen, sind … – Ein völlig absurder Gedanke, den ich dazu habe … – Faszinierend daran finde ich … – Mutig wäre es, wenn … – Einfach gedacht könnte man … – Wenn wir völlig frei agieren könnten, dann sollten wir … – Mein Bauchgefühl dazu ist …
Raum und Material	• Schreibunterlage, Papier und Stift für jeden Beteiligten, um die Fragen und Antworten zu notieren • *Optional:* Beamer oder Flipchart, um die Fragen oder Aussagen für alle sichtbar zu machen
Einladung	Lade die Gruppe dazu ein, eine Reihe von vertiefenden Fragen zu einem Thema zu beantworten oder eine Reihe von Aussagen zu vervollständigen.
Schritt 1 Fragen beantworten **5–15 Minuten (1–3 Minuten pro Frage)**	• Bitte die Beteiligten, sich einen Platz zum Schreiben zu suchen. • Nenne das übergeordnete Thema. • Lies die Fragen oder Aussagen nacheinander vor und gib den Beteiligten pro Frage ein bis drei Minuten Zeit, um ihre Antworten oder Gedanken zu notieren.  3-10 Fragen beantworten • *Tipp:* Stelle zwischen 3 und 10 Fragen – führe also ein 3x3-Writing bis zu einem 10x10-Writing durch. • *Stolperfalle:* Falls du viele Fragen stellst, dann kürze die Zeit pro Frage auf 60 bis 90 Sekunden, damit keine Müdigkeit aufkommt.

<table>
<tr>
<td>Schritt 2
Antworten paarweise teilen
⌛ 4–6 Minuten</td>
<td>

- Bitte die Beteiligten, ihre Antworten paarweise zu teilen.
- Anschließend benennen die Partner knapp die vielversprechendsten oder interessantesten Antworten ihres Gegenübers.

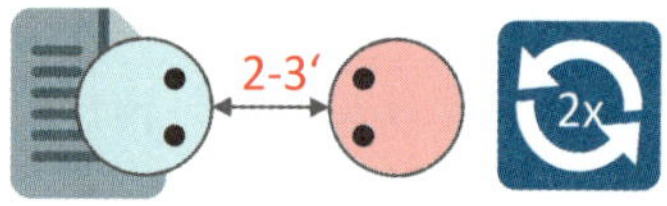

Variante: Beschränke diesen Schritt auf das Teilen der Antworten.</td>
</tr>
<tr>
<td>Schritt 3
Spannendste Antworten identifizieren
⌛ 2–4 Minuten</td>
<td>Lade die Beteiligten dazu ein, aus den eigenen Antworten die für sie spannendsten, wichtigsten oder erstaunlichsten Antworten auszuwählen und zu unterstreichen.

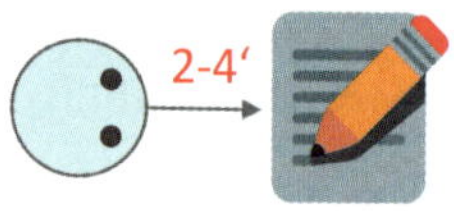

Wichtigste Antworten unterstreichen

Variante: Lass die Beteiligten die *eine* wichtigste, spannendste oder hilfreichste Antwort identifizieren.</td>
</tr>
</table>

Allgemeine Tipps, Varianten und Stolperfallen

- *Optional:* Lass Schritt 2 weg.
- *Variante:* Lass die Fragen oder Sätze aufeinander aufbauen. Gib beispielsweise einen oder mehrere Sätze für jede Phase der folgenden Sequenz vor:
  a. Bekräftige die Erfahrung oder das Wissen des Beteiligten („Ich weiß, dass …“, „Ich bin mir sicher …“)
  b. Lass die Verzweiflung erforschen („Das erzeugt Schmerz/Ärger/Wut in mir, weil …“, „Wenn ich nur könnte, dann …“)
  c. Mach Hoffnungen und Prioritäten klar („Wichtig ist mir dabei …“, „Ohne dieses Hindernis könnte ich, …“)
  d. Motiviere zur Handlung („Ich werde …“)

Kombinationen mit anderen Liberating Structures

Wann?	Was?	Wozu?	Wie?
Im Anschluss	25/10 Crowd Sourcing	Um die Ideenfindung vorzubereiten und die Qualität der Ideen zu erhöhen.	Stelle gezielt eine Reihe von Fragen, die den Beteiligten helfen, große, gute, hilfreiche Ideen zu entwerfen. Orientiere dich beispielsweise an denen unter *Vorbereitung*.
	Liberating Structures	XxX-Writing ist eine gute Vor- oder Nachbereitung für viele Liberating Structures. Weitere Ideen für Kombinationen findest du bei der jeweiligen Liberating Structure.	

Ursprung und Inspiration: Michael Quinn Patten, Anna Jackson und Fisher Qua.

Das große Ganze betrachten

Purpose: *Du erfährst hier, wie du den Wald, die Bäume, Prozesse auf Zellebene und ganze Landstriche gleichzeitig betrachten kannst. So kann deine Gruppe wichtige Zusammenhänge erkennen, ihr Portfolio transparent machen und parallele Strategien entwerfen. Das ist wichtig, um bei der Entscheidungsfindung alle wesentlichen Aspekte entdecken und berücksichtigen zu können.*

Der Kern allein im schmalen Raum verbirgt den Stolz des Waldes, den Baum.
Friedrich Schiller in „Breite und Tiefe"

Kapitelübersicht

Ecocycle Planning

Analysiere das Portfolio von Aktivitäten oder Beziehungen und identifiziere Chancen und Hindernisse, um

- *gemeinsam zu entscheiden, worauf die Gruppe sich fokussieren will und was beendet werden muss,*
- *Prioritäten zu setzen,*
- *die Kapazität der Gruppe zu berücksichtigen,*
- *ein gemeinsames Bild des Portfolios zu zeichnen,*
- *zu entdecken, wo die Gruppe Zeit und Ressourcen verschwendet, und so Kapazitäten freizulegen,*
- *gleichzeitig den Wald und die Bäume zu betrachten.*

ca. 70–85 Minuten Niveau: anspruchsvoll 1–99+ Personen Ideal: 4–32 Personen

Wir dünken uns selbstständig und hängen von allem in der Natur ab; in eine Kette wandelbarer Dinge verflochten, müssen auch wir den Gesetzen ihres Kreislaufs folgen, die keine andren sind als Entstehen, Sein und Verschwinden.

Johann Gottfried von Herder, Dichter

Wann kannst du Ecocycle Planning anwenden und was kannst du damit erreichen?

Wir alle haben eine Menge zu tun! Du bist umgeben von Ideen, Aktivitäten, Beziehungen und Projekten. Du weißt so manches Mal nicht, womit du weitermachen, beginnen oder aufhören sollst. Betrachtest du das Portfolio der Aktivitäten einer ganzen Gruppe, kommt erschwerend hinzu, dass die Beteiligten uneins über den Status einer Aktivität sein können. Manchmal wissen die Beteiligten auch nicht, womit sich die anderen beschäftigen. Fast immer nimmt sich eine Gruppe zu viel vor und verliert dadurch den Fokus oder sie hält an überflüssigen Aktivitäten fest und verpasst so, Raum für Neues zu schaffen.

Mit Ecocycle Planning kannst du das gesamte Portfolio der Aktivitäten (oder Projekte, Ideen, Experimente, Regelmeetings, Herausforderungen und so weiter) deiner Gruppe sichtbar machen. Die Gruppe ordnet jeder Aktivität einen Reifegrad zu. Dabei bedient sich Ecocycle Planning der Metapher des endlosen Kreislaufs des Lebens in der Natur – dem *Ecocycle.* Irgendwann sitzt der Funke einer Idee, ein Samen, in der Erde. Wenn du diesen mit Nährstoffen versorgst, dann entschlüpft daraus ein Pflänzchen. Mit genügend Zuwendung und Ressourcen wächst daraus eine reife Pflanze, die Früchte trägt, von denen du profitierst. Unausweichlich wird diese Pflanze alt und hat ausgedient. Ihre Früchte sind nicht mehr attraktiv oder du brauchst den Platz für neue Pflanzen. Dann brennst du sie nieder, um ihre Nährstoffe wieder dem Nährboden zuzuführen. Zudem beinhaltet der Kreislauf zwei *Fallen*: die Armutsfalle und die Trägheitsfalle. In der Armutsfalle stecken Samen, die du bereits zum Sprießen auserkoren hast. Nur führst du diesen nicht genug Wasser und Wärme zu. Im übertragenen Sinn teilst du bereits geplanten Aktivitäten keinerlei Ressourcen zu. In der Trägheitsfalle stecken überreife Pflanzen, die Platz, Licht, Wasser und Nährstoffe verbrauchen. Deren Früchte beginnen zu faulen oder schmecken niemandem mehr. Es handelt sich um die Aktivitäten, für deren Fortführung es keinen Grund mehr gibt, Aktivitäten, die deine Aufmerksamkeit binden, ohne dass du davon profitierst. In dieser Metapher steht deine Gruppe für den Nährboden oder die Gärtnerei. Ihre Ressourcen sind begrenzt und bedürfen einer regelmäßigen, wohlüberlegten Betrachtung ihrer Kapazitäten.

Beim ∞Ecocycle Planning erstellt deine Gruppe eine Liste der Aktivitäten, die aktuell ihre Zeit binden, und sortiert diese auf dem Ecocycle ein. Anschließend überlegt die Gruppe, welche Aktivitäten sie voranbringen und welche Aktivitäten sie stoppen möchte. Sie überlegt sich dabei, wie sie ihre vorhandenen Ressourcen am besten einsetzen kann und auf welche Aktivitäten sie sich fokussieren will. Schließlich überlegt sich die Gruppe, *wie* sie die identifizierten Aktivitäten stoppen oder voranbringen wird.

So enthüllst du eine klare Sicht auf das gemeinsame Portfolio. ∞Ecocycle Planning entblößt stille Erwartungen und Hoffnungen. Du ermutigst zum Abschneiden alter Zöpfe und setzt Energie für Neues oder zur Fertigstellung von Bewährtem oder Vielversprechendem frei. Den Beteiligten wird klar, woran die Gruppe aktuell arbeitet und verborgene Zeitfresser kommen zum Vorschein. Du erzeugst eine gemeinschaftliche Fokussierung auf das Wichtige und motivierst die Gruppe zum Handeln.

Ecocycle Planning in der Entscheidungsfindung

∞Ecocycle Planning bringt die Vielfalt von Aktivitäten, Projekten, Tätigkeiten, Ideen oder Lösungsansätzen zum Vorschein, die gerade die Aufmerksamkeit deiner Gruppe binden, und macht deren Status deutlich. Die Gruppe kann so gemeinsam entscheiden, auf was sie sich in Zukunft fokussieren will und was gerade unnötig Ressourcen bindet. Du kannst für eure Entscheidungsfindung Informationen beschaffen, verschiedene Lösungsansätze bewerten, die Umsetzung fokussiert voranbringen oder rückblickend beurteilen, welche Maßnahmen wie gewirkt haben.

Auch können damit parallele Lösungsansätze oder Herausforderungen bewertet werden. Welcher Ansatz steht kurz vor der Reife und braucht mehr Zuwendung? Auf welche Herausforderung willst du dich konzentrieren? Was ist gerade nicht wichtig und bindet unnötig Aufmerksamkeit? Ebenso kannst du die verschiedenen Maßnahmen zur Umsetzung einer Entscheidung auf dem Ecocycle einsortieren, bewerten und gezielt in die Reife bringen lassen.

Die vier Phasen und zwei Fallen des Ecocycle

Der Ecocycle ist ein unendlicher Kreislauf und wird durch das Unendlichkeitszeichen symbolisiert (genau genommen durch ein *Möbiusband* – eine Fläche mit nur einer Kante und einer Seite – in Form eines Unendlichkeitszeichens, so wie im Symbol von ∞Ecocycle Planning). Entlang des Kreislaufs geht es von der *Erneuerung* über die *Armutsfalle* in die *Geburt*. Hier beginnt das *Wachstum* bis in die *Reife*. Überschreitet man die *Trägheitsfalle*, dann verläuft der Ecocycle weiter über die *kreative Zerstörung* über die *Umgestaltung* wieder in die *Erneuerung*.

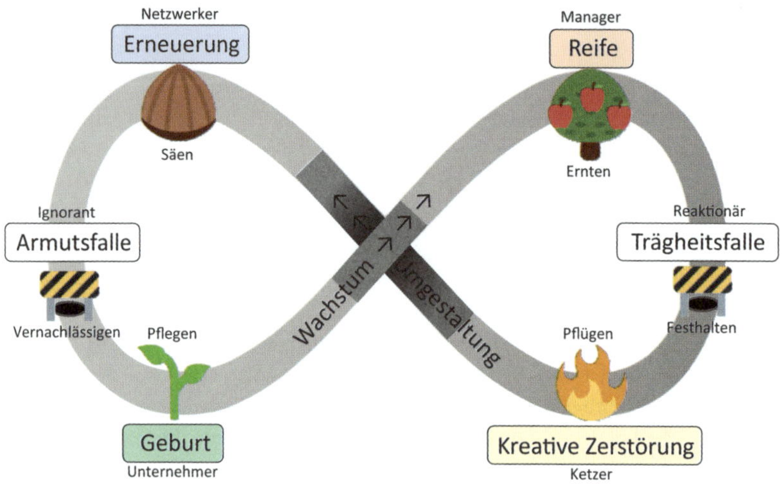

Phase	Ecocycle-Metapher	Bezogen auf Aktivitäten	Verhaltensmuster
Erneuerung	Ein Samen liegt in der Erde oder wird gerade gesät.	Eine Aktivität liegt als Idee vor und die Gruppe hat noch keine Zeit dafür investiert.	*Netzwerker*: neue Verbindungen herstellen, Ideen teilen und verbreiten
Armutsfalle	Wasser, Dünger und Gerätschaften wurden angeschafft, aber nicht genutzt.	*Man* hat entschieden oder darüber gesprochen, sich der Aktivität zu widmen, tut es jedoch nicht, oder die Gruppe findet die Aktivität insgeheim wertvoll, kümmert sich aber nicht darum. Alternativ fehlen der Gruppe die notwendigen Ressourcen, um mit den Aktivitäten zu beginnen.	*Ignorant:* das Offensichtliche vernachlässigen
Geburt	Der Samen hat gekeimt und ein Pflänzlein gedeiht.	Die Gruppe widmet sich der Aktivität und investiert ihre Ressourcen.	*Unternehmer:* Ressourcen beschaffen, investieren

Phase	Ecocycle-Metapher	Bezogen auf Aktivitäten	Verhaltensmuster
Reife	Die Pflanze trägt Früchte, die geerntet werden.	Die Aktivität erzeugt wertvolle Ergebnisse, wie etwa ein am Markt erfolgreiches Produkt oder ein regelmäßiges Meeting, von dessen Nutzen alle Teilnehmer überzeugt sind.	*Manager*: Bestehendes verwalten, optimieren, ausreizen
Trägheitsfalle	Die Pflanze verbraucht Licht, Wasser, Platz und die Früchte verfaulen.	*Man* hat entschieden oder darüber gesprochen, mit dieser Aktivität aufzuhören, tut es jedoch nicht, oder alle sind insgeheim der Meinung, dass die Aktivität keinen Sinn mehr macht.	*Reaktionär:* an Bestehendem oder Schadhaftem wider besseres Wissen festhalten
Kreative Zerstörung	Die Pflanze wird niedergebrannt und der Boden gepflügt.	Die Gruppe ist aktiv dabei, die Aktivität zu beenden, auf das Wesentliche einzudampfen oder neu zu denken.	*Ketzer:* scheinbare Wahrheiten offen anzweifeln, Bestehendes einreißen

Alternative Metaphern sind die Bezeichnungen „Gestation" (~„Schwangerschaft") anstelle von „Erneuerung", „inkrementelle Innovation" und „radikale Innovation" anstelle von „Wachstum" und „Umgestaltung", „Konservierung" anstelle von „Reife" oder „Reorganisation" anstelle von „Erneuerung".

Wie? Vorbereitung, Einladung und Durchführung

Vorbereitung

- Bereite einen großen Ecocycle für die gemeinsame Platzierung der Aktivitäten vor, sodass du ihn gut sichtbar im Raum platzieren kannst.
- *Tipp:* Nummeriere verschiedenfarbige Post-its durch, sodass die einer Farbe dieselbe Nummer tragen. Die Gruppe braucht pro vier Beteiligte und Farbe mindestens ein Post-it. Idealerweise bereitest acht bis zwölf verschiedene Farben vor. Falls du nicht genügend Farben auftreiben kannst, male verschiedene Muster oder Umrandungen auf die Post-its. Das hilft der Gruppe später, die Verteilung der Aktivitäten auf dem Ecocycle einfacher und rascher zu erfassen.

Raum und Material	• Stift und Papier für die Liste der Aktivitäten und für den individuellen Ecocycle jedes Beteiligten • Post-its in (idealerweise acht bis zwölf) verschiedenen Farben und ein Flipchart für die gemeinsame Liste der Aktivitäten • Großer Ecocycle an der Wand oder auf dem Boden • *Optional:* Ecocycle-Ausdrucke auf DIN-A4
Einladung	Lade die Teilnehmer dazu ein, ihr Portfolio der Aktivitäten auf dem Ecocycle sichtbar zu machen und gemeinsam zu überlegen, welche davon sie voranbringen und welche sie stoppen wollen. *Variante:* Du kannst anstelle von Aktivitäten Projekte, Produkte, Meetings, Herausforderungen, Beziehungen, Hobbys, Freundschaften, Entscheidungen, Strategien und so weiter analysieren. **Im Folgenden steht „Aktivität" synonym für diese Begriffe.**
Schritt 1 Prinzip des Ecocycle erklären **5 Minuten**	• Beschreibe der Gruppe die Metapher des Ecocycle. • Veranschauliche dabei die vier Phasen und die beiden Fallen. • Erkläre, dass die Beteiligten Aktivitäten auf dem Ecocycle einsortieren werden, um gemeinsam zu entscheiden, wie sie mit diesen Aktivitäten weitermachen wollen. • *Tipp:* Betone, dass wir Aktivitäten bewusst oder unbewusst immer entlang der Phasen des Ecocycle bewegen und dabei keine Phase auslassen: Bevor eine Aktivität reif ist, musst du sie starten. Vor dem Starten muss sie als Idee vorliegen. Ideen entstehen auch durch (un-)bewusstes Neudenken vorhandener Aktivitäten. • *Stolperfalle:* Manche Beteiligten finden die Phase *Kreative Zerstörung* schwer greifbar oder ungewohnt. Erkläre, dass immer dann, wenn wir mit etwas Reifem aufhören, wir es bewusst oder unbewusst durch diese Phase führen. Das kann auch bedeuten, dass wir die entsprechende Aktivität neu denken. Beispielsweise kannst du ein wertloses, wöchentliches Meeting einfach in der kreativen Zerstörung stoppen oder du denkst es in der kreativen Zerstörung neu und bringst es schrittweise entlang des Ecocycle wieder zur Reife. • *Optional:* Verwende ein konkretes Beispiel, um den Kreislauf anschaulich zu erklären. Beschreibe etwa die verschiedenen Reifegrade eines Unternehmens über die Jahre, wie beispielsweise von Microsoft oder Apple. Anfang der 1980er entstand aus den ambitionierten Ideen (Erneuerung, Geburt) der beiden Apple-Gründer der damals erfolgreichste Personal Computer (Reife). Mit einem aufgeblähten Produktportfolio und fehlenden Innovationen (Trägheitsfalle) rutschte Apple dann an den Rand der Insolvenz. Ende der 90er erfolgte eine gezielte Verkleinerung des Produktportfolios (kreative Zerstörung) und die Fokussierung auf wenige Produkte. Mit der Einführung des iPod (Erneuerung, Geburt) und spätestens mit dem iPhone stieg Apple zum weltweit wertvollsten Unternehmen auf (Reife). Inzwischen werden Stimmen lauter, dass dem Unternehmen erneut Innovationen fehlen und es sich zu stark abhängig von einem Produkt macht (Trägheitsfalle).

<table>
<tr>
<td>

Schritt 2
Aktivitäten finden
⏳ **10 Minuten**

</td>
<td>

- Bitte die Beteiligten, eine 📝 Liste von Aktivitäten zu erstellen, die ihre Zeit oder Aufmerksamkeit in Anspruch nehmen.
- Lass die Listen mithilfe von ⁘ 1-2-4 zusammenführen.

- *Tipp:* Nimm vorweg, dass die Gruppe *insgesamt* zwischen acht bis maximal zwölf Aktivitäten auf dem Ecocycle einsortieren wird.
- *Tipp:* Bitte darum, in den Vierergruppen die Aktivitäten nach Relevanz zu priorisieren. Wie wichtig ist die Aktivität für die Gruppe beziehungsweise den Purpose der Gruppe? Wie viele Personen sind an der Aktivität beteiligt, wie viele sind von ihr betroffen? Wie viel Aufmerksamkeit, Zeit, Ressourcen bindet die Aktivität?
- ***Stolperfalle:*** Unklar beschriebene Aktivitäten erzeugen eine unnötig uneinheitliche Platzierung und kosten im weiteren Ablauf viel Zeit. Unterstütze die Gruppe dabei, die Aktivitäten, die sie betrachten will, klar und konkret zu benennen – beispielsweise durch eine Kombination aus *Substantiv* und *Verb*.
- ***Stolperfalle:*** Der Begriff „Aktivität" kann für die Gruppe bereits belegt sein und verwirrend wirken. Einige dich dann mit der Gruppe auf einen passenderen Begriff.

</td>
</tr>
</table>

Schritt 3

Gemeinsame Liste von Aktivitäten erstellen

5 Minuten

- Bitte die Vierergruppen, reihum in mehreren Runden ihre jeweils relevanteste Aktivität zu nennen und schreibe diese auf dem Flipchart neben die durchnummerierten Post-its.
- Am Ende sollten zwischen acht und zwölf Aktivitäten auf dem Flipchart stehen.

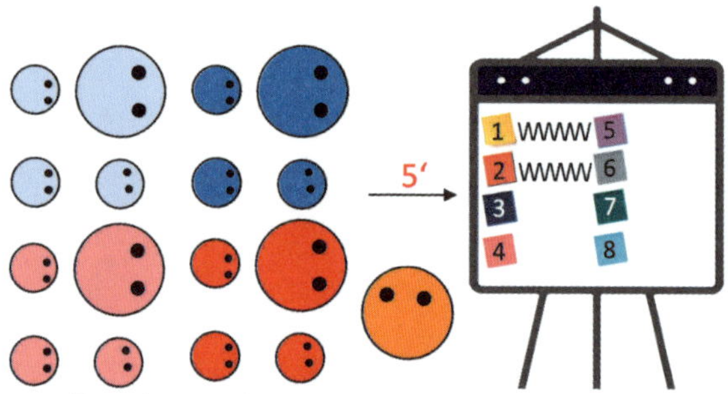

All: reihum relevanteste Aktivität hinzufügen

- *Tipp:* Die Vierergruppen werden teilweise dieselben oder ähnliche Aktivitäten nennen. Führe diese gemeinsam mit der Gruppe zusammen, sodass eine für alle verständliche Liste an Aktivitäten entsteht.
- *Stolperfalle:* Für die anschließende Platzierung sollten alle ungefähr dieselbe Vorstellung von den Aktivitäten haben. Frage dafür beispielsweise bei jeder Aktivität: „Ist jemandem die Aktivität unklar?"
- *Stolperfalle:* Bei mehr als zwölf Aktivitäten oder vielen Vierergruppen können die folgenden Schritte und der gemeinsame Ecocycle unübersichtlich werden. Beschränke bei großen Gruppen (>24 Personen) die Anzahl der Aktivitäten auf acht bis zehn oder plane mehr Zeit für die folgenden Schritte ein. **+5–30 Minuten**

Schritt 4

Aktivitäten auf Ecocycle platzieren

4 Minuten

- Lass die Beteiligten den Ecocycle skizzieren oder verteile den Ecocycle-Ausdruck.
- Bitte nun die Beteiligten, die Aktivitäten gemäß der Nummerierung auf dem Flipchart auf dem eigenen Ecocycle zu verorten.

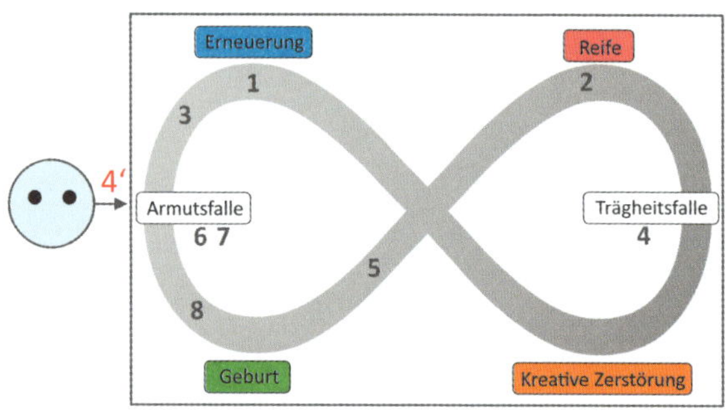

- *Optional:* Falls Beteiligte eine Aktivität nicht einsortieren können, lass sie diese ignorieren oder unter einem „?“ notieren.

Schritt 5 Gemeinsame Platzierungen erstellen ⏳ **11 Minuten**	Bitte die Gruppe, sich zuerst in Zweier- und dann in Vierergruppen mit 2-4 (5', 6') über ihre Platzierung auszutauschen, sich schließlich auf eine Platzierung zu einigen und diese auf einem Ecocycle auf Papier zu notieren. 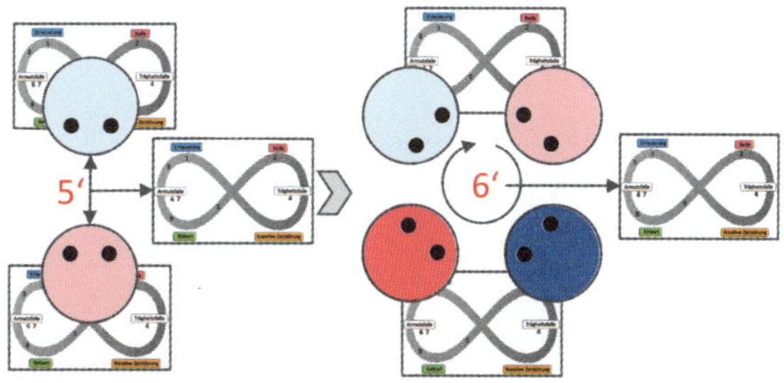 • *Tipp:* Achte auf die Einhaltung der Zeitfenster, um den Fokus auf den *Austausch über die Platzierung* zu setzen. Kleingruppen können bei anhaltender Uneinigkeit für eine Aktivität mehrere Platzierungen vermerken. • *Tipp:* Sobald eine Gruppe ihre gemeinsame Platzierung besprochen hat, bitte sie, diese gleich gemäß Schritt 6 auf den großen Ecocycle zu übertragen. So vermeidest du Stau und Leerlauf im nächsten Schritt. • *Stolperfalle:* Manche Vierergruppen verzetteln sich gerne in eine angeregte Diskussion über die Inhalte von Aktivitäten und besprechen bereits die nächsten Schritte. Mach der Gruppe klar, dass es hier nur um Transparenz der verschiedenen Interpretationen des aktuellen Reifegrads der Aktivitäten geht. Die folgenden Schritte dienen genau dazu, sich über das weitere Vorgehen bei den Aktivitäten zu einigen und schließlich in die inhaltliche Diskussion über die nächsten Schritte zu den Aktivitäten einzusteigen.

Schritt 6

Aktivitäten auf großen Ecocycle übertragen und reflektieren

5–10 Minuten

- Bitte alle Vierergruppen, ihre Platzierungen mithilfe der durchnummerierten, farbigen Post-its auf den großen Ecocycle zu übertragen und dann in Ruhe das entstandene Bild zu betrachten.
- Frage sie nach Mustern, Auffälligkeiten, Überraschungen und der Bedeutung des Bilds für die Kapazität der Gruppe.

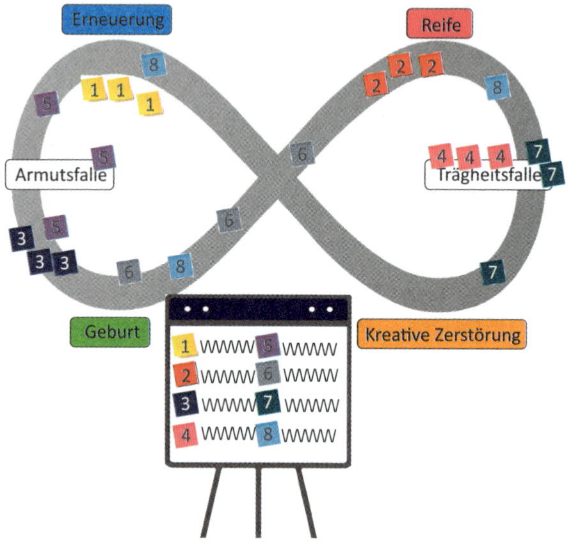

- ***Stolperfalle:*** Gleite nicht in die offene Diskussion über Details und mögliche Gründe ab. Lass lediglich zu, Eindrücke zu äußern, und bitte darum, diese nicht zu diskutieren.
- ***Variante:*** Führe ein 1-2-4-All durch, um die Eindrücke tiefer gehend zu reflektieren. **15 Minuten**

Schritt 7
Uneinigkeiten bei der Platzierung besprechen
5–10 Minuten

- Identifiziere Aktivitäten, die die Gruppe unterschiedlich platziert hat.
- Bitte Beteiligte aus den Vierergruppen, die Aktivitäten unterschiedlich platziert haben, die Unterschiede zu erörtern. Frage sie: „Wer hat die Aktivität A in Phase X, wer in Phase Y platziert? Warum?"

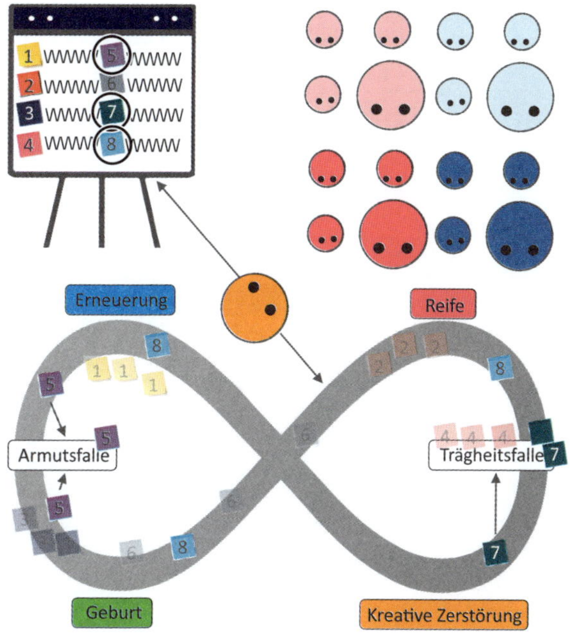

- *Tipp: Stark unterschiedliche* Platzierungen verteilen sich typischerweise über den ganzen Ecocycle oder sind durch die Fallen getrennt. *Schwache* Unterschiede, insbesondere entlang der Strecke zwischen Geburt bis Reife, wie im Bespiel die Aktivität 6, *kannst* du in diesem Schritt vernachlässigen.
- *Tipp:* Unterschiedliche Platzierungen liegen manchmal auch an unterschiedlicher Interpretation der Aktivität. Du kannst an dieser Stelle empfehlen, dass die Gruppe sich für die folgenden Schritte auf eine Interpretation festlegt oder die Aktivität ignoriert.
- *Stolperfalle:* Bei einigen Aktivitäten *können* sich die Unterschiede in der Platzierung auflösen. Das ist jedoch nicht das Ziel dieses Schritts. Divergenz kann in den nächsten Schritten hilfreich sein.
- *Stolperfalle:* Dieser Schritt kann leicht in eine unfokussierte Diskussion abgleiten. Teile der Gruppe erneut das Ziel dieses Schritts mit: die Unterschiede in der Platzierung zu verstehen und damit eine gemeinsame Sicht auf das Portfolio zu entwickeln. Dabei ist es in Ordnung, wenn eine Vierergruppe der Meinung ist, dass eine Aktivität neu gedacht werden muss, und die andere Vierergruppe glaubt, dass sie bereits gestartet worden ist, weil jemand bereits daran arbeitet. Mit dieser Erkenntnis kann die Gruppe in den folgenden Schritten arbeiten.

- *Stolperfalle:* Du bist in diesem Schritt in der Rolle des *Moderierenden*. Gehe bewusst damit um und halte dich aus den Inhalten heraus.
- *Im Beispiel:* Die Gruppe hat Aktivität 5, 7, 8 stark unterschiedlich platziert. 5 und 7 liegen nahe beieinander. Tatsächlich sehen alle Beteiligten Aktivität 5 und 7 in den Fallen und die Gruppe aktualisiert die Platzierungen entsprechend. Die Aktivität 8 verteilt sich auf den ganzen Ecocycle. Die Gruppe behält diese Platzierung bei.

Schritt 8

Weiterzubewegende Aktivitäten wählen

⏳ **10–15 Minuten**

Lass die Gruppe die Aktivitäten wählen, die sie auf dem Ecocycle weiterbewegen will. Frage sie: „Welche Aktivität wollt ihr starten, reif machen, stoppen oder neu denken?“ Fordere die Gruppe auf, sich dabei abzustimmen und ihre begrenzten Ressourcen zu berücksichtigen: „Wie könnt ihr euer Portfolio ausbalancieren?“

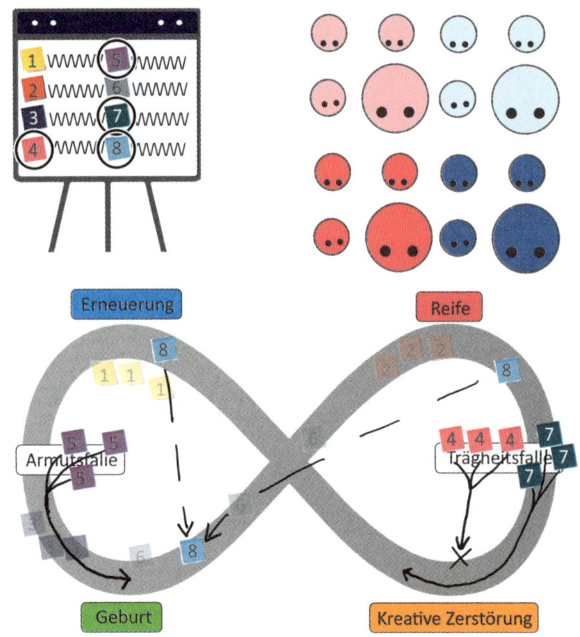

- *Tipp:* Bitte Kleingruppen, jeweils einige (bei großen Gruppen: eine) Aktivitäten zu wählen und sich dann in der ganzen Gruppe abzustimmen.
- *Tipp:* Aktivitäten in den Fallen sind oft ein sicherer Indikator dafür, dass die Gruppe die Aktivität starten (Armutsfalle) oder stoppen (Trägheitsfalle) möchte. Weise die Gruppe darauf hin.
- *Tipp:* Wecke den Ketzer in den Beteiligten und mach der Gruppe die kreative Zerstörung schmackhaft. Hiermit kann die Gruppe gezielt Aktivitäten neu denken: „Wie können wir eine Aktivität frischer, geschickter, gewinnbringender oder effektiver gestalten?“

- *Tipp:* Lade die Gruppe an dieser Stelle ein, auch Aktivitäten mit unterschiedlicher Platzierung zu betrachten, um sich auf die nächste gewünschte Phase dieser Aktivitäten zu einigen.
- *Stolperfalle:* Warne die Gruppe davor, Phasen zu überspringen oder den Zyklus rückwärts zu gehen. Lass sie Ausgedientes erst einmal neu denken und nicht gleich von der neuen Reife fantasieren. Anstatt beispielsweise von der Trägheitsfalle direkt in die Reife zu springen, soll die Gruppe bewusst die Phasen kreative Zerstörung, Erneuerung und Geburt durchlaufen.
- *Stolperfalle:* Manche Gruppen wollen vieles auf einmal bewegen oder viel Neues starten. Auch hier gilt: Die Kapazität der Gruppe ist begrenzt. Bitte die Gruppe, sich (in Kleingruppen) wieder auf die für sie relevantesten Aktivitäten (beispielsweise die aus Schritt 2) zu fokussieren.
- *Optional:* Lass die Gruppe – wie im Beispiel – die Ergebnisse auf dem Ecocycle visualisieren und mit einem Stift markieren, wohin sie welche Aktivität verschieben will.
- *Im Beispiel:* Die Gruppe hat sich geeinigt, Aktivitäten 4, 5 und 7 aus den Fallen zu bewegen: Die Gruppe will Aktivität 5 starten, Aktivität 4 stoppen und Aktivität 7 neu denken. Aktivität 8 will die Gruppe in die Geburt bringen – sie konnte sich darauf einigen, dass die Aktivität in dieser Form noch nicht gestartet wurde. Mit allen anderen Aktivitäten will sie zu diesem Zeitpunkt so weitermachen wie bisher.

Schritt 9 Nächste Schritte planen ⏳ **15 Minuten**	• Fordere die Gruppe auf, sich in Kleingruppen auf die Aktivität(en) aufzuteilen, die sie unbedingt selbst weiterbewegen wollen. • Die Kleingruppen sollen konkrete erste Schritte und Maßnahmen entwickeln. • Lass die Kleingruppen die Maßnahmen anschließend mit der ganzen Gruppe teilen, um Transparenz herzustellen und um weitere Unterstützer zu finden. 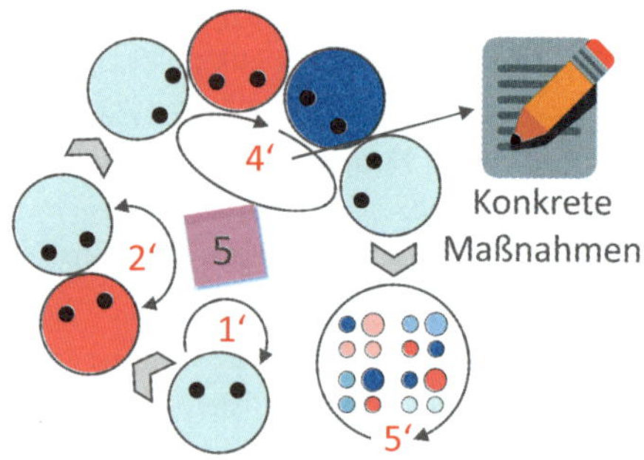 • *Tipp:* Frage am Ende: „Wer will gerne noch bei den genannten Maßnahmen unterstützen?" • *Im Beispiel:* Eine Vierergruppe überlegt sich konkrete Maßnahmen und erste Schritte, um Aktivität 5 zu starten.

Allgemeine Tipps, Varianten und Stolperfallen

- *Stolperfalle:* Achte darauf, dass die Aktivitäten eine ähnliche Granularität, Perspektive und Flughöhe haben, andernfalls kann die Betrachtung der Aktivitäten schwierig werden. Wenn du beispielsweise das Portfolio von Regelmeetings betrachtest und eine Aktivität lautet „Regelmeetings betrachten", wird das für Kopfzerbrechen sorgen. Gleiches gilt möglicherweise, wenn die Gruppe die Aktivitäten „Kunde Meier betreuen" und „Kunden betreuen" für ihr Portfolio an Vertriebsaktivitäten auf dem Ecocycle einsortiert.
- *Variante:* Keine Konsolidierung der Listen von Aktivitäten: Lass jeden Beteiligten seine Aktivitäten auf dem Ecocycle platzieren und zuerst in Paaren und dann zu viert die Platzierungen besprechen und konsolidieren (Verbindung von Schritt 2, 4 und 5). Jede Vierergruppe schreibt dann ihre Aktivitäten auf Post-its und platziert sie auf dem großen Ecocycle. Dadurch kannst du ein umfänglicheres Bild der Aktivitäten erhalten. Dafür verlierst du deutlich an Übersichtlichkeit: Der große Ecocycle kann schwer zu verstehen sein. Die Gruppe erhält jedoch ein vollständigeres Bild.
- *Variante:* Führe allein ein `Ecocycle Planning` für deine Hobbys, Projekte, Freundschaften oder Beziehungen durch.

Kombinationen mit anderen Liberating Structures

Wann?	Was?	Wozu?	Wie?
Zur Vorbereitung	9 Whys/ Purpose-to-Practice	Um den gemeinsamen Purpose zu identifizieren und so die Relevanz von Aktivitäten beurteilen zu können.	Standardablauf
Währenddessen	25/10 Crowd Sourcing	Um in Schritt 9 Ideen und konkrete Maßnahmen zu entdecken, die Aktivitäten weiterbewegen.	Frage nach konkreten Ideen und dem ersten Schritt zur Umsetzung, um die Aktivitäten, die die Gruppe starten, stoppen, reifen, neu denken will, auf dem Ecocycle weiterzubewegen.
Im Anschluss	15 % Solutions	Um 15-%-Lösungen für die identifizierten Maßnahmen aus Schritt 9 zu entwickeln und in die Handlung zu kommen.	Frage: „Was sind deine 15-%-Lösungen, um die identifizierten Maßnahmen zu unterstützen?“
	Open Space Technology	Um Maßnahmen in Kleingruppen zu vertiefen, auszuarbeiten und erste Schritte durchzuführen.	Lass Stationen für die weiterzubewegenden Aktivitäten bilden und an diesen die identifizierten Maßnahmen ausarbeiten oder in die Tat umsetzen.
	What, So What, Now What?	Um die Analyse des Portfolios gemeinsam zu reflektieren und in die Handlung zu kommen.	Standardablauf

Wann?	Was?	Wozu?	Wie?
	Conversation Café	Um verbliebene unterschiedliche Platzierungen zu besprechen.	Teile die Gruppe auf Kleingruppen auf und lass diese jeweils eine unterschiedlich platzierte Aktivität besprechen. Die Abfolge der Fragen für die vier Runden könnte lauten: „Wo siehst du die Platzierung der Aktivität x und warum?“ „Nachdem du die anderen gehört hast, wo siehst du die Aktivität nun?“ „Was bedeuten die unterschiedlichen Platzierungen für unseren Kontext und unsere Kapazität? Wo wollen wir die Aktivität einordnen?“ „Wie bekommen wir die Aktivität dahin? Was wirst du dafür tun?“

Beispiel: Projektportfolio analysieren und fokussieren

Ein Team aus dem mittleren Management, das für das globale Portfolio der Unternehmenssoftware verantwortlich war, hatte den Überblick verloren. Sie wussten nicht mehr, wie sie mit ihrer Arbeitslast umgehen sollten. Ich half dem Team mit Ecocycle Planning, sein Portfolio zu analysieren und sich auf die aktuell wichtigsten Projekte zu fokussieren.

Das Team hatte 25 Projekte identifiziert, die aktuell Zeit und Ressourcen banden. Im Verlauf des Ecocycle wurde dem Team klar, dass sich nur ein einziges Projekt in der Reifephase befand und es zu viele Projekte gleichzeitig gestartet hatte. Dies war unter anderem deshalb geschehen, weil der gemeinsame Blick auf das Portfolio bis dato gefehlt und jedes Teammitglied mehrere Projekte gestartet hatte, ohne sich mit den anderen abzustimmen.

Das Team entschied dann, auf welches der Projekte es sich als Nächstes konzentrieren wollte und wer daran arbeiten sollte. Zudem beschloss das Team, einige Projekte erst einmal komplett zurückzustellen, und sprach ab, wer entsprechend welche Kunden informieren sollte.

Ursprung und Inspiration: Diese Liberating Structure wurde von Henri Lipmanowicz und Keith McCandless entwickelt. Dabei haben sie die Arbeit von Brenda Zimmerman[37] und Ökologen[38] adaptiert.

Panarchy

Verstehe, wie Systeme auf verschiedenen Ebenen zusammenhängen, Informationen verteilen und sich verändern, um

- *ineinandergreifende Strategien und Maßnahmen auf mehreren Ebenen zu entdecken und so Veränderungen in Gang zu bringen,*
- *Beteiligte zusammenzubringen, die auf verschiedenen Ebenen agieren,*
- *sich gemeinsam zu reorganisieren und Resilienz gegenüber Störungen zu entwickeln,*
- *gleichzeitig Wald, Bäume, Blätter und den ganzen Landstrich zu sehen.*

ca. 140–150 Minuten Niveau: anspruchsvoll 1–99+ Personen
Ideal: 16–40 Personen

Wir haben es mit dem Chaos des Lebens zu tun und wir schmirgeln es ab. Je mehr du schmirgelst, desto mehr Muster erkennst du. Dann merkst du, dass das Leben in Wirklichkeit organisiertes Chaos ist. Wir werden nie die Chance haben, alles zu verstehen, aber wir sind hier, um weiter zu schmirgeln.

Danny Carey, bester Schlagzeuger der Welt

Wann kannst du Panarchy anwenden und was kannst du damit erreichen?

Alles hängt zusammen. Makro-, Meso- und Mikroebenen sind miteinander verflochten. Wir nehmen dies meist nur unbewusst wahr. Gesetze beispielsweise formen die Grundlage für eine Gesellschaft und sie beeinflussen den Handlungsrahmen ganzer Industriezweige, in denen diverse Unternehmen agieren. Diese sind auf Standorte aufgeteilt und haben Abteilungen mit Teams, bestehend aus Individuen. Kleine Veränderungen an einer Stelle können an anderer Stelle Großes bewirken oder verhindern. Marginale Umstände in einem Kontext können in einem anderen Fortschritt blockieren oder erst erlauben. Innerhalb eines Unternehmens, einer Abteilung oder eines Teams fehlt in der Regel der Blick für dieses Ineinandergreifen. Veränderungen, Entscheidungsfindungen, Initiativen, Herausforderungen und so weiter betrachten meist nur den lokalen Kontext. Sie berufen und verlassen sich lediglich auf ihren eigenen Handlungsspielraum. So verpassen sie Chancen und verkennen Hindernisse oder sind schlichtweg blind dafür.

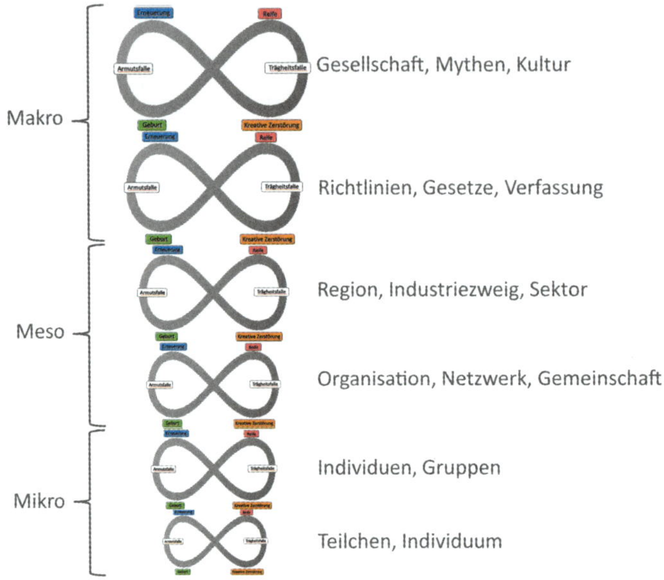

Beispielhafte Ausprägungen miteinander verwobener Ebenen möglicher Panarchien

Weite mit Panarchy den Blickwinkel deiner Gruppe! Panarchy erlaubt euch, alle für euer Vorhaben relevanten Ebenen zu betrachten und vielversprechende Chancen zu nutzen sowie lähmende Hindernisse aus dem Weg zu räumen. Deine Gruppe identifiziert dazu Faktoren, die ihre Herausforderung beeinflussen und leitet daraus die relevanten Ebenen ab. Anschließend erstellen die Beteiligten für jede Ebene einen Ecocycle mit Aktivitäten, die die Herausforderung betreffen. Dann versucht die Gruppe, Abhängigkeiten, Chancen und Hindernisse zwischen den Aktivitäten der verschiedenen Ecocycles zu entdecken und zu bewerten. Schließlich überlegen sich die Beteiligten Maßnahmen, um vielversprechende Chancen zu nutzen und schwerwiegende Hindernisse zu beseitigen.

Mit Panarchy erkennt die Gruppe wichtige Zusammenhänge und kann diese bei ihrem Vorhaben gezielt berücksichtigen. Sie entdeckt Hebel und Hebelpunkte, um Veränderungen anzustoßen. Das Gefühl von Machtlosigkeit weicht und macht neuer Klarheit und Zielstrebigkeit Platz. Die Beteiligten beginnen, über übliche Hierarchie- und Abteilungsgrenzen hinweg zu interagieren und gemeinsam voranzuschreiten.

Panarchy in der Entscheidungsfindung

Mit Panarchy entdeckst du die großen *und* die kleinen Zusammenhänge für Entscheidungsfindungen in eurem Kontext. Wodurch wird die Herausforderung beeinflusst und welche Auswirkungen hat eine Entscheidung auf anderen Ebenen? Welche Lösungsentwürfe verändern oder lösen das Problem wo? Welche Hindernisse existieren auf anderen Ebenen, die wir zuerst bedenken müssen, um auf unserer Ebene voranzukommen? Welche Gegebenheiten oder Veränderungen auf anderen Ebenen könnten uns in unserem Kontext helfen oder unserem Vorhaben schaden?

Auch beschreibt Panarchy die verschachtelte Natur von Entscheidungsfindungen: In jeder Umsetzungsphase einer Entscheidungsfindung finden wieder Entscheidungsfindungen statt. Jede kollektive Entscheidung setzt sich aus einer Reihe bewusster Entscheidungen auf der Ebene des Individuums zusammen. Diese basieren auf einer Reihe individueller, unbewusster Entscheidungen und Denkprozesse. Unsere kollektive Entscheidung ist in einen größeren Kontext eingebettet und dort wiederum Teil einer Umsetzung. Die Umsetzung auf einer Ebene beeinflusst Herausforderungen auf den anderen Ebenen. Beispielsweise entscheidet ein Unternehmen, ein Online-Marketingteam zu gründen, um neue Kundengruppen zu akquirieren (auf höheren Ebenen: um ihr Geschäft anzukurbeln; um den schlechten Geschäftszahlen entgegenzuwirken; um den Aktionären gerecht zu werden; um innerhalb des Kapitalismus bestehen zu können und so weiter). Dieses Team entscheidet sich, auf einem sozialen Netzwerk Präsenz zu zeigen, um jüngere Kunden zu gewinnen. Es entscheidet sich, dort täglich kurze, lustige Videos zu veröffentlichen, um das Unternehmen nahbarer erscheinen zu lassen. Bei der Produktion des ersten Videos entscheidet es sich … und so weiter.

Eigenschaften von Panarchien

Etymologisch setzt sich Panarchy aus der griechischen Vorsilbe „pan" für „gesamt", „umfassend", „alles" und dem griechischen „arche" für „Anfang", „Herrschaft", „Regel" zusammen. *Panarchien* beschreiben demnach „Regeln für alles".

Gunderson und Holling beschreiben[39] *Panarchy* als stellvertretenden Begriff für die ineinandergreifenden, ganzheitlichen Hierarchien in der Natur und anderen komplexen Systemen. Der Begriff steht für deren komplexe Dynamik mitsamt ihrer unterschiedlichen räumlichen und zeitlichen Dimensionen und Ausmaße. Schnell und langsam ablaufende Prozesse innerhalb unterschiedlich großer Areale verbindet eine Panarchie zu einem zusammenhängenden Ganzen. Auf diese Weise kombiniert Panarchy systemisches Denken mit adaptiven Kreisläufen.

Die Ebenen für die Betrachtung bei Panarchy sind nicht fix, sondern je nach betrachtetem System beziehungsweise Kontext und aktueller Fragestellung unterschiedlich. Gleiches gilt für die Dimensionen unterschiedlicher Panarchien. Dabei kann eine Panarchie aus räumlichen Ebenen (beispielsweise Straße, Bezirk, Stadt, Bundesland, Land) bestehen oder aus zeitlichen (Vergangenheit, Gegenwart, Zukunft oder Minuten, Jahre, Jahrhunderte), hierarchischen (Individuum, Gruppe, Abteilung, Standort, Unternehmen), biologischen (Zelle, Blatt, Baum, Wald, Landschaft), soziologischen (Individuum, Familie, Gemeinschaft, Land) oder verschiedenartigen (Politik, Gemeinschaft, Kultur) Ebenen. Die Ebenen können unterschiedliche Vergrößerungsstufen darstellen (Blatt, Baum, Wald), also ineinander verschachtelt sein. Sie können prinzipiell aber auch benachbart liegen (Entwickler, Fachbereich, Tester) oder in unterschiedlichen Größenklassen miteinander verwoben sein (Gesetze, Verfassung, Kultur).

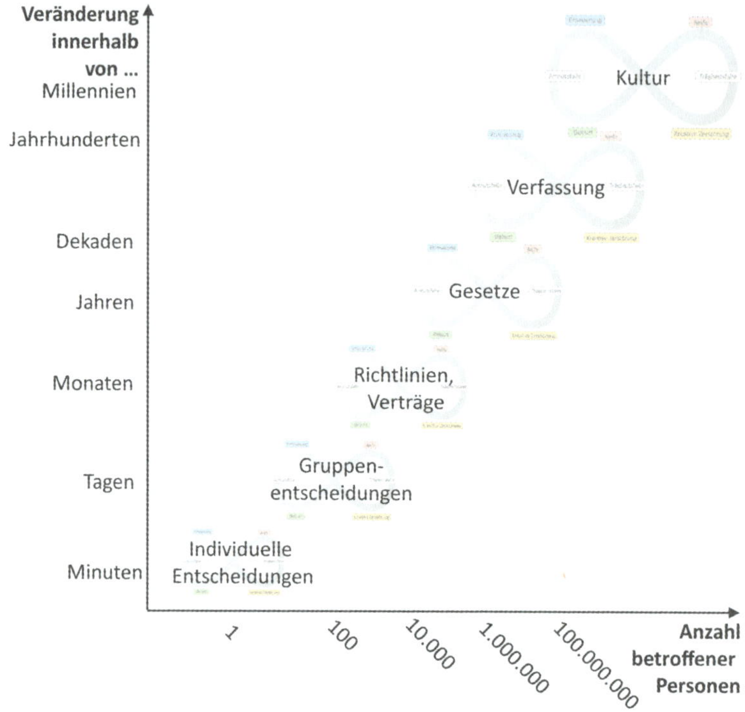

Zwei Varianten in der Darstellung einer möglichen Panarchie von Entscheidungsfindungen

In der Natur und in der Soziologie lässt sich beobachten, dass die höheren, langsameren Ebenen das gesamte System *stabilisieren*. Sie konservieren das gesammelte Wissen, die angehäuften Erfahrungen mit und die Erinnerungen an vergangene, erfolgreiche Experimente, die *überlebt* worden sind. Die unteren schnelllebigeren Ebenen erfinden, experimentieren und erproben. Sie wirken kreativ beeinflussend bis disruptiv revoltierend und transformieren die oberen Ebenen. Dieser ganze Mechanismus kann bei einer Durchführung und den dabei gefundenen Ebenen von Panarchy deutlich werden, muss aber nicht.

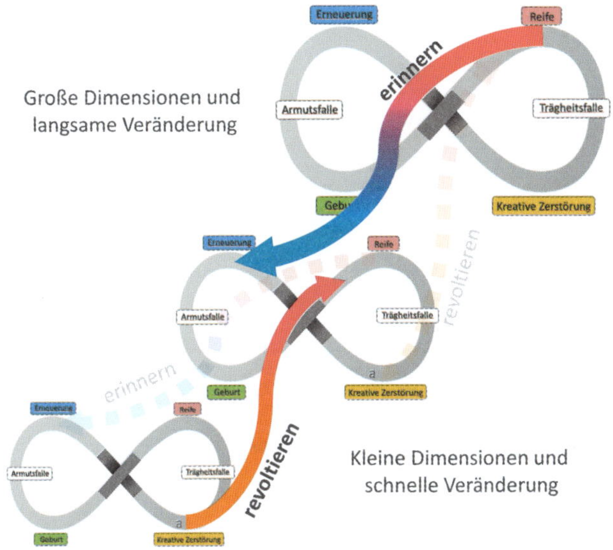

Typische Beeinflussung zwischen den Ebenen unterschiedlicher Dimensionen (angelehnt an Gunderson)

Die identifizierten Ebenen können für zwei verschiedene Fragestellungen oder Betrachtungsweisen durchaus dieselben sein. Im folgenden Beispiel[40] werden Prozesse betrachtet, die den Wald strukturieren, wie beispielsweise ein Waldbrand, Schädlinge oder der Klimawandel, und mithilfe einer Panarchie die betroffenen Ebenen veranschaulicht. Die gleiche Panarchie könnte sich beispielsweise bei der Betrachtung der Habitate unterschiedlicher Säugetiere, die den Wald bewohnen, ergeben.

Mithilfe der Liberating Structure Panarchy entdeckt die Gruppe beeinflussende Faktoren (Waldbrand, Schädlinge …) passend zur Herausforderung (zum Beispiel: „Wie können wir das Waldsterben in Europa eindämmen?“) und leitet daraus die Ebenen ab.

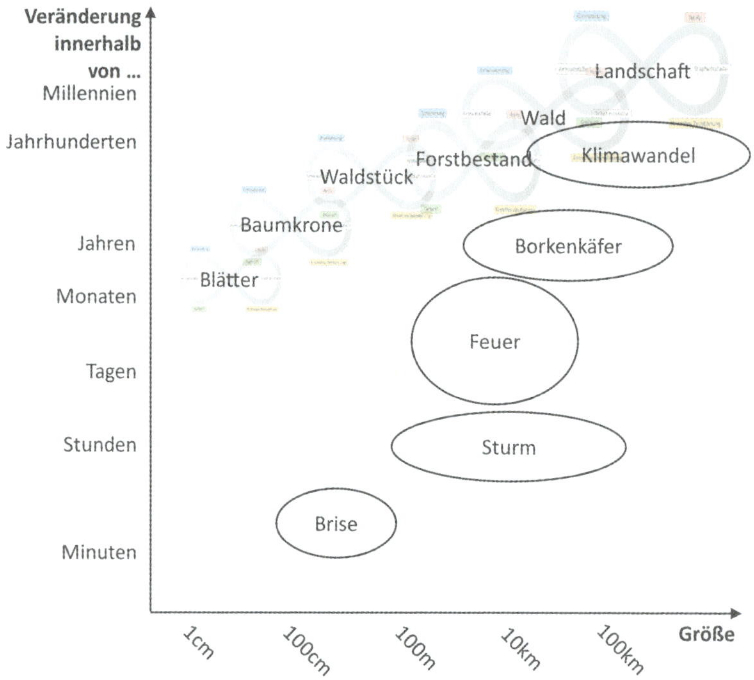

Beispiel für eine Panarchie in der Biologie: Faktoren, die den Wald beeinflussen

Wie? Vorbereitung, Einladung und Durchführung

Vorbereitung	• Schärfe die Herausforderung vorab mit der Gruppe. • Bereite ein großes Panarchy-Diagramm zur Veranschaulichung des Konzepts von Panarchy und für die spätere Darstellung aller Ebenen vor. Sieh dafür eine große Wand oder eine große freie Fläche am Boden vor, sodass die Beteiligten später die Möglichkeit haben, Details zu allen Ebenen zu erkennen und in Ruhe zu betrachten. • *Tipp:* Lade möglichst Vertreter aller Panarchieebenen ein.
Raum und Material	• Stift und Papier für alle Beteiligten • Mindestens 20 Post-its pro vier Beteiligte in mindestens zwei verschiedenen Farben • Flipcharts für die Ebenen, Fragen der Schritte 5, 6, 8, 10, Ergebnisse • *Optional:* bunte Marker für Schritt 10 • *Optional:* ein Flipchart zur Veranschaulichung der möglichen, typischen Beeinflussungen der Ebenen für Schritt 8

Einladung	• Lade die Beteiligten ein, herauszufinden, *was* auf den verschiedenen Ebenen (oberhalb und unterhalb der Gruppe) zu ihrer Herausforderung beiträgt. • Lade sie ein, Chancen, Hindernisse und Maßnahmen auf einzelnen Ebenen und über mehrere Ebenen hinweg zu entdecken, die eine Veränderung bewirken können.
Schritt 1 Herausforderung, Konzepte und Ablauf erläutern **5–10 Minuten**	• Benenne die gemeinsame Herausforderung. • Beschreibe die Konzepte von Panarchy und Ecocycle Planning anhand von Beispielen. • Gib den Beteiligten einen groben Ausblick auf den Ablauf: Ebenen bestimmen, Ecocycles mit Aktivitäten im Rahmen der Herausforderung erstellen, Zusammenhänge aufdecken, Maßnahmen finden. *Im Beispiel:* Die Herausforderung lautet: „Wie können wir die Ausbreitung des Virus SARS-CoV-2 eindämmen?"
Schritt 2 Kritische Faktoren finden **5 Minuten**	Bitte die Beteiligten, eine Liste mit Faktoren zu erstellen, die den Erfolg eurer Herausforderung negativ oder positiv beeinflussen. Dabei sollen sie Faktoren auf der Mikro- (Einzelteile, Individuen, Gruppen), Meso- (Organisationen, Netzwerke, Industriezweige) und Makroebene (Richtlinien, Gesetze, Kultur) berücksichtigen. 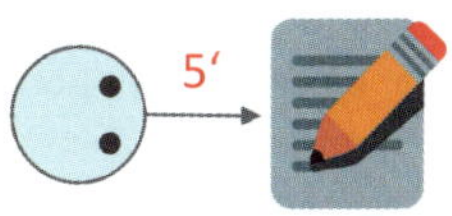 Kritische Faktoren *Im Beispiel:* Faktoren, die die Ausbreitung von SARS-CoV-2 beeinflussen, sind: „Mutation des Virus“, „Einhalten von Schutzmaßnahmen“, „Nachverfolgbarkeit von Ausbrüchen“, „Verfügbarkeit wirksamer Medikamente“, „Vereinheitlichung von Regelungen und Maßnahmen“, „Akzeptanz von Schutzmaßnahmen“.

Schritt 3 Ebenen aus den Faktoren ableiten **10 Minuten**	Bitte die Beteiligten, Paare zu bilden, sich gegenseitig ihre Faktoren vorzustellen und diese auf etwa vier bis sieben Ebenen zu verorten. Frage dazu: „Auf welcher Ebene spielt sich ein Faktor ab? Findet eine passende Überschrift für die Ebene.“

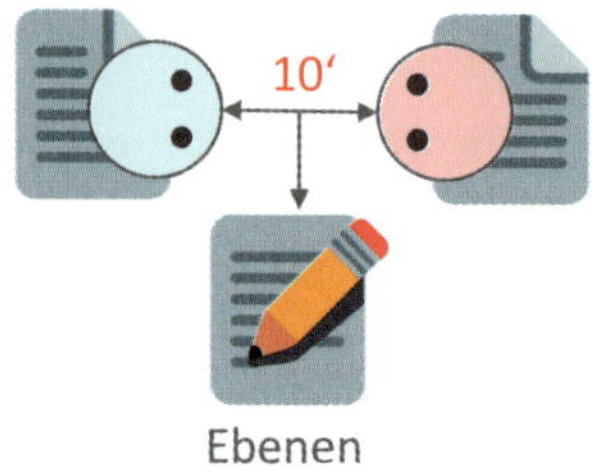

Im Beispiel: Die gefundenen Faktoren liegen auf folgenden Ebenen: „Mutation des Virus“: „Virus“; „Einhalten von Schutzmaßnahmen“: „Individuen“; „Nachverfolgbarkeit von Ausbrüchen“: „Gesundheitsämter“; „Verfügbarkeit wirksamer Medikamente“: „Gesundheitswesen“; „Vereinheitlichung von Regelungen und Maßnahmen“: „Politik“; „Akzeptanz von Schutzmaßnahmen“: „Gesellschaft“.

Schritt 4 Auf Ebenen einigen **15–20 Minuten**	• Lass die Beteiligten in Vierergruppen ihre Ebenen und die Ebenenbezeichnungen zusammenführen und auf Post-its vermerken. • Bitte die Vierergruppen, ihre Ergebnisse mit allen auf einem Flipchart zu teilen. Dabei sollen die Kleingruppen nacheinander fehlende Ebenen ergänzen und passendere Ebenenbezeichnungen vorschlagen. Ziele auf *insgesamt* vier bis sieben Ebenen ab.

- *Tipp:* Lass eine Vierergruppe beginnen, die von ihren Ebenen überzeugt ist.
- *Tipp:* Duplikate und unpassendere Ebenenbezeichnungen sollen nachfolgende Gruppen überspringen.

	• ***Stolperfalle:*** Gib der Gruppe Raum, um sich auf passende Ebenen zu einigen. Achte aber darauf, dass dieser Schritt nicht in eine ziellose Diskussion ausufert. Die Ebenen brauchen nicht perfekt zu sein, sondern sollen für alle sinnvoll und nachvollziehbar erscheinen. • ***Stolperfalle:*** Mehr als sieben Ebenen machen es später schwierig, Zusammenhänge über mehrere Ebenen hinweg zu erkennen. • ***Optional:*** Die Beteiligten können vorhandene Teil-Ganzes-Beziehungen oder Überlappungen der Ebenen (wie im Beispiel) sichtbar machen.
Schritt 5 Ebenen und bisherigen Fokus reflektieren **15 Minuten**	• Bitte die Beteiligten, mithilfe von 1-2-4-All (2', 3', 5', 5') folgende Fragen zu beantworten: – „Auf welchen Ebenen passiert bereits etwas? Wo wurden schon Ressourcen investiert? Welche Ebenen berücksichtigen wir schon?" – „Welche Ebenen haben wir bis jetzt vernachlässigt?" – „Was weißt du über den Status und die Dynamiken auf den verschiedenen Ebenen?" 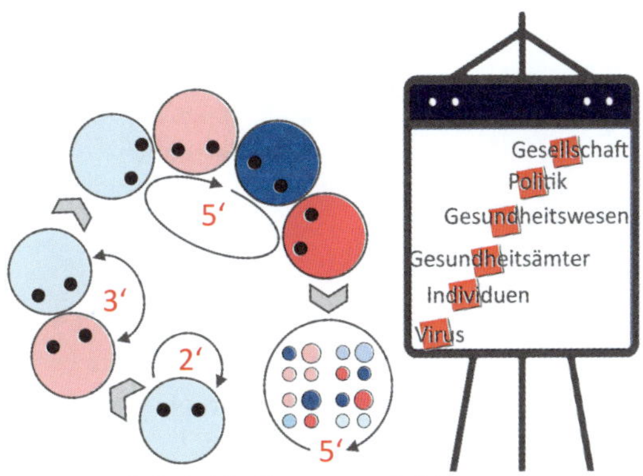 1-2-4-All: Ebenen reflektieren

Schritt 6 Ecocycle pro Ebene erstellen ⌛ **15 Minuten**	• Bitte die Beteiligten, sich in Kleingruppen (2–7 Personen) jeweils einer Ebene mithilfe folgender verkürzter Variante des **Ecocycle Planning** zu widmen, sodass alle vier bis sieben Ebenen abgedeckt sind. • Frage die Kleingruppen: – "Was passiert gerade auf dieser Ebene? Welche Aktivitäten oder Maßnahmen werden bereits ergriffen oder sind angedacht, um auf die Herausforderung zu reagieren?" – "In welcher Phase des Ecocycle befinden sich die Aktivitäten beziehungsweise welches Verhaltensmuster liegt der Aktivität zugrunde: Erneuerung/Netzwerker, Geburt/Unternehmer, Reife/Manager, kreative Zerstörung/Ketzer?" • Lass die Kleingruppe ihren Ecocycle auf einem Flipchart mit Post-its dokumentieren. 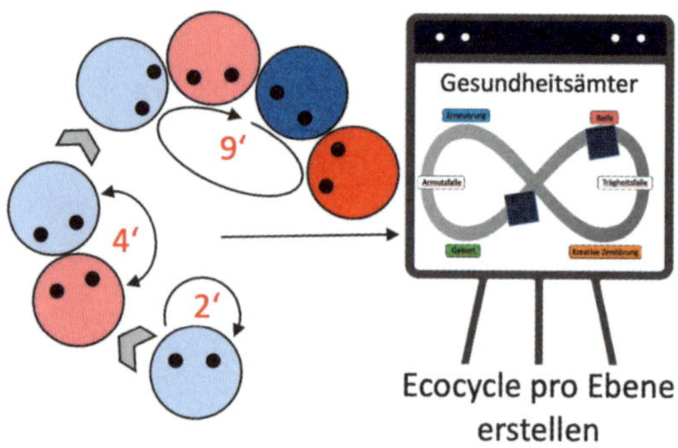 • *Tipp:* Bitte die Beteiligten, sich der Ebene zu widmen, auf der sie irgendeine Art von Erfahrung haben. • *Tipp:* Falls deine Gruppe vor allem auf den unteren bis mittleren Ebenen „beheimatet" ist, lade sie ein: „Wenn du jemanden kennst, der auf einer Makroebene agiert und Einblicke in dessen Wirken hast, dann widme dich dieser Ebene." • *Tipp:* Lass die Beteiligten ihre Zwischenergebnisse auf Papier festhalten. • *Tipp:* Strukturiere den Schritt mit **1-2-4** (2', 4', 9'): entweder (wie in der Abbildung) mit einem langen Zyklus für beide Fragen gleichzeitig oder je einem kurzen Zyklus pro Frage.

Schritt 7

Ergebnisse teilen

⏳ **10 Minuten**

Bitte die Kleingruppen, ihren Ecocycle vorzustellen und im gemeinsamen Panarchy-Diagramm zu platzieren.

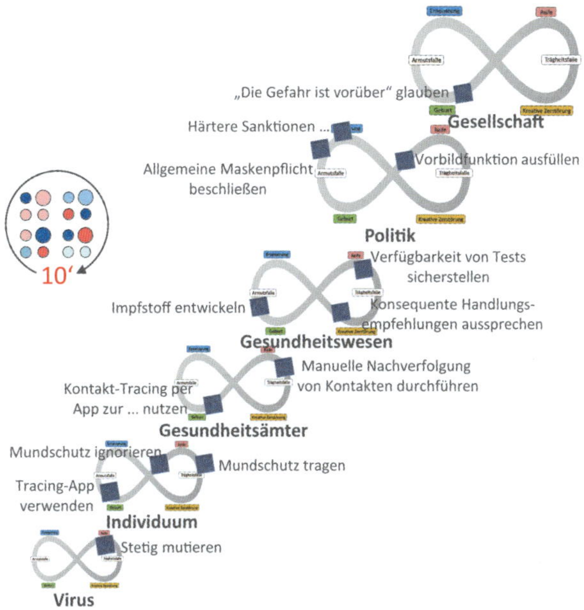

- *Tipp:* Halte die Reihenfolge von unten nach oben (Mikro → Meso → Makro) (oder umgekehrt) bei der Vorstellung der Ecocycles ein.
- *Tipp:* Gib jeder Kleingruppe etwa ⏳ **2 Minuten** Zeit.

Schritt 8

Chancen und Hindernisse zwischen den Ebenen identifizieren

⏳ **18 Minuten**

- Lass die Beteiligten mithilfe von ⁙ 1-2-4 (5', 5', 8') und folgender Fragen Chancen und Hindernisse erkennen:
  - „Was könnte Veränderung *über mehrere Ebenen hinweg* ermöglichen oder verhindern?“
  - „Von *einer Ebene aus* gesehen: Welche neuen Ideen, Optionen und Möglichkeiten könnten durch eine Veränderung auf dieser Ebene oberhalb (in Richtung Makroebenen) entstehen?“
  - „Wo kann kreative Zerstörung auf höheren Ebenen auf unteren Ebenen (in Richtung Mikroebenen) Kapazitäten freisetzen oder Veränderungen ermöglichen?“
  - „Welche kleinen Entwicklungen auf unteren Ebenen (Mikro, Meso) können weiter oben etwas stören, durchbrechen oder bewegen?“

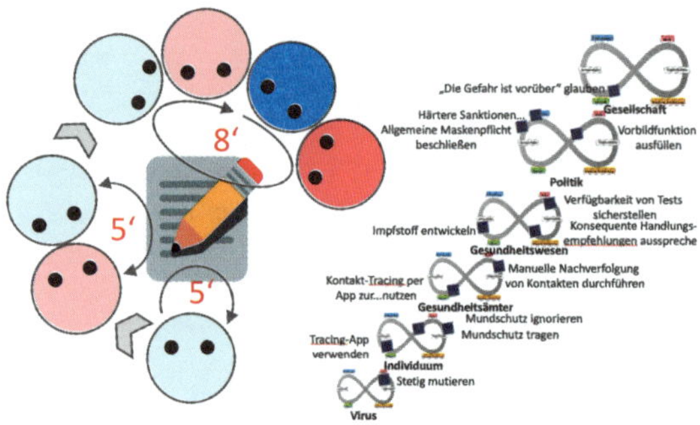

1-2-4: Chancen und Hindernisse finden

- *Tipp:* Lass die Beteiligten 📝 Notizen machen und ihre Ergebnisse zusammenführen.
- *Tipp:* Bitte die Kleingruppen, das Hilfemuster *Gemeinsames Formen* zu verwenden und im „Ja! Und ..." anstatt im „Ja, aber ..." zu verweilen.
- *Tipp:* Mach die vier Fragen auf einem Flipchart sichtbar.
- *Optional:* Veranschauliche die vier Fragen mithilfe des Schaubilds zur Beeinflussung der Ebenen oder anhand des Panarchy-Diagramms (siehe Vorbereitung).
- *Tipp:* Behalte die Kleingruppen von Schritt 6 bei, denn diese haben bereits ein gemeinsames Verständnis ihrer Ebene.
- *Variante:* Mische die Kleingruppen neu, um Informationen und Wissen gut zu verteilen.

Schritt 9

Chancen und Hindernisse priorisieren

⌛ **7 Minuten**

Bitte die Beteiligten, in denselben Kleingruppen mithilfe von ⁛ 1-2-4 *alle* gefundenen Zusammenhänge – Chancen und Hindernisse – zu priorisieren: „Welche Chancen haben größeres Potenzial, eine positive Veränderung zu bewirken (und welche ein kleineres)? Welche Hindernisse hemmen unseren Erfolg am meisten?“

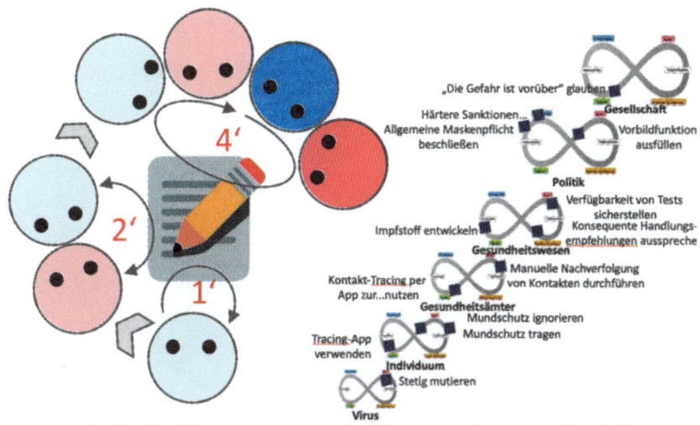

1-2-4: Chancen und Hindernisse priorisieren

Schritt 10

Maßnahmen generieren

⌛ **10 Minuten**

- Bitte die Kleingruppen, für die Chancen und Hindernisse erste Maßnahmen zu generieren, indem sie folgende Fragen beantworten:
  - „Welche Maßnahmen kannst du/können wir direkt durchführen, um Ebenen oberhalb und unterhalb zu beeinflussen?“
  - „Wer hat Einfluss auf mehr als eine Ebene? Wie können wir diese Personen involvieren?“
- Bitte die Kleingruppen, ihre Maßnahmen auf Post-its kommentarlos auf dem Panarchy-Diagramm zu platzieren.

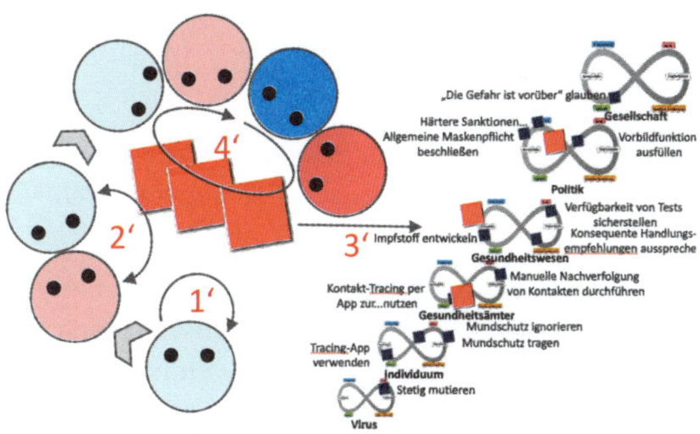

1-2-4: Maßnahmen generieren und platzieren

- *Tipp:* Bitte die Beteiligten, dabei mit den am höchsten priorisierten Chancen und Hindernissen zu beginnen.
- *Tipp:* Bitte die Beteiligten, sich auf durchführbare, realistische erste Maßnahmen zu konzentrieren: Klasse statt Masse.

- *Tipp:* Lass die Beteiligten in diesem Schritt eine andere Post-it-Farbe als zuvor (und **optional** eine Farbe pro Gruppe) verwenden.
- *Optional:* Lass die Beteiligten mögliche oder erwartete Ereigniskaskaden mit einem bunten Marker kenntlich machen.

Schritt 11

Maßnahmen teilen

15 Minuten

Bitte die Kleingruppen, ihre auf dem Panarchy-Diagramm platzierten Maßnahmen zu erläutern und dabei die vermuteten Zusammenhänge und Kaskaden zu beschreiben.

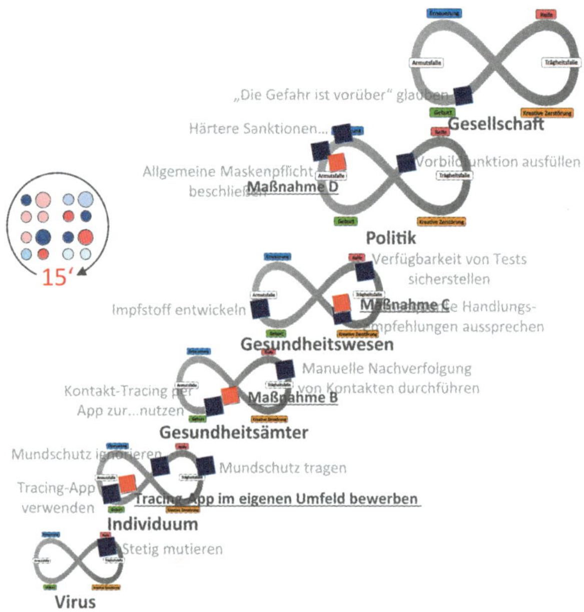

- *Tipp:* Gib jeder Kleingruppe etwa **2–3 Minuten** und den Kleingruppen, die überzeugt von ihren Maßnahmen(-kaskaden) sind, etwas mehr Zeit.
- *Im Beispiel:* „Die Tracing-App im eigenen Umfeld zu bewerben, führt dazu, dass Gesundheitsämter stärker entlastet werden und mehr Kapazitäten zur akkuraten Nachverfolgung von Kontakten haben, sodass lokale COVID-19-Ausbrüche leichter eingedämmt werden können, damit härtere Sanktionen und eine allgemeine Maskenpflicht nicht notwendig werden sowie die Akzeptanz für milde Maßnahmen, wie Mundschutz in Geschäften zu tragen, eher akzeptiert werden. Gleichzeitig werden so gefährliche Virusmutationen (*'ansteckender'* oder *'zu verschieden für zukünftigen Impfstoff'*) lokal beschränkt."

Schritt 12 Schlussfolgerungen und nächste Schritte identifizieren ⌛ **15 Minuten**	• Bitte die Gruppe, über das Panarchy-Diagramm zu reflektieren und mithilfe eines verkürzten **What, So What, Now What?** Schlussfolgerungen zu ziehen und die nächsten Schritte zu benennen. 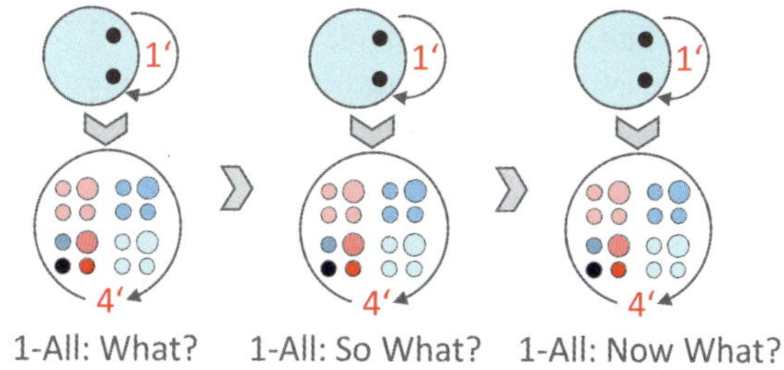

Allgemeine Tipps, Varianten und Stolperfallen

- *Tipp:* Führe **Panarchy** regelmäßig durch, um die Veränderungen sichtbar zu machen und Experimente zu validieren.
- *Tipp:* Verwende **Panarchy** für große Herausforderungen, wie beispielsweise die agile Transformation eines Unternehmens, das näher an seine Kunden rücken möchte.
- *Variante:* Wiederhole Schritte 6 und 7, um die Ecocycles zu verfeinern. Lass dabei ein paar Beteiligte die Kleingruppe wechseln, wenn diese das Gefühl haben, Wichtiges auf einem anderen Ecocycle beitragen zu können. **+20–30 Minuten**
- *Variante:* Verwende pro Ebene und Ecocycle eine andere Post-it-Farbe und bilde die Ergebnisse aus Schritt 6 in einem großen Ecocycle ab. Erstelle dazu eine Agenda mit den Farben und Ebenen.
- *Variante:* Parallelisiere bei großen Gruppen (>sieben Personen pro Ebene) die Arbeit an den Ebenen und lass die Ergebnisse zusammenführen. **+15–30 Minuten**

Mechaniken von Ecocycle Planning und Panarchy im Vergleich

Gelegentlich höre ich, dass **Panarchy** als eine Reihe von **Ecocycle Plannings** auf mehreren Ebenen bezeichnet wird. Das ist nicht falsch, aber es kann irreführend sein. Prinzipiell ähneln sich die Abläufe von **Panarchy** und **Ecocycle Planning**: Zuerst werden die Ebenen (Aktivitäten) gesucht, dann werden die/der Ecocycle befüllt und schließlich beschlossen, welche Aktivitäten das Vorhaben der Gruppe behindern oder voranbringen. Der vordergründige Unterschied ist, dass die Suche nach Aktivitäten bei **Panarchy** ebenenübergreifend stattfindet. Tatsächlich ist die Betrachtungsweise eine andere: **Ecocycle Planning** fokussiert sich vor allem auf die *Kapazität* einer Ebene, während **Panarchy** durch systemisches Denken die *Abhängigkeiten* zwischen Ebenen aufdeckt.

Kombinationen mit anderen Liberating Structures

Wann?	Was?	Wozu?	Wie?
Zur Vorbereitung	Liberating Structures	Um die Herausforderung beziehungsweise die Fragestellung gemeinsam zu formulieren.	
	Social Network Webbing	Um die relevanten und wichtigen Beteiligten für die Durchführung zu finden.	Standardablauf
	9 Whys	Um den gemeinsamen Purpose der zu besprechenden Initiative zu entdecken.	Standardablauf
	Appreciative Interview	Um vergangene Erfolge, bei denen kleine Veränderungen zu großen Effekten geführt haben, zu feiern und so das Prinzip von Panarchy zu veranschaulichen.	Frage: „Welche kleine Veränderung in deinem Kontext hatte unvorhersehbare, transformative Auswirkungen in einem größeren Kontext?“
Währenddessen	Social Network Webbing	Um nach der Identifikation der Ebenen in Schritt 4 zu bestimmen, auf welchen Ebenen noch Beteiligte fehlen und für die weiteren Schritte eingeladen werden müssen.	Standardablauf

Wann?	Was?	Wozu?	Wie?
	What I Need From You	Um die Bedürfnisse im Kontext der Fragestellung zu artikulieren und daraus die wichtigen Faktoren abzuleiten.	Unterteile die Gruppe nach Rollen, vermuteten Ebenen (die sind an dieser Stelle noch nicht bekannt) oder Hierarchien und frage: „Welche Bedürfnisse habt ihr, bezogen auf unsere Herausforderung, gegenüber den anderen, die essenziell für den Erfolg unseres Unterfangens sind?" Führe lediglich die ersten Schritte aus, sodass die Gruppe in der Lage ist, aus den Wünschen die wesentlichen Faktoren abzuleiten.
	Critical Incident Interviews	Um Hindernisse und Blockaden zu identifizieren.	Frage vorbereitend für Schritt 6 oder Schritt 8: „Welche Hindernisse blockieren dich oder haben dich bezogen auf unsere Herausforderung blockiert?" Frage dann: „Auf welcher Ebene liegen eure Hindernisse?"
	Shift and Share Caravan Consulting Open Space Technology	Um den Beteiligten zu ermöglichen an allen Ecocycles oder Ebenen zu arbeiten.	Lass in Schritt 6, 8 oder 10 die Kleingruppen entsprechend der Mechaniken der genannten Liberating Structures die Schritte ausarbeiten.
	Gallery Walk	Um die Beteiligten Chancen und Hindernisse auf den Ecocycles entdecken zu lassen.	Lass die Beteiligten zu Beginn von Schritt 8 die Resultate betrachten und gib ihnen pro Frage (siehe Schritt 8) genügend Zeit, um diese paarweise zu diskutieren.
	XxX-Writing und 25/10 Crowd Sourcing	Um in Schritt 11 Maßnahmen auszuarbeiten und zu bewerten.	Standardablauf
	15 % Solutions	Um den eigenen Handlungsspielraum der Maßnahmen aus Schritt 11 zu entdecken.	Standardablauf

Wann?	Was?	Wozu?	Wie?
	What, So What, Now What?	Um in Schritt 12 vertieft Schlussfolgerungen zu ziehen und gemeinsame nächste Schritte zu priorisieren.	Führe anstelle des verkürzten What, So What, Now What? ein vollständiges durch.
Im Anschluss	Social Network Webbing	Um wichtige Schlüsselpersonen für die Umsetzung der beschlossenen Maßnahmen zu finden.	Standardablauf

Beispiel: Negative Auswirkung von Verschwörungstheorien stoppen

Im Rahmen einer Liberating Structures User Group haben wir uns mithilfe von Panarchy gemeinsam der Herausforderung gewidmet, wie wir die negativen Auswirkungen von Verschwörungstheorien auf *uns persönlich* und die *Gesellschaft* stoppen können. Variierend vom Standardablauf hat zu Beginn jeder Teilnehmende einen eigenen Ecocycle auf der Ebene „persönliche Haltung und eigene Verhaltensmuster" ausgefüllt, um am Ende den eigenen Umgang mit dem Thema überdenken zu können. Anschließend hat die Gruppe folgende Ebenen erforscht: „Einzelpersonen", „Gruppen & Netzwerke", „Gesellschaftlicher Diskurs", „Gesetze und Vorschriften". Dabei konnte die Gruppe auf allen Ebenen mögliche und bereits bestehende Aktivitäten zur Eindämmung und Ausbreitung von Verschwörungstheorien aufdecken, beispielsweise auf der Ebene der „Einzelpersonen" die Aktivität „Vertrauen in seriöse Medien stärken" in der *Geburt* oder auf der Ebene „Gesetze und Vorschriften" die Aktivität „Verpflichtende Schulungen um seriöse Informationsquellen zu erkennen" als Idee in der *Erneuerung*. Den Teilnehmenden wurde bewusst, dass Veränderungen an Aktivitäten auf einzelnen Ebenen Einfluss auf Aktivitäten anderer Ebenen haben. So konnte die Gruppe Abhängigkeiten zwischen den Aktivitäten erkennen und Chancen für die Gesellschaft im Rahmen dieses Themas aufdecken. Insbesondere konnten Teilnehmende für sich selbst einen hilfreicheren Umgang mit dem Thema entdecken.

Ursprung und Inspiration: Diese Liberating Structure wurde von Henri Lipmanowicz und Keith McCandless entwickelt. Sie haben dazu die Arbeiten von Professor Frances Westley adaptiert (siehe vor allem Lance H. Gunderson und C. S. Holling[41]).

Critical Uncertainties

Entwickle Strategien für mögliche, nicht vorhersagbare Zukunftsszenarien, um

- *für* viele *Eventualitäten vorbereitet zu sein,*
- *robuste sowie absichernde Strategien zu priorisieren,*
- *bestehende Annahmen über die Zukunft sichtbar zu machen und zu prüfen,*
- *alle in die Lage zu versetzen, rasch auf Störungen zu reagieren und sich anzupassen,*
- *die Bandbreite strategischer Möglichkeiten zu erhöhen.*

ca. 90–105 Minuten Niveau: anspruchsvoll 1–99+ Personen
Ideal: 12–24 Personen

Bist du gegen Überraschungen gewappnet, dann bist du trainiert. Bist du auf Überraschungen vorbereitet, dann bis du gebildet.

James P. Carse, Professor für Geschichte und Literatur

Wann kannst du Critical Uncertainties anwenden und was kannst du damit erreichen?

Unternehmen, Abteilungen und Teams orientieren sich oft – wenn überhaupt – an genau einer Strategie. Meist haben sie auch nur eine Strategie in petto. Diese haben sie basierend auf einer Reihe von Annahmen und oft auch Hoffnungen über die eigene Zukunft geschmiedet. Sobald sich die Umstände ändern, Störungen auftreten oder unterschätzte Gefahren eintreten, gerät die Strategie ins Wanken und das Unternehmen, wenn es sich taktisch und operativ an der Strategie ausgerichtet hat, ebenfalls.

Mit Critical Uncertainties setzt du einen stabilen Anker und sorgst für Resilienz. Du identifizierst die entscheidenden Faktoren für den Erfolg und Misserfolg des Unternehmens (oder der Abteilung, des Vorhabens, des Projekts, der Initiative, des Teams und so weiter). Aus den (Extrema der) zwei *kritischsten Faktoren* bildet die Gruppe *vier Zukunftsszenarien* und entwickelt eine Reihe von Strategien, um in den Szenarien erfolgreich zu sein oder schlicht überleben zu können. Aus der Menge der Strategien wählt die Gruppe *robuste*, also solche, die in allen Szenarien tragen, und *absichernde* Strategien, die das Unternehmen im schlimmsten Fall vor dem Untergang bewahren. Schließlich überlegt sich die Gruppe, wie sie mit den gefundenen Strategien weitermacht.

So bereitest du die Gruppe beziehungsweise das Unternehmen sowohl auf gute wie auch auf schlechte Zeiten vor. Du deckst denkbare Zukunftsszenarien auf und validierst dabei die aktuelle Strategie. Das Unternehmen kann auf eine Reihe strategischer Optionen zurückgreifen und so rascher auf vormals unvorhergesehene Störungen reagieren.

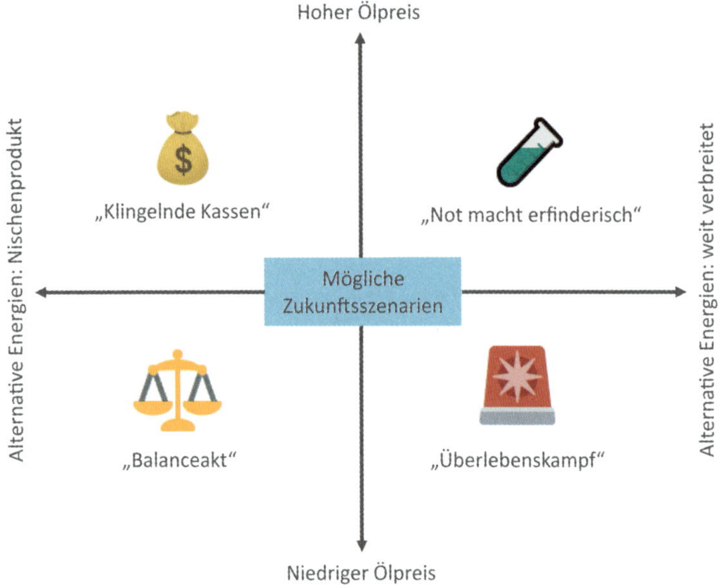

Koordinatensystem mit beispielhaften Zukunftsszenarien für einen Ölkonzern: Die Faktoren „Ölpreis" und „Verbreitung alternativer Energien" sind für den Konzern kritisch und nicht vorhersagbar.

Critical Uncertainties in der Entscheidungsfindung

Critical Uncertainties erlaubt deiner Gruppe, mehrere Strategien und Lösungen parallel auszuarbeiten und zu bewerten. Dabei entdecken die Beteiligten Faktoren, die wichtig oder kritisch für den Erfolg oder Misserfolg ihrer Entscheidungsfindung sind. Auch kannst du mit dieser Liberating Structure vorhandene Lösungen und Strategien prüfen und erweitern.

Wie? Vorbereitung, Einladung und Durchführung

Raum und Material	• , Schreibutensilien für jeden Beteiligten • Flipcharts für die Faktoren, Strategien und für das gemeinsame Koordinatensystem der Szenarien • Flipchart, Post-its für die vier Kleingruppen
Einladung	• Lade die Gruppe ein, die kritischsten und unsichersten Zukunftsszenarien für ihr Unternehmen zu identifizieren und zu untersuchen. • Lade die Gruppe ein, Strategien zu formulieren, die es dem Unternehmen erlauben, erfolgreich in den Szenarien zu operieren oder zu überleben.

<table>
<tr>
<td>Schritt 1
Ablauf beschreiben
⌛ 3 Minuten</td>
<td>Beschreibe der Gruppe den Ablauf von Critical Uncertainties.
Tipp: Veranschauliche das Konzept mit einem Beispiel, wie etwa dem oben, vom Ölkonzern.</td>
</tr>
<tr>
<td>Schritt 2
Faktoren auflisten
⌛ 5 Minuten</td>
<td>Bitte die Beteiligten, eine Liste kritischer unwägbarer Faktoren zu erstellen: „Welche Faktoren und Bedingungen sind in unserem Kontext kritisch und nicht vorhersagbar oder kontrollierbar?“

<ul>
<li>Tipp: Dieser Schritt betrachtet bewusst noch nicht die Relevanz der Faktoren.</li>
<li>Tipp: Lade die Gruppe ein, dabei auch an schiefgegangene Vorhersagen und Ereignisse, die die Gruppe überrumpelt haben, zu denken.</li>
</ul></td>
</tr>
<tr>
<td>Schritt 3
Faktoren priorisieren
⌛ 12 Minuten</td>
<td><ul>
<li>Lade die Gruppe ein, mithilfe von 1-2-4-All (2’, 2’, 4’, 4’) die Faktoren zu priorisieren: „Welche Faktoren bedrohen unseren Erfolg oder unsere Fähigkeit, erfolgreich zu agieren, am meisten?“</li>
<li>Lass die Beteiligten beziehungsweise Kleingruppen in jedem Schritt von 1-2-4-All ihre (beiden) kritischsten Faktoren wählen und nennen.</li>
</ul>

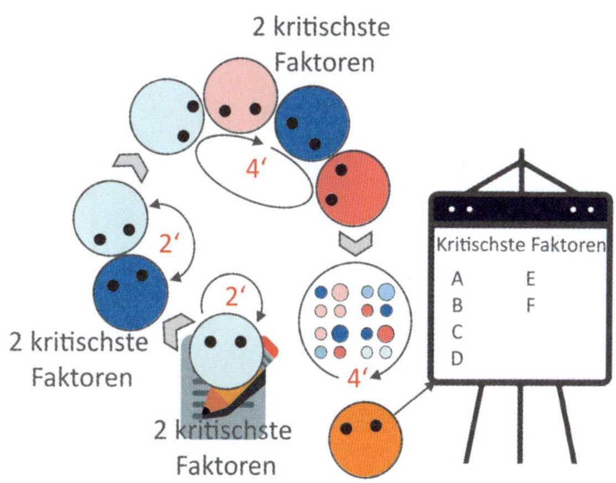

Tipp: Lass bei großen Gruppen jede Vierergruppe nur ihren einen wichtigsten Faktor nennen oder frage: „Welche Vierergruppe hat einen wirklich kritischen und unwägbaren Faktor identifiziert?“</td>
</tr>
</table>

Schritt 4

Kritischste Faktoren wählen

⌛ **5 Minuten**

Bitte die Gruppe, sich auf die beiden kritischsten und am wenigsten vorhersagbaren Faktoren zu einigen. Die gewählten Faktoren sollen möglichst unabhängig voneinander sein.

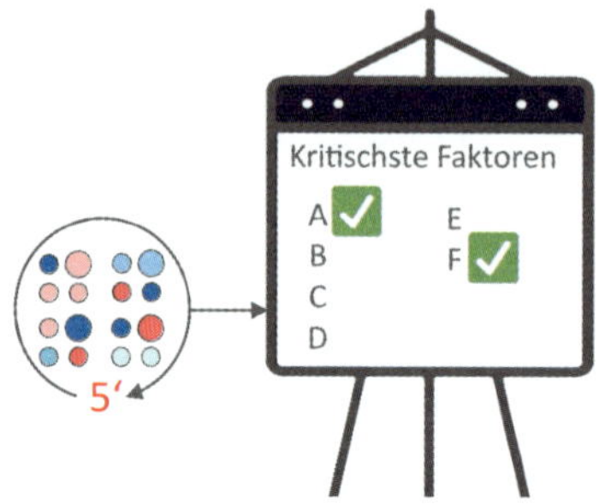

Stolperfalle: Achte darauf, dass die Beteiligten voneinander unabhängige Faktoren wählen, sonst ähneln sich jeweils zwei Szenarien zu stark. Beispielsweise korrelieren Arbeitslosenquote und Produktionswachstum in der Regel miteinander[42] und wären somit zusammengenommen schlechte Kandidaten, um mögliche Zukunftsszenarien einer Volkswirtschaft zu differenzieren. In diesem Fall soll sich die Gruppe für einen der beiden Faktoren entscheiden und einen weiteren wählen.

Schritt 5

Koordinatensystem erstellen

⌛ **5 Minuten**

Erstelle am Flipchart aus den beiden Faktoren das Koordinatensystem der Szenarien: Die beiden Achsen stellen die beiden Faktoren dar und die Ausprägungen jeder Achse reichen von „schwach"/„niedrig"/„wenig" bis „stark"/„hoch"/„viel".

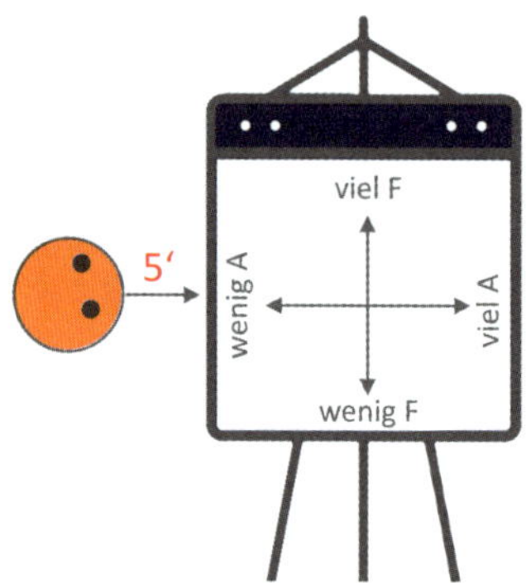

Schritt 6 Zukunftsszenarien ausschmücken ⏳ **15–20 Minuten**	• Bitte die Beteiligten, sich in vier Kleingruppen auf die vier Quadranten aufzuteilen. • Bitte die Kleingruppen, ihre Zukunftsszenarien mithilfe von ⁘ 1-2-4-All (1', 3', 6', 8') anschaulich zu benennen, auszuschmücken und schließlich den anderen Kleingruppen vorzustellen. 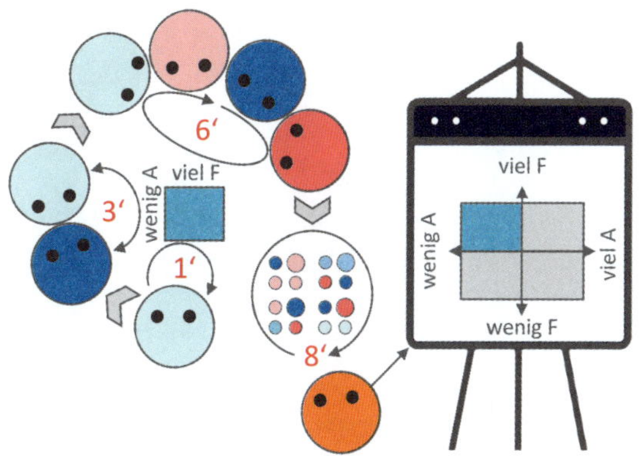 • *Tipp:* Gib jeder Kleingruppe im „All"-Schritt etwa ⏳ **2 Minuten**, um ihr Szenario vorzustellen. • *Variante:* Bilde bei größeren Gruppen ab 25 Personen mehrere Kleingruppen pro Szenario. • **Hinweis:** Die Schritte 6 bis 10 sind exemplarisch für eine Gruppengröße von 16 Personen beschrieben. Variiere die Zeiten und Abläufe für größere Gruppen entsprechend.

Schritt 7 Strategien entwickeln ⏳ **15–20 Minuten**	Bitte die Kleingruppen, mithilfe von ⁘ 1-2-4-All (1', 3', 6', 8') jeweils ca. drei Strategien zu entwerfen, die es erlauben, in ihrem Szenario erfolgreich zu agieren oder zu überleben. 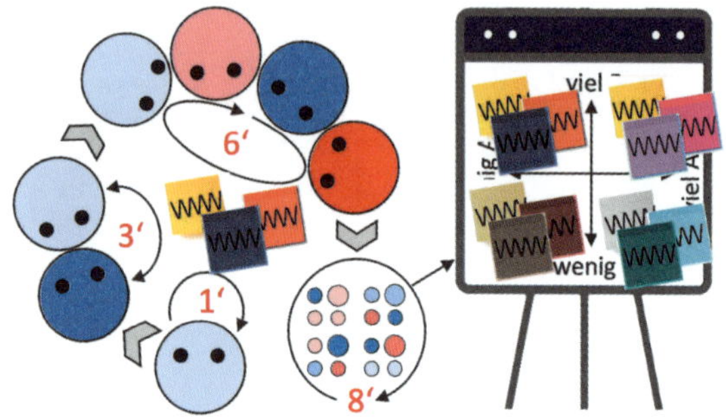 • *Tipp:* Post-its helfen den Kleingruppen beim Entwerfen und Kombinieren von Ideen. • *Tipp:* Gib jeder Kleingruppe etwa ⏳ **2 Minuten**, um ihre drei Strategien vorzustellen.
Schritt 8 Strategien bewerten ⏳ **12–15 Minuten**	Bitte die ganze Gruppe, mithilfe von ⁘ 1-2-4-All *robuste* und *absichernde* Strategien zu ermitteln: • Robuste Strategien funktionieren in mehreren oder allen vier Szenarien. • Absichernde Strategien bewahren das Unternehmen in gefährlichen Szenarien vor dem Untergang, funktionieren aber nicht in allen Szenarien. 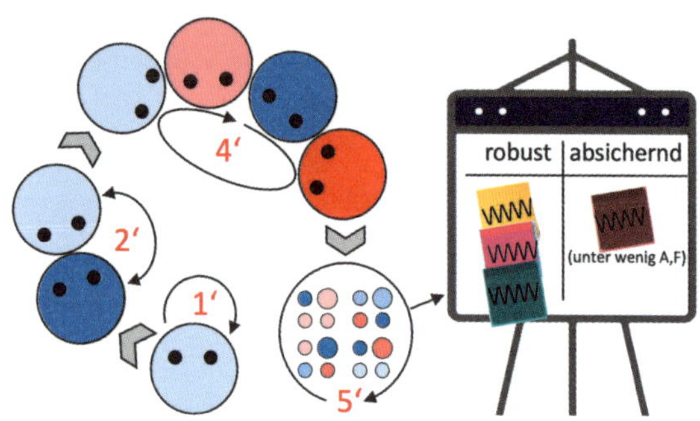

<table>
<tr><td>Schritt 9
Schlussfolgerungen und Maßnahmen identifizieren
⌛ 10 Minuten</td><td>Bitte die ursprünglichen Kleingruppen, die Ergebnisse mithilfe eines kurzen What, So What, Now What? zu reflektieren und mögliche nächste Schritte zu identifizieren.
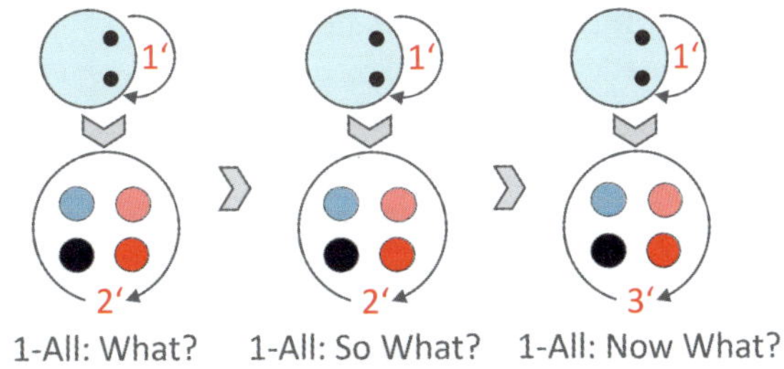</td></tr>
<tr><td>Schritt 10
Maßnahmen teilen und konkretisieren
⌛ 10 Minuten</td><td>• Bitte die Kleingruppen, ihre möglichen Maßnahmen zu teilen.
• Lass die ganze Gruppe konkrete erste Schritte daraus ableiten.
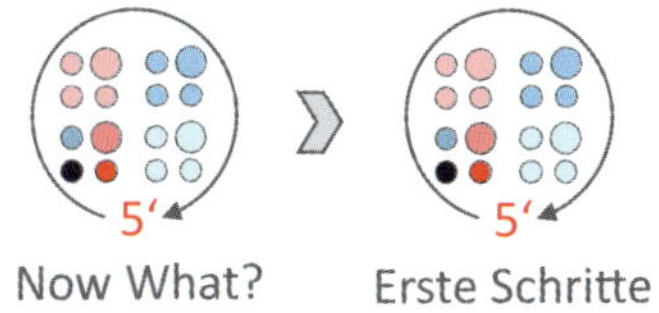</td></tr>
<tr><td>Hilfemuster</td><td>Gemeinsames Formen – dein Gegenüber und du, ihr deckt gemeinsam Lösungen auf, nehmt Angebote voneinander an und entwickelt sie weiter.</td></tr>
</table>

Allgemeine Tipps, Varianten und Stolperfallen

- *Tipp:* In der Regel werden einige Beteiligte ein Talent für die Herangehensweise von Critical Uncertainties zeigen. Gib ihnen den Raum, die restliche Gruppe zu führen.
- *Variante:* Konzentriert euch ab Schritt 7 auf das interessanteste, gefährlichste oder wahrscheinlichste Zukunftsszenario.
- *Variante:* Lass die Gruppe in Schritt 4 mehrere Paare von wichtigsten Faktoren wählen und teile die Gruppe von Schritt 5 an auf. Du kannst die Teilgruppen an verschiedenen Punkten synchronisieren oder wieder vereinen: am Ende von Schritt 6, um sich wieder gemeinsam dem Koordinatensystem mit den spannendsten Szenarien zu widmen; am Ende von Schritt 7, um sich den vielversprechendsten Strategien zu widmen; nach Schritt 8 oder 9, um Schlussfolgerungen und Maßnahmen zu teilen.
- *Variante:* Verlängere die Schritte 7 bis 10, sodass die Gruppe mehr Zeit hat, die Strategien auszuarbeiten und zu bewerten.

Kombinationen mit anderen Liberating Structures

Wann?	Was?	Wozu?	Wie?
Währenddessen	Wicked Questions	Um die kritischen Faktoren zu entdecken.	Lass die Gruppe zu den positiven Polen die Kehrseiten bestimmen und so die Endpunkte beider Achsen des Koordinatensystems herleiten.
	XxX-Writing	Um in den Schritten 2 bis 10 die Beteiligten tiefer gehend reflektieren zu lassen.	Standardablauf
	Conversation Café	Um in den Schritten 2 bis 10 die Beteiligten tiefer gehend reflektieren zu lassen.	Strukturiere einen oder mehrere Schritte anstelle des 1-2-4-All mit einem Conversation Café. Nimm beispielsweise die Zielsetzungen von Schritt 2 und 3 für die ersten drei Runden des Conversation Café und bereite die Auswahl der Faktoren in Schritt 4 mit der vierten Runde des Conversation Café vor.
	Min Specs	Um die kritischen Faktoren zu entdecken und zu priorisieren.	Verwende die Einladungen und Zielsetzungen der Schritte 2 bis 4 durch ein Min Specs.
	Improv Prototyping	Um die Szenarien zu veranschaulichen und Strategien zu entwerfen.	Lass die Szenarien veranschaulichen und später die Strategieentwicklung initial davon inspirieren.
Im Anschluss	Open Space Technology	Um die ersten Schritte durchzuführen und die Strategien auszuarbeiten.	Lass die Beteiligten nach ihren Überzeugungen Stationen für die Strategien bilden.

Beispiel: Strategien für den Überlebenskampf eines Produktteams entwickeln

Ein Produkt eines sozialen Netzwerkes ließ sich nur mühsam vermarkten, und der Erwartungsdruck von Vorstandsseite war hoch. Gleichzeitig fehlten Entwicklungskapazitäten, um die dringlichen Anforderungen aller Endkunden zeitnah umzusetzen. Einige Schlüsselkunden drohten mit Kündigung des Produkts. Die Fortführung des Produkts war ungewiss. Ich half dem Vertriebs- und Produktteam mit Critical Uncertainties dabei, Strategien für mögliche Zukunftsszenarien aufzudecken.

Die Gruppe legte sich auf die kritischen, unwägbaren Faktoren „Kundenzufriedenheit“ (gering/hoch) und „Kundenstamm/-wachstum“ (klein/groß) fest. Die Unschärfe des zweiten Faktors wollte die Gruppe beibehalten. Die Szenarien tauften sie auf „Die nackte Existenz“ (gering & klein), „Innovationsdruck“ (gering & groß), „Marketingoffensive“ (hoch & klein), „Entspanntes Wachstum und Kundenpflege“ (hoch & groß). Zuerst hatte die Gruppe sich auf das Szenario „Die nackte Existenz“ konzentriert und dafür Strategien entdeckt: die Einführung von temporären Sonderpreisen, um den Kundenstamm rasch zu erhöhen, und eine gemeinsame Bewertung der wichtigsten und häufigsten Anforderungen, um fokussiert die Kundenzufriedenheit zu erhöhen. Die Gruppe empfand diese Strategien auch in den anderen Szenarien als wirksam. Zudem wurde der Gruppe klar, wie tief sie sich bereits im katastrophalsten Szenario wägte. Dies hatte in Kombination mit dem Druck von Vorstandsseite dazu geführt, Kunden im Alleingang Zusagen zu machen. Auf diese Weise war die Anzahl der dringlichen Anforderungen so rapide angestiegen. Die Gruppe beschloss, alle zukünftigen Anforderungen zuerst gemeinsam zu bewerten und Zusagen besser abzustimmen.

Ursprung und Inspiration: Diese Liberating Structure wurde von Henri Lipmanowicz und Keith McCandless entwickelt. Sie wurden von dem Philosophieprofessor und Berater Jay Ogilvy[43] inspiriert.

Informationen sammeln und verarbeiten

Purpose: *Du erfährst hier, wie du vorhandenes Wissen aufdeckst und Informationen sammeln und verarbeiten kannst. Das ist wichtig, um bedeutsame Fakten nutzen zu können. Denn …*

Zuverlässige Informationen sind unbedingt nötig für das Gelingen eines Unternehmens.
Christoph Kolumbus, Seefahrer

Kapitelübersicht

Simple Ethnography

Beobachte und zeichne das tatsächliche Verhalten von echten Nutzern auf, um

- *verborgene Handlungsabläufe sichtbar zu machen,*
- *grundlegende Bedürfnisse und innovatives Vorgehen zu identifizieren,*
- *unterschwelliges Wissen aufzudecken, das durch direktes Fragen unsichtbar bliebe,*
- *Respekt und Vertrauen in die Menschen an vorderster Front zu zeigen.*

ca. 75 Minuten–1 Tag ⋆⋆**Niveau: fortgeschritten 1–40+ Personen** **Ideal: 4–20 Personen**

… erst, sobald die Katze beobachtet wird, ist sie entweder tot oder lebendig …
frei nach Erwin Schrödinger, Physiker

Wann kannst du Simple Ethnography anwenden und was kannst du damit erreichen?

Produkte und Dienstleistungen – und auch Entscheidungen – werden aufgrund von Annahmen über deren Nutzen entwickelt. Egal, ob physisches Produkt, Arbeitsablauf oder Workshop, letztlich ist (für den Erfolg) immer wichtig, ob es für die Zwecke der *Nutzer* dienlich ist. Dabei kommt es vor, dass Nutzer das Produkt oder die Dienstleistung auf eine Art und Weise verwenden, die nicht bedacht worden ist. Denk beispielsweise an die Freisprechfunktion für Mobiltelefone, die vermutlich ungeplant dazu geführt hat, dass manche ihr Telefon nicht mehr ans Ohr, sondern vor den Mund halten. Vielleicht liegt hier ein Bedarf des Nutzers vor, der unbekannt, oder ein Bedarf, der von dem Produkt nicht abgedeckt war. Nutzer haben dann möglicherweise eine kreative und spannende Möglichkeit gefunden, den Bedarf mit dem oder ohne das Produkt zu decken.

Simple Ethnography hilft dir, dies herauszufinden. Die Gruppe identifiziert zuerst relevante und interessante Nutzer und Standorte, die sie beobachten möchte, um Annahmen zu prüfen, schwelende Probleme zu verstehen und vor allem innovative Herangehensweisen zu erspähen. Vor Ort zeichnen die Beteiligten in stiller Beobachtung das Verhalten der Nutzer und eigene Gedanken dazu auf. Sie konzentrieren sich dabei auf Aktionen, die eine Problemstellung auf eine neue Art und Weise handhaben. Anschließend sprechen sie mit den Nutzern über jenes innovative Vorgehen, um herauszufinden, wie sich die Nutzer in der Situation gefühlt und was diese deren Meinung nach getan haben. Dann kommt die Gruppe wieder zusammen und tauscht ihre Beobachtungen aus, um spannende Muster und außergewöhnliche Lösungen zu identifizieren. Schließlich entwickelt die Gruppe daraus neue Annahmen und Prototypen für das Produkt.

Auf diese Weise stellst du Annahmen auf empirische Beine. Du rückst die tatsächlichen Nutzer wertschätzend in den Blick und beziehst Informationen aus erster Hand. So verkürzt du den Zyklus der Entwicklung oder der Entscheidungsfindung und verhilfst diesem zu mehr Effektivität. Du machst wichtige Bedarfe und Handlungsmuster der Nutzer sichtbar, sodass diese in Zukunft gezielt unterstützt werden können.

Simple Ethnography in der Entscheidungsfindung

Simple Ethnography erlaubt dir, entscheidende Informationen für eine Entscheidungsfindung direkt von der Quelle zu beziehen: von den Betroffenen an vorderster Front. Du kannst Probleme entdecken oder spezifische Fragestellungen und Thesen direkt im Feld erforschen. Die Liberating Structure hilft deiner Gruppe, während der Umsetzung oder in der Rückkopplung Funktionierendes und Nutzloses zu identifizieren. Überprüfe die Auswirkungen deiner Entscheidungsfindungen regelmäßig damit!

Wie? Vorbereitung, Einladung und Durchführung

Vorbereitung	• Hol dir – falls nötig – die Erlaubnis für dein Vorhaben und kündige es bei den zu beobachtenden Teams, Zweigstellen, Standorten, Büros und vor allem bei den Nutzern an. • *Optional:* Beschaffe Zugänge und Berechtigungen für die Beteiligten. • *Optional:* Besorge eine Drehgenehmigung beziehungsweise das Einverständnis der Nutzer, falls du Video- und Fotoaufnahmen von ihnen machen willst.
Raum und Material	• Schreibutensilien für jeden Beteiligten • *Optional:* Fotokamera oder Videokamera, um das Verhalten der Nutzer zu dokumentieren
Einladung	Lade die Beteiligten ein, Nutzer eures Produkts (oder eurer Dienstleistungen, Arbeitsabläufe, Entscheidungsfindungen, Workshops und so weiter) im Kontext einer spezifischen Fragestellung oder aktuellen Herausforderung still zu beobachten und anschließend spannende Beobachtungen in Interviews zu vertiefen und in der Gruppe zu analysieren.
Schritt 1 Herausforderung verdeutlichen **5 Minuten**	Lass die Gruppe das zu lösende Problem oder die anstehende Fragestellung und den aktuellen Blick darauf besprechen. 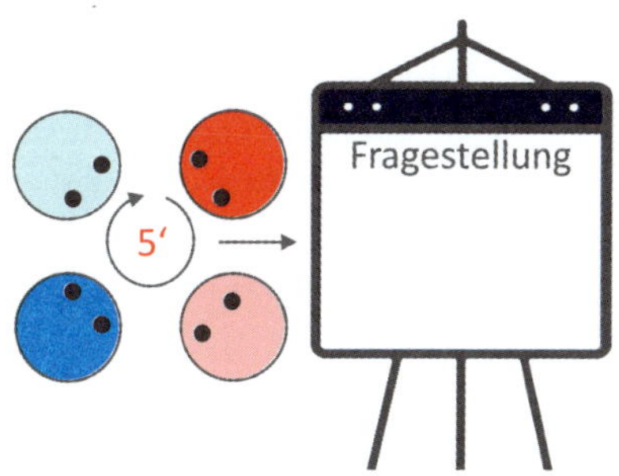

Schritt 2 Interessante Orte und Nutzer identifizieren ⌛ **5–10 Minuten**	Lass die Beteiligten die Nutzer und Teams, Zweigstellen oder – ganz allgemein – Orte identifizieren, an denen sie vermuten, interessantes Nutzerverhalten und interessante Nutzererfahrungen beobachten zu können. 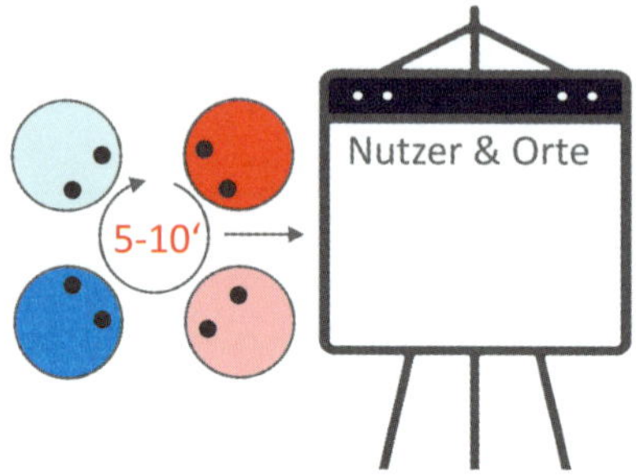
Transition	Bitte die Beteiligten, alleine oder zu zweit die Nutzer an den identifizierten Orten aufzusuchen. *Stolperfalle:* Zu viele Beobachter am selben Ort wirken abschreckend und beeinflussen möglicherweise das Verhalten der Nutzer.
Schritt 3 Orte und Nutzer beobachten ⌛ **10–180 Minuten**	Die Beteiligten sollen die Nutzer vor Ort still und möglichst zurückhaltend beobachten und dabei interessante Details und ihre eigenen Gedanken notieren. 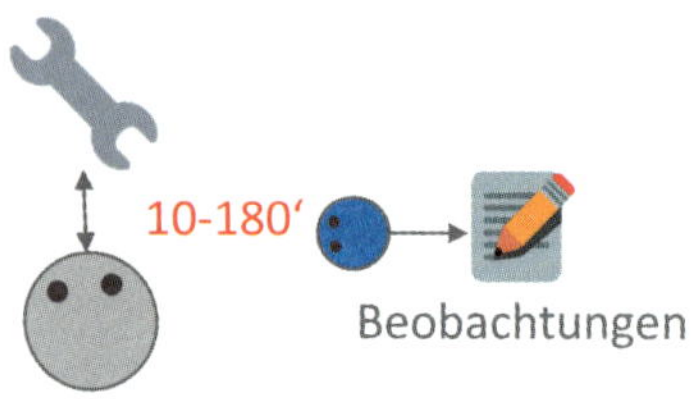 *Tipp:* Bitte die Beteiligten, besonders auf unregelmäßiges, vertrautes, schlichtes, flüchtiges, abweichendes oder gar fehlendes Verhalten zu achten. Hier offenbart sich oft Spannendes.
Schritt 4 Originelle Lösungen erforschen ⌛ **10–180 Minuten**	• Die Beteiligten sollen die Verhaltensweisen genauer betrachten, die die Herausforderung auf eine unbekannte Art und Weise angehen. • Sie sollen die Nutzer zu diesen Beobachtungen befragen und herausfinden, was diese in der Situation gefühlt und aus deren Sicht getan haben. 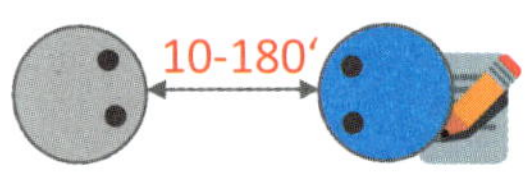 *Optional:* Lass die Beteiligten auch nach den Gründen für das abweichende Verhalten fragen.
Transition	Die Beteiligten kehren wieder zurück und die Gruppe kommt wieder zusammen.

Schritt 5

Ergebnisse vergleichen

15 Minuten

Bitte die Beteiligten, ihre Ergebnisse zu vergleichen und wiederkehrende Verhaltensmuster und außergewöhnliche Lösungsansätze zu entdecken.

Schritt 6

Beobachtungen aufschreiben

10–20 Minuten

Lade die Beteiligten dazu ein, die Erkenntnisse schriftlich festzuhalten oder kleine Geschichten aus Nutzersicht auszuformulieren, die Bedarfe und Lösungen anschaulich darstellen.

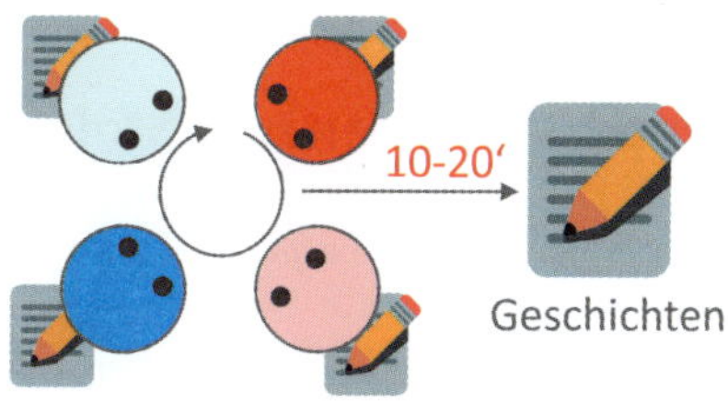

Variante: Verwende eine Vorlage für die Geschichten, wie beispielsweise die *Heldenreise.*

Schritt 7

Schlussfolgerungen ziehen

10–20 Minuten

Bitte die Gruppe, aus den Beobachtungen Schlüsse zu ziehen und Annahmen zu treffen.

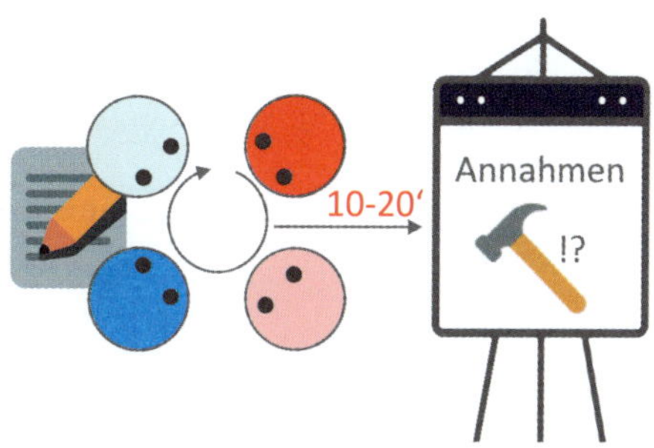

Tipp: Weise auf die Inferenzleiter und den *So What?*-Schritt von What, So What, Now What, hin, sodass die Beteiligten sich auf Schlussfolgerungen und Annahmen konzentrieren.

Schritt 8 Prototypen entwickeln ⌛ **10–15 Minuten**	Bitte die Beteiligten, Ideen für eine neue Version, einen Prototypen oder eine Anpassung (für ein Produkt, einen Handlungsablauf, einen Workshop und so weiter) zu entwerfen und festzuhalten. 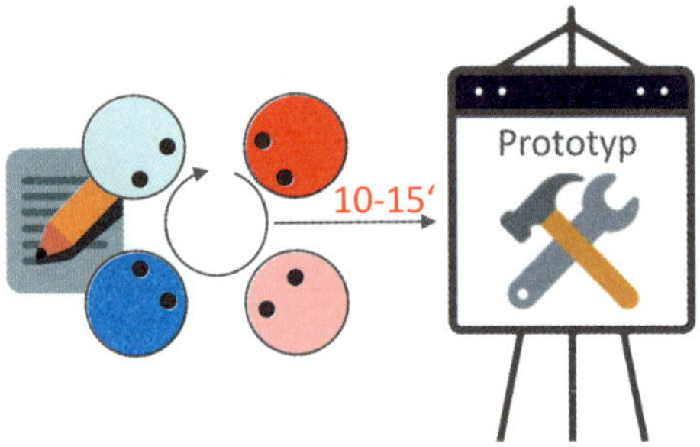

Allgemeine Tipps, Varianten und Stolperfallen

- *Tipp:* Um die neue Version oder den neuen Prototypen zu prüfen, führe erneut eine Simple Ethnography durch.
- *Stolperfalle:* Achte darauf, dass die Gruppe nicht zu schnell in Schlussfolgerungen und Interpretationen abtaucht und sich erst einmal auf die Beobachtungen konzentriert.
- *Variante:* Führe weitere Durchläufe – eventuell mit anderen Fragestellungen, Nutzern oder an anderen Standorten – durch, falls die Gruppe nicht das Gefühl hat, einen hilfreichen neuen Ansatz für eine neue Version entdeckt zu haben.
- *Variante:* Lass Schritt 6 entfallen und die Schlussfolgerungen direkt aus den Ergebnissen in Schritt 5 ziehen.
- *Variante:* Führe die Liberating Structure im lokalen Kontext durch, wie beispielsweise während einer Produktdemonstration oder eines Workshops. Lass die Beobachter ihre Erkenntnisse und Schlussfolgerungen anschließend mit allen Anwesenden teilen, sodass ihr gemeinsam darüber reflektieren könnt.
- *Variante:* Lade die Nutzer ein, sich zu beteiligten und beispielsweise ihre Verhaltensweise selbst aufzuzeichnen und zu teilen.

Kombinationen mit anderen Liberating Structures

Wann?	Was?	Wozu?	Wie?
Zur Vorbereitung	Impromptu Networking	Um sich die Herausforderung vor Augen zu führen.	Frage beispielsweise: „Welche Annahmen haben wir getroffen, die wir prüfen sollten?“

Wann?	Was?	Wozu?	Wie?
Während-dessen	1-2-4-All	Um die Schritte 2, 5, 6, 7, 8 zu strukturieren.	Standardablauf
	Shift & Share	Um die Erkenntnisse in Schritt 5 zu teilen.	Bitte die Beteiligten, die glauben, besonders spannende Beobachtungen gemacht zu haben, diese an den Stationen zu teilen.
	Drawing Together	Um die Erkenntnisse und Muster in Schritt 5 oder 6 nonverbal zu beleuchten oder zu dokumentieren.	Die Beteiligten sollen die Reise der Nutzer in einer spannenden Herangehensweise mit den Symbolen darstellen.
	Gallery Walk	Um in Schritt 5 oder nach Schritt 6 die Erkenntnisse zu teilen und sich mit diesen intensiver auseinanderzusetzen.	Bitte die Beobachter, ihre Erkenntnisse für den Gallery Walk aufzubereiten oder ihre Kurzgeschichten leserlich aufzuschreiben. Frage die Gruppe später beispielsweise: „Welche Geschichte hat dich besonders überrascht und warum?" oder „Welche Geschichten ähneln sich in den Herangehensweisen?".
	What, So What, Now What?	Um ergänzend oder anstelle der Schritte 5 bis 8 gezielt Ideen oder Maßnahmen zu entwickeln.	Standardablauf
Im Anschluss	Improv Prototyping	Um die Ideen für den Prototyp weiter zu verfeinern.	Lass beobachtete innovative Lösungen vorspielen und daraus Veränderungen am Produkt entwickeln.
	25/10 Crowd Sourcing	Um weitere Ideen für Prototypen und neue Versionen zu entdecken.	Frage beispielsweise: „Welche umsetzungswürdige Idee hast du, die innovatives Verhalten der Nutzer direkt in unserem Produkt verfügbar macht?"
	15 % Solutions	Um offensichtliche Verbesserungen direkt umzusetzen.	Standardablauf

Beispiel: Beobachtung der Interaktionen zu Beginn eines Workshops

Zu Beginn eines Liberating-Structures-Workshops haben meine Co-Facilitatoren und ich einige Teilnehmer eingeladen, die Interaktionen der restlichen Gruppe und die Stimmung und das Verhalten der Teilnehmer mithilfe einer kurzen Variante von Simple Ethnography zu beobachten. Die Beobachter sollten darauf achten, wie sich die Stimmung und das Verhalten der Gruppe innerhalb der ersten halben Stunde entwickelt und welche Schlussfolgerungen sie daraus ziehen, um ihre Erkenntnisse dann mit der ganzen Gruppe zu teilen.

Unsere Fragestellung, die wir prüfen wollten, war, ob Liberating Structures auch ohne Facilitator funktionieren können. So ließen wir ohne einführende Worte direkt zu Beginn des Workshops einen Teilnehmer die Anleitung für ein Impromptu Networking von einem Blatt ablesen.

Die Beobachter bemerkten eine zu Beginn teilweise verschlossene, unsichere, aber auch neugierige Stimmung unter den Teilnehmern, wie sie oft zu Beginn von Konferenzen und öffentlichen Workshops zu spüren ist. Diese Stimmung mündete dann über einen kurzen Moment der Irritation über den ungewöhnlichen Start des Workshops in allgemeine Heiterkeit, sobald die Teilnehmer die Einladung wahrgenommen hatten und sich zaghaft den ersten Gesprächspartnern widmeten. Während der weiteren Runden des Impromptu Networking machte sich zunehmend Erleichterung und dann auch Begeisterung breit.

Aus diesen Beobachtungen schlussfolgerte anschließend die ganze Gruppe, dass eine einfache Liberating Structure direkt und ohne Vorerfahrung eingesetzt werden und eine große Gruppe unmittelbar in Verbindung bringen kann.

Ursprung und Inspiration: Diese Liberating Structure wurde von Henri Lipmanowicz und Keith McCandless entwickelt. Sie wurden von Chris McCarthy und Ethnografen des Innovation Learning Network inspiriert.

Appreciative Interviews

Entdecke wertschätzend die Ursachen von Erfolg und baue darauf auf, um

- *erfolgreiche Erfahrungen für eine aktuelle Herausforderung nutzbar zu machen,*
- *mehrere Wege zum gemeinsamen Ziel mit der ganzen Gruppe aufzudecken,*
- *voneinander zu lernen,*
- *eine negative Abwärtsspirale zu durchbrechen,*
- *konstruktive Energien zu entfesseln.*

ca. 45–60 Minuten ** Niveau: fortgeschritten 2–99+ Personen Ideal: 4–80 Personen

Erkennen ist eine große Leistung des Geistes. Anerkennen eine solche des Herzens.
Asiatische Weisheit

Wann kannst du Appreciative Interviews anwenden und was kannst du damit erreichen?

Die Lust und ein Sog hin zum Lästern und Negativismus umgibt uns tagtäglich. Vom kleinen Herziehen in der Kaffeeküche bis zur ausgeprägten Jammerrunde in der Kantine. Die meisten verfallen gerne in dieses „schmutzige" Muster – es ist einfach, greifbar und schön verantwortungslos.

Wir wäre es, stattdessen die kleinen bis großen Erfolge zu zelebrieren, die uns ebenfalls täglich begleiten? Appreciative Interviews macht diese sichtbar und die Ursachen dafür nutzbar. Die Beteiligten erzählen sich paarweise Erfolgsgeschichten zu einem Thema oder innerhalb eines Kontexts. Dann wiederholen sie die Geschichten ihres Partners in Vierergruppen. Die Zuhörenden achten auf Erfolgsfaktoren und sich wiederholende Muster. Die Gruppe teilt ihre Erkenntnisse und überlegt sich, wie sie vorhandene Faktoren stärken oder in eine aktuelle Situation übertragen kann.

Durch das verwendete Hilfemuster *Stille Präsenz (Dein Gegenüber hört dir einfach nur zu und ist für dich da.)* können die Beteiligten ihrer Erfolgsgeschichte eine Bühne bereiten. Das Publikum kann gezielt auf die Bedingungen und Umstände achten, die den Erfolg ermöglicht haben. Das wertschätzende Wiederholen der Geschichte schafft Vertrauen und ermöglicht, dass sich die Beteiligten gehört, gesehen und respektiert fühlen. So brichst du konstruktiv aus dem Negativismus aus!

Appreciative Interviews in der Entscheidungsfindung

Mit Appreciative Interviews macht die Gruppe vielversprechende Erfolgsfaktoren aus, um diese auf den Lösungsentwurf ihrer aktuellen Herausforderung zu übertragen. Sie kann die Erkenntnisse auch während der Umsetzung einer Entscheidung gewinnen und nutzen. Schließlich hilft diese Liberating Structure, gemeinsam zu entdecken, welche Früchte eine umgesetzte Entscheidung trägt. Die Gruppe überlegt sich dann, wie sie diese Erfolge weiter ausbauen kann.

Wie? Vorbereitung, Einladung und Durchführung

<table>
<tr><td>Raum und Material</td><td>
<ul>
<li>Papier und Stifte für alle, um sich Notizen zu den Geschichten und Erfolgsfaktoren zu machen</li>
<li>Optional: Flipchart und Marker, um die Muster und Erkenntnisse für alle sichtbar festzuhalten</li>
</ul>
</td></tr>
<tr><td>Einladung</td><td>Lade die Beteiligten ein, sich gegenseitig eine Erfolgsgeschichte zu einem Thema zu erzählen und anschließend gemeinsam die Erfolgsfaktoren dabei herauszuarbeiten.</td></tr>
<tr><td>Schritt 1
Kontext vorgeben
3 Minuten</td><td>Erkläre den Ablauf und gib das Thema oder den Kontext der Erfolgsgeschichten vor.
Variante: Schaffe eine inspirierend-märchenhafte Atmosphäre: „Erzählt euch eine Geschichte von einer Zeit, in der …“ (beispielsweise: „… alle Projekte von Erfolg gekrönt waren und die Menschen auf ein gemeinsames größeres Ziel hingearbeitet haben.“).</td></tr>
<tr><td>Schritt 2
Erfolgsgeschichten erzählen
10–20 Minuten (5–10 Minuten pro Person)</td><td>
<ul>
<li>Bitte die Beteiligten, Paare zu bilden und sich gegenseitig eine Erfolgsgeschichte im Rahmen des genannten Themas zu erzählen.</li>
<li>Lade die Zuhörenden dazu ein, darauf zu achten, welche Umstände, Faktoren und Bedingungen den Erfolg möglich gemacht haben.</li>
</ul>
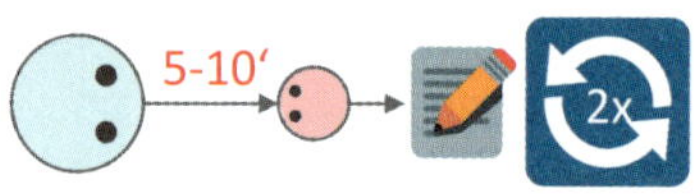

<ul>
<li>Tipp: Erwähne, dass die Beteiligten die gehörten Geschichten in Kleingruppen nacherzählen werden und sich deshalb zur Geschichte Notizen machen können.</li>
<li>Stolperfalle: Mach den Zuhörenden klar, dass sie sich in Stiller Präsenz üben sollen und nicht in die Erzählung eingreifen dürfen. Verständnisfragen sind erlaubt, falls die Zuhörenden der Geschichte sonst nicht mehr folgen können.</li>
</ul>
</td></tr>
</table>

Schritt 3

Erfolgsgeschichten nacherzählen, auf Muster achten

8–12 Minuten

- Lade dazu ein, mit einem weiteren Paar eine Vierergruppe zu bilden und dort die Geschichte des Partners dem anderen Paar zu erzählen.
- Fordere die Beteiligten dazu auf, auf Muster und Faktoren zu achten, die zum Erfolg geführt haben, und diese eventuell mitzuschreiben.

Optional: Lass die Beteiligten einen Titel für die Geschichten ihres Partners wählen.

Schritt 4

Muster aufdecken, teilen

12 Minuten

Lass die Vierergruppen mithilfe von 1-2-4-All wiederkehrende Muster, Bedingungen und Faktoren entdecken und mit der ganzen Gruppe teilen.

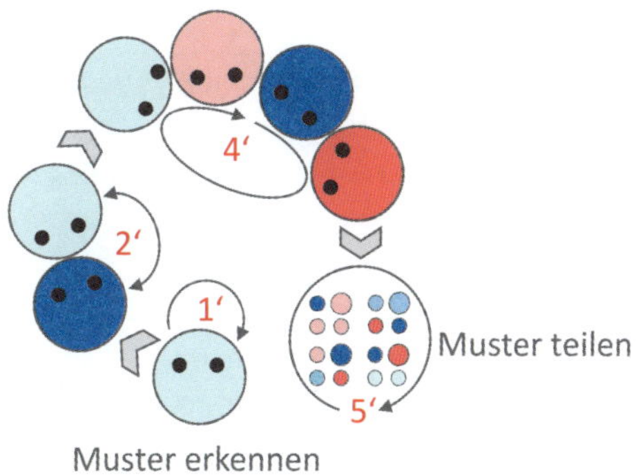

- *Optional:* Notiere für alle sichtbar die genannten Erfolgsfaktoren auf einem Flipchart.
- *Variante:* Lass die Muster direkt zu viert besprechen (4-All).
  –3 Minuten

Schritt 5 Muster übertragen, verstärken ⏳ **12 Minuten**	Frage die Gruppe: „Wie investieren wir bereits in die Umstände und Faktoren, die den Erfolg stärken?" oder „Welche Möglichkeiten haben wir, um das noch auszubauen?" 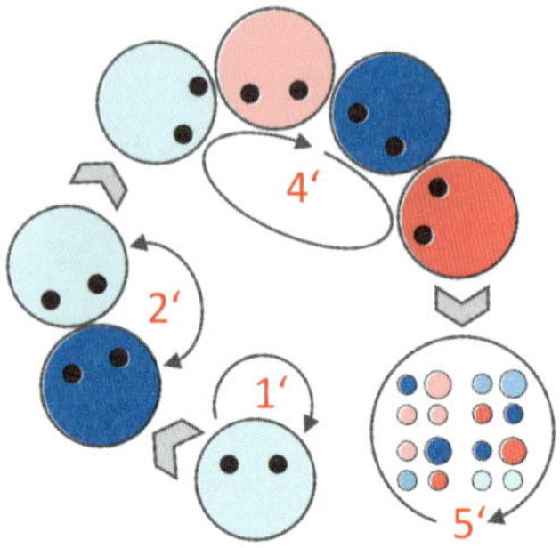 Erfolgsfaktoren stärken *Variante:* Falls der vorgegebene Kontext oder das Thema nicht direkt mit eurer Herausforderung zusammenhängt, frage die Gruppe: „Wie können wir diese Faktoren auf unsere Situation übertragen, um mit unserem Vorhaben erfolgreich zu sein?"
Hilfemuster	• Schritte 2–3: *Stille Präsenz – dein Gegenüber hört dir einfach nur zu und ist für dich da.* • Schritte 4–5: *Gemeinsames Formen – dein Gegenüber und du, ihr deckt gemeinsam Lösungen auf, nehmt Angebote voneinander an und entwickelt sie weiter.* • *Variante:* Schritt 2: *Geführtes Entdecken – dein Gegenüber hört dir zu und greift deine Formulierungen auf, um für dich weitere Details deiner Geschichte oder deines Problems aufzudecken.*

Allgemeine Tipps, Varianten und Stolperfallen

- *Variante:* Lass den Schritt 2 in verschiedenen Paarungen wiederholen, um die Geschichten zu schärfen oder weitere Erfolgsgeschichten einfließen zu lassen.
- *Variante:* Lass einige oder alle Geschichten niederschreiben und im internen Wiki oder in der Unternehmenszeitung veröffentlichen.
- *Variante:* Verkürzung auf Schritte 1–3, um sich auf die wertschätzende Wiedererzählung, das Zuhören und den Positivismus zu konzentrieren.
- *Variante* Critical Incidents Interviews: Lade dazu ein, die Geschichte eines Misserfolgs oder einer schwierigen Situation zu erzählen, um in Folge gemeinsam aufzudecken, welche Faktoren zu Fehlschlägen oder herausfordernden Umständen führen können. Im Schritt 5 kann die Gruppe dann überlegen, was sie davon bereits tut (und ein TRIZ anschließen) oder wie sie gemeinsam oder jeder für sich diesen Faktoren entgegenwirken kann.

Kombinationen mit anderen Liberating Structures

Wann?	Was?	Wozu?	Wie?
Im Anschluss	Min Specs	Um die entscheidendsten Faktoren für Erfolg herauszukristallisieren.	„Was sind die wirklich wichtigsten Faktoren, die wir für unseren Erfolg benötigen? Und was müssen wir um jeden Preis vermeiden?“
	15 % Solutions	Um die Erfolgsfaktoren im eigenen Kontext zu stärken oder zu übertragen.	„Was sind deine 15-%-Lösungen, um die identifizierten Erfolgsfaktoren in unserem Kontext zu stärken?“

Beispiel: Erfolgsfaktoren von erfolgreichem Methodeneinsatz identifizieren und übertragen

Ein Team hatte Schwierigkeiten mit seiner aktuellen Projektmanagementmethode. Einige Teammitglieder hatten in anderen Projekten gute Erfahrungen mit Kanban gemacht. Ich habe das Team eingeladen, sich Erfolgsgeschichten aus diesen Projekten zu erzählen, um zu identifizieren, welche der Erfolgsfaktoren sich auf das eigene Umfeld übertragen lassen.

Das Team konnte aus der Negativspirale nach und nach ausbrechen und setzt inzwischen erfolgreich und begeistert Kanban ein.

Ursprung und Inspiration: Diese Liberating Structure wurde von Henri Lipmanowicz und Keith McCandless entwickelt. Sie wurden dabei inspiriert von Professor David Cooperrider[44] von der Case Western Reserve University und von Dr. Tony Suchman.

Gallery Walk

Teilen

Vertiefe flanierend geteilte Informationen und Ideen, um

- *den Beteiligten zu ermöglichen, Inhalte im eigenen Tempo zu verarbeiten,*
- *anziehende und fragwürdige Aspekte zu identifizieren,*
- *Unklarheiten aufzudecken,*
- *tieferes Verständnis für vorliegende Informationen zu erzeugen.*

ca. 6–25 Minuten Niveau: einfach 2–99+ Personen Ideal: 4–99+

Mit dem Geist ist es wie mit dem Magen: Man sollte ihm nur Nahrung zumuten, die er verdauen kann.

Winston Churchill, Politiker

Wann kannst du Gallery Walk anwenden und was kannst du damit erreichen?

Wenn du mit einer Gruppe Informationen teilst, dann werden für jeden Beteiligten dabei andere Aspekte spannend, fragwürdig oder wichtig sein. Die Beteiligten brauchen Zeit, die geteilten Informationen zu verarbeiten. Eine Fragerunde oder vor allem ein 1-2-4-All könnten dann helfen, um verbleibende Fragen zu klären oder Erkenntnisse zu schärfen. Beides erlaubt den Beteiligten jedoch nicht, sich nach eigenem Bedarf Informationen ins Gedächtnis zu rufen, diese nachzulesen oder zu verdauen, denn jeder Beteiligte hat andere Fragen, Bedenken und Zweifel.

Mithilfe des Gallery Walk gibst du den Beteiligten den benötigten Raum, die Informationen zu verarbeiten. Dazu stellst du die Informationen wie Exponate in einem Museum aus und hängst sie an die Wände. Zuerst lesen sich die Beteiligten die Informationen erneut durch. Dann forderst du sie durch Fragen auf, bestimmte Aspekte zu erfassen oder zu hinterfragen. Die Museumsbesucher tauschen sich paarweise über deine Fragen zu den Ausstellungsstücken aus, um ein tieferes Verständnis dafür zu erlangen. Auch zuvor von der Gruppe erarbeitete Ergebnisse und Ideen kannst du mit einem Gallery Walk nochmal greifbarer machen.

So kann die Gruppe ihre eigene Lernerfahrung gestalten und die für sie interessantesten Informationen herausziehen und vertiefen. Offene Fragen hat der Museumsbesuch geschärft und die Gruppe kann diese anschließend formulieren und stellen.

Bei der Entscheidungsfindung förderst du so die Sinnstiftung. Du schaffst Unklarheiten schnell aus dem Weg und schärfst die wichtigsten Aspekte.

Gallery Walk in der Entscheidungsfindung

Mit dem Gallery Walk kann deine Gruppe Ergebnisse, Informationen und Ideen entlang individueller Bedürfnisse verdauen. Du kannst gezielt auf Aspekte hinweisen, kritische Stimmen und Meinungen verstärken und Fragestellungen hervorheben. Für die Entscheidungsfindung erhältst du so ein breiteres und tieferes Verständnis für die Herausforderung und für mögliche Lösungen.

Wie? Vorbereitung, Einladung und Durchführung

Vorbereitung	Falls du vorbereitetes Material mit der Gruppe teilen willst, dann drucke die Informationen (wie beispielsweise Folien) vorher aus oder bereite Flipcharts vor. • *Tipp:* Arbeite mit Bildern und Abbildungen, damit die Beteiligten die geteilten Informationen leichter mit den Exponaten in Verbindung bringen können. • *Stolperfalle:* Bring die Informationen für die Ausstellung auf den Punkt und vermeide lange Texte und volle Folien.
Raum und Material	• Genug beklebbare Stellen an den Wänden oder Platz am Fußboden, um die zu teilenden Informationen an Stationen zu platzieren • *Optional:* Post-its und Stifte, um Anmerkungen, Erkenntnisse, Fragen und Ergänzungen an den Stationen zu hinterlassen
Einladung	Lade die Beteiligten ein, sich die vorliegenden Informationen in Ruhe anzusehen und sich in Paaren Klarheit darüber zu verschaffen.
Schritt 1 Informationen ins Gedächtnis rufen **2–10 Minuten**	Lade die Gruppe ein, sich die geteilten Informationen, Ergebnisse, Fragen oder Ideen ins Gedächtnis zu rufen, indem sie durch den Raum spazieren und die Exponate an Stationen betrachten und lesen.  • *Tipp:* Weise darauf hin, dass in diesem Museum um diese Uhrzeit nicht gesprochen werden darf. • *Stolperfalle:* Wichtig ist, dass die Beteiligten für den nächsten Schritt wissen, wo welche Information hängt. Falls pro Exponat viel Text vorhanden ist, bitte sie darum, sich lediglich einen Überblick über die Ausstellungsstücke zu verschaffen. • *Stolperfalle:* Ein Museumsbesuch ist anstrengend und fordert viel Konzentration. Halte diesen Schritt so kurz wie möglich.

Schritt 2

Informationen verarbeiten und vertiefen

4–14 Minuten (2 Minuten pro Frage, 2–7 Fragen)

Stelle nacheinander Fragen, die die Beteiligten dazu auffordern, eine Station zu wählen und die dortigen Informationen anhand der Fragestellung mit einer weiteren Person zu besprechen und zu verarbeiten. Grundlegende Fragen können sein: „Welche Information findest du am wichtigsten? Warum? Laufe zu der entsprechenden Station und tausche dich dort paarweise darüber aus.“ „Welche Information ist dir noch unklar? Was willst du dazu noch wissen?“

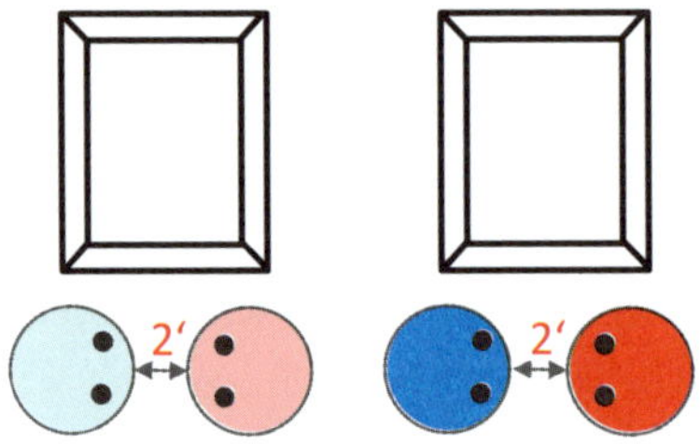

- *Tipp:* Weitere Fragen können sein:
  - „Welche Information hat dich überrascht? Warum?“
  - „Welche Information bringt dich auf neue Gedanken? Welche?“
  - „Welche Information bringt dich ins Handeln? Warum?“
  - „Welche Information kann uns helfen voranzuschreiten? Warum?“
  - „Welche Information müssen wir unbedingt in die Tat umsetzen? Warum? Wie?“
  - „Welche Information erzeugt bei dir den größten Widerstand? Warum?“
  - „Welche Information erscheint dir mysteriös und doch anziehend? Warum?“
- *Tipp:* Falls Museumsbesucher alleine vor Exponaten stehen, fordere sie dazu auf, sich mit anderen über jeweils ihre Station zu unterhalten.
- *Stolperfalle:* Achte darauf, dass die Beteiligten sich in Paaren austauschen und keine Gruppendiskussionen entstehen.
- *Stolperfalle:* Auch hier gilt: Übertreibe es nicht mit der Anzahl der Fragen.
- *Optional:* Lade die Beteiligten dazu ein, Kommentare, Fragen, Ergänzungen und Anpassungen auf Post-its an den Stationen zu hinterlassen.

Kombinationen mit anderen Liberating Structures

Wann?	Was?	Wozu?	Wie?
Im Anschluss	1-2-4-All	Um verbliebene Fragen zu stellen oder Erkenntnisse zu teilen.	„Welche Fragen hast du noch zu den Informationen? Zu welchen neuen Erkenntnissen bist du gekommen?“

Beispiel: Verfeinerung von Arbeitsvereinbarungen eines Teams

Ein Team wollte überlegen, wie es in Zukunft zielgerichteter miteinander arbeiten konnte. Nachdem das Team seine Arbeitsvereinbarungen herausgearbeitet hatte, lud ich es dazu ein, die Ergebnisse durch einen Gallery Walk zu prüfen.

- Ich stellte folgende Fragen: Welche Arbeitsvereinbarung hilft euch am meisten, gezielt miteinander Ergebnisse zu produzieren? Warum?
- Welche Arbeitsvereinbarung ist dir unklar? Wie könnte man diese klarer formulieren?
- Welche Arbeitsvereinbarung ist so restriktiv formuliert, dass sie euch unnötig einschränkt oder gemeinsame Erfolge verhindert? Warum?
- Welche Arbeitsvereinbarung motiviert dich zum Handeln? Warum?

Anschließend teilte das Team seine Erkenntnisse und präzisierte seine Vereinbarungen. Das half ihm, sich an die Vereinbarungen zu halten, denn sie waren von allen verfeinert und verstanden worden.

Ursprung und Inspiration: Vermutlich die ersten Menschen, die sich Höhlenmalereien angesehen und sich darüber ausgetauscht haben.

Ideen entwickeln und bewerten

Purpose: *Du erfährst hier, wie du Ideen entwerfen, verfeinern, bewerten und umsetzbar machen kannst. Das wichtig, denn …*

Nur eine realisierte Idee ist eine gute Idee.
Thomas Alva Edison, Erfinder

Kapitelübersicht

25/10 Crowd Sourcing

Offenlegen

Generiere umsetzbare Ideen und entdecke die vielversprechendsten, um

- *rasch ins Handeln zu kommen,*
- *umsetzbare Ideen entstehen zu lassen,*
- *eine Gruppe zu befähigen, die eigene Kreativität und Expertise ungehindert auszuschöpfen,*
- *aus dem lähmenden Einfluss von Negativismus, Machtgefällen, aufgezwungenem Feedback und Sarkasmus bei der Ideenfindung auszubrechen,*
- *die Gruppe spielerisch (und durch Musik) zu aktivieren,*
- *einen fruchtbaren Rahmen für gute Ideen und gezielte Experimente aufzuspannen.*

⏳ ca. 25 Minuten ⭐⭐ Niveau: fortgeschritten 👫 4–99+ Personen 👌 Ideal: 20–99+ Personen

O, der Einfall! War kindisch, aber göttlich schön!
Friedrich von Schiller

Wann kannst du 25/10 Crowd Sourcing anwenden und was kannst du damit erreichen?

Ihr habt euer Problem oder eine Fragestellung identifiziert und wollt nun konkrete Lösungsideen dafür sammeln und entwickeln? „Lasst uns Ideen brainstormen!" ist dann meist die Standardwaffe. Neben den üblichen Widrigkeiten – wie alle zu beteiligen, effektiv zusammenzuarbeiten, die Zeit effizient zu nutzen – bietet ein solcher Ansatz einen fruchtbaren Nährboden für die Ausprägungen toxischer Firmen- oder Teamkultur. „Schlechte" Ideen werden heruntergemacht, „gute" Ideen kommen von den Mächtigeren, öffentlicher Konsens ist nur die verborgene Unlust, den Diskurs in die Länge zu ziehen. Groupthink dominiert eine solche Runde und lässt nur wenige Ideen aus dem reichhaltigen Fundus der Gruppe an die Oberfläche sprudeln.

Mithilfe von 25/10 Crowd Sourcing arbeiten die Beteiligten *anonym* ihre Ideen aus und schreiben sie auf Karten. Zusätzlich gestalten sie eine *erste konkrete Maßnahme*, um die Idee Realität werden zu lassen. Anschließend tauscht die Gruppe spielerisch ihre Karten in fünf Runden miteinander aus. In jeder Runde bewerten die Beteiligten jeweils eine Idee auf einer Skala von 1 bis 5. Danach addieren die Beteiligten die Punktzahlen auf. Du zählst laut von der maximalen Punktzahl **25** herunter. Die Beteiligten lesen Ideen mit der aufgerufenen Punktzahl vor und machen so die **10** am besten bewerteten Ideen öffentlich.

Durch die anonyme Erstellung und Bewertung der Karten bekommen alle Ideen – und nicht mehr die Person dahinter – dieselbe Chance. Durch diese Entkopplung von Idee und Urheber hebelst du Machtgefälle, Sympathien und Antipathien, politische Spielchen und so weiter aus und lässt die Ideen und Lösungen zutage kommen, die die Gruppe unvoreingenommen in die Tat umsetzen will.

Aktiviere die Kreativität der Beteiligten und habt gemeinsam Spaß!

25/10 Crowd Sourcing in der Entscheidungsfindung

Mit 25/10 Crowd Sourcing ermöglichst du deiner Gruppe, ihre attraktivsten Ideen und Lösungen mitsamt eines ersten konkreten Schritts zur Realisierung zu bestimmen. Für die Entscheidungsfindung kannst du sicherstellen, dass Lösungsentwürfe wirklich von der Gruppe getragen werden. Denn du siehst, ob die Gruppe diese wirklich gut findet oder nicht. So kannst du gezielter mit der Entscheidungsfindung fortfahren oder den Schritt des Lösungsentwurfs vertiefen. Auch kannst du hiermit Herausforderungen aufdecken, nach ihrer Relevanz bewerten („Was ist die aktuell wichtigste Herausforderung unserer Gruppe?") und dann dafür Entscheidungsfindungen anstoßen.

Wie? Vorbereitung, Einladung und Durchführung

Raum und Material	• Stift und Indexkarten oder festeres Papier, um darauf die Ideen und die Bewertungen festzuhalten • Genügend Platz, damit die Gruppe zum Tauschen der Karten umherwandern kann • Magnete, Klebeband oder Stecknadeln, um die Top-Ideen für alle sichtbar aufzuhängen • Ein akustisches Signal, um die Schritte der Bewertungsrunden voneinander abzugrenzen • Die Skala, angeschrieben an einem Whiteboard oder Flipchart • *Optional:* Post-its, die auf die Rückseite der Karten geklebt werden, um vorhandene Bewertungen zu verdecken • *Optional:* Tragbare Boxen oder Ähnliches, um während des Tauschens Musik abzuspielen
Einladung	Lade die Beteiligten dazu ein, zur genannten Problem- oder Fragestellung ihre größte, mutigste, pfiffigste Idee und einen ersten konkreten Schritt zur Umsetzung zu formulieren und anschließend Ideen anderer anonym zu bewerten.

Schritt 1

Ablauf und Skala erklären

5 Minuten

Erläutere den Ablauf und das Bewertungsschema und demonstriere mit einem Freiwilligen eine Bewertungsrunde (siehe Schritt 3).

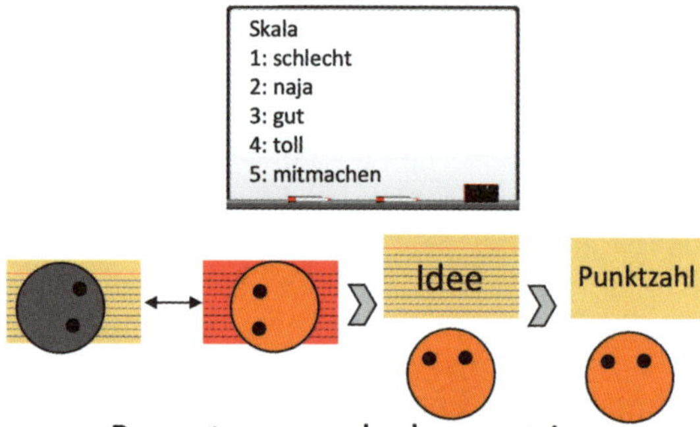

Bewertungsrunde demonstrieren

- *Tipp:* Erläutere das Bewertungsschema auf einer Skala von 1 bis 5.
- *Tipp:* Eine mögliche Skala für Lösungsentwürfe lautet:
  - „1“: Diese Lösung ergibt überhaupt keinen Sinn für mich.
  - „2“: Ich glaube nicht, dass die Lösung funktioniert.
  - „3“: Das könnte gut funktionieren. Ich wäre gespannt auf das Resultat und bin bereit, diese Lösung mitzutragen.
  - „4“: Tolle Idee! Ich bin bereit, diese Lösung mitzutragen, und helfe, wenn ich kann.
  - „5“: Fantastische Lösung! Ich will mich direkt an der Ausarbeitung beteiligen!
- *Tipp:* Achte darauf, dass die „5“ beinhaltet, dass der Bewertende bereit ist, *seine eigene Zeit für die Idee zu investieren*. So erzeugst du Verbindlichkeit und ebnest der darauffolgenden Arbeit mit den Ideen den Weg.
- *Tipp:* Imitiere dabei ausgeprägt das Umherwandern beim Tauschen und setze so den Funken für viel Bewegung in den Bewertungsrunden.
- *Stolperfalle:* Frage die Gruppe, ob der Ablauf klar ist. Dieser kann für einige Beteiligte zu Beginn verwirrend sein.
- *Variante:* Falls die Gruppe 25/10 Crowd Sourcing bereits kennt, dann kannst du diesen Schritt auf das Verkünden der Skala abkürzen. **–3 Minuten**

Schritt 2

Idee formulieren

5 Minuten

Fordere die Beteiligten auf, *eine* mutige, riskante, große, originelle Idee oder Lösung zu entwerfen und zusammen mit einem ersten konkreten Schritt zur Umsetzung leserlich auf *eine* Karte zu schreiben.

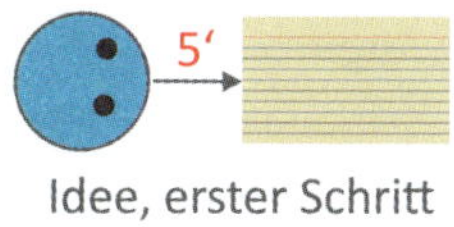

- *Tipp:* Bitte die Beteiligten, sich vorzustellen, wie sie ihre eigene Idee bewerten würden. Ist die Idee für andere verständlich? Ist der erste Schritt konkret genug?
- *Stolperfalle:* Mach den Beteiligten klar, dass ihre Ideen nur eine Chance haben, wenn sie diese klar, leserlich und verständlich formulieren. Andernfalls fallen vielleicht gute Ideen bei der Bewertung durch.
- *Variante:* Du kannst den ersten konkreten Schritt weglassen, falls dieser für euer Vorhaben zu diesem Zeitpunkt noch keinen Sinn macht.
- *Variante:* Lass die Beteiligten ihrer Idee ein knackigen Namen geben. Das erleichtert das sofortige Verständnis und bringt Spaß!

Schritt 3

Ideen bewerten

10 Minuten (fünf Runden à 2 Minuten)

- Führe fünf Bewertungsrunden durch.
- Zu Beginn jeder Runde laufen die Beteiligten umher und tauschen die Karten untereinander mehrmals aus, ohne sie zu lesen.
- Dann unterbrichst du das Tauschen und bittest die Beteiligten, die Karte in ihrer Hand in Ruhe zu lesen und im Kopf auf der Skala von 1 bis 5 zu bewerten.
- Lass die Beteiligten anschließend die Punktzahl auf die Rückseite der Karte schreiben und starte die nächste Runde.

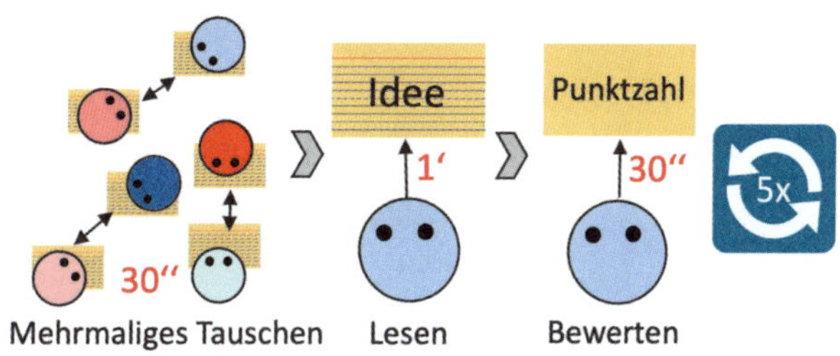

- *Tipp:* Gib ein deutliches (akustisches) Signal, um das Tauschen einzuleiten und zu beenden.
- *Tipp:* Falls jemand seine eigene Karte oder eine bereits von ihm bewertete Karte in der Hand hält, soll er mit einem Nachbarn tauschen.

- *Stolperfalle:* Bitte darum, die Ideen auf der Rückseite der Karten zu bewerten, sodass die Beteiligten sich nicht von vorhandenen Bewertungen beeinflussen lassen. Fordere dazu auf, die Karten erst umzudrehen, wenn die Beteiligten eine eigene Bewertung der Idee vor Augen haben.
- *Optional:* Spiele während des Tauschens Musik ab. Sobald die Musik aufhört, sollen die Beteiligten mit dem Lesen und Bewerten beginnen.
- *Optional:* Lass die Beteiligten die Bewertungen auf der Rückseite verdeckt unter einem Post-It notieren, um die Beeinflussung der Bewertung weiter zu reduzieren.
- *Variante:* Vereinbart ein Symbol, zum Beispiel „?“, das der Bewertende anstelle einer Punktzahl auf der Rückseite der Karte für den Fall vermerkt, dass er die Idee nicht versteht oder lesen kann. Das mindert den Effekt, dass gute Ideen, die für einige unleserlich oder zu spezifisch beschrieben worden sind, direkt verworfen werden.
- *Variante:* Lass bei großen Gruppen und insbesondere falls du während des Tauschens Musik abspielst, das Tauschen zumindest in den ersten Runden ein wenig länger laufen. So durchmischt sich die Gruppe mehr und du aktivierst sie noch stärker. **+2–3 Minuten**

Schritt 4

Punkte summieren

2 Minuten

Lass die Punktzahlen auf der Rückseite der Karten addieren und die Summe auf die Vorderseite schreiben.

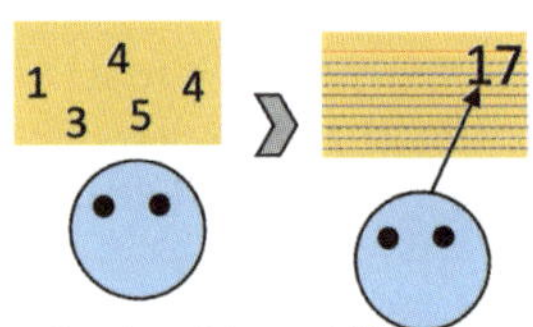

Punktzahlen addieren

Tipp: Beginne mit den Worten: „Ihr solltet nun fünf Zahlen auf der Rückseite der Karte sehen. Addiert diese. Falls ihr weniger oder mehr Zahlen seht, bildet den Durchschnitt und multipliziert diesen mit 5.“

Schritt 5 Top-Ideen mit allen teilen **5 Minuten**	• Zähle von 25 herunter und frage, ob jemand die genannte Punktzahl auf der Karte stehen hat. • Falls ja, bitte denjenigen, die Karte vorzulesen und für alle sichtbar in der Reihenfolge der Punktzahlen aufzuhängen. • Sobald ihr zehn Ideen gesammelt habt, lass nur noch die Ideen mit derselben Punktzahl vorlesen und beende dann den Schritt. 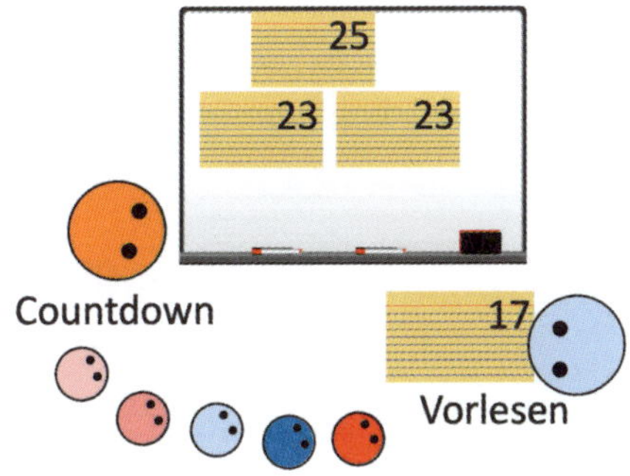 • *Tipp:* Verbiete, dass sich die Urheber der Top-Ideen zu diesem Zeitpunkt zu erkennen geben. So hältst du die Ideen möglichst anonym und in schwierigen Kontexten neutral für die nachfolgenden Schritte zur Ausarbeitung oder Umsetzung. • *Optional:* Sammle alle verbliebenen Karten ein, sodass bei Interesse die restlichen Ideen durchforstet werden können.

Allgemeine Tipps, Varianten und Stolperfallen

- *Tipp:* Du solltest die Beteiligten auf das Ideenfinden mit 25/10 Crowd Sourcing vorbereiten: Die Gruppe sollte vorher bereits im Thema stecken und sich Gedanken gemacht haben, sonst entstehen oft kaum gute Ideen (>15 Punkte).
- *Optional:* Falls keine oder kaum gute Ideen (>15 Punkte) entstanden sind, führe eine zweite Runde von 25/10 Crowd Sourcing durch. Vorab kannst du die Beteiligten mit einem 1-2-4-All fragen, was an den gelesenen Ideen noch ungenügend gewesen ist und welche Aspekte für richtig gute Ideen gefehlt haben.
- *Variante:* Reduziere für Gruppen unter 20 Personen die Anzahl der Bewertungsrunden und die Zahl der Top-Ideen: Führe ein 20/6 Crowd Sourcing mit mindestens zwölf Personen oder ein 15/3 Crowd Sourcing mit mindestens acht Personen durch.
- *Variante:* Für Gruppen von weniger als acht Personen kannst du die Ideen reihum weiterreichen lassen. Die Anonymität kannst du wiederherstellen, indem ihr die Ideen abtippen und ausdrucken oder von einer weiteren Person abschreiben lasst und zufällig auf die Beteiligten verteilt. Eigene Ideen werden dann ignoriert oder die Bewertung in Klammern geschrieben.

- *Variante:* Variiere die Einladung:
  - „Welche mutige Unterhaltung führst du nicht? Welcher erste Schritt könnte deinen Mut entfachen?“
  - „Was hoffst du, dass in der Zukunft passieren wird? Welchen ersten Schritt kannst du/könnt ihr unternehmen, sodass diese Zukunft plausibler erscheint?“
- *Variante* Anxiety Circus*:* Variiere die Einladung:
  - „Was ist in unserer aktuellen Situation deine größte Sorge? Was könnte schlimmstenfalls passieren?“
  - Ändere die Skala entsprechend: von „1“: „Das kann ich nicht nachvollziehen.“ über „3“: „Das kann ich verstehen, aber mir geht es nicht so.“ bis „5“: „Das geht mir ganz genauso und lässt mich nicht schlafen!“.

Kombinationen mit anderen Liberating Structures

Wann?	Was?	Wozu?	Wie?
Zur Vorbereitung	XxX-Writing	Um ausgefeiltere Ideen zu erzeugen.	Stelle zu Beginn eine Reihe von Fragen zur vorliegenden Herausforderung, die auf die Ideenfindung vorbereiten, wie beispielsweise: • Wie sähe unser Umfeld aus, würde die Herausforderung nicht mehr bestehen? • Was ist notwendig, um die Herausforderung zu lösen? • Was sind entscheidende Aspekte, die dabei berücksichtigt werden müssen? • Was kann vernachlässigt werden? • Was sind einfache oder naheliegende Lösungen? • Was sind richtig verrückte Lösungen? • Was sind aufwendige, aber nachhaltige Lösungen? Lass bemerkenswerte Antworten und Lösungsideen unterstreichen und die Beteiligten sich paarweise für zwei Minuten darüber austauschen.
Im Anschluss	15 % Solutions	Um persönlich in eine oder mehrere gute Ideen zu investieren.	Frage „Was sind deine 15-%-Lösungen, um deine favorisierte(n) Idee oder Lösungsvorschläge in die Tat umzusetzen?“.

Wann?	Was?	Wozu?	Wie?
	Gallery Walk	Um sich mit den gefundenen Ideen intensiver auseinanderzusetzen und die Umsetzung vorzubereiten.	Verteile die Top-Ideen im Raum. Stelle folgende Fragen für die paarweisen Konversationen vor den Exponaten: • Welche Idee hat dich am meisten angesprochen? Warum? • Welche Idee hat Potenzial, müsste aber noch verfeinert werden? Wie? Wie wird sie zu einer „5“ für dich? • Mit welcher Idee willst du jetzt starten? Warum?
	Open Space Technology	Um die favorisierte Idee mit weiteren Interessierten auszuarbeiten.	Finde Gastgeber für die Top-Ideen und verteile sie auf Stationen, um dort die Ideen auszuarbeiten und die nächsten Schritte zu entwickeln oder bereits durchzuführen. Falls einige Beteiligte keine der Top-Ideen gut finden und kein Interesse haben, andere Ideen für sie wertvoll auszugestalten, lade sie dazu ein, die restlichen Karten nach weiteren Ideen durchzusehen und eine davon zu verfeinern.
	Ecocycle Planning	Um gemeinsam zu entscheiden, welche Ideen die Gruppe wie voranbringen will, und um zu sehen, welche Ideen vielleicht schon gestartet worden sind oder sogar bereits die kreative Zerstörung durchlaufen haben.	Platziert die Ideen auf dem Ecocycle. Bitte die Beteiligten, sichtbar zu machen, falls eine Idee bereits in der kreativen Zerstörung *war* und nun wieder in der Erneuerung schlummert. So kann der Rest der Gruppe verstehen, welche Stolperfallen eine Idee birgt. Führe anschließend den Rest des Ecocycle Planning normal durch.
	Agreement-&-Certainty-Matrix	Um einen passenden Ansatz zur Umsetzung zu wählen.	Lass die Top-Ideen auf der Agreement-&-Certainty-Matrix einsortieren. So kann die Gruppe herausfinden, welches Vorgehen zur Umsetzung der Idee oder Lösung am passendsten ist.

Beispiel: Ideen für die Außendarstellung entwerfen

Ein Team wollte Ideen sammeln, um die Außendarstellung der eigenen Firma wirkungsvoller zu gestalten. Mithilfe eines 25/10 25/10 Crowd Sourcing entwickelte das Team einige wertvolle Ideen, um das Marketing gezielter zu betreiben und Artikel und Blogposts einfacher zu publizieren.

Einige der am besten bewerteten Ideen waren:

- Eine regelmäßige Schreibwerkstatt zu etablieren, um sich gegenseitig beim Publizieren zu unterstützen oder gemeinsam Texte zu entwerfen. Erster Schritt: ersten Termin einstellen.
- Vorhandene Projekte, die die Firma von Konkurrenten abgrenzt, stärker zu vermarkten. Erster Schritt: Projekte identifizieren.
- Nach innen zu publizieren, um das Schreiben zu üben, die Hemmschwelle zu senken und gemeinsam herauszufinden, was davon Potenzial für die Außendarstellung hat. Erster Schritt: Geschichten sammeln.

Mittlerweile vermarktet das Team die eigenen Projekte auf verschiedenen Kanälen und publiziert öfter nach innen. Die Schreibwerkstatt wurde wieder aufgelöst.

Ursprung und Inspiration: Diese Liberating Structure wurde von Henri Lipmanowicz und Keith McCandless entwickelt und unter anderem von Keith Johnstone, einem Pionier des Improvisationstheaters, inspiriert.

Improv Prototyping

Offenlegen

Entwickle wirksame Lösungen für chronische Probleme durch Improvisation, um

- *die Auswirkungen von Lösungsentwürfen oder Entscheidungen spürbar zu machen und anzupassen,*
- *die Vorstellungskraft der Beteiligten anzuregen und auch Abwegiges, Verrücktes, Neues zu erforschen,*
- *die Kraft der Spontaneität zu entfalten und für die Beteiligten nutzbar zu machen,*
- *starre Verhaltensmuster zu durchbrechen und Alternativen spielerisch zu entdecken.*

ca. 35–90 Minuten Niveau: fortgeschritten 3–99+ Personen
Ideal: 8–99+ Personen

Handlung wird allgemein besser verstanden als Worte.
Das Zucken einer Augenbraue, und sei es noch so unscheinbar,
kann mehr ausdrücken als hundert Worte.
Charlie Chaplin

Wann kannst du Improv Prototyping anwenden und was kannst du damit erreichen?

Im professionellen Kontext (und auch fast überall sonst) tauschen wir uns in der Regel rein sequentiell und sprachlich aus. Wir besprechen Herausforderungen, analysieren Probleme, planen Lösungen und prognostizieren Konsequenzen. Vor der Umsetzung bleiben wir fast immer auf der theoretischen Ebene. Wir versäumen, unsere Ideen anschaulich in konkreten Situationen zu erkunden. Auf diese Weise ignorieren wir für die Lösung implizites Wissen, das erst durch Beobachtung freigelegt wird, sowie Ideen, die durch kreatives *Gemeinsames Formen* entstehen. Stattdessen drehen wir eine große, langwierige Schleife durch die Umsetzung und Rückkopplung, um den Erfolg zu verifizieren. Schlimmstenfalls bleiben passende Maßnahmen im Verborgenen.

Mithilfe von Improv Prototyping kann die Gruppe diese Informationsquellen direkt anzapfen. Die Beteiligten stellen eine konkrete Situation im Rahmen einer Herausforderung schauspielerisch nach. Die Situation steht stellvertretend für die gesamte Herausforderung oder zeigt einige wichtige Aspekte oder Konsequenzen der Herausforderung. Kleingruppen identifizieren hilfreiche und hinderliche Anteile der Szene und entwickeln daraus eine neue Fassung der Szene – einen neuen *Prototyp*. Kleingruppen, die von ihrem Prototyp überzeugt sind, spielen diesen wieder der ganzen Gruppe vor. Das Vorgehen wiederholt sich, bis die Gruppe einen oder mehrere Prototypen gefunden hat, die sie umsetzen will.

Auf diese Weise verlässt die Gruppe den üblichen verkopften Modus und ihre Vorstellungskraft wird geweckt. Scheinbar große Hürden machst du durch das iterative Vorgehen überwindbar und chronische Probleme muten weniger abschreckend an. Die Beteiligten lernen dabei, sich mit einer ungeahnten Leichtigkeit Herausforderungen zu stellen.

Improv Prototyping in der Entscheidungsfindung

Mit Improv Prototyping kannst du Informationen lebendig aufdecken und parallele Lösungen durch Improvisationen entwickeln lassen. Die Gruppe bekommt einen plastischen Eindruck von möglichen Maßnahmen und deren Auswirkungen. Sie kann diese verfeinern, miteinander vergleichen, bewerten und sich für eine oder mehrere entscheiden. In der Umsetzung hilft dir die Liberating Structure dabei, spielerisch Alternativen zu konkretisieren und Details auszuarbeiten.

Wie? Vorbereitung, Einladung und Durchführung

Vorbereitung	• Identifiziere die Herausforderung und eine passende stellvertretende Situation gemeinsam mit der Gruppe. • *Optional:* Finde vorab eine Kleingruppe, die bereit ist, die Ausgangslage der Situation vorzuspielen.
Raum und Material	• Genügend Platz, damit die Kleingruppen ihre Prototypen inszenieren können • *Optional:* eine Bühne für die vorgespielten Szenen
Einladung	Lade die Beteiligten ein, ein chronisches Problem oder eine frustrierende Herausforderung spielerisch zu erforschen, zu improvisieren und so neue Wege zu entdecken, damit umzugehen.
Schritt 1 Herausforderung teilen **5 Minuten**	• Beschreibe die Idee und den Ablauf von Improv Prototyping. • Beschreibe die Herausforderung und die konkrete Situation, die nachgespielt wird, und die beteiligten Rollen und Akteure.

Schritt 2 Ausgangslage vorspielen ⏳ **3–5 Minuten**	Lass einige Beteiligte die Ausgangslage vor der ganzen Gruppe nachspielen. 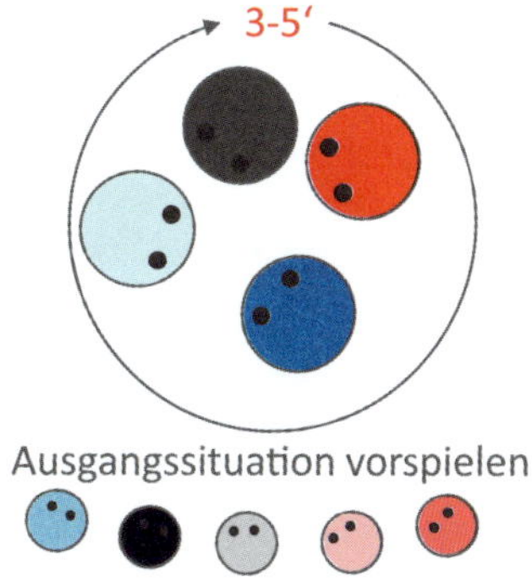 • *Tipp:* Idealerweise spielen bei diesem Auftritt auch direkt Betroffene oder Zeugen der Situation mit. • *Stolperfalle:* Das spontane Schauspielern vor der ganzen Gruppe kann einigen Beteiligten Unbehagen bereiten. Suche deshalb am besten in der Vorbereitung Freiwillige und bereite mit diesen die Szene vor.
Schritt 3 Ausgangslage bewerten ⏳ **7 Minuten**	• Lass Kleingruppen mit vier bis acht Personen bilden. • Die Kleingruppen sollen mithilfe von ⁘ 1-2-4 die positiven und hilfreichen Aspekte und Momente besprechen sowie diejenigen Anteile identifizieren, die die Herausforderung aufrechterhalten, hervorbringen oder diese verstärken. 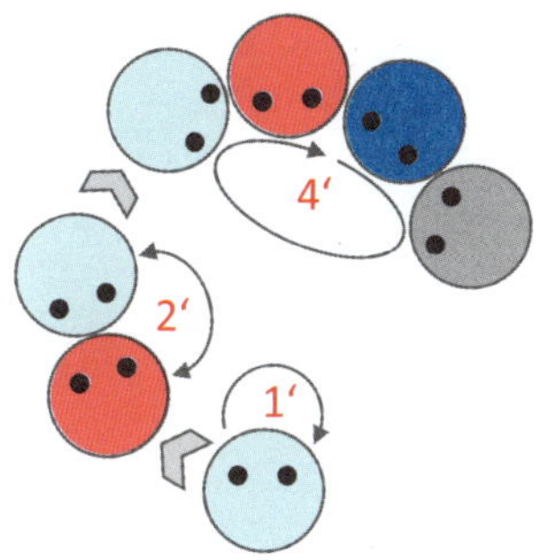 *Tipp:* Die Kleingruppen sollten aus mindestens so vielen Personen bestehen wie die Schauspielertruppe in Schritt 2.
Eine oder mehrere Runden mit den Schritten 4 bis 6 ***20–32 Minuten (pro Runde)***	Lade die Kleingruppen ein, die Situation iterativ zu verfeinern, bis sie genügend vielversprechende Ideen für die Praxis zusammengetragen haben.

<table>
<tr>
<td>Schritt 4
Prototypen weiterentwickeln
⏳ 5–10 Minuten</td>
<td>
<ul>
<li>Lade die Kleingruppen ein, die hilfreichen Aspekte zu kombinieren, zu verfeinern und um weitere Ideen zu ergänzen.</li>
<li>Nun sollen die Kleingruppen die Szene neu spielen und ihren nächsten Prototyp entwickeln.</li>
</ul>
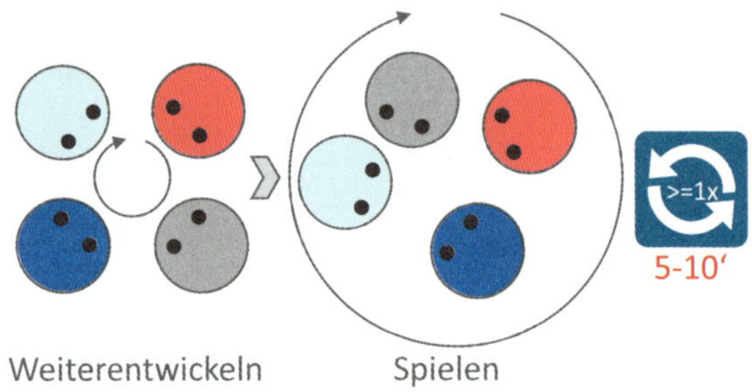

<ul>
<li>Tipp: Bitte die Gruppen, möglichst schnell ins Schauspielen zu kommen und iterativ vorzugehen: Ausprobieren, wahrnehmen, anpassen in raschen Zyklen ist hierbei das hilfreiche Vorgehen. Das übliche Wahrnehmen, Analysieren, Planen, Handeln hemmt die Kreativität und bringt die Gruppe nicht weiter.</li>
<li>Stolperfalle: In der ersten Runde sind manchmal einige Beteiligte noch ein wenig zurückhaltend und trauen sich nicht direkt ins Schauspielen zu springen. Das legt sich, sobald die Gruppe die ersten Prototypen vorgespielt bekommt.</li>
</ul>
</td>
</tr>
<tr>
<td>Schritt 5
Vielversprechende Prototypen vorspielen
⏳ 3–10 Minuten</td>
<td>
Frage die Gruppe: „Welche Kleingruppe hat einen vielversprechenden Prototyp entwickelt und will diesen gerne der ganzen Gruppe vorspielen?“
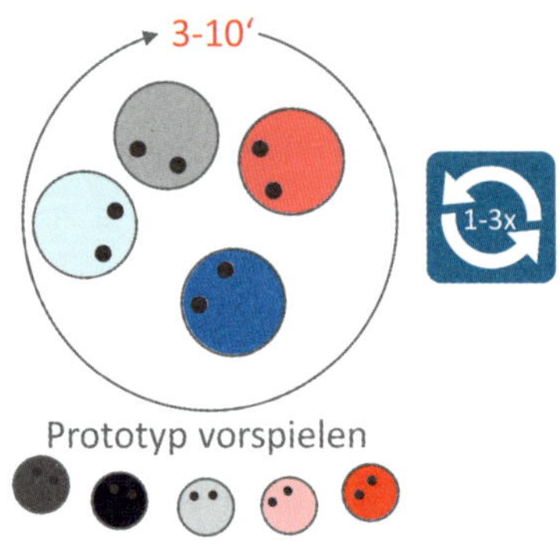

<ul>
<li>Tipp: Lass ein bis drei Kleingruppen ihren Prototyp vorspielen.</li>
<li>Stolperfalle: In der ersten Runde sind die Kleingruppen oft noch ein wenig schüchtern. Vertraue darauf, dass sich dennoch eine Kleingruppe bereit erklären wird. Ermutige gegebenenfalls die Gruppe: „Vielleicht habt ihr noch nicht den Durchbruch gehabt, aber ihr könnt bestimmt bereits eine kleine positive Veränderung hervorheben!“</li>
</ul>
</td>
</tr>
</table>

Schritt 6 Prototypen bewerten ⏳ **12 Minuten**	Bitte die Beteiligten, mithilfe von 1-2-4-All die erfolgreichen sowie die nicht hilfreichen Aspekte der Prototypen zu identifizieren. Gleichzeitig sollen sie sich überlegen, ob schon genügend vielversprechende Prototypen oder Impulse und Ideen vorhanden sind, um diese direkt in die Praxis umzusetzen. 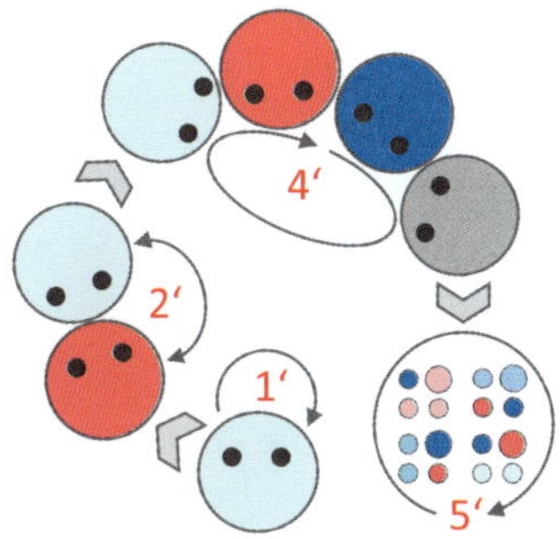 • *Variante:* Lass diesen Schritt oder das „All" in der ersten Runde weg. • *Variante:* Halte diesen Schritt kurz und beschränke ihn auf die Frage: „Haben wir bereits umsetzbare Prototypen? Wenn nicht, was fehlt noch?" ⏳ **5 Minuten**
Hilfemuster	*Gemeinsames Formen – dein Gegenüber und du, ihr deckt gemeinsam Lösungen auf, nehmt Angebote voneinander an und entwickelt sie weiter.*

Allgemeine Tipps, Varianten und Stolperfallen

- *Tipp:* Lade verschiedenste Rollen und Funktionen aus betroffenen (und vielleicht sogar nicht betroffenen) Teams, Gruppen und Abteilungen ein, um verschiedenste Perspektiven und Herangehensweisen zu integrieren.
- *Variante:* Bitte die Kleingruppen Regieführende, Schauspielende und Publikum zu bestimmen: Die Regie gibt den Schauspielenden Impulse, das Publikum teilt seine Beobachtungen und die Schauspielenden beschreiben der Regie, wie sich die Situation angefühlt hat, sodass alle drei Gewerke innerhalb einer Kleingruppe gemeinsam ihren Prototyp verfeinern.
- *Variante:* Lass Kleingruppen unterschiedliche, vorab entwickelte Lösungsideen für die Ursprungssituation ausprobieren. So kannst du beispielsweise bei einer Entscheidungsfindung mithilfe von Improv Prototyping mehrere Lösungsalternativen gezielt testen und verfeinern.
- *Variante „Regie des Lebens":* Lass Kleingruppen jeweils ihre eigene Ausgangsszene verwenden. Dabei sollen die Regieführenden jeder Kleingruppe ein persönliches Beispiel im Rahmen der Herausforderung ihrer Kleingruppe beschreiben. Alle Regieführenden machen in ihrer Gruppe Alter Egos aus, die die Ausgangsszene stellvertretend für sie nachspielen. Die anderen Beteiligten nehmen die Rollen der weiteren, an der Szene Mitwirkenden ein. Einige Beteiligte der Kleingruppen können optional Publikum spielen und Feedback geben. Die Beteiligten der Kleingruppen und insbesondere die Regieführenden entwickeln die Szene iterativ weiter, bis sie einen hilfreicheren Ausgang erfährt. Bitte zum Schluss einige Kleingruppen, die überzeugt von ihrer Lösung sind, Ausgangsszene und Endvariante vorzuspielen. (Inspiriert von Martin Günther)

Kombinationen mit anderen Liberating Structures

Wann?	Was?	Wozu?	Wie?
Zur Vorbereitung	1-2-4-All 25/10 Crowd Sourcing	Um die konkrete Situation zu identifizieren.	Frage: „Welche konkrete Situation ist für unsere Herausforderung stellvertretend und beschreibt diese treffend?“
	Simple Ethnography	Um eine oder mehrere konkrete Schlüsselsituationen vor Augen zu haben.	Standardablauf. Beteilige die ganze Gruppe vorab an Simple Ethnography. Lass die Erkenntnisse der letzten Schritte aus Simple Ethnography in dieser Gruppe teilen.
Währenddessen	Shift & Share Caravan Consulting	Um konkreteres Feedback zu einzelnen Prototypen zu erhalten.	Bitte die Gruppe, einige vielversprechende Prototypen an Stationen vorzuspielen, und die restlichen Kleingruppen, an den Stationen Feedback zu geben.
Im Anschluss	Design StoryBoards	Um zu planen, wie die Gruppe die Erkenntnisse in die Tat umsetzen kann.	Der Purpose könnte wie folgt lauten: „Wir wollen die Ideen unserer Prototypen umsetzen und in die Breite tragen. Das ist uns wichtig, um unsere Herausforderung …“
	User Experience Fishbowl	Um die Erkenntnisse einem breiteren Publikum zur Verfügung zu stellen und mit diesem gemeinsam über die Umsetzung zu reflektieren.	Stell die Gruppe der Pioniere aus ursprünglich Betroffenen und Beteiligten an den vielversprechendsten Prototypen zusammen. Lass die Pioniere ihre ursprüngliche, leidvolle Erfahrung und die Kraft der Prototypen vermitteln.
	What, So What, Now What?	Um gemeinsam zu reflektieren, was nun möglich ist und wie die Prototypen realisiert werden können.	Standardablauf

Beispiel: Anderer Umgang mit spezifischen Ängsten in der Gruppe

Eine Gruppe hatte aktuelle, aber auch ganz allgemeine begleitende Ängste oder schwierige Situationen für sich identifiziert. In einem Improv Prototyping, in der oben genannten Variante *Regie des Lebens,* stellten sich einige Beteiligte ihren Ängsten. Dazu ließen sie als Regieführende zuerst eine typische Situation, in der die Angst auftrat, von den anderen Beteiligten in ihrer Gruppe nachspielen. Dabei spielte ein Beteiligter das Alter Ego des Regieführenden. In mehreren Durchgängen identifizierten die Kleingruppen Möglichkeiten für die Alter Egos, anders mit ihrer Angst umzugehen, beispielsweise, indem diese ihre Angst offen benannten, um Hilfe baten oder die Situation verließen. Die Kleingruppen, die das Gefühl hatten, dass ein hilfreicherer Umgang mit ihrer Angst gefunden worden war, hatten ihre Ausgangssituation und die hilfreichste Variante nacheinander vorgespielt. Die Gruppe war durchweg begeistert von dem Resultat und das schwere Thema „Ängste" fand zu einem erfrischenden Abschluss.

Ursprung und Inspiration: Diese Liberating Structure wurde von Henri Lipmanowicz und Keith McCandless entwickelt. Sie wurden inspiriert von Antanas Mockus (ehemaliger Bürgermeister von Bogotá) und Improvisationskünstlern.

Wise Crowds

Ziehe in schnellen Zyklen das Wissen der ganzen Gruppe heran, um

- *effizient zu guten Ergebnissen zu kommen,*
- *auf ein großes Spektrum an Expertise und Meinungen zurückzugreifen,*
- *wertschätzenden Umgang mit Kollegen zu praktizieren,*
- *Vertrauen durch gegenseitiges Helfen aufzubauen und dabei Beziehungen zu stärken.*

ca. 15–60 Minuten **Niveau: einfach** **3–99+ Personen** **Ideal: 3–99+ Personen**

Menschen sind Wetzsteine, an denen sich Menschen ihren Geist schärfen können
Wolfgang J. Reus, Satiriker

Wann kannst du Wise Crowds anwenden und was kannst du damit erreichen?

Deine Gruppe kommt mal wieder nur zäh voran? Doch anstatt sich gezielt gegenseitig zu unterstützen und gemeinsam Lösungswege zu entdecken, werkeln die Beteiligten mit zunehmend schlechter Stimmung vor sich hin. In solchen Situationen wird der Gruppe gerne von außen Hilflosigkeit diagnostiziert und es werden bereits mögliche Interventionen eruiert. In einem solchen Umfeld sieht die Gruppe ihre Fähigkeiten meist selbst so kritisch, dass sie externe Experten oder Trainings anfordert. Das ist nicht per se schlecht, nur verpasst die Gruppe auf diese Weise die Chance herauszufinden, ob oder dass sie eigenständig erfolgreich wirken kann.

Wise Crowds erlaubt der Gruppe, sich selbst zu helfen und das vielfältige Wissen aller Beteiligten zu nutzen. Diejenigen, die einer konkreten Hilfestellung bedürfen – die *Klienten* –, schildern der restlichen Gruppe oder einer Kleingruppe ihre Herausforderung. Sie beantworten Verständnisfragen und erhalten eine Beratung. Während der Beratung drehen sich die Klienten mit dem Rücken zur Gruppe und notieren sich die mannigfaltigen Ideen, liebevoll provozierenden Fragen und hilfreichen Anmerkungen der Beratenden.

Über die Zeit erwächst ein gutes gemeinsames Gefühl für die vorliegenden Herausforderungen der einzelnen Beteiligten. Du kannst Einzelkämpfertum mit einer neuen gemeinschaftlichen Atmosphäre des gegenseitigen Helfens und voneinander Lernens verscheuchen. Die Gruppe erfährt, was sie wirklich kann, und funktioniert Wissenssilos in Ideenschmieden um.

Wise Crowds in der Entscheidungsfindung

Mit Wise Crowds stellst du einzelnen Beteiligten die Expertise der ganzen Gruppe zur Verfügung. Auch kannst du Beteiligte aus anderen Kontexten für die Beratung einladen und so der ganzen Gruppe zu neuen Impulsen verhelfen, ohne die Eigenständigkeit und das Selbstvertrauen der Gruppe zu gefährden. Wise Crowds bringt die Entscheidungsfindung in fast allen Phasen voran.

Wie? Vorbereitung, Einladung und Durchführung

Vorbereitung	*Optional:* Bitte die Beteiligten, sich vorab zu überlegen, ob und welche Herausforderung sie besprechen wollen.
Raum und Material	• Stifte, Papier und Schreibunterlagen, um sich Notizen zu machen • *Optional:* Stühle, um sich in Kleingruppen bequem zu beraten • *Optional:* Beamer oder Flipchart mit einer Reihe von alternativen Verständnisfragen (siehe unten), sichtbar für die ganze Gruppe
Einladung	• Lade Beteiligte ein, ihre Herausforderung mit der Gruppe zu teilen, um Hilfe zu erhalten. • Lade die restliche Gruppe ein, den Klienten bei ihren Herausforderungen zu helfen und diese zu schärfen.
Schritt 1 Gruppenbildung **4 Minuten**	• Beschreibe kurz den Ablauf einer Beratungsrunde: Herausforderung teilen, Verständnisfragen stellen, beraten, Erkenntnisse teilen. • Lade diejenigen mit einer Herausforderung ein, sich zu melden. • Bitte die Gruppe, sich auf Kleingruppen mit drei bis sechs Personen aufzuteilen, die jeweils etwa gleich viele Klienten beherbergen. 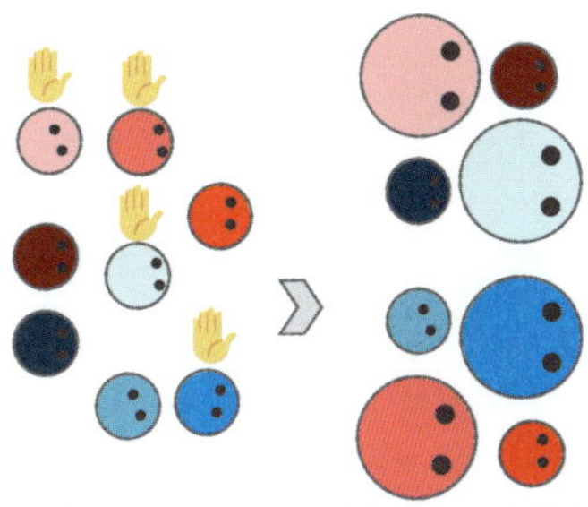 Kleingruppen um Klienten bilden • *Variante:* Bei bis zu vier Klienten und einer insgesamt kleinen Gruppe (<10 Personen) kannst du die Gruppe auch zusammenlassen. Achte dann auf die üblichen Stolperfallen für solche Gruppengrößen und wähle gegebenenfalls weitere Mikrostrukturen für die Beratung in Schritt 4. • *Variante/Stolperfalle:* Bei mehr als vier Klienten pro Kleingruppe verkleinere die Kleingruppen oder wechsle zu einem Troika Consulting. Andernfalls kann die Masse der sequenziellen Beratungen und Herausforderungen auf die Gruppe erschlagend wirken.

Mehrere Runden (eine pro Klient) mit den Schritten 2 bis 5: **11–18 Minuten (pro Runde)**	Die Klienten teilen ihre Herausforderungen, erhalten Verständnisfragen, eine Beratung und geben den Beratenden darüber Rückmeldung, was hilfreich war. 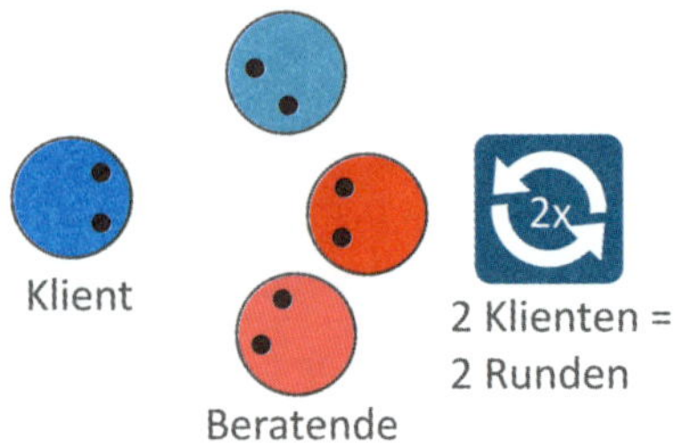 • *Tipp:* Tendiere zu den kürzeren Zeitangaben, falls es viele Klienten pro Kleingruppe gibt. • *Tipp:* Kündige den Wechsel zwischen den Schritten und Runden mit einem akustischen Signal an. So bleibt die Gruppe im Fluss und du musst sie nicht verbal unterbrechen.
Schritt 2 Herausforderung teilen **2–3 Minuten (pro Runde)**	Lade die Klienten ein, ihre Herausforderung mit ihrer Kleingruppe zu teilen. 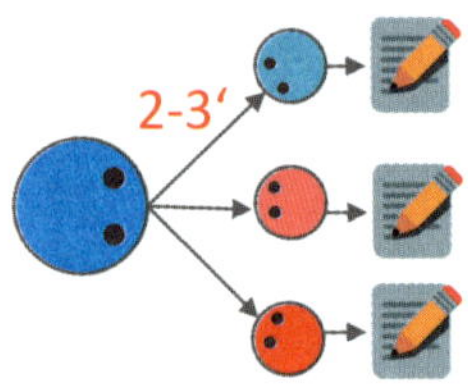 *Tipp:* Bitte die Beratenden, sich Notizen zu machen.
Schritt 3 Verständnisfragen beantworten **2–3 Minuten (pro Runde)**	Bitte die Beratenden, Verständnisfragen an die Klienten zu richten. 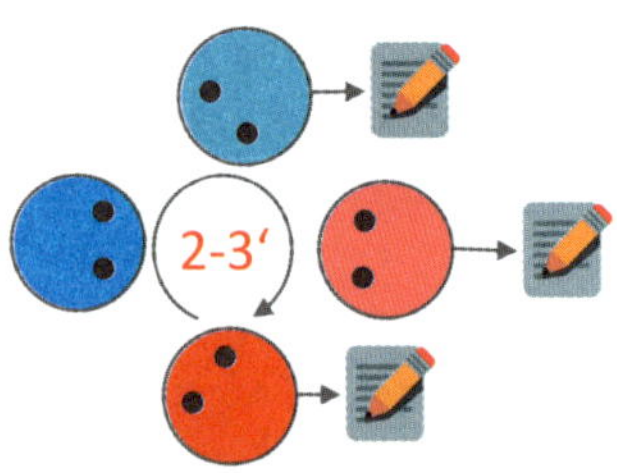 • *Stolperfalle:* Weise darauf hin, dass an dieser Stelle noch keine Beratung stattfindet und die Beratenden lediglich Unklarheiten auflösen und für sie wichtige Details rund um die Herausforderung in Erfahrung bringen sollen. • *Optional:* Zeige / der Gruppe einige der unten genannten Verständnisfragen, die helfen können, die Herausforderung zu schärfen.

Schritt 4 Beratung **5–10 Minuten (pro Runde)**	• Bitte die Klienten, sich mit dem Rücken zu ihrer Kleingruppe zu drehen, der Beratung zu lauschen und sich Notizen zu machen. • Lade die Beratenden ein, sich über die Herausforderung der Klienten wertschätzend auszutauschen, hilfreiche Ideen und neue Möglichkeiten zu entwickeln. 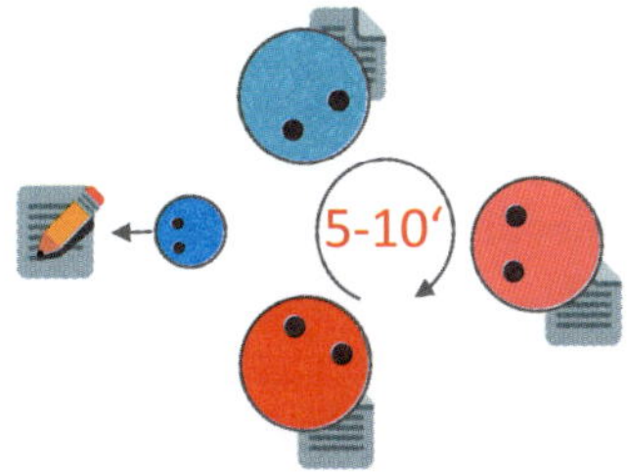 ***Stolperfalle:*** Bitte die Beratenden in den Kleingruppen, als ein Team zu agieren und *Gemeinsames Formen* zu praktizieren, anstatt in eine offene Diskussion oder eine Statusrunde zu verfallen, nur um *ihre* Gedanken und Meinungen durchzubringen.
Schritt 5 Erkenntnisse teilen **2 Minuten (pro Runde)**	Bitte die Klienten, sich wieder zur Kleingruppe umzudrehen und ihre wichtigsten Erkenntnisse zu beschreiben. 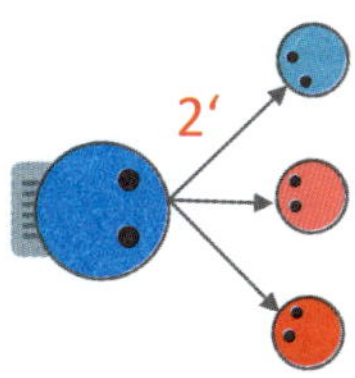 • ***Stolperfalle:*** Betone, dass dieser Schritt den *Klienten* den Raum gibt, ihre Gedanken zu sammeln und sich zu bedanken. Weise allzu mitteilungsbedürftige Beratende darauf hin. • ***Optional:*** Frage die Klienten: „Was ist nun für euch möglich geworden? Welche neue Perspektive hat sich aufgetan?"
Hilfemuster	*Liebevolle Provokation / gemeinsames Formen – die Beratenden decken gemeinsam Lösungen für ihre Klienten auf und weisen sie auf Aspekte hin, die diese vielleicht nicht sehen.*

Allgemeine Tipps, Varianten und Stolperfallen

- ***Stolperfalle:*** Wenn du Wise Crowds regelmäßig mit derselben Gruppe durchführst, achte darauf, dass sich wirklich alle Beteiligten mindestens einmal beraten lassen. Jeder steht vor Herausforderungen! Andernfalls kann ein ungleiches Gefühl in der Gruppe entstehen.
- ***Optional:*** Lade Außenstehende ein, um noch mehr verschiedene Meinungen, Expertisen und Herangehensweisen in die Beratungen einfließen zu lassen.

- *Optional:* Lass die Klienten ein favorisiertes Hilfemuster für die Beratung wählen. Sollen die Beratenden beispielsweise neue Ideen *gemeinsam formen*, auf der Metaebene *Strukturelle Bewusstheit* praktizieren oder den Klienten *liebevoll provozieren*?
- *Variante „Ritual Dissent":* Die Klienten stellen dabei eine Idee oder Lösung vor und die Beratenden konzentrieren sich ausschließlich auf die negativen Aspekte. Also auf alle Dinge, die möglicherweise nicht funktionieren, lückenhaft, unklar oder unverständlich sind.
- *Variante „Ritual Assent":* Hierbei konzentrieren sich die Beratenden ausschließlich auf Aspekte, die sie gut finden. Du kannst auch gut beide *Ritual*-Varianten kombinieren.

Mögliche Verständnis- und Beratungsfragen

Neben den naheliegenden Fragen zur konkreten Situation, zu (technischen) Details und zum Kontext gibt es eine Reihe von Verständnisfragen, die darauf abzielen, die Herausforderung für die Beratenden und den Klienten zu schärfen. Die Beratenden können diese Fragen auch gut in den Beratungsrunden (Schritt 4) verwenden.

1. Kannst du eine bestimmte Situation nennen, die die Herausforderung gut widerspiegelt?
2. Wer muss für den Erfolg einbezogen werden und wie empfindet diese Person die Herausforderung?
3. Wenn all deine Arbeit an der Herausforderung letzte Nacht ausgelöscht worden wäre, was würdest du als Erstes erneut tun?
4. Welche Methoden und Vorgehensweisen hast du bis jetzt verwendet?
5. Gibt es erste greifbare Resultate? Wie sehen diese aus?
6. Was hast du bereits getan, dass du rückgängig machen würdest?
7. Was ist notwendig, um den nächsten Schritt zu tun?

Kombinationen mit anderen Liberating Structures

Wann?	Was?	Wozu?	Wie?
Zur Vorbereitung	Impromptu Networking	Um den Beteiligten bei der Identifikation von aktuellen Herausforderungen zu helfen.	Standardablauf
Im Anschluss	Improv Prototyping	Um die Ratschläge direkt auszuprobieren und zu verfeinern.	Bilde Kleingruppen um die Klienten und lass sie die gehörten Impulse direkt an konkreten Situationen ausprobieren und weiterentwickeln.

Beispiel: Regelmäßige Beratung zu akuten Herausforderungen bei Kunden

Als agile Coaches sind meine Kolleginnen, Kollegen und ich in der Regel alleine beim Kunden. Zwar tauschten wir uns regelmäßig fachlich und zu unseren Kundenprojekten aus und baten einzelne Kollegen um Rat und Feedback, wir wollten uns aber gerne gezielter gegenseitig helfen und voneinander lernen. Also haben wir jeden Freitagnachmittag ein Wise Crowds veranstaltet. Wir haben uns von konkreten Herausforderungen und Lösungsansätzen bei aktuellen Kunden erzählt und dazu neue Sichtweisen erfahren.

Dadurch haben wir viel voneinander gelernt und fühlen uns seitdem verbundener und ein Stück weniger alleine bei unseren Kunden.

Ursprung und Inspiration: Diese Liberating Structure wurde von Henri Lipmanowicz und Keith McCandless entwickelt. Sie haben sich dabei von den „Clearness Committees" der Quäker inspirieren lassen.

Wise Crowds für große Gruppen

Nutze das Wissen einzelner Experten und der ganzen Gruppe, um

- *fundiertes, tiefgehendes Feedback und Ratschläge zu erhalten,*
- *Experten zurate zu ziehen* und *ihre Expertise kritisch zu ergänzen,*
- *gemeinsam eine Herausforderung strukturiert zu vertiefen.*

⏳ ca. 35–70 Minuten ⭑⭑Niveau: fortgeschritten
1 Klient und 10–99+ Beratende 👌 Ideal: 1 Klient und 20–99+ Beratende

Gesunder Menschenverstand ist, wenn man den Experten misstraut – mit großem Respekt und von ganzem Herzen.
unbekannt

Wann kannst du Wise Crowds für große Gruppen anwenden und was kannst du damit erreichen?

Sind einzelne Personen, Kleingruppen oder Teams ratlos und wissen sie nicht weiter? Sehnen sie sich nach neuen Impulsen und fundierter Expertise? Dann bist du hier richtig!

Analog zu Wise Crowds stellt Wise Crowds für große Gruppen Hilfesuchenden die Expertise der ganzen Gruppe zur Verfügung. Zusätzlich wählen die Hilfesuchenden eine kleine *Expertenrunde* aus Beteiligten, denen sie hilfreiches Fachwissen im Zusammenhang mit der Herausforderung zuschreiben. Die Hilfesuchenden legen der ganzen Gruppe ihre Herausforderung ausführlich dar. Die Expertenrunde stellt Verständnisfragen und führt anschließend ihre Beratung durch. Die restliche Gruppe kritisiert und ergänzt dann die Beratung der Expertenrunde. Schließlich teilen die Hilfesuchenden ihre Erkenntnisse.

So können die Beteiligten beziehungsweise die Hilfesuchenden gezielt die Meinung von Experten hören und nutzen, diese aber gleichzeitig auch hinterfragen und um die Intelligenz der ganzen Gruppe ergänzen.

Wise Crowds für große Gruppen in der Entscheidungsfindung

Wise Crowds für große Gruppen erlaubt es einer Person oder einer Kleingruppe, in den meisten Phasen der Entscheidungsfindung fundierte Expertise, Feedback, Ideen, einen kritischen Blick und neue Impulse zu erhalten.

Unterschiede und Gemeinsamkeiten von Troika Consulting, Wise Crowds und Wise Crowds für große Gruppen

Die Mechaniken von Troika Consulting, Wise Crowds und Wise Crowds für große Gruppen ähneln sich.

> Troika Consulting und Wise Crowds sind vom Ablauf her fast identisch. Sie unterscheiden sich lediglich in der Gruppenkonstellation und der Anzahl der Beratungsrunden, sodass bei Ersterer Dreiergruppen unter sich bleiben, dort Vertrauen aufbauen und **jeder** eine Beratung erhält. Bei Wise Crowds sind die beratenden Kleingruppen etwas größer und es erhalten nur die Beteiligten eine Beratung, **die Bedarf anmelden.** Wise Crowds für große Gruppen erlaubt zusätzlich das Fachwissen einiger Beteiligter zu betonen, zu nutzen und zu ergänzen. In der Regel erhält hier nur **eine Person** eine Beratung.

Wie? Vorbereitung, Einladung und Durchführung

Vorbereitung	*Optional:* Wähle vorab passend zur Herausforderung zwei bis drei Experten aus der Gruppe oder von außerhalb aus.
Raum und Material	• Papier und Stifte für alle Beteiligten • *Optional:* Schreibunterlagen für alle Beteiligten • *Optional:* Mikrofone für die Expertenrunde, den Klienten und die Rückmeldungen aus den Beraterteams bei größeren Gruppen (>40 Personen) • *Optional:* Indexkarten in zwei verschiedenen Farben für das Feedback der Beraterteams
Einladung	• Lade den Hilfesuchenden (im Folgenden: der *Klient*) dazu ein, seine Herausforderung, den Stand der Arbeit und die gewünschte Art von Hilfestellung zu nennen. • Lade die restlichen Beteiligten dazu ein, sich in *Beraterteams* aufzuteilen und den Klienten zu unterstützen. • *Variante:* Lade eine Kleingruppe von Hilfesuchenden ein, die sich für ihre gemeinsame Herausforderung Unterstützung wünschen.

<table>
<tr><td>Schritt 1
Aufbau
⏳ 3 Minuten</td><td>

- Lass den Klienten die Herausforderung prägnant in Form einer Frage nennen.
- Falls die Experten nicht bereits in der Vorbereitung ausgewählt worden sind, sucht sich der Klient zwei bis drei Beteiligte mit passendem Fachwissen oder hilfreicher Expertise aus der großen Gruppe für die *Expertenrunde* aus.
- Die Expertenrunde nimmt direkt vor dem Klienten Platz.
- Die restliche Gruppe teilt sich in Kleingruppen (*Beraterteams*) mit vier bis sieben Personen auf und nimmt auf Stühlen Platz.

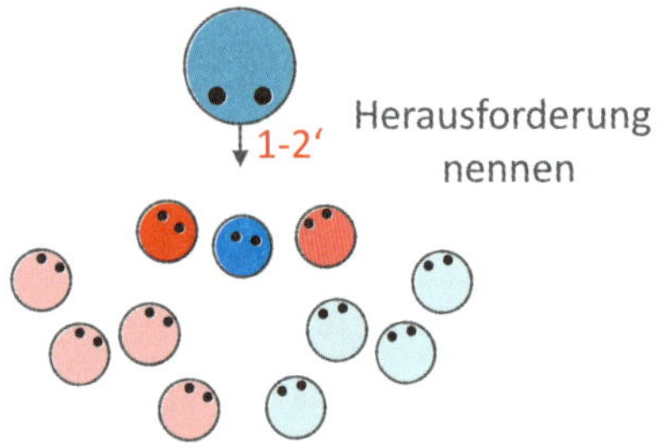

</td></tr>
<tr><td>Schritt 2
Herausforderung beschreiben
⏳ 5–10 Minuten</td><td>

- Lade den Klienten ein, seine Herausforderung und den aktuellen Stand ausführlich zu beschreiben und die Gruppe um Hilfe zu bitten.
- Alle anderen Beteiligten können sich dazu Notizen machen.

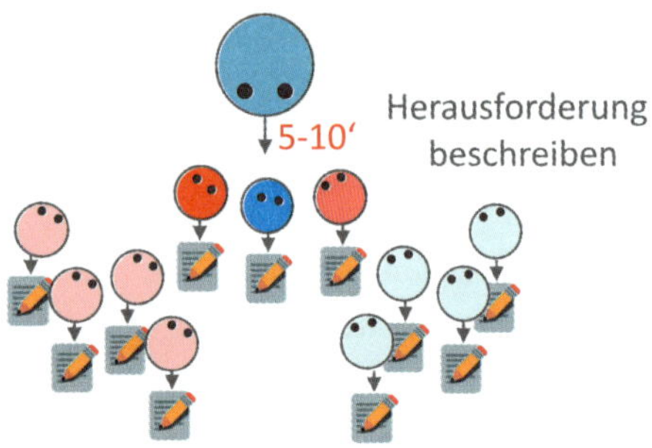

</td></tr>
</table>

Schritt 3 Verständnisfragen beantworten ⌛ **5–10 Minuten**	Bitte die Expertenrunde, dem Klienten Verständnisfragen zu stellen und sich 📝 Notizen zu machen. 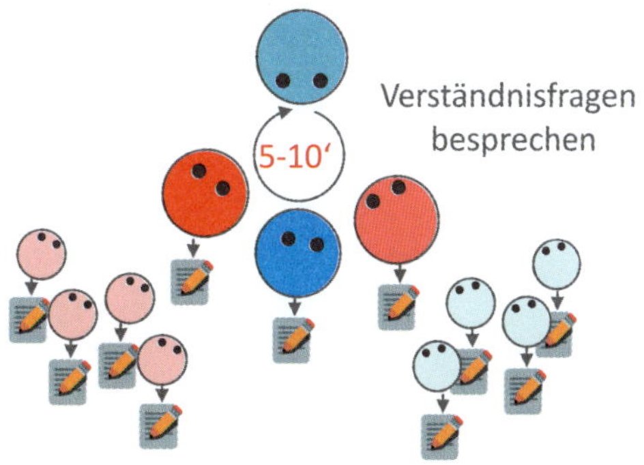 ***Stolperfalle:*** Weise darauf hin, dass an dieser Stelle noch keine Beratung stattfindet und die Expertenrunde lediglich Unklarheiten auflösen und für sie wichtige Details rund um die Herausforderung in Erfahrung bringen soll.
Schritt 4 Expertenrunde berät ⌛ **5–10 Minuten**	• Bitte den Klienten, sich mit dem Rücken zur Expertengruppe zu drehen, der Beratung zu lauschen und sich 📝 Notizen zu machen. • Lade die Expertenrunde ein, sich über die Herausforderung des Klienten wertschätzend auszutauschen und hilfreiche Ideen und neue Möglichkeiten zu entwickeln. • Bitte die Beraterteams, aufmerksam zuzuhören und sich ihrerseits 📝 Notizen zu machen. 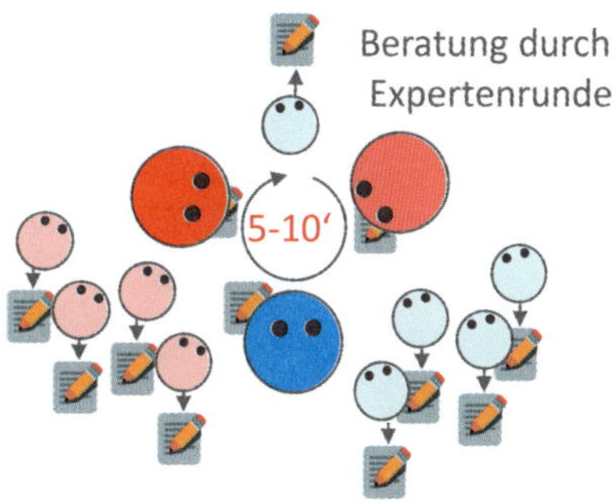 ***Stolperfalle:*** Bitte die Expertenrunde, als ein Team zu agieren und *Gemeinsames Formen* zu praktizieren, anstatt in eine offene Diskussion oder eine Statusrunde zu verfallen, nur um *ihre* Gedanken und Meinungen durchzubringen.

Schritt 5 Beraterteams beratschlagen sich ⌛ **5–10 Minuten**	• Bitte nun alle Beraterteams, die Ratschläge und Ideen der Expertenrunde kritisch zu besprechen und eigene hilfreiche Anregungen und Ideen zu entwickeln. • Währenddessen kann der Klient sich weiter direkt mit der Expertenrunde austauschen und Fragen stellen. 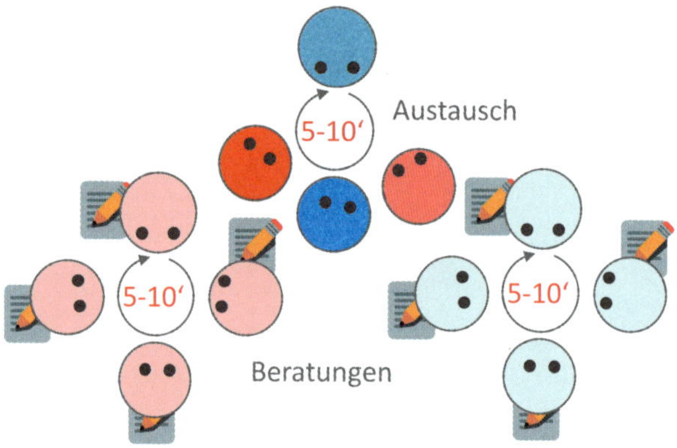 *Variante:* Lade die Beraterteams ein, 1-2-4 zu verwenden, um ihren Austausch zu strukturieren. Gib die Zeitfenster vor und kündige sie akustisch an. ⌛ **7 Minuten**
Schritt 6 Beraterteams nennen Kritik ⌛ **5–10 Minuten**	Bitte nun alle Beraterteams, jeweils nur eine, noch nicht genannte Kritik an den Ratschlägen der Expertenrunde zu äußern. 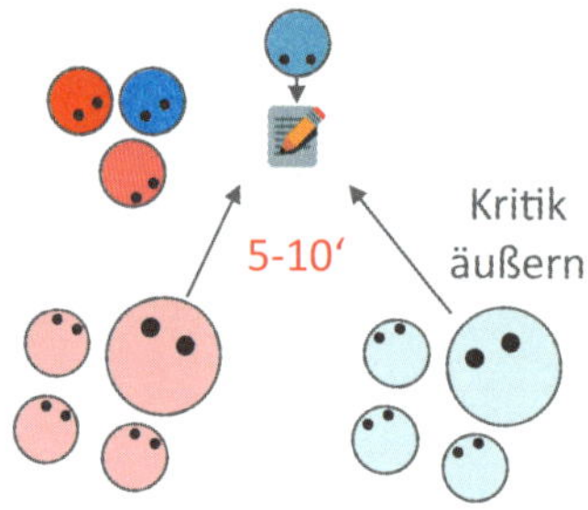
Schritt 7 Beraterteams teilen Anregungen ⌛ **5–10 Minuten**	Jetzt sollen alle Beraterteams reihum dem Klienten jeweils nur eine, noch nicht genannte Anregung geben. 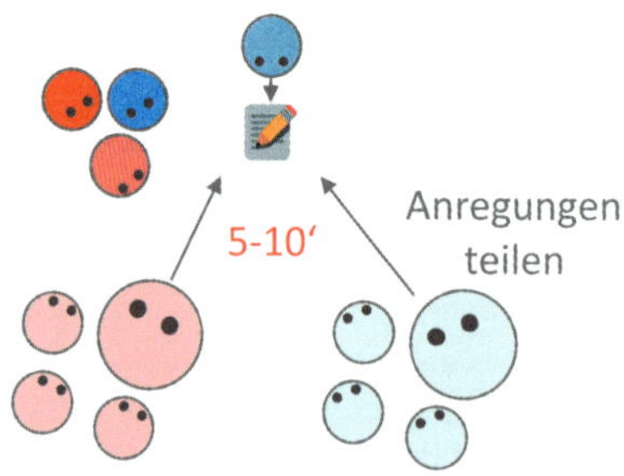

Schritt 8 Klient teilt Erkenntnisse **2–5 Minuten**	Bitte den Klienten, seine Erkenntnisse zu teilen und zu beschreiben, was hilfreich war und was er aus der Beratung mitnimmt. 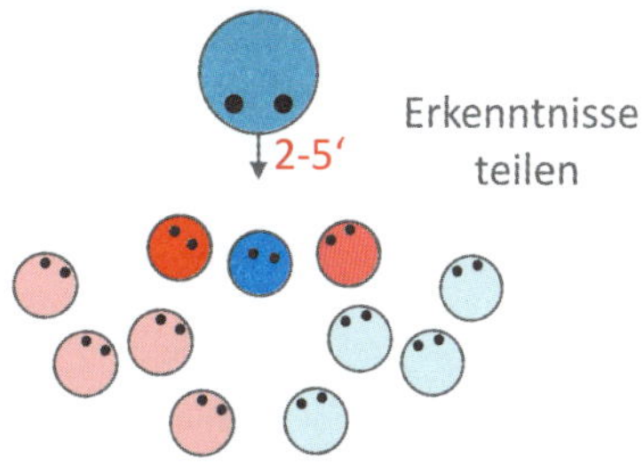 • ***Stolperfalle:*** Betone, dass dieser Schritt dem *Klienten* den Raum gibt, seine Gedanken zu sammeln und sich zu bedanken. Weise allzu mitteilungsbedürftige Beratende darauf hin. • ***Optional:*** Frage den Klienten: „Was ist nun für dich möglich geworden? Welche neuen Perspektiven haben sich aufgetan?“
Hilfemuster	*Liebevolle Provokation / gemeinsames Formen – die Beratenden decken gemeinsam Lösungen für ihre Klienten auf und weisen sie auf Aspekte hin, die diese vielleicht nicht sehen.*

Allgemeine Tipps, Varianten und Stolperfallen

- ***Variante:*** Dehne die Zeitfenster bei komplexen Herausforderungen ein wenig aus. Führe aber lieber zwei prägnante Runden der Liberating Structure durch als einen langatmigen Durchlauf.
- ***Variante:*** Lass die Beraterteams ihre Kritik und Anregungen leserlich auf Indexkarten notieren, sammle diese während Schritt 5 und zu Beginn von Schritt 6 ein, gehe sie nach Duplikaten durch und lese sie in den Schritten 6 und 7 vor. Bitte darum, Kritik und Anregungen eindeutig zu kennzeichnen und zum Beispiel auf zwei verschiedenfarbigen Indexkarten zu notieren.
- ***Variante:*** Lade mehrere Beteiligte als Teil eines Teams oder einer Kleingruppe dazu ein, sich von der ganzen Gruppe beraten zu lassen. Das Team stellt seine Herausforderung in Schritt 2 gemeinsam vor und beantwortet zusammen die Fragen. In Schritt 8 kannst du das Team auch bitten, seine Erkenntnisse untereinander, aber hörbar für alle, auszutauschen (ähnlich wie bei User Experience Fishbowl).

Kombinationen mit anderen Liberating Structures

Wann?	Was?	Wozu?	Wie?
Im Anschluss	What, So What, Now What?	Um gemeinsam mit der ganzen Gruppe die Sitzung nachzubesprechen und zusammen zu überlegen, was nun möglich geworden ist.	Standardablauf
	Social Network Webbing	Um mit der ganzen Gruppe oder einigen Beteiligten herauszufinden, wer dabei helfen kann und wer absolut notwendig ist, um die Vorschläge und Anregungen umzusetzen.	Standardablauf

Beispiel: Digitalen Auftritt eines gemeinnützigen Vereins optimieren

Ein Verein, der sich dafür engagiert, Kindern und Jugendlichen das Lesen näherzubringen, wollte gerne seinen Onlineauftritt stärken und vor allem die Präsenz in den sozialen Medien aufbauen, um bekannter zu werden und einem größeren Publikum zu helfen. Wir haben ein Wise Crowds für große Gruppen veranstaltet und mit ca. 80 Personen und drei Expertinnen Ideen und Anregungen für den Verein gesammelt. Zwei Vertreterinnen des Vereins haben der Gruppe zu Beginn ihr Anliegen vorgetragen, bisherige Aktivitäten in die Richtung geschildert und den aktuellen Stand ihres Internetauftritts gezeigt.

Kurz darauf hat der Verein einige Anregungen dankbar umgesetzt und sich auf ein soziales Netzwerk fokussiert. Dort ist er mittlerweile gut besucht und aktiv im Austausch.

Ursprung und Inspiration: Diese Liberating Structure wurde von Henri Lipmanowicz und Keith McCandless entwickelt. Sie haben sich dabei von den „Clearness Committees" der Quäker inspirieren lassen.

Möglichkeiten entdecken und verfeinern

Purpose: *Du erfährst hier, wie du – auch für vermeintlich ausweglose Situationen – Optionen entwickelst. Denn …*

> *Innovation ist keine Garantie gegen das Scheitern, aber ohne Innovation ist das Scheitern garantiert.*
>
> ***Stefan R. Munz, Organisationsentwickler***

Kapitelübersicht

Discovery & Action Dialogue

Entdecke, erfinde und entfessle lokale Lösungen für chronische Probleme, um

- *aus vermeintlich ausweglosen Situationen auszubrechen,*
- *alle richtigen Leute an der Problemlösung zu beteiligen,*
- *kreative Lösungen aus einem anderen Kontext passend zu adaptieren,*
- *beständige Veränderungen und Lösungen von den Leuten erarbeiten zu lassen, die sie (wirklich) betreffen,*
- *Beziehungen zwischen Personen aus verschiedensten Domänen und Hierarchiestufen aufzubauen, um gemeinsam an der Lösung von Problemen zu arbeiten.*

ca. 25–75 Minuten ** **Niveau: fortgeschritten** **1–99+ Personen** **Ideal: 4–15 Personen**

Der eine sieht nur Bäume, Probleme dicht an dicht,
der andere Zwischenräume – und das Licht.
E. Matani, Philosoph

Wann kannst du Discovery & Action Dialogue anwenden und was kannst du damit erreichen?

Probleme sind manchmal klar benennbar und scheinen dennoch unlösbar zu sein. Du bekommst die Symptome zu spüren. Vielleicht linderst du sie vorübergehend. Du schaffst es aber nie, das eigentliche Problem zu beheben. Das Problem wird wie eine länger andauernde Krankheit *chronisch*.

Mithilfe des Discovery & Action Dialogue leitest du mit der betroffenen Gruppe die Bestandteile einer *dauerhaften* und *passenden* Lösung her. Die Liberating Structure basiert auf dem Aufdecken *positiver Devianz*: Personen, die in ihrem Verhalten von den bestehenden Regeln und Normen eines Systems abweichen, sind manchmal in der Lage, Probleme anders zu lösen. Allerdings bleibt dieses positive Abweichen von der Norm meist im Verborgenen. Strukturiert durch sieben aufeinanderfolgende Fragen versucht der Discovery & Action Dialogue, diese positive Devianz aufzudecken und für die ganze Gruppe zur Problemlösung nutzbar zu machen.

Zuerst benennt die Gruppe dabei die Symptome und die Versuche Einzelner, das Problem zu lösen, und macht Hindernisse für diese Lösungsversuche ausfindig. Anschließend überlegen die Beteiligten, ob es jemanden gibt, der dieses oder ein ähnliches Problem in einem anderen Kontext bereits wiederholt oder dauerhaft gelöst hat und was diese Person dafür tut. Aufbauend auf diesen Informationen und vielleicht inspiriert vom Mut vorhandener Lösungen, entwickelt die Gruppe nun gemeinsam eine Lösung passend für *ihre* Situation. Abschließend überlegt die Gruppe, was von wem konkret getan werden muss, um die Lösung umzusetzen, und ob sie dazu weitere Personen einbeziehen muss.

Der Discovery & Action Dialogue macht positiv abweichendes Verhalten für die Gruppe verfügbar. So wird die Gruppe ermutigt, selbst kreative Lösungen jenseits der üblichen Grenzen zu erforschen. Du kannst die Betroffenen des Problems direkt einbeziehen und auf diese Weise wirklich passende Lösungen entstehen lassen. Ratlosigkeit und Angst vor Veränderung lösen sich in Luft auf!

Discovery & Action Dialogue in der Entscheidungsfindung

Mithilfe des Discovery & Action Dialogue behandelst du chronische Probleme. Dabei deckt die betroffene Gruppe Symptome und Hindernisse auf und macht bereits vorhandene Lösungsansätze für alle sichtbar. Darauf aufbauend entwickelt die Gruppe gemeinsam eine passende Lösung, um das chronische Problem dauerhaft zu heilen. Im Kontext der Entscheidungsfindung ist der Discovery & Action Dialogue vielseitig einsetzbar: Du kannst bereits identifizierte Probleme schärfen und sie direkt lösen. Dabei werden Informationen beschafft, Lösungsentwürfe generiert und bewertet und entschieden, wer welche Lösung wie umsetzt. Da du direkt die Betroffenen zur Lösungsfindung einbeziehen kannst, maximierst du die Chance, dass die entworfene Lösung das tatsächliche Problem der Betroffenen behebt. Die Beteiligten sind motiviert, in Aktion zu treten, und die Widerstände der Betroffenen, wie bei tradierten Entscheidungsverfahren üblich, kommen nicht auf.

Wie? Vorbereitung, Einladung und Durchführung

Vorbereitung	Bitte auch Personen außerhalb der betroffenen Gruppe mitzumachen, die das Problem lösen wollen und denken, dass sie den Betroffenen helfen können. Idealerweise sind möglichst viele verschiedene Rollen mit unterschiedlichen Erfahrungen vertreten.
Raum und Material	• Stift und Papier oder Flipchart zum Niederschreiben der Antworten auf die sieben Fragen • Die sieben Fragen ausgedruckt oder sichtbar für alle im Raum dargestellt • Der Discovery & Action Dialogue findet am besten vor Ort beim betroffenen Team oder der Abteilung statt. • *Optional:* Den Verhaltenskodex (siehe unten) ausgedruckt oder sichtbar im Raum dargestellt
Einladung	Lade dazu ein, nach bereits vorhandenen, aber unbekannten oder unausgesprochenen Lösungen für ein chronisches Problem zu suchen.
Schritt 1 Einleitung **3 Minuten**	• Beschreibe zuerst das Vorhaben, euer chronisches Problem zu lösen. • Erkläre dann den Sinn und Zweck des Discovery & Action Dialogue. • *Optional:* Falls sich nicht alle kennen, führe eine *prägnante* Vorstellungsrunde oder ein Impromptu Networking (siehe *Kombinationen*) durch. **+3–10 Minuten**

Schritt 2

Rollen vergeben

⌛ **2 Minuten**

Die Gruppe benennt einen Protokollanten. Der Protokollant hält die Erkenntnisse aus jeder Frage für alle sichtbar fest.

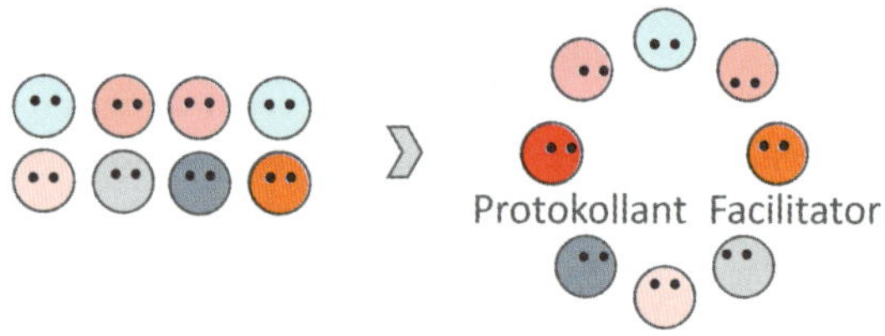

- *Optional:* Gehe mündlich mit der ganzen Gruppe den Kodex für den Facilitator (siehe unten) durch, um allen deine Rolle klarzumachen. ⌛ **+3–5 Minuten**
- *Variante:* Wenn die Gruppe aus mehr als 15 Personen besteht, dann teile sie auf: ⌛ **+3–5 Minuten**
  - Bitte darum, die Kleingruppen so zu bilden, dass alle verschiedenen Funktionen und Perspektiven vertreten sind.
  - Jede Kleingruppe braucht einen Facilitator.
  - Der Facilitator hat *ausschließlich* die Aufgabe, die Kleingruppe durch die Fragen zu führen.
- *Stolperfalle:* Sei achtsam bei der Wahl der Gruppengröße. Zu große Kleingruppen erhöhen das Risiko für die üblichen negativen Gruppendynamiken. Insbesondere Groupthink und Machtspiele gefährden ein hilfreiches Ergebnis und verhindern die Heilung des chronischen Problems.
- *Stolperfalle:* Dominante *Moderatoren* machen euer Vorhaben zunichte. Mach den *Facilitatoren* klar, dass sie ihre Kleingruppe unterstützen und nicht moderieren sollen. Du findest weiter unten einen Verhaltenskodex als Hilfestellung für die Facilitatoren, den du ihnen ausgedruckt zur Verfügung stellen kannst.

Schritt 3

Die sieben Fragen beantworten

⌛ **15–60 Minuten**

Führe die Gruppe nacheinander durch die sieben Fragen:

1. Wie erkennst du, dass das Problem vorhanden ist?
2. Was trägst du *tatsächlich* schon zur Lösung des Problems bei?
3. Was hält dich davon ab, genau das *regelmäßig* zu tun?
4. Kennst du *eine Person*, die dieses Problem *regelmäßig löst* und die entsprechenden Hindernisse überwindet? Welche *Verhaltensweisen* und *Praktiken* ermöglichen ihr das?
5. Welche Ideen hast *du*?
6. Was brauchen wir, um diese Ideen umzusetzen? Gibt es Freiwillige?
7. Wer muss noch einbezogen werden?

Der Protokollant schreibt die Antworten auf jede Frage für alle sichtbar auf.

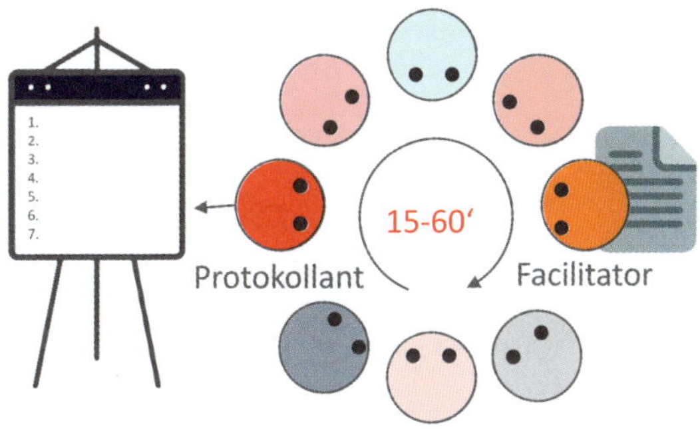

- *Tipp:* Achte insbesondere darauf, dass jeder die Möglichkeit hat, zu jeder Frage etwas beizutragen. Denk daran: Die bereits vorhandenen Lösungsansätze sind entscheidend für die Lösung.
- *Tipp:* Die zweite Frage „Was trägst du *tatsächlich* zur Lösung des Problems bei?" hat oft zwei Aspekte: Wie wirkt sich das Problem auf den Einzelnen und wie wirkt es sich auf andere aus? Zum Beispiel: „Was tust du, um das Problem anzugehen? Was tust du, um andere vor dem Problem zu schützen?"
- *Tipp:* Halte dich nicht zu streng an die Reihenfolge der Fragen – ihr könnt immer wieder zurückspringen und ergänzen.
- *Stolperfalle:* Wenn du merkst, dass der Gesprächsfluss nicht gut ist und nicht alle von der Gruppe einbezogen werden, sprich es an. Setze die unten genannten *Kombinationen* ein, um dem entgegenzuwirken.
- *Optional:* Unterteile die Zeit in Zeitfenster von 5 bis 15 Minuten, um den Fokus der Gruppe zu erhöhen.

- *Variante:* Falls du die Gruppe auf mehrere Kleingruppen aufgeteilt hast:
  - Lass die Kleingruppen mehrmals nach einem Zeitfenster (beispielsweise alle fünf oder zehn Minuten) ihre Erkenntnisse mit den anderen Kleingruppen teilen.
  - Bei vielen Kleingruppen: Bitte eine Minute vor Ablauf der Zeitfenster, sich auf die wichtigsten Erkenntnisse zu einigen, um nur diese mit den anderen Kleingruppen zu teilen.

Schritt 4

Zusammenfassen und Ergänzen

⌛ **5 Minuten**

- Bitte den Protokollanten, die Ergebnisse für alle zu wiederholen: Erkenntnisse, Maßnahmen und zu involvierende Personen.
- Fordere die Beteiligten auf, zu ergänzen und zu korrigieren.
- Ziel dieses Schritts ist sicherzustellen, dass die ganze Gruppe das Gefühl hat, das chronische Problem mit den konkreten Maßnahmen lösen zu können.

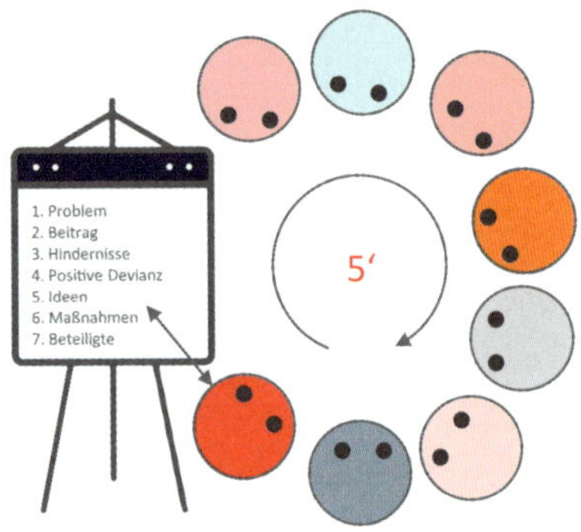

- *Stolperfalle:* Verteile keine Aufgaben. Falls sich niemand für die Maßnahmen verantwortlich fühlt, dann wiederhole Schritt 3. Lies dir den *Kodex für den Facilitator* durch. Nutze einige der genannten Liberating Structures unter *Kombinationen,* um die Gruppe die Lösung und Ideen wirklich eigenständig entdecken zu lassen.
- *Variante:* Falls du die Gruppe auf mehrere Kleingruppen aufgeteilt hast:
  - Gib je nach Gruppengröße den Kleingruppen Zeit, ihre Maßnahmen und die notwendigen Beteiligten mit allen zu teilen. ⌛ **+5 Minuten**
  - *Optional:* Verwende einen String, um die Ergebnisse der Kleingruppen miteinander zu verknüpfen (siehe auch *Kombinationen*). ⌛ **+12–90 Minuten**

Hilfemuster

Geführtes Entdecken & gemeinsames Formen

Die sieben Fragen des Discovery & Action Dialogue

Kernfragen	Sinn und Zweck
1. Wie erkennst du, dass das Problem vorhanden ist?	• Um vorhandene Kenntnisse der Beteiligten über das Problem zusammenzutragen. • Um einen Raum für Fragen und die Klärung offener Punkte zu schaffen.
2. Was trägst du tatsächlich schon zur Lösung des Problems bei?	• Um Kenntnisse über vorhandene, bereits funktionierende Maßnahmen zur Problemlösung sichtbar zu machen. • *Tipp:* Konzentriere dich dabei ausschließlich auf bestehende Praktiken der Beteiligten und nicht darauf, was andere tun sollten oder nicht tun.
3. Was hält dich davon ab, genau das regelmäßig zu tun?	• Um herauszufinden, was die Beteiligten davon abhält, ihre funktionierenden Maßnahmen durchzuführen. • *Tipp:* Frage „Was hindert dich daran?" anstelle von „Warum machst du das nicht?". So sprecht ihr über die Hindernisse und vermeidet Rechtfertigungen.
4. Kennst du eine Person, die dieses Problem regelmäßig löst oder bereits gelöst hat und die entsprechenden Hindernisse überwindet? Welche Verhaltensweisen und Praktiken ermöglichen ihr das?	• Um aufzuzeigen, dass es möglich ist, die Hindernisse zu umgehen. • Um existierende, wenn auch ungewöhnliche, dafür erfolgreiche Strategien und Verhaltensweisen zu identifizieren. • Um Neugierde und Erfindergeist zu wecken.
5. Welche Ideen hast du?	• Um den Beteiligten zu ermöglichen, neue Ideen zu generieren und zu teilen, die das gewünschte Verhalten hervorbringen beziehungsweise das ungewünschte Verhalten unterbinden. • Um zu identifizieren, was es leichter machen würde, das gewünschte Verhalten an den Tag zu legen.
6. Was brauchen wir, um diese Ideen umzusetzen? Gibt es Freiwillige?	• Um die Beteiligten konkrete, terminierte Maßnahmen bestimmen zu lassen. • Um Feedbackmechanismen zu erfassen, um die Auswirkungen der Maßnahmen mit den Beteiligten zu validieren. • Um Freiwillige und Überzeugte für die Maßnahmen zu finden. • *Tipp:* Mach deutlich, welche Ideen noch keine konkreten Maßnahmen oder freiwillige Kümmerer haben.

Kernfragen	Sinn und Zweck
7. Wer muss noch einbezogen werden?	• Um den Kreis der Personen zu erweitern, die an der Lösungsfindung beteiligt sind. • *Tipp:* Beziehe auch diejenigen ein, die sich sonst unbeteiligt geben.

Allgemeine Tipps, Varianten und Stolperfallen

- *Tipp:* Veranstalte einen **Discovery & Action Dialogue** dort, wo die Beteiligten arbeiten. Dies hilft ihnen, sich in die konkrete Situation hineinzuversetzen und baut die Hindernisse für eine mögliche Teilnahme ab.
- *Tipp:* Diese Liberating Structure benötigt viel Erfahrung als Facilitator und eine entsprechende Haltung. Bitte den Protokollanten nach der Durchführung um Feedback, um zu lernen.
- *Variante:* Falls du die Gruppe auf mehrere Kleingruppen aufgeteilt hast und die Gruppe mit den Ergebnissen nicht zufrieden ist, durchmische die Kleingruppen und führe eine zweite Runde **Discovery & Action Dialogue** durch.
- *Variante:* Eine hilfreiche Variante der Fragenfolge lautet wie folgt:
  1. Was ist das Problem?
  2. Woran erkennt ihr, dass das Problem existiert?
  3. Was passiert, wenn nichts verändert wird?
  4. Was wurde bisher schon versucht, um das Problem zu lösen?
  5. Kennt ihr eine Person, die dieses Problem schon erfolgreich gelöst hat? Wie?
  6. Welche Ideen gibt es zur Lösung des Problems?
  7. Was brauchen wir, um diese Ideen umzusetzen? Gibt es Freiwillige?
  8. Wer muss noch einbezogen werden?
- *Variante:* Lass die Beteiligten sich auf verschiedene vorhandene chronische Probleme aufteilen und jede Teilgruppe Lösungen für ein Problem finden.

Kodex für den Facilitator

Nimm dir folgende Hilfestellungen für die Durchführung von Discovery & Action Dialogue zu Herzen.

Du solltest …	Du solltest nicht …
• … mit dem Sinn und Zweck beginnen: „Wir sind heute hier, um *(das Problem)* zu lösen." • … an dich gerichtete Fragen zurück ins Publikum spielen. Warte mindestens 20 Sekunden auf eine Antwort. Dazu kann es hilfreich sein, auf deine Schuhe zu starren. • … stille, introvertierte Leute zum Reden ermutigen. • … zynische Bemerkungen und Annahmen umdrehen. Frage beispielsweise: „Wenn ich dich richtig verstanden habe, dann meinst du, dass noch nie jemand erfolgreich damit war oder es gut gemacht hat?" • … dir keine Sorge um die Einhaltung der Reihenfolge der Fragen machen: Der Austausch wird hin- und herspringen. • … Bescheidenheit zum Ausdruck bringen. Die Beteiligten tragen die Lösungen in sich. Du versuchst lediglich, sie zum Vorschein zu bringen.	• … Fragen beantworten, die dir nicht direkt gestellt worden sind. • … geäußerte Ideen und Maßnahmen ignorieren. Halte alle Ideen der Beteiligten sichtbar für alle fest. • … mit deiner eigenen Maßnahmenliste aus dem Termin gehen. Nur Maßnahmen, die die Beteiligten selbst umsetzen, werden das Problem lösen. • … gelten lassen, dass Leute einverstanden sind, dass über sie entschieden wird. Lade diese Leute direkt oder spätestens zum nächsten Austausch ein. • … Beiträge der Beteiligten bewerten. Lass die Gruppe die Ideen selbst bewerten. Frage beispielsweise: „Was denken die anderen über diesen Vorschlag?"

Kombinationen mit anderen Liberating Structures

Wann?	Was?	Wozu?	Wie?
Zur Vorbereitung	Impromptu Networking	Um die Beteiligten sich untereinander bekannt machen zu lassen.	Lade die Beteiligten in den Paaren dazu ein, sich kurz vorzustellen und dann folgende Fragen zu beantworten: „Was kann, bezogen auf deine Rolle und Funktion, für die Problemlösung hilfreich sein?", „Was glaubst du, zur Problemlösung beitragen zu können?".

Wann?	Was?	Wozu?	Wie?
Während-dessen	1-2-4-All	Um parallel Antworten zu finden und negative Gruppendynamiken zu verhindern.	Lade dazu ein, eine oder mehrere der sieben Fragen mithilfe von 1-2-4-All zu beantworten. Du kannst dazu auch gut Verkürzungen verwenden: 1-All, 1-2-All, 2-4-All und so weiter.
	Conversation Café	Um strukturiert Antworten auf eine oder mehrere Fragen zu finden.	Lade dazu ein, zwei bis drei Fragen innerhalb der vier Runden zu erörtern. Bitte beispielsweise darum, in Runde 1 „Was trägst du zur Lösung bei und was hindert dich daran, das regelmäßig zu tun?“ (Fragen 2 und 3) zu beantworten und in Runde 2 einen jeden darauf Bezug nehmen zu lassen. Lass die Beteiligten in Runde 3 offen über beobachtete positive Devianz sprechen (Frage 4) und diese in Runde 4 für das eigene Problem in Betracht ziehen (Vorbereitung für Frage 5).
	TRIZ	Um die ersten drei Fragen mit der ketzerischen Kraft von TRIZ zu beantworten.	1. Was kannst du tun, um sicherzustellen, dass *das Problem* noch viel schlimmer wird, als es heute bereits ist? 2. Tust du bereits etwas, das einer Aktivität auf der Liste in irgendeiner Art und Weise ähnelt? 3. Was hat dich bisher davon abgehalten, dieses Verhalten einfach zu stoppen?

Wann?	Was?	Wozu?	Wie?
	Improv Prototyping	Fragen 1–4 … um das Problem, Hindernisse und Verhaltensmuster für alle greifbar zu machen und positive Devianz aufzudecken.	Lass das Problem, vorhandene Lösungen und Hindernisse von der Gruppe nachspielen – am besten anhand einer typischen Situation, die einer der Beteiligten als Regisseur anweist. Du kannst die Gruppe daraus direkt Ideen entwickeln lassen. Alternativ lass die Gruppe anschließend Frage 4 beantworten und dann die Szene mit den Erkenntnissen aus dieser Frage erneut spielen. So kann die Gruppe versuchen, die positive Devianz für ihre eigene Situation zu adaptieren. Falls du die Gruppe aufgeteilt hast, lass die einzelnen Kleingruppen sich gegenseitig Schlüsselszenen vorspielen.
	25/10 25/10 Crowd Sourcing	Frage 5, 6 … um Ideen und konkrete Maßnahmen zu finden und gemeinsam zu bewerten.	Lass jeden Beteiligten eine konkrete Idee mit einer ersten Maßnahme zur Umsetzung aufschreiben. Falls du die Gruppe aufgeteilt hast, dann lass sie hierfür zusammenkommen.
	Social Network Webbing	Frage 7 … um, falls schwer zu erreichende Personen oder ganze Personengruppen identifiziert worden sind, Wege zu finden, diese Personen oder Gruppen zu gewinnen.	Lade dazu ein, bei der Suche nach den Schlüsselgruppen von den in Frage 7 identifizierten Personen zu abstrahieren. Verwendet diese Schlüsselgruppen bei der Erstellung der Legende und für die weiteren Schritte.
	Shift & Share	Um bei mehreren Kleingruppen die Erkenntnisse aus einzelnen Fragen oder nach Zeitabschnitten zwischen den Gruppen zu teilen.	Bitte die Protokollanten, in den Kleingruppen zu bleiben, die Erkenntnisse der jeweiligen Kleingruppe den Besuchergruppen vorzustellen und deren Feedback mit aufzunehmen.

Wann?	Was?	Wozu?	Wie?
Im Anschluss	Improv Prototyping	Um die gefundenen Lösungen auszuarbeiten und für die Praxis zu verfeinern.	Lass das ursprüngliche Problem und Verhalten spielen. Lade dann dazu ein, die gefundenen Maßnahmen und benötigten Personen in die Szene zu integrieren. So kann die Gruppe ein Gefühl dafür entwickeln, wie das Problem in Zukunft gehandhabt werden kann. Zudem kann sie die Lösung noch verfeinern und nachjustieren.
	15 % Solutions	Um konkrete Maßnahmen für jeden Beteiligten zu erarbeiten.	Bitte die Beteiligten, sich ihre 15-%-Lösungen für die gefundenen Maßnahmen und die zu beteiligenden Personen zu überlegen.

Beispiel: Aus der Starre in Aktion kommen

Ein Team war unzufrieden mit der Arbeitsweise, die ihm von außen auferlegt worden war. Es fühlte sich jedoch vollkommen machtlos, die Situation zu ändern. In Einzelinterviews mit dem Team hörte ich Sätze wie: „Wir können eh nichts ändern", „Ich habe Angst gefeuert zu werden, wenn ich meine Meinung sage" oder „Das war schon immer so und wird so bleiben". Besprochene Maßnahmen verpufften und niemand wollte in die Verantwortung gehen.

Wir führten zu dieser Herausforderung gemeinsam einen Discovery & Action Dialogue durch. Die Fragestellung lautete: Wie konnte das Team aus der Starre und Verzweiflung aus- und in die Verantwortung treten, um in Zukunft seine Situation selbstbewusst zu gestalten?

Die Beteiligten konnten dabei die (gefühlten) Hindernisse benennen und inspiriert aus ihrer eigenen Erfahrung und Vergangenheit konkrete Ideen hervorholen, um diesen Hindernissen zu begegnen. Um sich nicht wieder von einem scheinbar unüberwindbaren Berg von Gegenmaßnahmen erdrücken zu lassen, entschied sich das Team für zwei kleine, konkrete Regelungen: die letzten fünf bis zehn Minuten jedes Meetings zu verwenden, um zu besprochenen Maßnahmen den ersten Schritt zu identifizieren und sich darauf zu einigen, wer den Schritt bis wann umsetzt. Zu Beginn jedes Meetings legt das Team nun einen Facilitator fest, der dafür sorgt, dass die Regelung umgesetzt wird.

Ursprung und Inspiration: Diese Liberating Structure wurde von Henri Lipmanowicz und Keith McCandless zusammen mit einer Gruppe von Coaches entwickelt, um MRSA-Übertragungen in Krankenhäusern zu stoppen: Sharon Benjamin, Kevin Buck, Lisa Kimball, Curt Lindberg, Jon Lloyd, Mark Munger, Jerry Sternin, Monique Sternin und Margaret Toth. Inspiriert wurden sie von den Arbeiten zu positiver Devianz/Abweichung von Jerry und Monique Sternin.

Integrated~Autonomy

Entdecke robuste Sowohl-als-auch-Lösungen anstelle von Entweder-oder-Lösungen, um

- *die oft gegensätzlichen und sich ergänzenden Seiten von Entscheidungsfindungen zu schärfen und zu stärken,*
- *die paradoxe Natur von Herausforderungen für die Entwicklung innovativer Strategien zu nutzen,*
- *neue Strategien zu entwerfen, zu bewerten und zu starten,*
- *zu beurteilen, ob eine Lösung beide Seiten berücksichtigt.*

⌛ ca. 70 Minuten ★★ Niveau: fortgeschritten 1–99+ Personen 👌 Ideal: 4–80 Personen

Wir ziehen so lange unsere Gegensätze an, bis wir sie in uns integriert haben.
Sabine Mühlhans-Drussnitzer, Psychologin

Wann kannst du Integrated~Autonomy anwenden und was kannst du damit erreichen?

Häufig stehen sich zwei scheinbar unvereinbare Pole gegenüber: Teams, Projekte, Abteilungen oder Standorte sollen standardisiert, eingegliedert und zentral kontrolliert werden (*Integrated*) *und* sie wollen unabhängig, individuell, eigenständig und miteinander im gesunden Wettbewerb stehend agieren (*Autonomous*). Wie kannst du nun beide Pole stärken?

Mit ?¿Integrated~Autonomy entwickelst du Strategien und Handlungen, die gleichzeitig auf beide Seiten einzahlen. Dazu erfassen die Beteiligten ihre Aktivitäten, die im Spannungsfeld beider Pole liegen, wie beispielsweise das Vorgehen zur Kundenakquise, Regelungen im Vertragswesen oder die Verwendung von Software. Sie überlegen dann, warum die Standardisierung *und* das Anpassen der Aktivitäten an lokale Begebenheiten sinnvoll ist. Die Gruppe macht zunächst Handlungen ausfindig, die jeweils eine Seite der Aktivitäten stärken, um dann zu entdecken, welche Handlungen beiden Polen gerecht werden. Schließlich verfeinern die Beteiligten die Maßnahmen und entscheiden sich für die vielversprechendsten.

Durch das schrittweise Vorgehen kann die Gruppe die einzelnen Aktivitäten und die entsprechenden Handlungen mit einem gesunden Abstand erarbeiten. Die Spannung zwischen den Polen und das übliche Gegeneinander bleiben weitgehend aus. Gemeinsam balanciert die Gruppe die Notwendigkeit von Standardisierung und Individualisierung passend zu ihrem Purpose aus. So erzeugt ?¿Integrated~Autonomy kontrolliert Freiheit und eigenständige Anpassung an das große Ganze. Du reduzierst die üblichen kraftraubenden Strategiewechsel, die vorgeben, sich zwischen beiden Polen entscheiden zu müssen.

Integrated~Autonomy in der Entscheidungsfindung

Mithilfe von ?¿Integrated~Autonomy gelingt es dir, gegensätzliche Pole von Entscheidungsfindungen zu integrieren. Du deckst Strategien und Lösungen auf, die beide Pole berücksichtigen. Darauf basierend entscheidet sich die Gruppe für konkrete Handlungen.

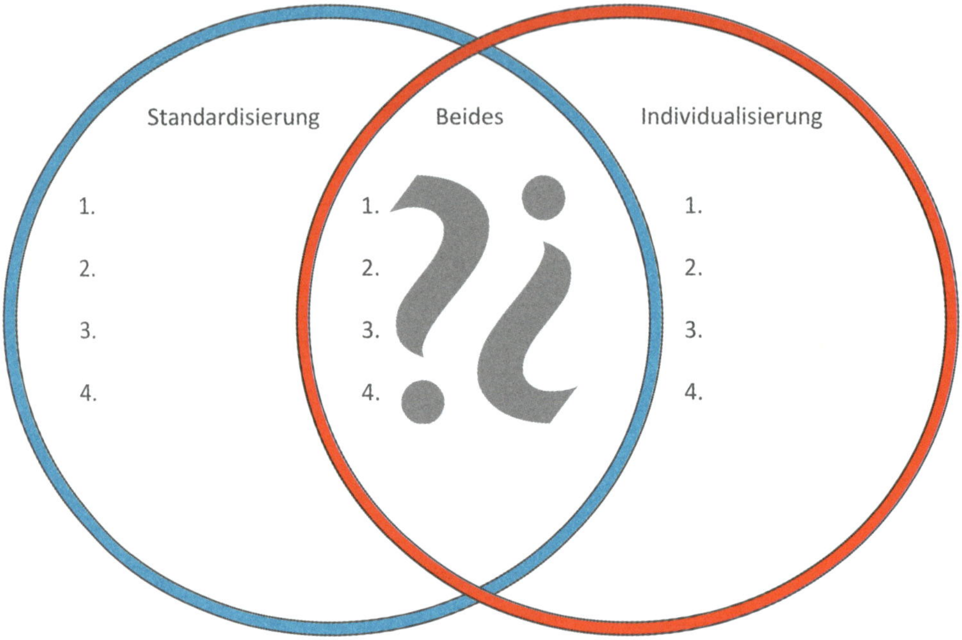

Integrated~Autonomy-Arbeitsblatt mit den beiden Polen und der Schnittmenge

Wie? Einladung, Vorbereitung und Durchführung

Raum und Material	• Stift und Papier pro Beteiligten, um Aktivitäten, Handlungen aufzuzeichnen • Pro Beteiligten ein Integrated-Autonomy-Arbeitsblatt (oder ein Blatt Papier zum selber malen) • Post-its für die Aktivitäten • *Optional:* Ein großes Integrated-Autonomy-Diagramm an der Wand
Einladung	Lade die Gruppe ein, sich zu überlegen, ob ihr gemeinsames Vorhaben oder ihr gemeinsamer Purpose eher mit Standardisierung oder lokalen Anpassungen oder mit beidem erreicht werden kann.
Schritt 1 Pole für vorliegende Herausforderung nennen **5 Minuten**	Veranschauliche die Idee von Integrated~Autonomy für die gemeinsame Herausforderung oder das Thema der Gruppe. Frage: „Wie könnt ihr gleichzeitig standardisiert und integriert *und* eigenständig und unabhängig voneinander arbeiten?“ *Tipp:* Nenne die Gesetzgebung auf Bundes- und Landesebene als Beispiel: Wie kann die Gesetzgebung national vereinheitlicht werden und lokalen Bedürfnissen entsprechen?

Schritt 2 Aktivitäten im Spannungsfeld finden **12 Minuten**	Lass mithilfe von 1-2-4-All die Aktivitäten finden, die für die Gruppe im Spannungsfeld beider Pole stehen. Frage: „Bei welchen Aktivitäten gibt es das Bedürfnis nach Vereinheitlichung *und* nach Anpassung an lokale Gegebenheiten?“ 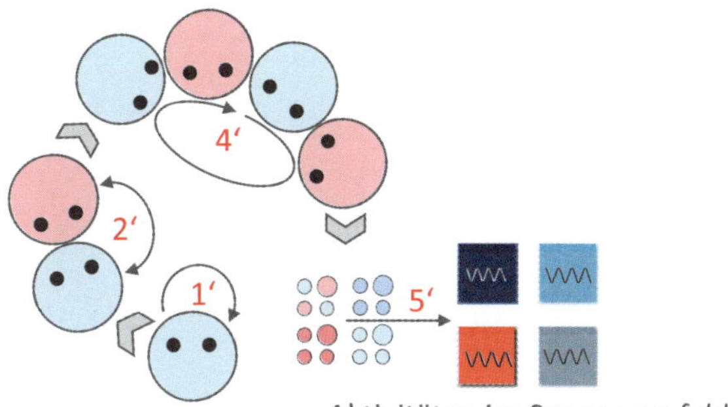 Aktivitäten im Spannungsfeld *Tipp:* Sammelt die Aktivitäten auf Post-its und macht sie für alle sichtbar.
Schritt 3 Bedeutung der Aktivitäten für beide Pole aufdecken **7 Minuten**	Lade die Kleingruppen dazu ein, Gründe für die Standardisierung *und* Individualisierung der Aktivitäten aufzudecken. 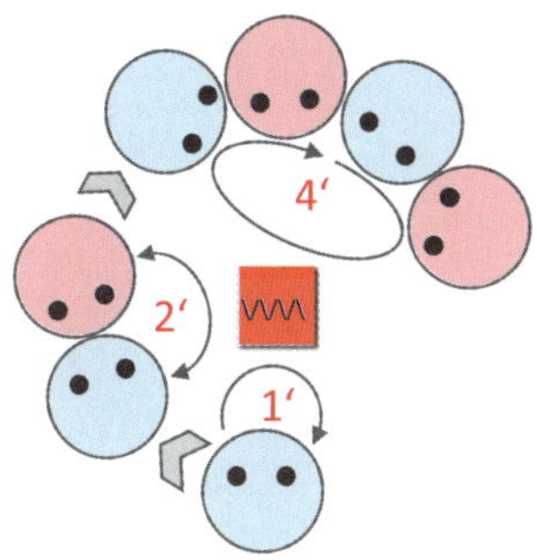 • *Tipp:* Jede Kleingruppe nimmt sich ein Post-it mit einer Aktivität vor, um diese zu beleuchten. Alternativ widmen sich mehrere Kleingruppen derselben Aktivität. • *Optional:* Die Kleingruppen schreiben die Gründe auf oder notieren sie auf ihrem Integrated-Autonomy-Arbeitsblatt.

Schritt 4 Maßnahmen für Standardisierung und Individualisierung entwickeln **14 Minuten (2 Runden à 7 Minuten)**	Bitte die Beteiligten, mithilfe von 1-2-4 zuerst Maßnahmen zu entwickeln, die die Standardisierung fördern, und dann Maßnahmen zu entwerfen, die die Individualisierung unterstützen. 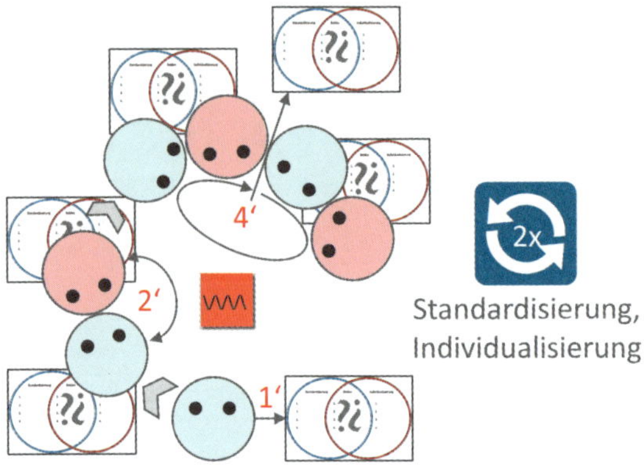 *Variante:* Lass Maßnahmen für beide Pole gleichzeitig entwickeln. **–7 Minuten**
Schritt 5 Schnittmenge finden **5 Minuten**	Frage die Vierergruppen, welche der Maßnahmen beide Pole stärken. 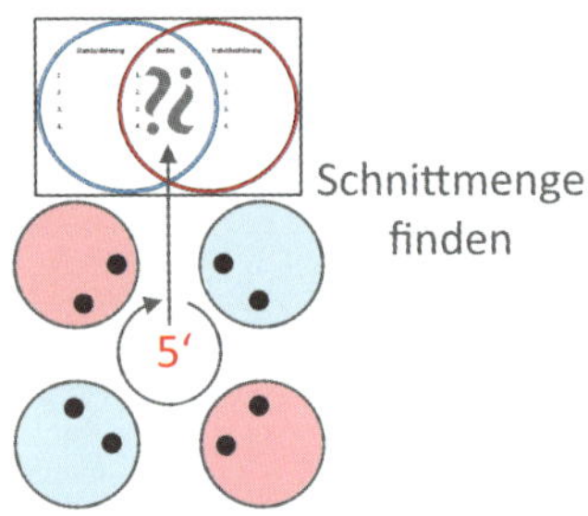
Schritt 6 Schnittmenge ergänzen und verfeinern **15 Minuten**	Lass die Kleingruppen Maßnahmen der Schnittmenge verfeinern sowie die Schnittmenge vergrößern, indem sie die Maßnahmen *anpassen*, die bisher nur einen Pol stärken. 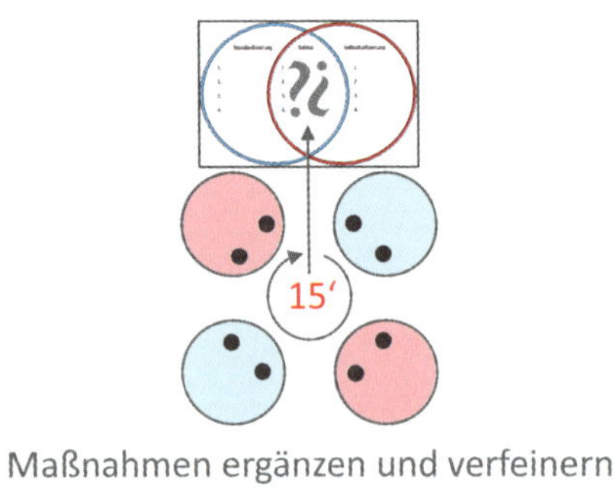

	• *Tipp:* Bitte die Gruppen darum, die Maßnahmen so konkret wie möglich zu machen und erste Handlungsschritte zu entwickeln. Die Kleingruppen sollen in der Lage sein, direkt mit den Maßnahmen loszulegen. • *Variante:* Lass die Beteiligten sich von den gefundenen Maßnahmen inspirieren, um neue Maßnahmen zu entwickeln, die beide Pole stärken und diese konkretisieren. Eventuell braucht die Gruppe mehr Zeit, um diese Maßnahmen zu konkretisieren. ⏳ **+5 Minuten**
Schritt 7 Vielversprechendste Maßnahmen wählen ⏳ **12 Minuten**	Bitte die Beteiligten darum, ihre Maßnahmen zu priorisieren und mit allen zu teilen. 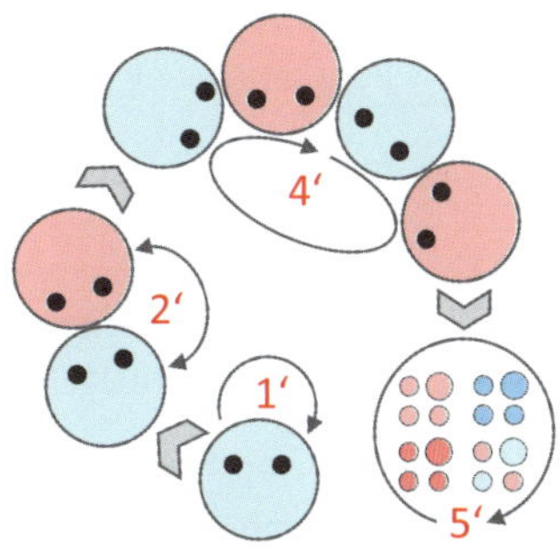 • *Tipp:* Lass jede Vierergruppe jeweils ihre vielversprechendste Maßnahme (und die entsprechende Aktivität) nennen, die sie umsetzen will. • *Stolperfalle:* Falls sich mehrere Kleingruppen derselben Aktivität gewidmet und nun widersprüchliche Maßnahmen erzeugt haben, hast du zwei Möglichkeiten: Entweder du folgst der komplexen Vorgehensweise und lässt beide Varianten ausprobieren, sodass ihr zu einem späteren Zeitpunkt die Resultate vergleichen könnt, oder du lässt den betroffenen Kleingruppen Zeit, gemeinsam den Widerspruch aufzulösen – beispielsweise erneut mithilfe von ⁇Integrated~Autonomy oder einer der anderen unten genannten Liberating Structures.
Hilfemuster	*Gemeinsames Formen – dein Gegenüber und du, ihr deckt gemeinsam Lösungen auf, nehmt Angebote voneinander an und entwickelt sie weiter.*

Allgemeine Tipps, Varianten und Stolperfallen

- *Tipp:* Lade mindestens zwei, besser möglichst viele Vertreter der betroffenen Gruppen mit den verschiedenen Bedürfnissen oder Bestrebungen ein, um ein möglichst klares Bild der Aktivitäten und Gründe zeichnen zu können.
- *Stolperfalle:* Falls die Beteiligten in Schritt 3 oder 4 zu debattieren beginnen, dann bitte sie darum, Gründe und Maßnahmen für die jeweils andere Seite zu nennen.
- *Variante:* Wähle gemeinsam mit der Gruppe andere passende, spannungsgeladene Paare, wie beispielsweise *Zusammenarbeit und Wettbewerb.*

- *Variante:* Falls die Aktivität und die Wichtigkeit beziehungsweise die Gründe für beide Seiten bereits klar sind, fokussiere dich auf die Schritte 4 bis 7. **–25 Minuten**

Kombinationen mit anderen Liberating Structures

Wann?	Was?	Wozu?	Wie?
Zur Vorbereitung	Wicked Questions	Um weitere oder andere gegensätzliche Pole zu identifizieren.	Starte Integrated~Autonomy mit einem oder mehreren wichtigen Paaren von Polen aus Wicked Questions. Du kannst die Beteiligten ihre verzwickte Frage aus den relevantesten wählen lassen, um mit dieser mit einer Kleingruppe Integrated~Autonomy zu starten.
	9 Whys	Um den gemeinsamen Purpose der Beteiligten offenzulegen.	Standardablauf
Währenddessen	25/10 Crowd Sourcing	Um Maßnahmen zu finden, die beide Seite stärken.	Ergänze Schritt 5 und lass weitere Maßnahmen für Schritt 6 entdecken.
Im Anschluss	Troika Consulting 15 % Solutions	Um die vielversprechendsten Maßnahmen auszuarbeiten.	Mische verschiedene Kleingruppen für die Trios und bitte die Beteiligten darum, die Maßnahmen für sich zu konkretisieren und mit den beiden Beratenden zu teilen.
	Min Specs	Um die essenziellen Maßnahmen und Schritte zu identifizieren.	Bitte die Gruppe, ihre Prinzipien zu wählen, die essenziell für das Agieren in der Schnittmenge sind: „Was müssen wir tun und was dürfen wir auf keinen Fall tun, um beiden Seiten gleichzeitig gerecht zu werden?“
	Open Space Technology	Um die vielversprechendsten Maßnahmen in Kleingruppen auszuarbeiten oder mit ihnen zu starten.	Lass mehrere Stationen mit den für die Beteiligten vielversprechendsten Maßnahmen bilden und dort die Maßnahmen weiter ausarbeiten oder direkt mit diesen starten.

Beispiel: Standardisierung und Individualisierung der Systemdokumentation

Die leitenden Softwarearchitekten einer Abteilung verlangten von einem der Softwareentwicklungsteams, ihr Softwaresystem auf eine proprietäre und vor allem zeitaufwendige und umständliche Art zu dokumentieren. Das Team und die meisten anderen Teams derselben Abteilung nutzten diese Art zu dokumentieren schon seit vielen Jahren und die Abteilungschefs wollten die Vereinheitlichung aufrechterhalten (*Integrated*). Das Team dagegen war von der Art und Weise der Dokumentation frustriert und wollte sein System in Zukunft auf eine für es hilfreichere Art dokumentieren *(Autonomy).*

Beide Parteien sahen verschiedenste Aktivitäten rund um die Dokumentation im Spannungsfeld der ?¿Integrated~Autonomy. Als Gründe für die Standardardisierung und Individualisierung nannten sie unter anderem „Qualität erhöhen/aufrechterhalten" und „einen leichten Einstieg für neue Mitarbeiter bieten". An dieser Stelle (in Schritt 3) wurde den Parteien bereits klar, dass sie eigentlich dasselbe wollten. Motiviert entdeckten die Parteien schließlich eine Reihe von überlappenden Maßnahmen für beide Pole, die sie verfeinerten. Im Kern beschlossen sie, die proprietäre Art der Dokumentation auf die Stellen zu reduzieren, die beide Seiten als hilfreich und essenziell empfanden, um die genannten Gründe zu bedienen. Gleichzeitig konnte das Team die Dokumentation um neue, schlanke und aussagekräftige Dokumentationsformen ergänzen.

Das Team empfand wieder mehr *Autonomy* und war motivierter. Die leitenden Softwarearchitekten begannen, hilfreiche Aspekte der neuen Dokumentation dieses Teams für andere Teams zu übernehmen. Sie entschlackten gleichzeitig die proprietäre Dokumentation und entfernten überflüssige Aspekte.

Ursprung und Inspiration: Diese Liberating Structure wurde von Henri Lipmanowicz und Keith McCandless entwickelt.

Open Space Technology

Offenlegen

Schaffe Raum und fördere Führung für alle wichtigen Themen der Gruppe, um

- *innewohnenden Tatendrang zu entfesseln,*
- *hartnäckige Probleme oder Konflikte selbst organisiert anzugehen,*
- *Verantwortlichkeit, Energie und Hingabe zu stimulieren.*

⌛ ca. 45–135 Minuten ⭐⭐Niveau: fortgeschritten 👫 4–99+ Personen
👌 Ideal: 20–99+ Personen

Führung erkennt man am Handeln, nicht an der Hierarchie.
Nico Rose, Manager

Wann kannst du Open Space Technology anwenden und was kannst du damit erreichen?

Fixe Agenden und Themenvorgaben bei Meetings, Workshops und auf Konferenzen sorgen regelmäßig dafür, dass sich Teilnehmende verpflichtet, ausgeschlossen oder schlicht gelangweilt fühlen. Das Programm wird ihnen aufgezwungen und die Themen, die sie brennend interessieren, bleiben außen vor. Ohne die Möglichkeit, eigene Themen einzubringen oder sich interessanten Themen gezielt zu widmen, sinkt die Motivation, bei den vorgegebenen Themen mitzuwirken. Selbstorganisation und die Bereitschaft, in Führung zu gehen und Verantwortung zu übernehmen, werden im Keim erstickt.

Open Space Technology erlaubt es den Beteiligten, die Agenda selbst zu gestalten. Sie bringen die für sie spannenden, bedeutsamen oder schwerwiegenden Themen eigeninitiativ auf die Tagesordnung und machen sie am *Marktplatz* für alle sichtbar. Sie müssen dabei nicht notwendigerweise die Expertise für das Thema selbst mitbringen, sondern können auch lediglich ihren Wunsch, ein Thema zu adressieren, bekunden. Die Beteiligten, die kein Thema eingebracht haben, suchen sich eines am Markplatz aus. Im Anschluss arbeitet die Gruppe in parallelen Arbeitsgruppen an den Themen und dokumentiert die Ergebnisse. Die Beteiligten können jederzeit die Arbeitsgruppe wechseln, insbesondere wenn sie das Gefühl haben, nichts zu lernen oder nichts beitragen zu können. Anschließend kommt die ganze Gruppe wieder zusammen und teilt interessante Resultate und Erkenntnisse.

Das Format weckt intrinsische Motivation und Tatendrang und macht aus Betroffenen mündige Beteiligte. Sie übernehmen Verantwortung für ihre Themen und gehen in *Führung*. Diejenigen, die Themen einreichen, können sich sicher sein, dass ihre Arbeitsgruppe sich freiwillig und hingebungsvoll dem eigenen Thema widmet. Durch die festen Zeitfenster entstehen Fokus und greifbare Resultate.

Das einzig Schwierige für die Beteiligten ist, sich im Angesicht der vielen spannenden Themen für eine der parallel laufenden Arbeitsgruppen zu entscheiden.

Open Space Technology in der Entscheidungsfindung

Involviere mit Open Space Technology alle Betroffenen in die Identifikation der Herausforderung, die Informationsbeschaffung und den Lösungsentwurf. In parallelen Arbeitsgruppen widmen sich die Beteiligten eigenständig derjenigen Herausforderung oder denjenigen Lösungsalternativen, die sie am ansprechendsten finden. So sind sie gewillt, die daraus entstehenden Entscheidungen umzusetzen. Open Space Technology hilft auch wunderbar bei der Umsetzung: Die Beteiligten suchen sich ihre favorisierten Ideen und Aufgaben und arbeiten fokussiert und motiviert daran.

Wie? Vorbereitung, Einladung und Durchführung

Vorbereitung	• Bereite den Marktplatz vor – einen Zeitplan mit mehreren Spalten für die parallelen Arbeitsgruppen und Themen – und mache kenntlich, wo die Kleingruppen in Ruhe arbeiten können. • Plane 30, 45 oder 90 Minuten pro Runde ein. • *Stolperfalle:* Beschränke die Dauer der Runden in Summe auf 90 Minuten oder führe eine der genannten Varianten durch, um die Beteiligten nicht zu ermüden.
Raum und Material	• Stifte und große Post-its oder Papier und Stecknadeln, um die Themen am Markplatz zu veröffentlichen • Flipchart, Whiteboard oder Metaplanwand für den Marktplatz • Mehrere Räume, abgetrennte Bereiche oder Ecken für die einzelnen Arbeitsgruppen • Flipcharts oder Schreibutensilien und Schreibunterlagen für die Arbeitsgruppen • *Optional:* Flipchart, um das *Gesetz der zwei Füße* und die vier Prinzipien (siehe Schritt 1) anzuschreiben
Einladung	• Lade die Gruppe ein, komplexe, wichtige oder herausfordernde Probleme zu adressieren. • Lade die Beteiligten ein, die Agenda selbst zu gestalten und für sie wichtige Themen einzubringen. • Lade die Beteiligten ein, an den Themen mitzuwirken, die sie wirklich interessieren.

Schritt 1

Konzept und Prinzipien nennen

5 Minuten

- Stelle das Konzept und die Mechaniken von **Open Space Technology** mit dem Marktplatz, den Arbeitsgruppen, Zeitfenstern und der Themeneinreichung vor.
- Nenne das *Gesetz der zwei Füße*: „Bleibe nur so lange bei einer Arbeitsgruppe, wie du etwas lernen oder beitragen kannst. Du darfst jederzeit die Arbeitsgruppe wechseln." Es ist also nicht unhöflich eine Arbeitsgruppe zu verlassen.
- Beschreibe die vier Prinzipien beziehungsweise Beobachtungen:
  a. „Wer auch immer kommt, es sind die richtigen Leute."
  b. „Was auch immer geschieht, es ist das Einzige, das geschehen konnte."
  c. „Es beginnt, wenn die Zeit reif ist."
  d. „Vorbei ist vorbei." (im Gegensatz zum klassischen Open Space)

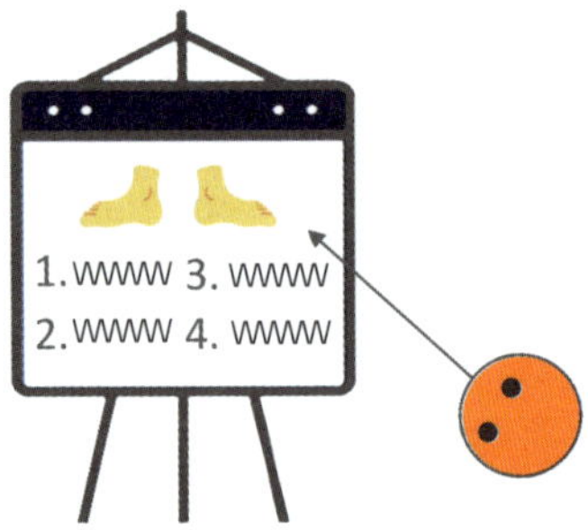

- *Optional:* Nenne ein übergeordnetes Thema oder eine übergeordnete Herausforderung.

Schritt 2 Marktplatz ⏳ **5–15 Minuten**	• Die Beteiligten ✏️ notieren ihre Themen auf 🟨 Post-its und hängen sie auf freie Plätze im Marktplatz. • Lass die Beteiligten ihr Thema kurz der Gruppe vorstellen, sobald sie es ankleben. • Die restlichen Beteiligten sollen sich die für sie interessanten Themen aussuchen. 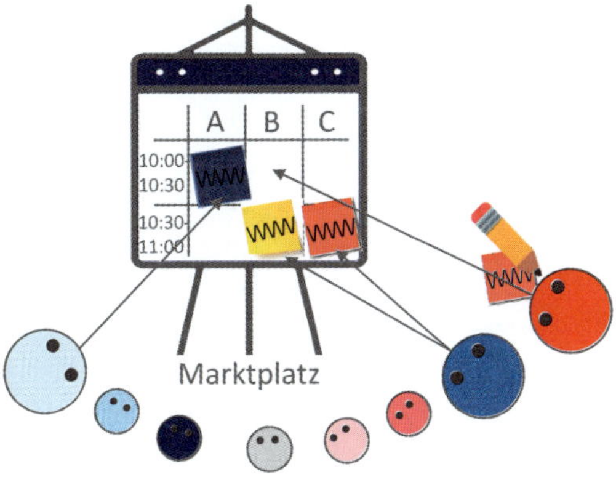 • *Tipp:* Gib klare Zeitfenster für die Vorstellungen der Themen vor, beispielsweise ⏳ **60 Sekunden**, und sorge für deren Einhaltung. • *Stolperfalle:* Achte darauf, dass die Beteiligten nicht bereits zu tief in ihr Thema einsteigen und der Marktplatz in eine ermüdende Statusrunde abrutscht. • *Stolperfalle:* Verteile gemeinsam mit den Beteiligten die Themen auf dem Zeitplan, sodass viele Beteiligte ihren Wunschthemen beiwohnen können. Pass aber auf: Du kannst es nicht allen recht machen und je mehr Zeit du hier investierst, desto größer werden möglicherweise die Unzufriedenheiten. (Für Mathematiker: das Problem ist NP-vollständig.) • *Variante:* Lass bei vielen Themen, oder um eine Statusrunde zu vermeiden, die Beteiligten ihre Themen lediglich ankleben, also nicht der Gruppe vorstellen. Bitte dann die Beteiligten, ihr Thema möglichst greifbar, beispielsweise mit einem anziehenden Purpose, und leserlich auf den 🟨 Post-its zu vermerken.

<table>
<tr>
<td>Schritt 3
Themenarbeit in parallelen Kleingruppen
⌛ 30–90 Minuten</td>
<td>

- Kündige die Zeitfenster für die Arbeit in Kleingruppen an und bitte die Beteiligten, sich zu ihren Arbeitsgruppen zu begeben.
- Falls der Zeitplan mehrere Runden vorsieht, kündige die Rundenwechsel an.

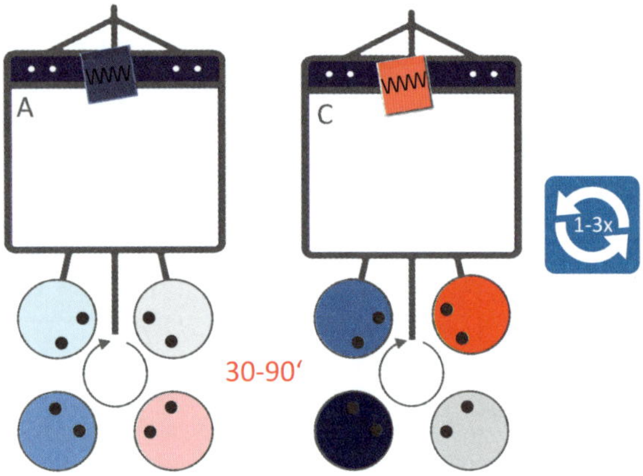

- *Stolperfalle:* Einige Beteiligte werden zu Beginn einer neuen Runde noch ein wenig an ihrem alten Thema arbeiten („siehe Prinzipien 3 und 4“). Hab lediglich ein Auge darauf, dass sie die nächste Arbeitsgruppe nicht stören.
- *Optional:* Plane bei großen Räumlichkeiten oder zur Entschleunigung Wechsel- oder Pausenzeiten zwischen den Runden ein. ⌛ **+ 3–5 Minuten pro Runde**

</td>
</tr>
</table>

Schritt 4 Ergebnisse teilen ⏳ **5–15 Minuten**	Lass die Arbeitsgruppen sich gegenseitig ihre Resultate vorstellen. 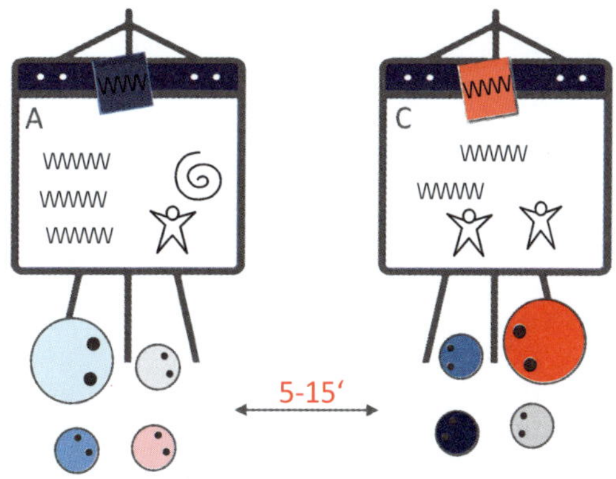 • *Stolperfalle:* Dieser Schritt birgt die Gefahr, die negativen Konsequenzen einer Statusrunde hervorzubringen, insbesondere, falls die Themen der einzelnen Arbeitsgruppen keinen Kontext teilen oder keine gemeinsame Herausforderung bestanden hat. Mach dir vorab klar oder kläre mit der Gruppe, ob das Teilen der Ergebnisse für die Beteiligten relevant und interessant ist. • *Variante:* Lass diesen Schritt entfallen: Die selbst organisierte Arbeit an den Themen ist der entscheidende Schritt. Die Ergebnisse daraus zu teilen, ist nicht immer notwendig oder wichtig.
Hilfemuster	*Gemeinsames Formen – dein Gegenüber und du, ihr deckt gemeinsam Lösungen auf, nehmt Angebote voneinander an und entwickelt sie weiter.*

Allgemeine Tipps, Varianten und Stolperfallen

- *Stolperfalle:* Die negativen Auswirkungen der großen Fünf *können* aus jedem Open Space einen dröge und uninspirierte Veranstaltung machen. Lade zum Hilfemuster *Strukturelle Bewusstheit* ein und bitte die Einreichenden, vorab oder in Schritt 2 den Purpose ihrer Arbeitsgruppe oder ihres Themas zu schärfen und sich Gedanken zu hilfreichen Mikrostruktur(en) für die Ausarbeitung zu machen.
- *Variante:* Wiederhole Schritte 2 und 3, um Platz für mehr Themen zu schaffen. Du kannst zusätzlich die Anzahl der parallelen Arbeitsgruppen begrenzen, sodass mehr Leute die Chance bekommen, an den von ihnen favorisierten Themen mitzuwirken. Du kannst Schritt 4 – das Teilen der Ergebnisse – entweder nach jeder Runde oder nur einmal am Ende durchführen. Plane hierbei Pausen zwischen den Wiederholungen ein. ⏳ **+35–140 Minuten pro Wiederholung**
- *Variante „Options Place“:* Die Themen können bereits im Vorfeld gesammelt und geschärft werden. Es findet keine Vorstellung der Themen im Marktplatz und keine Synchronisierung, also kein Schritt 4, statt. Die Beteiligten werden aufgefordert, hilfreiche Mikrostruktur(en) in ihrer Arbeitsgruppe zu verwenden.

Kombinationen mit anderen Liberating Structures

Wann?	Was?	Wozu?	Wie?
Zur Vorbereitung	Impromptu Networking 1-2-4-All TRIZ Celebrity Interview	Um ein übergeordnetes Thema oder eine gemeinsame Herausforderung zu identifizieren oder um für eine Reihe von Themen und Herausforderungen für die einzelnen Arbeitsgruppen zu inspirieren.	Standardablauf. Siehe *Die Entscheidung richtig finden.*
Währenddessen	Liberating Structures	Um je nach Thema strukturiert, wertschöpfend und zielgerichtet zu arbeiten.	
	Shift & Share	Um die Ergebnisse der einzelnen Arbeitsgruppe zu teilen.	Jede Kleingruppe macht eine Station auf. Bitte die Beteiligten an den Stationen, die Ergebnisse knapp zusammenzufassen (**2–3 Minuten**).
	Gallery Walk	Um die Beteiligten die Ergebnisse im eigenen Tempo reflektieren zu lassen.	Frage beispielsweise „Welches Ergebnis fasziniert dich? Warum?" oder „Worüber willst du gerne mehr erfahren?"
Im Anschluss	25/10 Crowd Sourcing	Um neue Ideen aus den Resultaten aufzudecken und deren Umsetzung zu initiieren.	Frage: „Welche neuen Ideen und konkreten ersten Schritte ergeben sich nun für euch?"
	15 % Solutions	Um persönliche Maßnahmen zu entdecken, die aus den Ergebnissen der eigenen oder anderer Arbeitsgruppen (im Rahmen der gemeinsamen Herausforderung) entstanden sind.	Frage: „Was kannst du konkret tun, um die Ergebnisse in die Tat umzusetzen?"

Beispiel: Herausforderungen mit der gesamten Belegschaft identifizieren und adressieren

Die Firma Holisticon AG, für die ich arbeite, trifft sich drei- bis fünfmal im Jahr, um gemeinsam aktuelle Herausforderungen zu identifizieren und zu adressieren. Die Kollegen bringen eigenständig Themen, wie Herausforderungen rund um das Firmenwachstum (familiäres Gefühl erhalten, gemeinsames Lernen, mögliche Austauschformate, Einbindung neuer Mitarbeiter), Finanzen, Marketing oder Vertrieb, auf die Agenda.

Die Arbeitsgruppen des Open Space besprechen die Themen, entdecken gemeinsam Lösungen und Experimente und stellen diese der ganzen Gruppe vor. So entwickelt sich die ganze Firma gemeinsam evolutionär weiter, probiert neue Dinge aus, behält die hilfreichen und verwirft die unsinnigen. Die Geschäftsführung agiert hierbei gleichberechtigt mit allen Mitarbeitern.

Dadurch übernehmen alle Kollegen Führung und Verantwortung – sie sprechen in der Regel von *ihrer eigenen* Firma.

Ursprung und Inspiration: Von Harrison Owen erfunden und in seinem Buch „Open Space Technology: A User's Guide"[45] beschrieben. Die Kurzform, die in das Umfeld von Liberating Structures passt, wurde von Henri Lipmanowicz und Keith McCandless entwickelt.

Kapitel 8
Von der Entscheidung zur Handlung

Purpose: *Du erfährst hier, wie du mit deiner Gruppe ins Handeln kommst: Was sind die wirklich wichtigen Aspekte und Maßnahmen? Was kann jeder Beteiligte konkret tun? Wie können wir uns gegenseitig in der Umsetzung unterstützen? Das ist wichtig, damit Entscheidungen nicht verpuffen, sondern tatkräftig und zielführend umgesetzt werden.*

Man hat nie nur einen Grund zu einer Handlung, sondern hundert und tausend.
Christian Morgenstern, Dichter

Kapitelübersicht

Min Specs

Bestimme die kleinstmögliche Anzahl an Prinzipien, um einen Purpose zu unterstützen. Und um

- *festzulegen, was für den Erfolg entscheidend ist,*
- *deine Gruppe auf das Wesentliche zu konzentrieren,*
- *einen klaren Rahmen mit Spielraum für kreatives Handeln abzustecken,*
- *Freiheiten zu fördern und Mikromanagement zu beschränken oder zu eliminieren.*

ca. 40–45 Minuten **Niveau: fortgeschritten** **1–99+ Personen** **Ideal: 4–20 Personen**

Das Aussortieren des Unwesentlichen ist der Kern aller Lebensweisheit.
Laozi, Philosoph

Wann kannst du Min Specs anwenden und was kannst du damit erreichen?

Wenn du mit einer Gruppe ein Ziel erreichen, eine neue Initiative oder ein Projekt starten möchtest, dann erscheint oft so vieles wichtig. Also häuft ihr Regeln an, erörtert Ausnahmen, diskutiert Spezialfälle und formuliert Bedenken, bis ihr euch ganz sicher seid, nichts vergessen zu haben. Oder ihr bekommt einen Haufen von Regeln von außen oder oben diktiert. Könnt ihr dann endlich loslegen, erstarrt ihr im Angesicht dieses Bergs an Vorgaben. Eure Initiative droht regelrecht zu ersticken.

Mit Min Specs entdeckt deine Gruppe eigenständig die absolut notwendigen Prinzipien, um verantwortungsbewusst und losgelöst auf ein gemeinsames Ziel hinzuwirken. Dabei erstellt die Gruppe zuerst eine ausgiebige Liste an möglichen Prinzipien – Geboten und Verboten – die *Max Specs* („maximale Spezifikation"). Im zweiten Schritt prüft sie dann penibel, welche davon essenziell und welche unwesentlich sind, um ihr Ziel zu erreichen oder ihren Purpose zu unterstützen. Übrig bleiben einige wenige *Min Specs* – eine minimale Spezifikation, bestehend aus den wirklich unverzichtbaren Geboten und Verboten.

Die Gruppe erzeugt sich so eigenverantwortlich einen Freiraum mit klaren Grenzen, um darin zielgerichtet, innovativ und kreativ zu agieren. Du kannst Min Specs auch ganz allgemein zur Fokussierung eines beliebigen Themas oder Lösungsvorschlags einsetzen: Welche Aspekte sind unverzichtbar?

Min Specs in der Entscheidungsfindung

Mit Min Specs erzeugst du einen Rahmen für die Informationsbeschaffung, formulierst Lösungsentwürfe, bestimmst die Kriterien für die Bewertung und Entscheidung und hilfst in der Umsetzung der Gruppe, sich auf das Wesentliche zu fokussieren: Was ist wirklich wichtig, um gemeinsam voran zu kommen? Woran müssen wir uns halten? Was müssen wir um jeden Preis vermeiden? Und vor allem: Was davon ist nicht entscheidend?

Wie? Einladung, Vorbereitung und Durchführung

Raum und Material	• Stift und Papier, um Max Specs, und Post-its, um Min Specs zu sammeln • Flipchart oder Whiteboard, um die gemeinsame Liste an Min Specs sichtbar zu machen
Einladung	Lade die Gruppe ein, alle Verbote und Gebote zu identifizieren, die für den Erfolg ihres gemeinsamen Vorhabens wichtig erscheinen, und diese anschließend auf die kleinstmögliche Anzahl an unverzichtbaren Prinzipien zu reduzieren.
Schritt 1 Vorbereitung **3–5 Minuten**	• Teile die Gruppe in Kleingruppen à 4 bis 7 Personen auf. • Erläutere das Konzept von Min Specs an einem Beispiel (siehe unten). • Nenne das gemeinsame Ziel oder den Purpose der Gruppe. 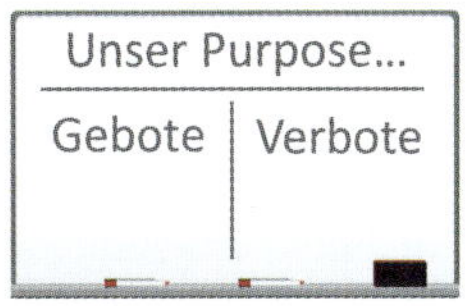
Schritt 2 Max Specs generieren **8 Minuten**	Bitte die Kleingruppen, mit 1-2-All Prinzipien aufgeteilt nach Geboten und Verboten aufzulisten. 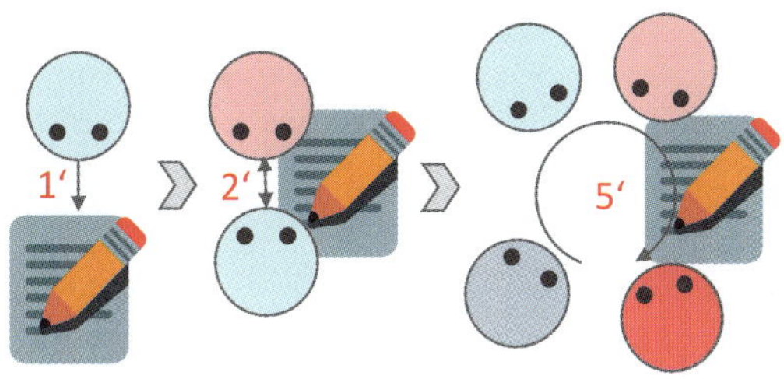 *Tipp:* Gib ein Format für die Gebote und Verbote vor, wie zum Beispiel „Wir müssen…“, „Wir dürfen (uns) nicht…“

Schritt 3

Auf Min Specs reduzieren

10 Minuten

- Lass die Kleingruppen für jedes Prinzip penibel prüfen, ob dieses unverzichtbar ist, um dem Purpose gerecht zu werden oder das Ziel zu erreichen.
- Bitte sie, jedes unverzichtbare Prinzip leserlich auf ein Post-it zu schreiben.

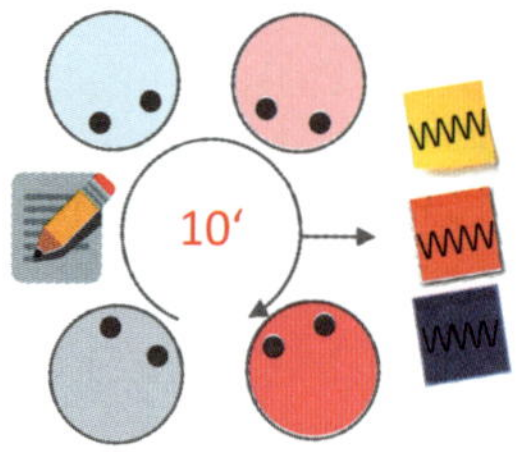

- *Tipp:* Lass für jedes Prinzip überlegen: „Können wir unser Ziel/unseren Purpose auch ohne dieses Prinzip erreichen/unterstützen?"
- *Tipp:* Lass Verbote in Gebote umdrehen, sofern diese dadurch nicht ihre (Aussage-) Kraft verlieren. Zum Beispiel „Wir dürfen den Kunden nicht aus den Augen verlieren“ wird zu „Wir müssen den Kunden im Blick behalten“. Dadurch wirken die Vorgaben weniger regelhaft und gewinnen die Leuchtkraft eines Prinzips.
- *Optional:* Strukturiere diesen Schritt mit 1-2-4.

Schritt 4

Min Specs der Kleingruppen teilen

5 Minuten

- Bitte die Kleingruppen, reihum **ein** unverzichtbares Prinzip auf dem Whiteboard für alle sichtbar vorzustellen.
- Kläre per Handzeichen (andere Abstimmungsregeln sind möglich) für jedes Prinzip, ob es für alle Beteiligten unverzichtbar erscheint.
- Vermerke die Prinzipien, bei denen Uneinigkeit herrscht, für den nächsten Schritt.

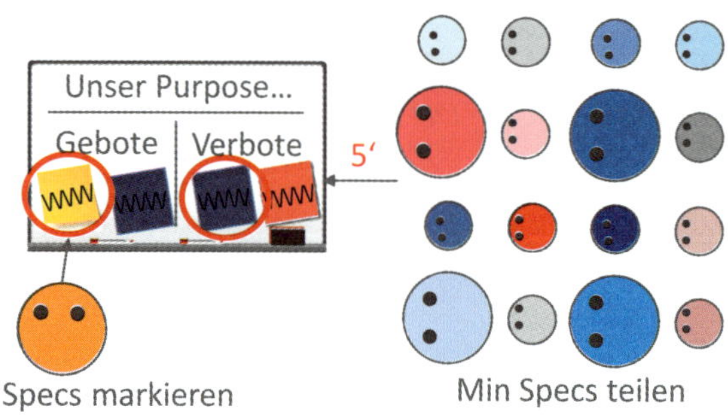

- *Stolperfalle:* Falls die Gruppe um jede Regel kämpft, ist das erst einmal ein gutes Zeichen. Mach der Gruppe trotzdem klar, dass in Summe 3 bis 5 Min Specs für ein gutes Verhältnis zwischen Gestaltungsrahmen und Freiheit sorgen. Diese Anzahl ist eine grobe Richtlinie, die sich in der Praxis bewährt hat.
- *Optional:* Dreht gemeinsam Verbote in Gebote um, falls dies zur Klarheit beiträgt. **+2–3 Minuten**

Schritt 5
Auf Min Specs einigen
⌛ **15 Minuten**

Lass für die strittigen Prinzipien mithilfe von 1-2-4-All (1', 2', 4', 8') prüfen, ob und warum sie unverzichtbar sind. Dabei können die Beteiligten auch andere Min Specs entfernen oder umformulieren.

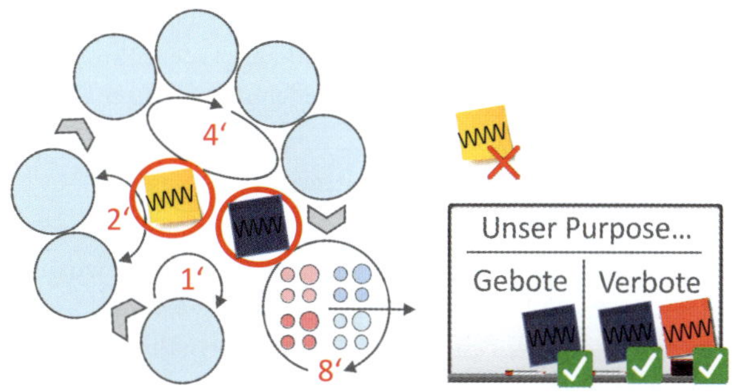

Strittige Specs klären

- *Tipp:* Sobald auch nur eine Person ein Prinzip unverzichtbar findet, gilt dieses Prinzip zunächst. Die Gruppe kann dieses Prinzip dann in ein paar Tagen oder Wochen erneut prüfen und gegebenenfalls streichen.
- *Tipp:* Eine zielführende Frage lautet: „Wenn wir alle Prinzipien bis auf dieses strittige befolgen, können wir dann unser Ziel erreichen/unseren Purpose unterstützen?“
- *Variante:* Lass die strittigen Min Specs in der ganzen Gruppe klären. Das birgt allerdings insbesondere bei größeren Gruppen die Gefahr, dass sie sich in einer offenen Diskussion verrennen. Nutze die beiden obigen Tipps, um den Effekt abzuschwächen. Benenne strikte Zeitvorgaben, um Fokus herzustellen.
- *Variante:* Lass sich die Beteiligten auf ihre strittigsten Prinzipien festlegen und diese in Kleingruppen diskutieren. In den Kleingruppen sollten beide Ansichten vertreten sein, sodass gemeinsam erörtert werden kann, ob die Regel wirklich unverzichtbar ist.

Allgemeine Tipps, Varianten und Stolperfallen

- *Tipp:* Verifiziere von Zeit zu Zeit die Min Specs mit der Gruppe und lass sie gegebenenfalls Anpassungen machen.
- *Stolperfalle:* „Verbote“ passt genau genommen nicht richtig zur Philosophie von Min Specs, denn Verbote stehen eher für zu *sanktionierende* Verstöße, als für Prinzipien, mit denen wir nicht brechen *wollen*. Falls deine Gruppe von dem Begriff irritiert ist, verwende stattdessen beispielsweise die neudeutschen Begriffe „Do's and „Don'ts“.
- *Stolperfalle:* Gute, wenige Min Specs sind wertvoll und kraftvoll. Lass die Suche danach dennoch nicht ausarten. Im Zweifel lass die Gruppe lieber mit ein paar mehr Prinzipien starten und diese bald in der Praxis ausdünnen.

- *Stolperfalle:* Falls der ganze Prozess sich schwerfällig oder schwierig gestaltet, liegt das möglicherweise an einem unklaren gemeinsamen Ziel oder Purpose.
- *Variante:* Führe eine zweite Runde von einem oder mehreren Schritten (3, 4, 5) durch, um die Ergebnisse zu verfeinern.
- *Variante:* Beziehe auch die Peripherie der Gruppe mit ein – insbesondere Leute, die die Gruppe regelmäßig in ihrer Arbeitsweise einschränken. Oder führe eine weiteres Min Specs gemeinsam mit dieser Gruppe durch, um Schnittstellen und Grenzen klarzumachen.

Min Specs für ein erfolgreiches Meeting

Ein Beispiel: Welche Prinzipien sind für ein erfolgreiches Meeting essenziell? Eine Agenda und Moderierende zu bestimmen ist oft hilfreich, aber nicht zwingend notwendig. Sobald der Purpose eines Meetings klar ist, können Agenda und Methodik (= Mikrostruktur) von der Gruppe identifiziert werden. Fehlt ein Purpose, dann stehen die Erfolgsaussichten und die Produktivität eines jeden Meetings schlecht.

Prinzipien für ein erfolgreiches Meeting	Kann das Meeting auch ohne die Regel erfolgreich sein?
Zeit und Ort ankündigen	**Nein → Min Spec**
Eine detaillierte Agenda vorbereiten	Ja → keine Min Spec
Einen Moderator bestimmen	Ja → keine Min Spec
Eine PowerPoint-Präsentation vorführen	Ja → keine Min Spec
Einen überzeugenden Purpose aussprechen	**Nein → Min Spec**
Tolle Flipcharts zeigen	Ja → keine Min Spec

Kombinationen mit anderen Liberating Structures

Wann?	Was?	Wozu?	Wie?
Zur Vorbereitung	9 Whys	Um den Purpose für das gemeinsame Vorhaben zu identifizieren.	Standardablauf

Wann?	Was?	Wozu?	Wie?
Währenddessen	Gallery Walk	Um vor allem mit großen Gruppen die Min Specs zu prüfen und zu reduzieren.	Zu Beginn von Schritt 5: Hänge die (strittigen) Min Specs an den Wänden auf. Fordere in mehreren Runden auf: „Geht zu einer Min Spec, für oder gegen die ihr seid, und tauscht euch paarweise über die Gründe dafür aus. Füge Argumente und Anmerkungen für die nächsten Besucher auf Post-its hinzu."
	Folding Spectogram	Um gegenseitiges Verständnis bei starkem Dissens bei einzelnen Min Specs zu erzeugen.	Pro strittiger Min Spec: Sortiere die Gruppe entlang der Pole „Diese Regel ist unverzichtbar", „Diese Regel ist überflüssig". Teile bei Bedarf die Gruppe in Kleingruppen auf, die sich jeweils um ihre strittigste Min Spec kümmern.

Beispiel: Einigung auf die grundsätzlichen Prinzipien für die gemeinsame Produktentwicklung

Ein Produktentwicklungsteam wollte die Prinzipien ihrer Zusammenarbeit bestimmen, um ihrem Purpose gerecht werden zu können. Der Purpose lautete: „Wir wollen effizient und in enger Zusammenarbeit für unsere Kunden ein hilfreiches Produkt entwickeln. Das ist uns wichtig, weil wir unsere Kunden unterstützen und motivieren wollen."

- Das Team hatte folgende Min Specs für sich identifiziert: „Wir müssen stets mit dem Kunden abgestimmte Prioritäten haben!"
- „Wir müssen immer das *Warum?* des Kunden im Blick haben!"
- „Wir müssen regelmäßiges Feedback vom Kunden abholen und einbeziehen!"
- „Wir müssen Verschwendung in unseren Abläufen eliminieren!"
- „Wir müssen die Qualität unseres Produkts prüfen und optimieren!"

Diese Prinzipien haben bewirkt, dass sich das Team eng und regelmäßig mit dem Kunden abstimmt.

Ursprung und Inspiration: Diese Liberating Structure wurde von Henri Lipmanowicz und Keith McCandless entwickelt. Sie wurden inspiriert von Professorin Kathleen Eisenhart und dem Buch „Edgeware: Lessons from Complextity Science for Health Care Leaders" von Brenda Zimmerman, Curt Lindberg, Paul Plsek[46].

15 % Solutions

Offenlegen

Komm direkt ins Handeln und fokussiere deine Gruppe auf Maßnahmen, die sie sofort und ohne fremde Hilfe oder Ressourcen umsetzen kann, um

- *aus Machtlosigkeit und Frustration auszubrechen und wirklich ins Tun zu kommen,*
- *umsetzbare Ideen zu teilen und sich gegenseitig zu helfen,*
- *jeden Beteiligten und der ganzen Gruppe ihre Wirksamkeit spüren zu lassen,*
- *die große Kraft von kleinen Taten spürbar zu machen.*

ca. 25–45 Minuten Niveau: einfach 1–99+ Personen Ideal: 3–99+ Personen

Ich habe gelernt, dass man nie zu klein dafür ist, einen Unterschied zu machen.
Greta Thunberg, Klimaaktivistin

Wann kannst du 15 % Solutions anwenden und was kannst du damit erreichen?

Maßnahmen und Entscheidungen können verpuffen, wenn sie zu groß erscheinen: Die Entscheidung ist getroffen, alle scheinen motiviert zu sein, direkt loszulegen. Erste Maßnahmen zur Umsetzung werden formuliert, als auf einmal deutlich hörbar Bedenken an die Türe klopfen: „Das schaffen wir alleine nie", „Um das zu realisieren, brauchen wir viel Zeit und Geld" oder „Um diese Maßnahme umzusetzen, muss ich mir erst einmal die Erlaubnis von XY abholen". Schon haben Mutmaßungen, bürokratische Hürden und vielleicht auch irrationale Ängste Motivation und Tatendrang im Keim erstickt! Vor dem *echten* Handeln tun sich große Hürden auf und plötzlich scheint die Lösung des Problems in weite Ferne gerückt zu sein.

Bei 15 % Solutions entdeckt jeder die kleinen Maßnahmen – *15-%-Lösungen* –, die er direkt und autonom umsetzen kann. Die Beteiligten stellen sich diese Maßnahmen gegenseitig vor, um sie so zu schärfen, dass sie wirklich ohne Erlaubnis, ohne fremde Hilfe und ohne zusätzliche Ressourcen umsetzbar sind. Die ganze Gruppe motiviert sich gemeinsam zum Handeln, und neuer Tatendrang ersetzt die gefühlte Machtlosigkeit.

Die Liberating Structure vertraut darauf, dass auch kleine Aktionen Großes bewirken können. Und manchmal sind genau diese kleinen Aktionen die richtigen, um ein Problem sogar vollständig zu lösen.

Zudem stellen 15-%-Lösungen einen Gegenentwurf zu den omnipräsenten „Action Items" in Maßnahmentabellen („Wer?" macht „Was?" bis „Wann?") dar, bei denen Aufgaben verteilt werden anstatt sie intrinsisch motiviert für sich selbst zu entdecken und – das ist der größte Unterschied – sie dann auch wirklich zu erledigen.

Verwende 15 % Solutions beispielsweise als Abschluss deiner Meetings, damit die Beteiligten mit eigenen Maßnahmen aus dem Meeting gehen. Oder nutze 15 % Solutions für dich selbst, um ein großes Problem anzugehen.

> **15 % Solutions in der Entscheidungsfindung**
>
> 15 % Solutions hilft dabei, herauszufinden, wie jeder Einzelne ohne fremde Hilfe oder Bereitstellung zusätzlicher Ressourcen direkt ins Handeln kommt. Die Gruppe kann sofort damit beginnen, eine getroffene Entscheidung umzusetzen. Die Beteiligten entdecken die kleinen und überschaubaren Schritte, die wichtig sind, um Veränderungen anzustoßen. Mit 15 % Solutions bringst du die Dinge ins Rollen! Vielleicht erkennen die Beteiligten ja auch unterwegs, dass es nicht immer wichtig ist, die ganz große Entscheidung zu treffen und umzusetzen.

Wie? Vorbereitung, Einladung und Durchführung

Raum und Material	• Stift und Papier für alle Beteiligten • *Optional:* Stühle für die Arbeit in Dreiergruppen
Einladung	Frage die Beteiligten, was sie zur Lösung der gemeinsamen Herausforderung oder zur Umsetzung einer Entscheidung beitragen können, ohne dabei auf fremde Hilfe, Ressourcen und Erlaubnis angewiesen zu sein.
Schritt 1 Vorstellung **2 Minuten**	Erkläre zuerst die Idee von 15-%-Lösungen und betone, wie wichtig kleine Handlungen für das Lösen einer Herausforderung sein können.
Schritt 2 Liste mit 15-%-Lösungen erstellen **3 Minuten**	• Spreche die Einladung aus: „Was ist deine 15-%-Lösung? Wo kannst du frei handeln, ohne um Erlaubnis oder zusätzliche Ressourcen fragen zu müssen? Was kannst *du* tun? Womit kannst *du sofort* starten?“ • Bitte alle Beteiligten, für sich eine Liste mit 15-%-Lösungen zu erstellen. 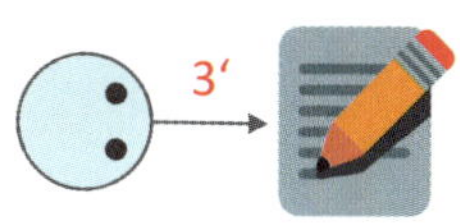 • *Tipp:* Achte darauf, den Beteiligten zu verdeutlichen, dass es nicht um die tollsten, brillantesten oder größten Ideen geht, sondern darum, dass jeder etwas findet, was auch wirklich ohne fremde Hilfe umgesetzt werden kann: „Lasst die hohen Ansprüche und das Streben nach Perfektion beiseite!“ • *Stolperfalle:* Gruppen, die Konsensbildung gewohnt sind, könnten daran Anstoß nehmen, wenn einfach jeder seine eigenen Maßnahmen beschließt. Betone dann, dass die Beteiligten Maßnahmen finden sollen, bei denen sie keine Erlaubnis von anderen brauchen.

Schritt 3 Vorstellung der 15-%-Lösungen **9 Minuten bei Dreiergruppen (3 Minuten pro Person)**	• Lass die Beteiligten Gruppen von drei Personen bilden. • Jeder Beteiligte stellt nacheinander seine Maßnahmen in der Gruppe vor. So werden erst alle Ideen aufgedeckt und im nächsten Schritt verfeinert. 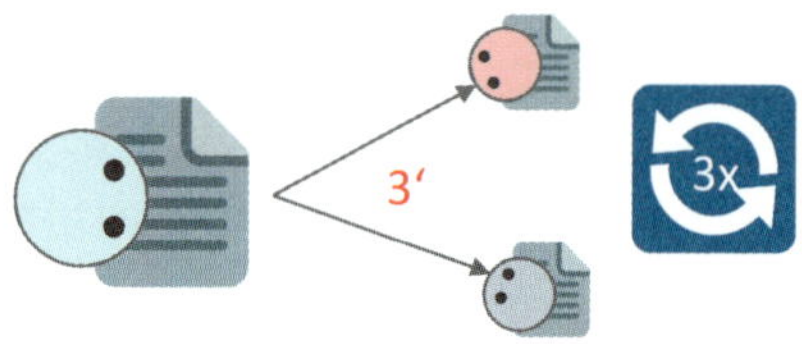 • *Tipp:* Lass Kleingruppen von Personen mit unterschiedlichen Hintergründen bilden, zum Beispiel aus verschiedenen Bereichen des Unternehmens. Durch die Außensicht können besonders vielseitige Ratschläge gegeben werden. Du kannst dazu beispielsweise mit „Geht mit den Personen zusammen, mit denen ihr normalerweise selten in Kontakt steht" einladen. • *Variante:* Gruppengrößen von zwei oder vier Personen sind mögliche Variationen. Am besten eignen sich Dreiergruppen, um eine gute Balance aus Austausch und Ideenreichtum sowie Dauer der einzelnen Schritte herzustellen.
Schritt 4 Beratungsrunde **9–15 Minuten bei Dreiergruppen (3–5 Minuten pro Person)**	• Nun lässt sich jeder nacheinander von den anderen in der Gruppe beraten. • Ziel ist, gegenseitig die Ideen so zu schärfen, dass sie klar, wirklich autonom und direkt von der Person durchführbar sind. 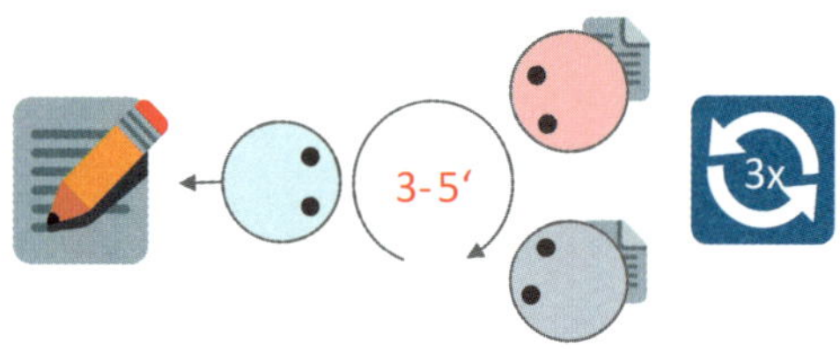 *Tipp:* Hilfemuster *Liebevolle Provokation* – Bitte die Beratenden, einen möglichst strengen Blick darauf zu haben, ob es sich wirklich um 15-%-Lösungen handelt. Gib ihnen folgenden Hinweis mit: „Achtet darauf, dass ihr wirklich überzeugt davon seid, dass eure Klienten ihre Lösungen allein in die Tat umsetzen können und werden."

Schmetterlingseffekt, Schneeballeffekt, Paretoprinzip

15 % Solutions erinnert an den *Schmetterlingseffekt*: Kleine Veränderungen in einem System *können* unvorhersehbar große Veränderungen anstoßen. Zusätzlich kann 15 % Solutions einen *Schneeballeffekt* ins Rollen bringen, wenn die Betroffenen merken, dass sich durch kleine Lösungen doch etwas Größeres bewegen lässt. So werden sie motiviert, auch in Handlung zu treten.

Genau genommen findet der Schmetterlingseffekt allerdings in der chaotischen Domäne statt. Das bedeutet, dass Ursache und Wirkung nicht oder nur schwer erkennbar sind und vorab keine Annahmen für Experimente getroffen werden können. Gareth Morgan, dessen Publikation über den „15 % Approach“ der Ursprung dieser Liberating Structure ist, sieht aber genau *auch* darin das Potenzial von 15 % Lösungen: durch zufällige Veränderungen tun sich Möglichkeiten auf, die Unerwartetes und Bahnbrechendes erlauben.

15 % Solutions spielt zudem auf das *Paretoprinzip* an. Dieses besagt, dass 80 % der Ergebnisse mit 20 % des Gesamtaufwandes erreicht werden und die verbleibenden 20 % weitere 80 % des Aufwands erfordern. Eine 15-%-Lösung zielt gerade nicht auf die in der Regel immer noch erschlagenden 80 % ab, sondern auf die ersten, kleinen, autark machbaren Schritte.

Gareth Morgan meint mit „15 %“, den Anteil an Handlungsfreiheit, den wir üblicherweise haben.

Allgemeine Tipps, Varianten und Stolperfallen

- *Variante:* Wenn du 15 % Solutions in einer Gruppe anwendest, in der die Beteiligten an verschiedenen Herausforderungen arbeiten, dann ist es für die Beteiligten einfacher, Schritt 3 „Vorstellung der 15-%-Lösungen“ und Schritt 4 „Beratungsrunde“ zusammenzulegen und pro Person durchzuführen. So wird jeder Beteiligte direkt im Anschluss an die Beschreibung seiner eigenen Maßnahmen von den anderen beraten – ähnlich eines Troika Consulting.
- *Variante:* Benutze bei einem Coaching-Gespräch 15 % Solutions, um deinen Coachee den Spielraum für die Veränderung seiner Situation entdecken zu lassen. Dinge zu finden, die er oder sie sofort und ohne fremdes Zutun umsetzen kann, wirkt oft Wunder.

Kombinationen mit anderen Liberating Structures

Wann?	Was?	Wozu?	Wie?
Währenddessen	Troika Consulting	Um das Beraten in Schritt 4 liebevoller und unbeeinflusst vom Beratenen zu gestalten.	Fasse die Schritte 3 und 4 pro Person zusammen. Lass den Beratenen seine Situation und seine 15-%-Lösungen vorstellen. Nach den Verständnisfragen lade die Berater ein: „Stellt sicher, dass euer Klient wirklich nur 15-%-Lösungen erstellt hat. Tauscht euch über eure Zweifel aus und überlegt, wie die Lösungen in 15-%-Lösungen umgewandelt werden können.“

Wann?	Was?	Wozu?	Wie?
Im Anschluss	Wise Crowds	Damit die Beteiligten sich noch tiefergehender bezüglich ihrer Ideen beraten lassen können.	„Wer will sich gerne tiefergehend zu seinen 15-%-Lösungen beraten lassen?“ „Beschreibe deine Herausforderung und deine 15-%-Lösungen so, dass die Berater sich in deine Situation hineinversetzen können.“

Beispiel: Beschlossene Maßnahmen einer Team-Retrospektive konkretisieren

In Retrospektiven betrachtet das Team regelmäßig seine eigene Arbeitsweise und überlegt und entscheidet gemeinsam, wie sie diese effizienter, angenehmer für das Team und wirkungsvoller für die Produktentwicklung gestalten kann. Wenn ich als Coach oder Scrum Master die Betreuung eines neuen Teams beginne, dann werde ich oft damit konfrontiert, dass bisherige Retrospektiven als wirkungslos empfunden wurden. Das liegt meist daran, dass die Maßnahmen und Entscheidungen, die Teams in Retrospektiven beschließen, nicht umgesetzt werden. Kurioserweise beschweren sich auch die meisten Teammitglieder darüber, dass die Retrospektiven wirkungslos und Zeitverschwendung seien, weil die Maßnahmen eh nicht umgesetzt würden. Und genau diese passive Formulierung ist der Knackpunkt: Bei genauerer Betrachtung fällt immer auf, dass die beschlossenen Maßnahmen zu groß, zu unkonkret und nicht durch einzelne Personen umsetzbar sind. Niemand fühlt sich wirklich in der Lage, eine der Maßnahmen zu realisieren.

Daher lasse ich Teams in Retrospektiven ihre 15-%-Lösungen finden und frage sie beispielsweise: „Ihr habt nun eine Reihe von Problemen und Verbesserungsvorschlägen identifiziert. Was will jeder Einzelne von euch tun, um die Probleme zu beheben und die Verbesserungsvorschläge umzusetzen? Was kann jeder von euch, ohne die Hilfe von anderen und ohne um Erlaubnis zu fragen, tun?“ und führe mit ihnen ein 15 % Solutions durch.

Die Teams beginnen dann in kleinen Schritten Veränderungen durchzuführen und ihre Zusammenarbeit und ihre gemeinsamen Prozesse hilfreicher zu gestalten.

Ursprung und Inspiration: Diese Liberating Structure wurde inspiriert von Professor Gareth Morgan[47].

Drawing Together

Entdecke durch nonverbale Kommunikation neue Wege und Sichtweisen, um

- *ein gemeinsames Bild einer Herausforderung entstehen zu lassen,*
- *jenseits von Erklärungen und Verbalem Möglichkeiten zu entdecken,*
- *eine engere Bindung und Verständnis zwischen den Beteiligten zu entwickeln,*
- *auf Informationen zuzugreifen, die sonst durch ihre komplexen Dynamiken verborgen blieben.*

⌛ ca. 30–50 Minuten ★ Niveau: einfach 1–99+ Personen 👌 Ideal: 4–99+ Personen

Das Kostbarste zwischen den Menschen ist das Unausgesprochene, und was ausgesprochen wird, ist nicht immer das Beste.

Hugo von Hofmannsthal, Lyriker

Wann kannst du Drawing Together anwenden und was kannst du damit erreichen?

Wir sind komplexe Wesen und besprechen oft komplexe Zusammenhänge. Dabei sind wir beschränkt auf komplizierte Mittel: die lineare Natur unserer Sprache und unsere Logik. Verbale Kommunikation fühlt sich immer dann unzulänglich an, wenn die Gesprächspartner sich in Missverständnisse verstricken oder irrige Interpretationen und überbordende Emotionen überhandnehmen. Sender und Empfänger sind nicht aufeinander justiert oder die Gesprächsmaterie ist für den Moment zu komplex, um sie linear und allein durch Sprache und Logik zu transportieren.

Bei Drawing Together stellen die Beteiligten die *Reise* bildlich dar, auf der sie sich, bezogen auf eine geteilte Herausforderung, befinden. Dabei besteht ihr Repertoire aus lediglich fünf Symbolen mit folgenden Bedeutungen: ○ *Kreis = Ganzheit*, ▭ *Rechteck = Unterstützung*, △ *Dreieck = Ziel*, ◎ *Spirale = Veränderung* und ☆ *Sternenmensch = Beziehung*. Wörter und verbale Erklärungen sind während des Zeichnens nicht erlaubt. Erst am Ende interpretieren die Beteiligten gegenseitig verbal ihre Darstellungen und die Gruppe zieht gemeinsame Schlussfolgerungen aus der Menge der Bilder.

So verlassen die Beteiligten für eine Weile die gewohnte Art und Weise, miteinander zu kommunizieren, und tauchen in andere Hirnregionen ein. Verstecktes Wissen, wie Gefühle, Stimmungen und Muster, die schwer in Worte zu fassen sind, kommt zum Vorschein. Drawing Together durchbricht unsere Abhängigkeit vom und unser Anhaften am Gesagten und Geschriebenen. Die Liberating Structure entschleunigt, erzeugt gegenseitiges Verständnis und Verstehenwollen.

Drawing Together in der Entscheidungsfindung

Drawing Together hilft dir dabei, komplexe und dynamische Zusammenhänge einer Herausforderung leichter sichtbar und begreifbar zu machen. Die Beteiligten zapfen bei der Beschreibung der Herausforderung verborgene Wissensquellen an. Die Gruppe beschafft sich spielerisch – oder *künstlerisch* – hilfreiche Informationen für die Entscheidungsfindung.

Wie? Vorbereitung, Einladung und Durchführung

Raum und Material	• Papier und Stift und eine Schreibunterlage für jeden Beteiligten • Flipchart zum Vorführen der fünf Symbole • *Optional:* Buntstifte oder Kreide zum Ausschmücken der Zeichnungen
Einladung	Lade die Beteiligten dazu ein, eine Geschichte oder die Reise rund um eine geteilte Herausforderung oder eine angestrebte Innovation mit nur fünf Symbolen und ohne Worte zu beschreiben.
Schritt 1 Symbole vorstellen **3–5 Minuten**	• Erläutere die Idee von Drawing Together. • Male die fünf Symbole auf ein Flipchart und beschreibe sie: ◯Ganzheit, ▭Unterstützung, △Ziel, ◎Veränderung, ☆Beziehung. 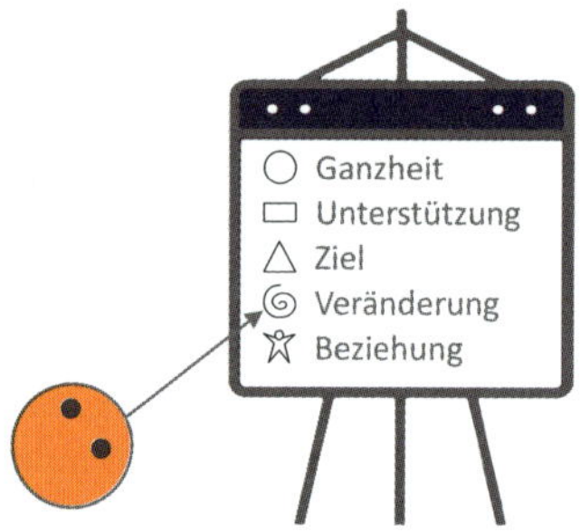 *Optional:* Male oder zeige zur Veranschaulichung eine beispielhafte Reise aus einem anderen Kontext. **+3 Minuten**
Schritt 2 Mit den Symbolen vertraut machen **3–5 Minuten**	Lade die Beteiligten ein, die fünf Symbole zu zeichnen und zu üben.  • *Tipp:* Betone, dass Perfektion bei Drawing Together fehl am Platz ist und einfache, verspielte Zeichnungen sich gut eignen, die Fantasie anzuregen. • *Optional:* Übe zur Veranschaulichung sichtbar für alle selbst auf dem Flipchart die Symbole.

Schritt 3 Ersten Entwurf anfertigen **5–10 Minuten**	Bitte die Beteiligten, einen ersten Entwurf ihrer Geschichte oder Reise im Rahmen der geteilten Herausforderung zu zeichnen. 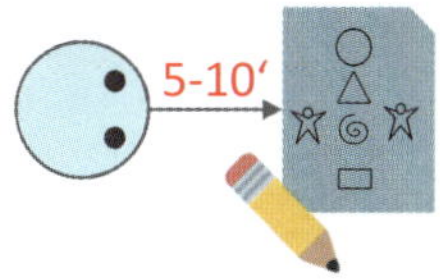
Schritt 4 Zweiten Entwurf anfertigen **5–10 Minuten**	Bitte die Beteiligten, eine zweite, verfeinerte Fassung ihrer Geschichte zu zeichnen und dabei wichtige Aspekte der Geschichte mithilfe von Größe, Platzierung oder gar Farbgebung der Symbole hervorzuheben. 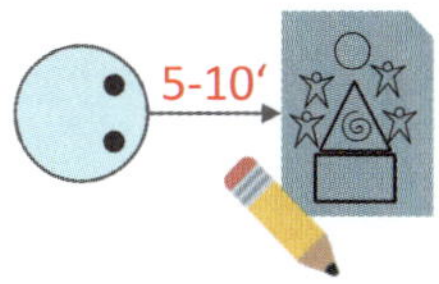
Schritt 5 Interpretation **4 Minuten**	Lass die Beteiligten Paare bilden, die sich gegenseitig die Bilder interpretieren. Bitte die Urheber, sich während der Interpretation ihres Werks im Hilfemuster *Stille Präsenz zu* üben. 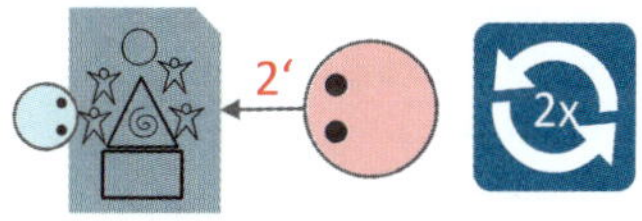 • ***Tipp:*** Führe ein bis zwei weitere Runden mit wechselnden Paarungen durch. **+4–8 Minuten** • ***Stolperfalle:*** Für die Beteiligten mag es verlockend sein, die *wirkliche* Bedeutung vorab zu erklären. Mach der Gruppe klar, dass dies nicht erwünscht ist. • ***Optional:*** Lade die Urheber dazu ein, nach der Interpretation kurz Rückmeldung zu geben, ob die Interpretation wichtige Aspekte richtig erfasst hat. • ***Variante:*** Lass die Interpretationen in Dreier- oder Vierergruppen durchführen. **+2–4 Minuten**

Schritt 6 Schlussfolgerungen ⏳ **12 Minuten**	Lade mithilfe von ⁘ 1-2-4-All zu gemeinsamen Schlussfolgerungen ein: „Was wird aus den Zeichnungen ersichtlich? Was decken die Zeichnungen auf?“ 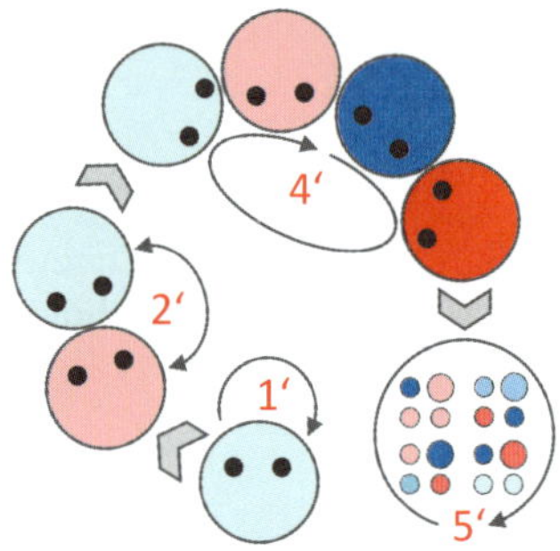

Allgemeine Tipps, Varianten und Stolperfallen

- *Optional:* Biete weitere Bedeutungen der Symbole an:
  - ○ = Ganzheit, Vervollständigung, Abschluss, Fortführung
  - △ = Ziel, Herausforderung
  - ▭ = Unterstützung, Struktur, Grundlage
  - ◎ = Veränderung, Chaos
  - ☆ = Beziehung, Menschen, Verbindung
- *Variante:* Lass Schritt 3 weg und gleich den finalen Entwurf erstellen.
- *Variante:* Lass die Beteiligten nacheinander mehrere Phasen oder Abschnitte ihrer Reise darstellen. Verwende dazu beispielsweise die Phasen der *Heldenreise* oder diese Abfolge (oder Teile davon):
  - aktueller Zustand
  - Ruf nach Neuem
  - Entdecken
  - Validieren
  - erste Gehversuche
  - Ausbreitung

Kombinationen mit anderen Liberating Structures

Wann?	Was?	Wozu?	Wie?
Währenddessen	Gallery Walk	Um die Interpretation der Bilder zu vertiefen.	Lade dazu ein, vor oder nach Schritt 5 die Zeichnungen an den Wänden auszustellen, und lass die Beteiligten diese in Zweiergruppen mit gezielten Fragen interpretieren: „Such dir eine Zeichnung, die dich anspricht. Tausche dich mit einer anderen Person vor diesem Bild darüber aus, warum dies so ist." „Warum motiviert sie dich?" „Warum stellt sie die gemeinsame Herausforderung für dich treffend dar?"
	Troika Consulting	Um die Bilder gemeinsam zu interpretieren.	Lass in Dreiergruppen jeweils zwei Personen das Bild der dritten Person interpretieren.
Im Anschluss	Purpose-to-Practice	Um das Bild der gemeinsamen Herausforderung vorab zu schärfen.	Frage die Beteiligten in oder nach Schritt 6, was die Zeichnungen für die gemeinsame Initiative bedeuten und welche Bedürfnisse, Motivation und Möglichkeiten daraus ersichtlich werden. Starte dann mit dem ersten Schritt von Purpose-to-Practice.

Beispiel: Das Thema „Wandel und Veränderung" veranschaulichen

In einem Workshop zum Thema „Wandel und Veränderung" habe ich die Beteiligten eingeladen, ihre aktuelle Reise entlang einer Veränderung darzustellen. Die Beteiligten sind anschließend umhergewandert und haben sich ihre Bilder gegenseitig interpretiert. Dabei wurde viel gelacht und das Thema „Veränderung" gewann an Leichtigkeit. Die Beteiligten waren dankbar und überrascht, dass ihre Bilder oft so gut verstanden wurden. Die Gruppe nannte als Fazit: „Ein gemeinsamer Aspekt unseres Themas Veränderung ist, dass Veränderung ein Streben nach Vervollständigung beinhaltet und in der Regel gemeinsam mit anderen Personen stattfindet."

Ursprung und Inspiration: Diese Liberating Structure wurde von Henri Lipmanowicz und Keith McCandless entwickelt. Inspiriert von David Sibbet ("The Grove" – Visual Facilitation) und der Arbeit der Anthropologin Angeles Arrien[48].

Troika Consulting

Erhalte und gib praktische und einfallsreiche Hilfe, um

- *frische Ideen und Erkenntnisse für die eigene Herausforderung zu gewinnen,*
- *sich untereinander bei der Umsetzung von Entscheidungen zu unterstützen,*
- *sich für Impulse von anderen zu öffnen,*
- *aus den üblichen Mustern von Ignoranz, Rechtfertigung und Besserwisserei bei Beratungen auszubrechen.*

ca. 30–45 Minuten ★ Niveau: einfach 3–99+ Personen Ideal: 3–99+ Personen

Solange man selbst redet, erfährt man nichts.
Marie von Ebner-Eschenbach, Autorin

Wann kannst du Troika Consulting anwenden und was kannst du damit erreichen?

Du steckst mal wieder bei einer Herausforderung fest und drehst dich gedanklich im Kreis? Dir fehlt der passende Impuls, um den Knoten in deinem Kopf zu lösen? Dir fehlt der Mut oder die Lust, um Hilfe zu fragen? Denn du bist es leid, dir Tipps mit einer besserwisserischen Attitüde anzuhören? Damit bist du nicht allein!

Mit Troika Consulting kannst du wertvolle Hilfe wertschätzend erhalten und anderen zuteilwerden lassen. In Dreiergruppen beschreiben sich die Beteiligten reihum ihre jeweilige Herausforderung, beantworten Verständnisfragen und erhalten als *Klient* von den anderen beiden Gruppenmitgliedern eine Beratung. Während der Beratung dreht sich der Klient um und bekommt buchstäblich Rückendeckung für sein Problem.

So bleibt dem Klienten nichts anderes übrig, als der wohlwollenden Beratung zu lauschen. Das übliche „Das hab ich schon probiert!" sowie ablehnende oder bestätigende Gestik und Mimik bleiben den Beratenden „erspart" und sie können sich frei und wertschätzend auf die inhaltliche Auseinandersetzung mit der Herausforderung ihres Klienten konzentrieren. Die Beteiligten lernen ihre Herausforderung auf das Wesentliche zu kondensieren und pointiert zu teilen. Durch den unverbrauchten Blick von außen setzen sie sich gegenseitig frische Impulse.

Troika Consulting baut umgehend ein Vertrauensverhältnis in den Dreiergruppen auf!

Troika Consulting in der Entscheidungsfindung

Troika Consulting hilft deiner Gruppe, sich während der Umsetzung von Entscheidungen gegenseitig mit Ideen und neuen Blickwinkeln zu unterstützen. Die Beteiligten helfen sich, selbst organisiert neue Pfade aufzuzeigen, um kleine und größere Hindernisse zu umschiffen. Auf persönlicher Ebene können die Beteiligten ihre Herausforderung fokussiert formulieren, teilen und ungeahnte Lösungsideen von ihren Kollegen ernten.

Wie? Vorbereitung, Einladung und Durchführung

Raum und Material	• Papier und Stift zum Mitschreiben der Ideen, der Impulse der Beratenden und der Herausforderung der Klienten • Ein akustisches Signal, um den Wechsel zwischen den Runden zu signalisieren • *Optional:* Stühle, sodass die Dreiergruppen beisammensitzen können
Einladung	Lade die Beteiligten ein, sich in Dreiergruppen gegenseitig zu einer aktuellen Herausforderung zu beraten.
Schritt 1 Herausforderung überlegen und Dreiergruppen bilden **3 Minuten**	• Bitte die Beteiligten, sich eine Herausforderung ins Gedächtnis zu rufen, bei der sie sich Beratung wünschen. • Lade die Beteiligten ein, Dreiergruppen zu bilden, und demonstriere mit zwei bis drei Freiwilligen kurz die vier Phasen einer Beratungsrunde. • *Tipp:* Lade ein, die Herausforderung aus dem gemeinsamen Kontext zu wählen oder – falls es für die Gruppe und euer Vorhaben passt – weite den Kontext aus. Falls du beispielsweise Troika Consulting gezielt zur Vertrauensbildung einsetzt, können auch persönliche Herausforderungen geteilt werden. • *Optional:* Bitte die Dreiergruppen, sich (fast) Knie an Knie auf Stühle zu setzen, um eine noch vertrauensvollere Atmosphäre zu schaffen.
3 Runden mit den Schritten 2 bis 5: **24–39 Minuten**	Jeder Beteiligte einer Dreiergruppe wird in den drei Runden einmal von den anderen beiden Gruppenmitgliedern beraten. 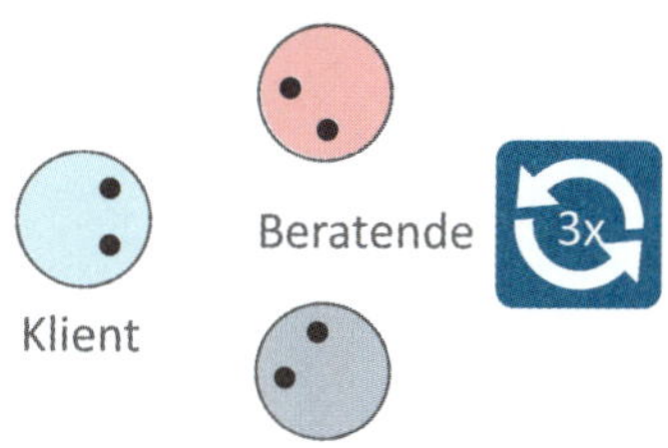 *Tipp:* Kündige den Wechsel zwischen den Schritten und Runden mit einem akustischen Signal an. So bleibt die Gruppe im Fluss und du musst sie nicht verbal unterbrechen.

Schritt 2 Herausforderung teilen **2 Minuten (pro Runde)**	Lade die ersten (nächsten) Klienten ein, ihre Herausforderung den anderen beiden ihrer Dreiergruppe prägnant zu beschreiben. 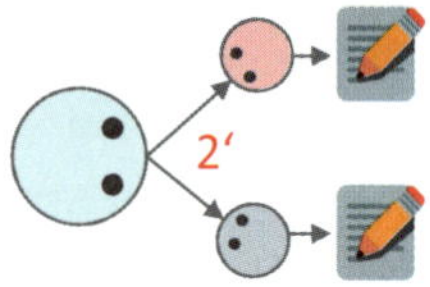 *Tipp:* Bitte die Beratenden, sich Notizen zu machen.
Schritt 3 Verständnisfragen stellen **1–2 Minuten (pro Runde)**	Bitte die Paare von Beratenden, ihren Klienten Verständnisfragen zu stellen, sodass sie genügend Einblick in den Kontext der Situation bekommen, um in die Beratung zu starten. 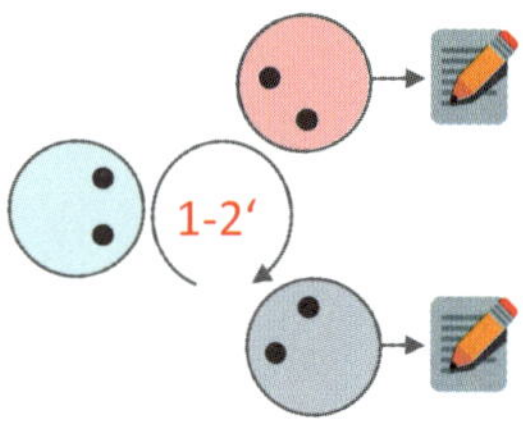 *Stolperfalle:* Manche Beratenden fangen gern bereits hier an, Tipps zu geben und Fragen wie „Hast du schon einmal probiert …“ zu stellen. Das bringt die hilfreichen Mechanismen von Troika Consulting in Gefahr. Weise darauf hin, dass an dieser Stelle ausschließlich Fragen gestellt werden sollen, die den Beratenden helfen, den Kontext der Herausforderung besser zu verstehen.

Schritt 4 Beratung **4–8 Minuten (pro Runde)**	• Bitte die Klienten, sich mit dem Rücken zu den Beratenden zu drehen und sich Notizen zu machen. • Die beiden anderen Gruppenmitglieder beginnen nun mit der Beratung. 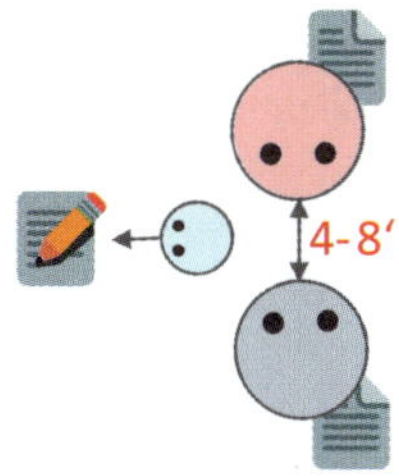 • *Optional:* Lade die Beratenden ein, liebevoll und empathisch zu provozieren – lass sie gemeinsam blinde Flecken und neue Möglichkeiten für ihre Klienten ans Licht bringen. • *Optional:* Wenn viele Dreiergruppen dicht an dicht sitzen, dann kann es für die Klienten schwierig werden, die Beratenden zu verstehen. Lade in diesem Fall beispielsweise dazu ein, sich mit den Händen die Ohrmuscheln nach hinten zu erweitern, um den beiden Beratenden besser lauschen zu können.
Schritt 5 Erkenntnisse teilen **1 Minute (pro Runde)**	Bitte die Klienten, sich wieder zu den Beratenden umzudrehen, zu bedanken und *ihre* wichtigsten Erkenntnisse offen zu reflektieren. 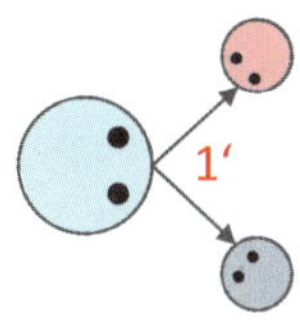 *Stolperfalle:* Dieser Schritt dient den Klienten dazu, ihre Gedanken auszusprechen und zu festigen. Manchmal bleiben die Beratenden in ihrer Rolle und unterbrechen den Klienten mit weiteren Tipps. Weise in der ersten Runde darauf hin, dass sich die Beratenden jetzt in *stiller Präsenz* üben sollen.
Hilfemuster	*Liebevolle Provokation / gemeinsames Formen – die Beratenden decken gemeinsam Lösungen für ihre Klienten auf und weisen sie auf Aspekte hin, die diese vielleicht nicht sehen.*

Allgemeine Tipps, Varianten und Stolperfallen

- *Stolperfalle:* Halte die Beratungsrunden so kurz wie angegeben. Zwei oder drei prägnante Beratungsrunden à 5 Minuten in verschiedenen Konstellationen sind hilfreicher als eine 15-minütige Beratungsrunde.

- *Stolperfalle:* Troika Consulting kann dazu verwendet werden, eine Herausforderung zu adressieren, die ein Klient mit den beiden Beratern hat. Das *kann* hilfreich sein und mit empathischen Gruppen zu guten Resultaten führen. Doch sei vorsichtig, denn in einem stark angespannten, wenig wohlwollenden Umfeld kann das auch richtig schiefgehen.
- *Stolperfalle:* Sprich durchgehend von *Coaching* anstelle von *Beratung*, falls dein Umfeld „Beratung" als zu dirigierend empfindet.
- *Optional:* Durchmische Rollen und Funktionen für das Formen der Dreiergruppen.
- *Variante* Q-Storming*:* Beschränke die Beratenden darauf, ausschließlich Fragen („Question Storming") für ihre Klienten zu formulieren und vollständig im Coaching zu bleiben.
- *Variante* Wise Crowds*:* Hierbei unterstützt und hilft die ganze Gruppe bei der Herausforderung eines Beteiligten.

Kombinationen mit anderen Liberating Structures

Wann?	Was?	Wozu?	Wie?
Währenddessen	15 % Solutions	Um die Klienten zu ihren 15-%-Lösungen zu beraten.	Die Klienten stellen den Beratenden eine oder mehrere 15-%-Lösungen vor. Die Beratenden stellen sicher, dass es sich um 15-%-Lösungen handelt und ergänzen, beleuchteten und schärfen die Lösungen.
Im Anschluss	9 Whys	Um den Purpose hinter der Herausforderung klarzustellen.	Mit den Erkenntnissen aus dem Troika Consulting starten die Beteiligten klarer in das Aufdecken des Purpose. Was ist wichtig an der Herausforderung oder den Lösungsideen? Für die Beteiligten und das größere Umfeld?

Beispiel: Überblick über gemeinsames Projektportfolio wiederherstellen

Ein in Arbeitslast versunkenes Team hatte den Überblick über sein Portfolio an Projekten verloren. Die Beteiligten waren teilweise für eigene, teilweise für überlappende Bereiche des Portfolios zuständig. Doch das Team hatte nur selten gemeinsam am Portfolio gearbeitet. Die Beteiligten sehnten sich nach gegenseitiger Hilfe und Unterstützung, auch wie sie mit der Unmenge von Anfragen nach weiteren Projekten umgehen sollten.

Mithilfe von Troika Consulting konnten sich die Beteiligten gegenseitig helfen, sich auf das Wesentliche zu fokussieren, unangebrachte Kundenanfragen angemessen zurückzuweisen, die Arbeitslast zu reduzieren und Chancen für gemeinsames Wirken zu entdecken.

Ursprung und Inspiration: Diese Liberating Structure wurde von Henri Lipmanowicz und Keith McCandless entwickelt.

Kapitel 9
Entscheidungen prüfen und reflektieren

Purpose: *Du erfährst hier, wie du Experimente, Entscheidungen und Maßnahmen validieren und reflektieren kannst. Denn in unserer komplexen Welt ist es (doch) oft so:*

Die besten Gedanken kommen hinterher.
Euripides, Tragödiendichter

Kapitelübersicht

Shift & Share

Teilen

Verbreite gute Ideen und stärke informelle Beziehungen zu Innovatoren, um

- *Innovationen, Erkenntnisse und Experimente rasch, fokussiert und erfrischend zu teilen,*
- *Ideengebende jenseits von Hierarchien und Machtstrukturen ein Forum zu bieten,*
- *der Gruppe einen Überblick über aktuelle Innovationen, Ideen und Informationen zu ermöglichen,*
- *Innovationen, Experimente und Initiativen miteinander zu vergleichen,*
- *Mitstreiter zu gewinnen.*

ca. 30–95 Minuten ★Niveau: einfach 2–15 Innovatoren + 12–99+ Personen Ideal: 3–8 Innovatoren + 12–80 Personen

Die beste Methode, um Informationen zu bekommen, ist die, selbst welche zu geben.
Niccoló Machiavelli, Politiker und Schriftsteller

Wann kannst du Shift & Share anwenden und was kannst du damit erreichen?

Neue Ideen, Innovationen oder Ergebnisse werden gerne groß verkündet: lange Präsentationen in einem formellen Rahmen, gar mit einer Bühne für die Präsentierenden. So wirken die Sprechenden unnahbar auf das Publikum und das Publikum empfindet die Vortragenden als anonym. Wenn dann nicht einmal die Urheber selbst sprechen, sondern Vorgesetzte oder Mitarbeiter im Marketing, dann springt der Funke nicht über. Anderswo bleiben Innovationen oder Ergebnisse im Verborgenen – wenn den Ideengebenden eine entsprechende Bühne fehlt.

Mit Shift & Share teilen die Beteiligten ihre innovativen Ideen oder präsentieren ihre Ergebnisse an Stationen prägnant den Kleingruppen. Die Kleingruppen durchlaufen nacheinander alle Stationen. Die Beteiligten bekommen in diesem intimeren Rahmen dediziert Zeit für Fragen an die Ideengebenden und entsprechendes Feedback.

So erlangt die Gruppe einen Überblick über alle Resultate oder Innovationen. Sie erhält die Informationen genau genug, um gemeinsam voranzuschreiten: Die Ideengebenden finden neue Unterstützer und die Gruppe kann, aufbauend auf den Informationen, konkrete nächste Schritte planen.

Die Wiederholung hilft den Ideengebenden, ihre Botschaft zu schärfen und bestimmte Aspekte gezielter zu transportieren. Insbesondere wiederkehrende Fragen zeigen Potenzial, Schwachstellen und Kernpunkte auf. Durch die kleine Gruppengröße an den Stationen kommen die Beteiligten direkt mit den Ideengebenden in Kontakt. Shift & Share versetzt die Gruppe in die Lage, mehrere Ideen zu kombinieren, Ideengebende zusammenzubringen, sich Ideen anzuschließen und letztlich Initiative zu ergreifen.

Shift & Share in der Entscheidungsfindung
Lass Herausforderungen, Informationen und Lösungsentwürfe teilen, sodass die Gruppe diese erfassen, bewerten und miteinander vergleichen kann. Verwende Shift & Share in der Umsetzung oder in der Rückkopplung, um Ergebnisse zu teilen und von der Gruppe reflektieren zu lassen.

Wie? Vorbereitung, Einladung und Durchführung

Vorbereitung	• Lade eine Reihe von Beteiligten aus deiner Gruppe dazu ein, Ideen, Informationen, Innovationen oder Ergebnisse mit der ganzen Gruppe an Stationen zu teilen. • Gib den Ideengebenden Zeit, ihre Stationen vorzubereiten. • *Tipp:* Bitte darum, die Kurzvorträge möglichst anschaulich zu gestalten und beispielsweise Prototypen mitzubringen. • *Optional:* Lade die Ideengebenden ein, eine Proberunde durchzuführen, denn die fünf bis zehn Minuten pro Runde gehen vermutlich ungewohnt schnell vorüber.
Raum und Material	• Mehrere Räume, abgetrennte Bereiche oder Ecken für die einzelnen Stationen • *Optional:* Flipcharts, Stifte, Post-its, Papier, Beamer für die Ideengebenden an ihren Stationen • *Optional:* Indexkarte, auf der du die verbleibende Rundenzeit notierst: beispielsweise „noch zwei Minuten“
Einladung	Lade die Beteiligten ein, sich spannende und relevante Ideen, Informationen und Ergebnisse an mehreren Stationen direkt von den Urhebern schildern zu lassen.
Schritt 1 Einführung **5 Minuten**	• Beschreibe der Gruppe den Ablauf: Kleingruppen werden von Station zu Station wandern. An jeder Station finden eine Präsentation und anschließend eine kurze Fragerunde statt. • Bitte die Gruppe, sich in etwa gleich großen Kleingruppen auf die Stationen aufzuteilen.

<table>
<tr><td>Mehrere Runden (je nach Anzahl der Stationen) mit den Schritten 2 und 3:
⌛ 8–13 Minuten (pro Runde)</td><td>Die Kleingruppen wechseln im Uhrzeigersinn von Station zu Station, bis sie alle Stationen besucht haben.
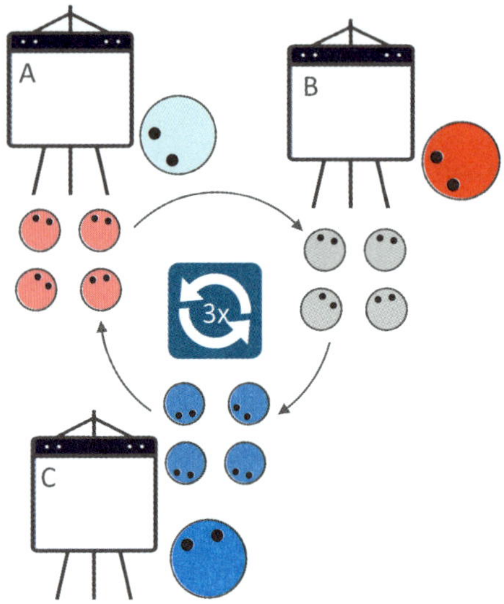

Tipp: Plane etwa ⌛ 1 Minute zum Wechseln der Stationen ein.</td></tr>
<tr><td>Schritt 2
Vorstellung
⌛ 5–10 Minuten</td><td>Bitte die Ideengebenden, ihre Ideen, Informationen oder Ergebnisse der Kleingruppe an ihrer Station zu präsentieren.
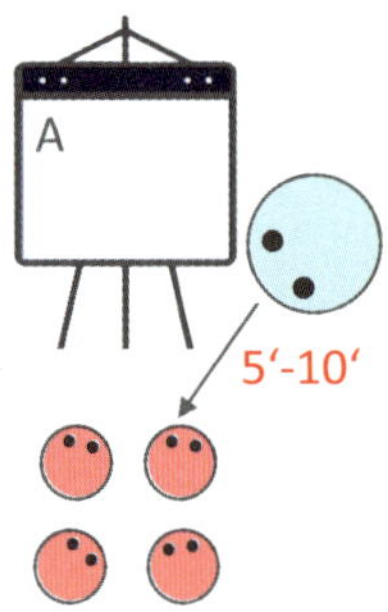

• Tipp: Gib ein akustisches Signal am Ende dieses Schritts.
• Optional: Geh kurz vor Ende des Schritts mit der Indexkarte mit der verbleibenden Rundenzeit („noch x Minuten“) an den Stationen vorbei, um so den Vortragenden bei der Zeiteinteilung zu helfen.</td></tr>
</table>

Schritt 3 Fragen und Feedback ⏳ **2 Minuten**	Bitte die Kleingruppen, Fragen zu stellen und den Ideengebenden Feedback zu geben. 

Allgemeine Tipps, Varianten und Stolperfallen

- ***Tipp:*** Suche nach Ideengebenden mit spannenden Ideen und lade sie ein, diese zu teilen. Interessante Inhalte sind hierbei wichtiger als geübte Vortragende. Achte auch darauf, nicht wieder nur den üblichen Extrovertierten die Bühne zu bereiten.
- ***Optional:*** Lass am Ende die Kleingruppen an ihre Ausgangsstation zurückkehren und dem Vortragenden dort knapp die Essenz oder Höhepunkte einiger oder aller anderen Stationen berichten, sodass auch diese einen Überblick über die Themen bekommen. Lass sie insbesondere Aspekte hervorheben, die die Innovatoren hinsichtlich ihres eigenen Themas interessieren könnten.
- ***Optional:*** Bereite einige leere Stationen vor und frage in Schritt 1, wer gerne spontan etwas teilen möchte.
- ***Variante:*** Suche *alle* Ideengebenden erst in Schritt 1. Frage, wer gerne etwas (im Rahmen der geteilten Herausforderung, Entscheidungsfindung …) präsentieren möchte.
- ***Variante „Gesetz der zwei Füße":*** Führe weniger Runden durch, als Stationen vorhanden sind. Lass die Beteiligten selbst entscheiden, welche Stationen sie besuchen wollen. Dazu müssen die Ideengebenden am Ende von Schritt 1 *prägnant* das Thema ihrer Station nennen.
- ***Variante*** Caravan Consulting (eine Kombination aus Wise Crowds und Shift & Share)***:*** Hierbei beschreiben Beteiligte ihre Herausforderung (bei einer Innovation, in der Umsetzung …) an den Stationen. Die Kleingruppen wandern von Station zu Station, stellen Verständnisfragen und geben Feedback. Die Hilfesuchenden machen sich Notizen. Es kann hilfreich sein, wenn du Kleingruppen nach Expertise, Kundengruppe oder Nutzungsverhalten aufteilst. So kannst du den Hilfesuchenden beispielsweise gezielt von Neukunden und Stammkunden Feedback zu ihrem Produkt geben lassen. Strukturiere bei größeren Gruppen (>7 Personen pro Kleingruppe) Schritt 3 mit 1-2-4-All.

Kombinationen mit anderen Liberating Structures

Wann?	Was?	Wozu?	Wie?
Zur Vorbereitung	Social Network Webbing	Um spannende Vortragende zu entdecken und zu gewinnen.	Suche nach Schlüsselgruppen, die Interessantes und Gewinnbringendes mit deiner Gruppe teilen könnten. Identifiziere Schlüsselpersonen und durchforste dein Netzwerk nach Kontaktpfaden, um diese Personen zu kontaktieren.
Im Anschluss	What, So What, Now What?	Um die Informationen gemeinsam zu betrachten und Schlussfolgerungen für die ganze Gruppe daraus zu ziehen.	Frage die Gruppe: 1. „Welche neuen Innovationen, Ideen, Informationen, Ergebnisse habt ihr beobachtet?" 2. „Was wird nun für unsere Gruppe möglich? Was können wir erreichen?" 3. „Welche konkreten ersten Schritte können wir gemeinsam tun, um dorthin zu gelangen?"
	Improv Prototyping	Um Ideen aus mehreren Stationen zusammenzuführen und gemeinsam weiterzuentwickeln.	Lass in Kleingruppen Ideen einzelner Stationen ausarbeiten oder mit denen anderer Stationen verschmelzen. Dabei können Ideengebende oder auch beliebige Beteiligte die Regie übernehmen, die sich beispielsweise in die Denkweise eines möglichen Kunden einer Innovation versetzen können.
	25/10 25/10 Crowd Sourcing	Um aus der Menge der gehörten Ideen oder Ergebnisse neue Ideen zu schmieden und zu bewerten.	„Welche neuen, großen, mutigen, gewagten oder auch naheliegenden Ideen und welche ersten konkreten Schritte zur Umsetzung sind nun sichtbar?"

Beispiel: Resultate der Produktentwicklung ausgewählten Kunden zeigen

Ein Produktentwicklungsteam stellte regelmäßig seine Zwischenergebnisse ausgewählten Kunden vor. Üblicherweise übernahm der Key Account Manager diese Präsentation. Es gab nur selten Feedback oder Fragen, und wenn, wurden diese direkt dem Key Account Manager per E-Mail mitgeteilt.

Dieser leitete das Feedback nur sporadisch an das Team weiter. Das Team fühlte sich überhaupt nicht mit seinen Kunden verbunden.

Mithilfe von Shift & Share konnte das Team an mehreren Stationen kleinen Gruppen aus Kunden die Ergebnisse direkt vorführen. Dadurch bekamen sie unverfälscht und regelmäßig hilfreiches Feedback. Nach ein paar Wochen fühlte sich das Team deutlich stärker mit den Kunden verbunden und war spürbar motivierter, deren Fragen, Wünsche und Anforderungen herauszuhören und zu berücksichtigen.

Ursprung und Inspiration: Diese Liberating Structure wurde von Henri Lipmanowicz und Keith McCandless entwickelt. Sie wurden dabei von Chris McCarthy und dem „Innovation Learning Network“ inspiriert.

User Experience Fishbowl

Teilen

Teile Erfahrungen aus erster Hand mit einer größeren Gruppe, um

- *Erkenntnisse zu teilen und für die ganze Gruppe nutzbar zu machen,*
- *subjektiv Schlechtes, Gutes, Wichtiges und die großen oder kleinen, feinen Anekdoten zu teilen,*
- *gemeinsam aus „Fehlern" zu lernen,*
- *Mut, Experimente und Experimentierende zu würdigen.*

ca. 40–75 Minuten ★★Niveau: fortgeschritten 2–6 Pioniere & 1–99+ Personen
Ideal: 3–4 Pioniere & 8–99+ Personen

Weisheit ist die Summe von Erfahrungen.
Franz Schmidberger, Publizist

Wann kannst du User Experience Fishbowl anwenden und was kannst du damit erreichen?

Wenn Pioniere als Erste neue Erfahrungen machen – mit neuen Regeln, Kunden, Geräten, Verkaufsstrategien, Software, Ideen, Forschungen und so weiter –, bleiben ihre eigenen Erkenntnisse, das Gelernte und vor allem die Fehlschläge meist im Verborgenen. Entweder nimmt man sich nicht bewusst Zeit dafür oder es herrscht eine gruselige Fehlerkultur, in der sich Menschen nicht trauen, von Fehlschlägen und Schwierigkeiten offen zu berichten.

Diesen Schatz an Erfahrungen kannst du gezielt heben: Lade die Pioniere zu einer `User Experience Fishbowl` und lass sie allen von ihren Erlebnissen berichten. Dabei tauschen sie in einem Stuhlkreis ungezwungen ihre Erfahrungen in den Kategorien *das Gute, das Schlechte und das Schreckliche* untereinander aus. Die Zuhörenden formulieren dann ihre Beobachtungen und Fragen. Anschließend stellen die Zuhörenden den Pionieren ihre Fragen und teilen ihre Beobachtungen. Schließlich überlegt die ganze Gruppe gemeinsam, was sie daraus schlussfolgert und was nun möglich geworden ist.

Durch das informelle Gespräch im Kreis der Pioniere zu Beginn entsteht eine lockere und von Neugierde geprägte Atmosphäre, die direkte Kommunikation und Ansprache in der Fragerunde erzeugt. Da die Pioniere eingeladen sind, explizit auch Schlechtes oder gar Schreckliches zu teilen, kommen Bedenken und Sorgen offen zur Sprache. So können die Beteiligten gezielt voneinander lernen und die Erfahrungen leichter auf ihre eigene Situation übertragen.

Zelebriere Experimente, feiere die Mutigen und diejenigen, die Fehler machen!

> **User Experience Fishbowl in der Entscheidungsfindung**
> Mithilfe der `User Experience Fishbowl` kannst du der Gruppe Erfahrungen von wenigen greifbar machen und ermöglichst ihr, gemeinsam Schlussfolgerungen daraus zu ziehen.

Wie? Vorbereitung, Einladung und Durchführung

Vorbereitung	Identifiziere vorab drei bis sieben Personen, die ihre Erfahrung mit allen teilen werden, und beschreibe ihnen das Vorgehen. • *Tipp:* Achte bei der Wahl der Pioniere darauf, dass möglichst viele oder alle relevanten Rollen ihre Erfahrungen beschreiben können. Wenn die Pioniere beispielsweise von ihren Erfahrungen mit einer neuen Verkaufsstrategie berichten sollen, dann lade neben Vertriebsmitarbeitern vielleicht auch Servicemitarbeiter ein, die Feedback von Kunden zur Verkaufsstrategie bekommen haben. • *Stolperfalle:* Lade nur Pioniere ein, die aus erster Hand von ihren Erfahrungen berichten können. Geschichten aus zweiter Hand von Vorgesetzten oder extrovertierten Kollegen interessieren an dieser Stelle nicht. • *Stolperfalle:* Betone, dass die Pioniere Geschichten aus allen drei Kategorien (*das Gute, das Schlechte und das Schreckliche*) erzählen sollen – sofern solche existieren –, sodass hier keine reine Selbstbeweihräucherung ohne Lerneffekte stattfindet.
Raum und Material	• Ein innerer und ein äußerer Stuhlkreis, im äußeren Kreis soll der Austausch in Vierergruppen möglich sein • *Optional:* höhere Stühle oder eine kleine Bühne für den inneren Stuhlkreis, sodass alle Beteiligten auch deren Gestik und Mimik erkennen können • *Optional:* bei größeren Gruppen (>30–40 Personen) Mikrofone für den inneren Kreis und die Fragerunde
Einladung	• Bitte die Pioniere, sich im inneren Stuhlkreis über ihre Erfahrungen informell und möglichst anschaulich auszutauschen. • Bitte die restliche Gruppe, sorgfältig zuzuhören, auch auf nonverbale Details zu achten und in kleinen Gruppen Fragen zu formulieren.
Schritt 1 Einleitung **3 Minuten**	• Nenne den Kontext oder das Thema der Erfahrung, von der die Pioniere jeweils berichten werden. • Erläutere den Ablauf: Die Pioniere bleiben zunächst unter sich und kommen dann mit der ganzen Gruppe in den Austausch. • *Stolperfalle:* Sobald sich die Pioniere in Schritt 2 direkt ans Publikum wenden, geht ein Teil des gewünschten Effekts verloren. Gleichzeitig fällt es manchen Beteiligten schwer, sich von der Publikumssituation freizumachen. Versuche deshalb die Situation mit Humor einzuleiten und ein wenig auszuschmücken: „Unsere drei mutigen Kolleginnen kommen direkt von der Vertriebsfront mit der neuen Verkaufsstrategie zurück. Wir haben das Glück, ihr Gespräch darüber am Kneipentisch zu belauschen." • *Optional:* Stelle die Pioniere (namentlich) vor.

Schritt 2

Austausch der Erfahrungen

10–25 Minuten

Bitte die Pioniere, sich ihre Erfahrungen in den Kategorien *das Gute, das Schlechte und das Schreckliche* gegenseitig zu schildern. Bitte den äußeren Kreis, genau zuzuhören und auch auf nonverbale Details zu achten.

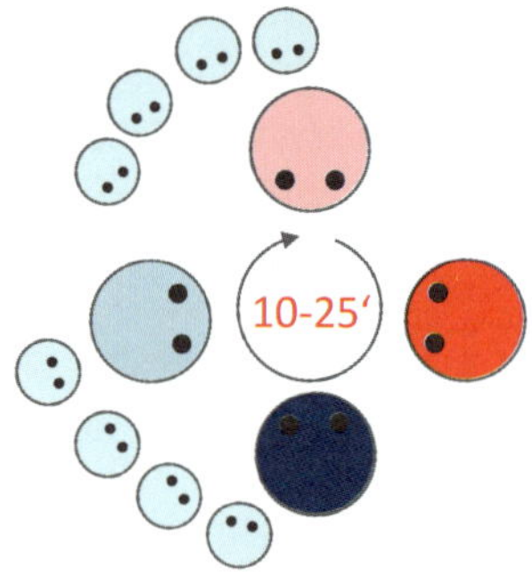

- *Tipp:* Die Pioniere sollen sich vorstellen, am Lagerfeuer zu sitzen und sich die Geschichten gegenseitig zu erzählen.
- *Tipp:* Lade sie ein, von konkreten Beispielen zu erzählen und weniger ihre Meinungen, Interpretationen und Schlussfolgerungen kundzutun (*What?* anstelle von *So What?*).
- *Tipp:* Sobald die Erzählungen verebben, läute den nächsten Schritt ein.
- *Variante:* Lass die Pioniere ihre Erfahrungen um Großartiges ergänzen: *Das Gute, das Schlechte, das Schreckliche und zurück zum Großartigen.*

Schritt 3

Fragen und Beobachtungen formulieren

5 Minuten

Bitte den äußeren Kreis, mithilfe von 1-4 Beobachtungen zu teilen und Fragen zu generieren.

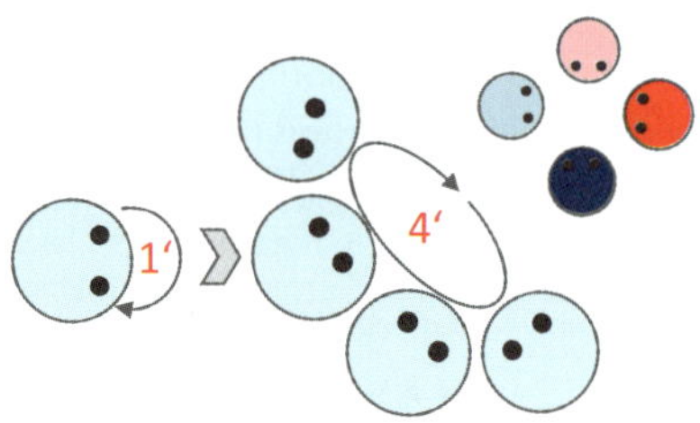

1-4: Fragen generieren

Tipp: Lade ein: „Welche Fragen müsst ihr stellen, was müsst ihr unbedingt wissen, damit wir gemeinsam voranschreiten können?“

Schritt 4

Fragen stellen und beantworten

⏳ **10–25 Minuten**

Der äußere Kreis stellt dem inneren Kreis seine Fragen. Der innere Kreis bespricht und beantwortet diese, bis alle Fragen geklärt sind.

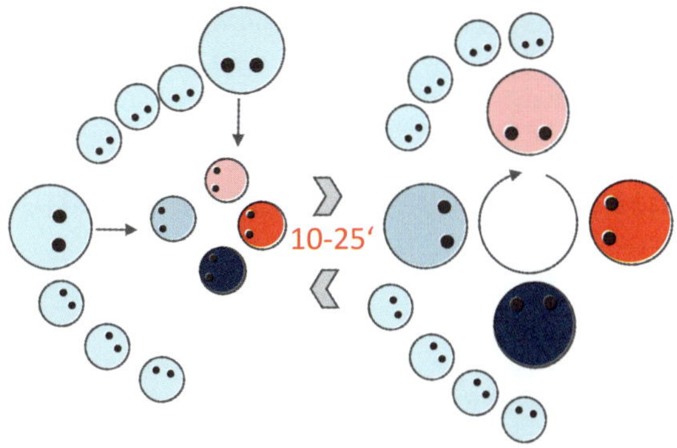

- *Tipp:* Lass zuerst alle Fragen stellen und erst dann den inneren Kreis über die Fragen sprechen.
- *Stolperfalle:* Erlaube Nachfragen und prägnante Interaktionen zwischen beiden Kreisen *und* fokussiere die Aufmerksamkeit auf die Pioniere und den Austausch zwischen den Pionieren. Verhindere eine offene Diskussion zwischen beiden Kreisen oder einzelnen Personen. Unterbinde offene Diskussionen im äußeren Kreis.

Schritt 5

Gemeinsame Schlussfolgerung

⏳ **15 Minuten**

Bitte die ganze Gruppe, entlang der Fragen What, So What, Now What? Beobachtungen, gemeinsame Schlussfolgerungen und Handlungen sichtbar zu machen.

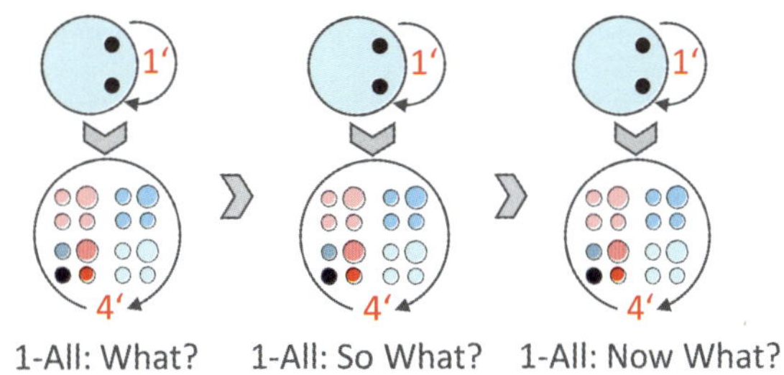

- *Tipp:* Strukturiere den Schritt mit drei aufeinanderfolgenden 1-All oder knappen 1-4-All.
- *Tipp:* Frage für das *So What?*: „Was ist für uns als Gruppe nun möglich?“

Allgemeine Tipps, Varianten und Stolperfallen

- *Tipp:* Achte darauf, dass keine Reden geschwungen werden.
- *Variante:* Halte einen Stuhl frei, sodass ein weiterer Pionier aus dem äußeren Kreis dazukommen kann. Mach deutlich, dass die Erfahrungen von Pionieren gefragt sind und keine Meinungen und Geschichten aus zweiter Hand.

Kombinationen mit anderen Liberating Structures

Wann?	Was?	Wozu?	Wie?
Währenddessen	What, So What, Now What?	Um einen strukturierteren Ablauf und mehr Raum für die Schlussfolgerungen und Maßnahmen in Schritt 5 zu erzeugen.	Standardablauf
Im Anschluss	15 % Solutions	Um die nächsten Schritte ins Leben zu rufen.	Frage die Gruppe: „Was ist nun möglich? Was sind deine 15-%-Lösungen, um damit loszulegen?“
	Min Specs	Um einen Rahmen, basierend auf den Erfahrungen, für die gemeinsame Arbeit aufzuspannen.	„Wenn wir die Erfahrungen auf unseren Kontext übertragen und unsere Schlussfolgerungen ernst nehmen, welche Prinzipien lassen sich ableiten? Was müssen wir unbedingt tun? Was dürfen wir auf keinen Fall tun?“
	Improv Prototyping	Um die Erfahrungen auf die eigene Situation zu übertragen.	Bilde kleine Gruppen um Beteiligte, die die Erkenntnisse auf ihre eigene Situation übertragen wollen. Lass die Gruppen die Ausgangssituation spielen und sie dann Stück für Stück die Erkenntnisse einflechten und ausprobieren, wie sich diese auswirken oder anpassen lassen.
	25/10 Crowd Sourcing	Um aus den Erfahrungen und Schlussfolgerungen konkrete Ideen und Maßnahmen zu entwickeln und zu bewerten.	Standardablauf

Wann?	Was?	Wozu?	Wie?
	Shift and Share	Um die Erfahrungen und Erkenntnisse der einzelnen Pioniere vertieft zu teilen.	Lass die Pioniere jeweils eine Station bilden, um den mäandernden Kleingruppen Details ihrer Erfahrungen zu vermitteln. Überlege dir vorab mit den Pionieren oder gemeinsam mit der gesamten Gruppe, welche Details interessant sein könnten. Eröffne den Raum für Fragen, Austausch oder Rückkopplung (Variante Caravan Consulting).

Vergleich zur klassischen Fishbowl

Während eine Fishbowl ein Format ist, eine beliebige offene Diskussion ein wenig zu strukturieren und auch physisch auf die meinungsstarken Teilnehmer zu fokussieren, ist das Ziel der User Experience Fishbowl spezifischer: Es geht um das Teilen der Erfahrungen an „vorderster Front“ und die gemeinsame Reflexion und Übertragung des Gelernten auf die Gruppe.

Beiden Formaten gemeinsam ist die physische Aufteilung in inneren und äußeren Kreis. Bei einer klassischen Fishbowl tauschen sich jedoch nur die *Fische* im inneren Kreis aus. Sobald jemand nichts mehr beizutragen hat, ist er angehalten, einen Platz in der Mitte freizugeben, sodass ein Zuschauer aus dem äußeren Kreis ihn einnehmen kann. Meist bleibt dabei das Gros der Teilnehmer Zuhörer. Zudem konzentriert sich eine Fishbowl nicht unbedingt auf das *What?,* sondern wechselt inhaltlich oft beliebig zwischen den Stufen der Inferenzleiter (siehe What, So What, Now What?).

Beispiel: Erfahrungsbericht von einer Konferenz

Zwei Kollegen von mir hatten eine Konferenz besucht und ich hatte sie eingeladen, der ganzen Gruppe ihre Erlebnisse in den drei Kategorien zu berichten. Auf diese Weise blieb der Bericht greifbar, spannend und auch kritische Aspekte wurden sichtbar. So konnte sich die Gruppe anschließend gemeinsam den neuen Erkenntnissen widmen.

Ursprung und Inspiration: Diese Liberating Structure ist von Henri Lipmanowicz und Keith McCandless entwickelt worden und aus den diversen existierenden Fishbowl-Formaten entstanden.

What, So What, Now What?

Analysieren

Wirf einen Blick auf das Geschehene und entscheide, welche Anpassungen notwendig sind, um

- *aus gemeinsamen Erfahrungen zu lernen,*
- *sich komplexe Zusammenhänge gemeinsam zu erschließen,*
- *zu vermeiden, direkt zu Handlungen zu springen und dabei andere abzuhängen, wichtige Fakten zu ignorieren oder falsche Schlüsse zu ziehen,*
- *ein gemeinsames Verständnis zu entwickeln, wie aus verschiedenen Ideen, Meinungen und Schlussfolgerungen Handlungen und Entscheidungen entstehen.*

ca. 20–45 Minuten Niveau: fortgeschritten 1–99+ Personen 4–80 Personen

Du hast ein Recht auf deine eigene Meinung. Aber du hast kein Recht auf deine eigenen Fakten.
Daniel P. Moynihan, Politiker

Wann kannst du What, So What, Now What? anwenden, und was kannst du damit erreichen?

Wir alle ziehen Schlüsse und treffen Entscheidungen entlang einer Abfolge von kognitiven Prozessen. Ein Modell, das diese Abfolge beschreibt, ist die Inferenzleiter (auch Schlussfolgerungsleiter oder Bedeutungsleiter genannt, englisch: „Ladder of inference"). Die Inferenzleiter beschreibt die Abfolge so: Wir nehmen die Realität wahr und filtern sie basierend auf unseren Meinungen, Erfahrungen und akuter Stimmungslage. Wir interpretieren und beurteilen die gefilterten Daten und ziehen daraufhin unsere Schlüsse. Diese Schlussfolgerungen werden zu unserer subjektiven Realität – zu unserer *Überzeugung*. Darauf aufbauend entscheiden wir uns für Maßnahmen und handeln. Gemäß der Inferenzleiter ist jede deiner Entscheidungen subjektiv zu 100 % richtig.

Nur bekommen die Anderen in der Regel nichts von diesem Prozess mit und du nichts von deren Denkprozessen. Die Gedankengänge einer Gruppe sind dann intransparent. Ihr wollt beispielsweise überlegen, was ihr wegen eines Problems unternehmt. Während der Diskussion springt ihr wild von Schlussfolgerung zu Maßnahmen und zurück. Dabei kommen die Fakten, die die Schlussfolgerungen und Maßnahmen verständlich machen, nur tröpfchenweise zum Vorschein. Später stellt sich heraus, dass wesentliche Aspekte eures Problems gar nicht betrachtet wurden. Die beschlossenen Maßnahmen waren nicht sinnvoll. Das liegt daran, dass wir alle meist *unbewusst* von Beobachtungen zu Schlussfolgerungen zu Lösungen schreiten, ohne diese Gedankengänge für unsere Umwelt offenzulegen.

`What, So What, Now What? (WWW)` bringt Ordnung in die Gedankengänge der Gruppe. Die Liberating Structure legt schrittweise zuerst die Beobachtungen („What?") und dann die Schlussfolgerungen („So What?") der ganzen Gruppe offen. Darauf aufbauend entscheiden sich die Beteiligten für konkrete Handlungen („Now What?").

Die Beteiligten erfahren, dass die gleichen Beobachtungen zu verschiedenen Hypothesen führen können. Dies führt zu einem tieferen Verständnis der Ausgangslage und beseitigt Missverständnisse. `WWW` sorgt für Maßnahmen, die mit hoher Wahrscheinlichkeit für alle sinnvoll sind.

What, So What, Now What? in der Entscheidungsfindung

Im Kontext der Entscheidungsfindung hilft dir diese Liberating Structure, von allen getragene Entscheidungen zu treffen, die alle Informationen der Beteiligten berücksichtigen. Gemeinsam sammelt die Gruppe Fakten, stellt dazu Hypothesen auf und findet auf dieser Basis die für sie richtigen Maßnahmen oder Entscheidungen. Dadurch beugst du Missverständnissen vor und die Beteiligten stehen hinter den getroffenen Entscheidungen. Außerdem kannst du mit What, So What, Now What? getroffene Entscheidungen rückblickend betrachten, um herauszufinden, ob Anpassungen notwendig sind. Auch kannst du mit der Liberating Structure Herausforderungen identifizieren und eine Entscheidungsfindung anstoßen.

Die Stufen der Inferenzleiter

Schritte der Liberating Structure	Stufen der Inferenzleiter	
What?	Beobachtungen	die ich aus den Fakten selektiere
	Bedeutung	die ich aus kulturellen oder persönlichen Voreinstellungen den Beobachtungen beimesse
So What?	Annahmen	die ich aufgrund meiner Interpretationen treffe
	Schlussfolgerungen	die ich aufgrund der Annahmen ziehe
Now What?	Überzeugung	die sich aus den Schlussfolgerungen entwickelt
	Maßnahmen	die ich aufgrund von Überzeugungen ergreife

Ein Beispiel

1. Ich beobachtete, wie sich eine Teilnehmerin am Ende eines mehrstündigen Workshops die Augen reibt.
2. Ich gehe davon aus, dass die Teilnehmerin erschöpft ist.
3. Ich nehme an, dass ich dieser Teilnehmerin zu viel abverlangt habe.
4. Ich ziehe die Schlussfolgerung, dass diese Teilnehmerin ausführlichere Erklärungen braucht.
5. Ich bin überzeugt davon, dass meine Erklärungen nicht verständlich genug waren und ich der Teilnehmerin mit ausführlicheren Erklärungen dienen kann.
6. Am zweiten Workshoptag erkläre ich alles ausführlicher.
7. Tatsächlich hatte die Teilnehmerin aufgrund des klimatisierten Raums trockene Augen und fand meine Erklärungen am ersten Tag schön prägnant; die vom zweiten Tag dagegen zu ausführlich.

Wie? Vorbereitung, Einladung und Durchführung

Raum und Material	• Flipchart oder Whiteboard für die Antworten in den drei Kategorien „What?", „So What?", „Now What?", gut sichtbar für alle Beteiligten • *Optional:* Post-it, Stift für alle Beteiligten
Einladung	Lade die Beteiligten ein, sich das Geschehene schrittweise anhand folgender Fragen zu erschließen: 1. „What?": „Was? Was ist passiert? Was ist dir aufgefallen, welche Beobachtungen hast du gemacht?" 2. „So What?": „Welche Annahmen oder Schlussfolgerungen ergeben sich daraus? Welche Hypothesen kannst du aufstellen? Warum ist das wichtig?" 3. „Now What?": „Was tun wir jetzt? Welche Entscheidungsalternativen ergeben für uns Sinn?"
Schritt 1 Inferenzleiter erklären **5 Minuten**	Erkläre das Konzept der Inferenzleiter, die typischen Muster, die auftreten, wenn wir schrittweise durch die Denkprozesse gehen, und wie die Denkprozesse auf die drei Fragen abgebildet werden. • *Tipp:* Hänge ein Flipchart mit der Inferenzleiter gut sichtbar auf. • *Stolperfalle:* Manchen Beteiligten fällt es schwer, die drei Fragen getrennt voneinander zu betrachten, und sie fallen zurück in ihr gewohntes Muster, sofort Lösungen vorzuschlagen. Versuche mit einem anschaulichen Beispiel, den Beteiligten die Unterschiede zwischen den Fragen zu verdeutlichen. Mach die Probleme klar, die entstehen können, wenn nicht zuerst alle Fakten und dann alle Schlussfolgerungen innerhalb der Gruppe ausgesprochen worden sind. • *Variante:* Erläutere nur kurz die drei Fragestellungen und betone deren Unterschiede. **3 Minuten**

Schritt 2 „What?“ **12 Minuten**	• Stelle die Frage „What?“: „Was ist passiert? Was ist dir aufgefallen? Welche Beobachtungen hast du gemacht?“ • Lass die Beteiligten mithilfe von 1-2-4-All ihre Antworten generieren, vergleichen, ergänzen und teilen. 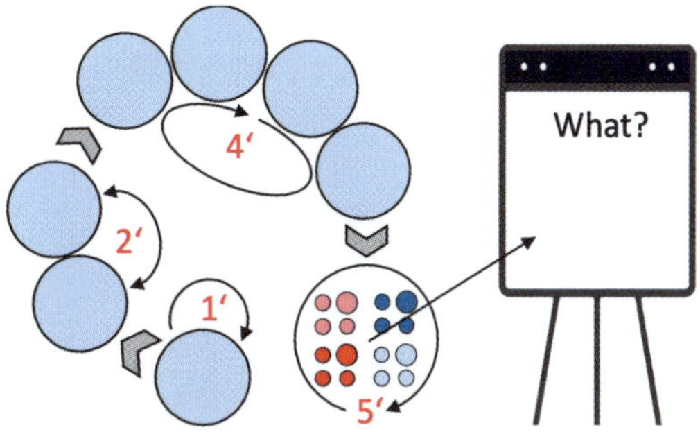 *Variante:* Lass nach einer Minute Selbstreflexion alle gemeinsam ihre Beobachtungen sammeln. **5 Minuten**
Schritt 3 „So What?“ **12 Minuten**	• Stelle die Frage „So What?“: „Welche Annahmen oder Schlussfolgerungen ergeben sich daraus?“. • Lass die Beteiligten mithilfe von 1-2-4-All ihre Schlussfolgerungen gemeinsam machen, teilen, vergleichen und ergänzen. 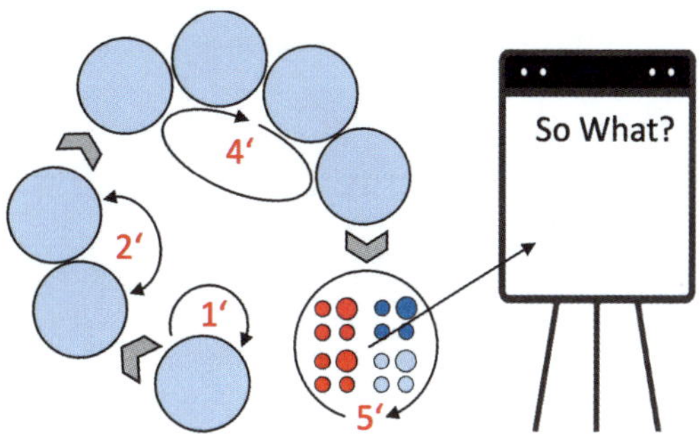 • *Stolperfalle:* An dieser Stelle neigen manche dazu, direkt zu Maßnahmen zu springen. Weise erneut darauf hin, dass und warum schrittweises Vorgehen wichtig ist. • *Variante:* Lass nach einer Minute Selbstreflexion alle gemeinsam ihre Schlussfolgerungen zusammentragen und ergänzen. **5 Minuten**

Schritt 4 „Now What?" ⌛ **12 Minuten**	• Stelle die Frage „Now What?": „Was tun wir jetzt damit? Was machen wir ganz konkret daraus?" • Lass die Beteiligten mithilfe von ⁘ 1-2-4-All ihre Maßnahmen oder Entscheidungen entwickeln, vergleichen, ergänzen und gemeinsam treffen. 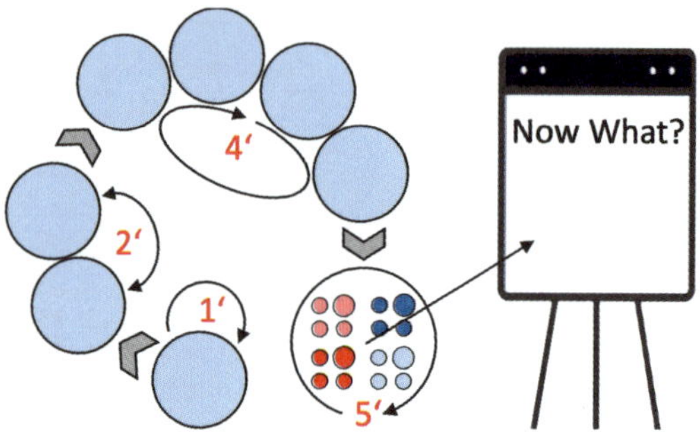 *Variante:* Lass nach einer Minute Selbstreflexion alle gemeinsam Maßnahmen oder Entscheidungen beschließen. Achte bei größeren Gruppen darauf, dass diese nicht in eine fruchtlose Diskussion über die Maßnahmen oder Entscheidungen abdriften. Frage: „Hinter welchen Maßnahmen stehst du persönlich und bist bereit, diese zu verfolgen?" ⌛ **5 Minuten**
Hilfemuster	*Gemeinsames Formen – dein Gegenüber und du, ihr deckt gemeinsam Lösungen auf, nehmt Angebote voneinander an und entwickelt sie weiter.*

Allgemeine Tipps, Varianten und Stolperfallen

- *Variante:* Bitte die Beteiligten darum, ihre Beobachtungen, Schlussfolgerungen, Maßnahmen oder Entscheidungen auf Post-its zu sammeln und zu verdichten. Dann lasse die Vierergruppen in den Schritten jeweils nur ihre wichtigsten Ergebnisse mit allen teilen. Konkretisiere „wichtigste", um nachhaltigere Resultate zu erreichen. Beispielsweise lässt du die „überraschendsten Beobachtungen", die „prägendsten Schlussfolgerungen" und die Maßnahmen, bei denen die Beteiligten wirklich bereit sind, ihre eigene Zeit zu investieren, sammeln und teilen.
- *Stolperfalle:* Falls du die Ergebnisse anschreibst: Achte darauf, nicht in eine moderierte Diskussion zu verfallen oder in den Mittelpunkt zu geraten. Du bist nur dafür da, die Zwischenergebnisse als Gedankenstütze für die folgenden Schritte für alle sichtbar zu machen.
- *Variante:* Die unter den Schritten beschriebene Kurzvariante (⌛ **3x5 Minuten**) findest du unter anderem im Kapitel User Experience Fishbowl visualisiert.

Kombinationen mit anderen Liberating Structures

Wann?	Was?	Wozu?	Wie?
Währenddessen	Conversation Café	Um während einer oder jeder der drei Fragen eine tiefergehende Diskussion zu führen.	Die Einladung bleibt dieselbe.
	9 Whys	Um während der Frage „So What?" herauszufinden, warum welche Ergebnisse aus „What?" für die Gruppe wichtig sind.	Die Beteiligten verwenden die Ergebnisse aus dem Schritt „What?", um in den paarweisen Interviews zu ergründen, warum das für die Beteiligten wichtig ist.
	15 % Solutions	Um während der Frage „Now What?" konkrete Maßnahmen jedes Einzelnen herauszukristallisieren.	„Was sind deine konkreten Maßnahmen, die *du* umsetzen willst, nachdem du die Beobachtungen und Schlussfolgerungen gehört hast?"
Im Anschluss	15 % Solutions	Um die gemeinsamen Entscheidungen oder Maßnahmen, die aus der dritten Frage entstanden sind, von jedem einzelnen voranzutreiben.	„Was sind deine ersten Schritte, um die genannten Maßnahmen zu unterstützen oder Entscheidungen umzusetzen?"

Beispiel: Einen Workshop gemeinsam zusammenfassen und die nächsten Schritte festlegen

Ich habe einen Workshop zur Findung eines gemeinsamen Purpose für ein Team von 18 Leuten durchgeführt. Am Ende des Workshops wollte ich die beiden Workshoptage und die erarbeiteten Ergebnisse Revue passieren und verifizieren lassen. „Was ist in den letzten beiden Tagen passiert?", „Warum war das wichtig und was sind eure Schlussfolgerungen?" und „Was macht ihr jetzt daraus?"

Das Team hat zuerst die wichtigsten Ergebnisse und Entscheidungen wiederholt und die erfolgreiche Zusammenarbeit betont. Dann haben sie geschlussfolgert, dass sie für die Zukunft gut aufgestellt sind, trotzdem aber noch Probleme existieren. Schließlich hat das Team entschieden, den Purpose selbstbewusst im Unternehmen darzustellen und konkrete Maßnahmen entwickelt, die verbleibenden Probleme anzugehen.

WWW war wichtig, damit das Team eine einheitliche Sicht auf das Geschehene entwickeln und sich über anschließende Maßnahmen austauschen konnte. Das Team hat die Resultate ernst genommen, für wichtig befunden und anschließend seinen erarbeiteten Purpose im ganzen Unternehmen vorgestellt und legitimiert.

Ursprung und Inspiration: Chris Argyris hat die Inferenzleiter initial beschrieben.[49] Peter Senge machte das Konzept bekannt.[50]

Kapitel 10
Strings aus der Praxis

Purpose: *Du erfährst hier anhand konkreter und praxiserprobter Beispiele, wie du einzelne Liberating Structures miteinander zu sogenannten Strings verknüpfen kannst. Strings helfen dir, ganze Entscheidungsfindungen durchzuführen sowie größere Vorhaben, unübersichtliche Herausforderungen, von kurzen Meetings bis zu mehrtägigen Workshops, zu strukturieren und deren Purpose zu unterstützen.*

Jede einzelne Liberating Structure kann ein Meeting verändern.
Alle zusammen können eine ganze Organisation transformieren und befreien.
Keith McCandless

Kapitelübersicht

Was sind Strings?

Mit einzelnen Liberating Structures kannst du bereits viel erreichen. Doch in der Realität sind die Herausforderungen oft so komplex, dass erst durch die Aneinanderreihung mehrerer Liberating Structures der Purpose deines Vorhabens erfüllt werden kann. Diese Aneinanderreihung von Liberating Structures nennt man *Strings* – vom Englischen *to string*: auffädeln, aufreihen.

Innerhalb eines Strings werden die Resultate oder Erkenntnisse einer Liberating Structure an die nächste weitergereicht. Dadurch kann die Gruppe ihr Vorhaben schrittweise und fokussiert erarbeiten.

Strings kannst du an verschiedene Situationen anpassen, indem du die Einladungen variierst. Auch sind Strings von modularer Natur, sodass du einzelne Abschnitte von Strings wiederverwenden oder neu kombinieren kannst. So eignest du dir Stück für Stück ein vielseitiges Repertoire an.

Strings in der Praxis: Wie kannst du die Strings in deinem Kontext einsetzen?

In diesem Kapitel will ich dir einige Strings vorstellen, die sich in der Praxis bewährt haben und die du in deinem Kontext einsetzen kannst. Zudem sollen dich diese Strings zu eigenen Strings inspirieren, indem ich dir hier viele Varianten aufzeige, wie du einzelne Liberating Structures aneinanderreihen kannst. Weitere Kombinationsmöglichkeiten findest du bei jeder Liberating Structure im Kasten *Kombinationen mit anderen Liberating Structures.*

Die meisten der beschriebenen Strings sind eher fortgeschritten. So kann ein wenig Übung in der Durchführung einiger Liberating Structures hilfreich sein.

Strings (re-)kombinieren

Du kannst auch versuchen, Teile der beschriebenen Strings miteinander zu kombinieren und beispielsweise den ersten Teil eines Strings mit dem letzten Teil eines anderen Strings verknüpfen. Das klappt besonders gut, wenn die ausgetauschten Teile einem ähnlichen Purpose dienen. Du kannst auf diese Weise aber auch einen String für einen völlig anderen Purpose erstellen. Gleiches gilt für einzelne Agendapunkte: Tausche die angegebenen Liberating Structures gegen andere aus, die besser in deine Situation passen. Wenn du beispielsweise anstelle individueller Maßnahmen in der ganzen Gruppe abgestimmte Lösungen entwickeln willst, dann tausche ein 15 % Solutions gegen einen String zur Einigung auf konkrete Maßnahmen aus. Außerdem sind möglicherweise nicht alle Agendapunkte eines Strings in deiner konkreten Situation notwendig. Falls du beispielsweise mit deiner Gruppe die Herausforderung bereits geschärft hast, dann steige bei einem entsprechenden String erst bei der Informationsbeschaffung oder Lösungsfindung ein.

Hinweise zu den mikrostrukturellen Elementen

Die Einladungen und Beispiele sind bewusst abstrakter gehalten, sodass du deine eigenen Herausforderungen und Situationen einflechten und die Strings leichter wiederverwenden kannst. Die Zeitangaben sind grobe, aufgerundete Richtwerte, die du je nach Komplexität oder Umfang deiner

Herausforderung verlängern oder kürzen kannst. Lass dich also von sehr langen oder kurzen Zeitangaben nicht abschrecken, sondern geh den String mit deiner eigenen Herausforderung im Kopf durch und überlege dir mit Blick auf die verwendeten Liberating Structures passende Zeitfenster. Denk auch daran, dass du bei längeren Strings Pausen einbaust. Durch die intensive Art der Interaktion bietet sich an, spätestens alle 90 Minuten eine Pause anzusetzen.

Die angegebenen 👫Teilnehmerzahlen orientieren sich an meiner Erfahrung mit dem String und den Personenangaben der enthaltenen Liberating Structures. Gelegentlich habe ich die 👌ideale Teilnehmerzahl und gleichzeitig die benötigte Zeit für einzelne Liberating Structures erhöht, denn etwa ein 🍄`Min Specs` mit größeren Gruppen zieht sich entsprechend in die Länge.

Hinweise zur Darstellung in diesem Kapitel

Das Format der beschriebenen Strings orientiert sich grob am Storyboard von 🎞`Design Storyboards`, der Liberating Structure, mit der du üblicherweise selbst Strings erstellen würdest. Die Beschreibung ist knappgehalten und setzt voraus, dass du die Details der einzelnen Liberating Structures kennst oder nachliest. So setze ich die Vorbereitung, die einige Liberating Structures – wie beispielsweise 🎩`Celebrity Interview` oder 👣`Shift & Share` – benötigen, implizit voraus. Falls dich also die Überschrift oder der Purpose eines Strings anspricht und du den String in deinem Kontext einsetzen willst, dann lies dir alle verwendeten Liberating Structures noch einmal sorgfältig durch und spiele anschließend den String im Kopf durch. Vielleicht hilft es dir, dabei mögliche Zwischenergebnisse auf einem Blatt Papier zu notieren.

Bei einigen Strings verwende ich die Schreibweise 🏵*Liberating Structure* x 🏵*Liberating Structure* (beispielsweise 👎`TRIZ` x ☕`Conversation Café`). Mit dem „x“ ist gemeint, dass Konzepte und/oder Schritte der erwähnten Liberating Structures miteinander verflochten werden. So könnte beispielsweise 👎`TRIZ` x ☕`Conversation Café` bedeuten, dass der letzte Schritt von 👎`TRIZ` – das Stoppen – mit einem ☕`Conversation Café` durchgeführt wird.

An dieser Stelle will ich dich erneut dazu animieren, Strings mit anderen Beteiligten gemeinsam vorzubereiten und durchzuführen. Mehr Hinweise dazu findest du im Kapitel *Erste Schritte, Tipps und Stolperfallen* und unter 🎞`Design Storyboards`.

Die Strings habe ich grob in vier Themen einsortiert:

1. Entscheidungsfindungen durchführen
2. Konflikte, Beziehungen und Eigenverantwortung erforschen
3. Initiativen starten und erfolgreich machen
4. Portfolio, Kapazitäten und Strategien fokussieren

Strings zur Entscheidungsfindung

Für diese Strings führe ich erneut die Tabelle mit den Entscheidungsphasen an:

- ✅ bedeutet, dass du mit dem String in dieser Phase beginnen kannst.
- ⏩ bedeutet, dass der String anschließend diese Phase durchläuft.
- 📋 bedeutet, dass du mit diesem String diese Phase vorbereiten kannst.

So kannst du die Tabelle verwenden, um alle benötigten Phasen deiner Entscheidungsfindung mit einem oder mehreren (Teil-)Strings abzudecken.

1. Herausforderung verstehen, parallele Lösungen entdecken und initiieren

Purpose: *Teile die Details zu einer gemeinsamen Herausforderung und motiviere die Beteiligten zu konkreten Maßnahmen.*

Formulierung des Problems	Informationsbeschaffung	Lösungsentwurf	Bewertung	Entscheidung	Umsetzung	Rückkopplung
✅	⏩	⏩	⏩	⏩	⏩	

⌛ ca. 105 Minuten ★★ Niveau: fortgeschritten 👫 4–99+ Personen 👌 Ideal: 4–40 Personen

	Agendapunkt	Mikrostruktur	Einladung	Purpose
1	Herausforderung teilen **⌛ 35 Minuten**	Celebrity Interview	Standardablauf: Die Celebrity beschreibt die aktuelle Herausforderung, die restliche Gruppe stellt Fragen.	*Um der ganzen Gruppe die wichtigsten Punkte und Details einer Herausforderung zu vermitteln, um ein gemeinsames, tieferes Verständnis zu entwickeln.*
2	Ideen entwickeln **⌛ 15 Minuten (2 Minuten pro Frage + Austausch im Paar)**	6x6-Writing	• „Was wäre eine abwegige, aber dennoch vielversprechende Idee?“ • „… eine mutige Idee?“ • „… verrückt?“ • „… clever?“ • „… etwas Offensichtliches?“ • „Was tut ihr üblicherweise?“	*Um umsetzbare Ideen zu entwickeln, zu schärfen, zu entdecken und in Paaren zu reflektieren.*
3	Beste Ideen suchen **⌛ 25 Minuten**	25/10 Crowd Sourcing	Skala: • „1“–„3“: „Uninteressant für mich.“ – „Interessant – ich bin gespannt, was daraus wird!“ • „4“: „Ich bin interessiert und könnte mir vorstellen zu unterstützen!“ • „5“: „Ich bin begeistert und bereit, meine Zeit dafür zu investieren!“	*Um konkrete Ideen und eine erste Maßnahme zu formulieren, zu bewerten und zum Mitmachen zu motivieren.*

	Agendapunkt	Mikro-struktur	Einladung	Purpose
4	Favorisierte Idee wählen **5 Minuten**	Gallery Walk	„Widmet euch in Kleingruppen der Indexkarte mit eurer favorisierten Idee und sucht euch eine Ecke im Raum."	*Um die Beteiligten sich der Idee widmen zu lassen, die sie am vielversprechendsten finden.*
5	Konkrete Maßnahmen entwickeln **25 Minuten**	15 % Solutions	„Was ist deine 15-%-Lösung, um diese Idee zu verwirklichen oder den genannten ersten Schritt in die Tat umzusetzen?"	*Um für die favorisierte Idee konkrete Maßnahmen zu entwickeln.*

2. Die sieben Phasen der klassischen Entscheidungsfindung mit vorgegebener Problemstellung durchführen

Purpose: *Führe Schritt für Schritt eine klassische Entscheidungsfindung mit klassischer Rollenverteilung (beispielsweise Projektleitung, Experten, Durchführende, Betroffene, Controlling) mithilfe von Liberating Structures durch und beteilige dabei alle gleichermaßen.*

Formulierung des Problems	Informationsbeschaffung	Lösungsentwurf	Bewertung	Entscheidung	Umsetzung	Rückkopplung
✅	⏩	⏩	⏩	⏩	⏩	⏩

250–285 Minuten ** **Niveau: fortgeschritten** **14–99+ Personen**
Ideal: 14–40 Personen

	Agendapunkt	Mikro-struktur	Einladung	Purpose
1	Problem teilen **35 Minuten**	Celebrity Interview	Standardablauf	*Um der ganzen Gruppe die wichtigsten Punkte und Details einer Herausforderung zu vermitteln, um ein gemeinsames, tieferes Verständnis des Problemraums zu entwickeln.*

	Agendapunkt	Mikro-struktur	Einladung	Purpose
2	Informationen beschaffen **35 Minuten (bei vier Stationen à 8 Minuten)**	Shift & Share	„Holt euch die Informationen der Wissensträger und Experten an den Stationen ab."	*Um allen Beteiligten Detailinformationen (Eckdaten, Bedürfnisse der einzelnen Rollen) zu einzelnen Aspekten der Herausforderung zur Verfügung zu stellen.*
3	Lösungsentwürfe entdecken und skizzieren **60 Minuten**	Appreciative Interviews	1. „Erzählt euch von einer Erfahrung in einer ähnlichen oder verwandten Situation mit vergleichbaren Details und Aspekten, für die eine erfolgreiche Lösung gefunden wurde. Alternativ erzählt von einer Erfahrung, die wenigstens einen ähnlichen Aspekt aufgreift. Was waren die wichtigsten Bestandteile der Lösung, die letztlich zum Erfolg führten?" 2. „Wie könnt ihr diese Bestandteile für euren Kontext übernehmen und in eine Lösung für eure Herausforderung integrieren?" 3. Anschließend: „Skizziert eure geteilte Lösung und die essenziellen Aspekte leserlich auf einem Flipchart."	*Um die Informationen mit vorhandenen, positiven Erfahrungen zu verknüpfen und diese für eine Lösung zu nutzen.*

	Agendapunkt	Mikrostruktur	Einladung	Purpose
4	Lösungsentwürfe bewerten ⌛ **20 Minuten (fünf Aufforderungen à 4 Minuten)**	Gallery Walk	• „Verschafft euch einen Überblick über die Lösungen auf den Flipcharts." • „Unterhalte dich paarweise über die Lösung, die …" • „… dich am meisten anspricht, und erörtert gemeinsam, warum das so ist." • „… du am unpassendsten findest. Warum?" • „… du für gut, aber unrealistisch hältst. Warum?" • „… am einfachsten umzusetzen ist und trotzdem zum Erfolge führen könnte. Warum?"	*Um alle Beteiligten einzelne Aspekte verschiedener Lösungen betrachten zu lassen und die wichtigsten Aspekte zu entdecken.*
5	Entscheidung gemeinsam formulieren ⌛ **40–60 Minuten**	Min Specs	„Was sind die absolut notwendigen Bestandteile der Lösung für eure Herausforderung? Auf welche Bestandteile könnt ihr verzichten und dennoch erfolgreich sein?"	*Um die konkrete Lösung zu bestimmen und sich dafür zu entscheiden.*
6	Umsetzung initiieren ⌛ **15–30 Minuten**	15 % Solutions	„Was ist deine 15-%-Lösung, um die Umsetzung eurer Lösung zu initiieren?"	*Um die Umsetzung der Entscheidung direkt und mit allen Beteiligten zu initiieren.*
7	Rückkopplung: Entscheidung reflektieren ⌛ **45 Minuten**	What, So What, Now What?	1. „Was habt ihr heute beobachtet? Was habt ihr entschieden?" 2. „Was ist nun möglich? Fehlt noch etwas? Was schlussfolgert ihr daraus?" 3. „Was macht ihr nun daraus? Welche (weiteren) Maßnahmen geht ihr nun an? Welche Anpassung müsst ihr noch treffen?"	*Um ein abschließendes Bild der getroffenen Entscheidung herzustellen und gemeinsam zu prüfen, ob die Entscheidung so passt.*

3. Sorgen und Ängste im Kontext einer heiklen Entscheidungsfindung aufdecken und berücksichtigen

Purpose: *Entdecke bisher unerkannte, wichtige Aspekte einer laufenden Entscheidungsfindung, berücksichtige diese und integriere sie in den Lösungsentwurf.*

Formulierung des Problems	Informationsbeschaffung	Lösungsentwurf	Bewertung	Entscheidung	Umsetzung	Rückkopplung
	✅	✅				

⏳ **80 Minuten** ⭐⭐ **Niveau: fortgeschritten** 👫 **4–99+ Personen** 👌 **Ideal: 20–99+ Personen**

	Agendapunkt	Mikrostruktur	Einladung	Purpose
1	Problem der Entscheidungsfindung beschreiben ⏳ **15 Minuten (fünf Fragen à 2 Minuten + Austausch im Paar)**	5x5-Writing	• „Was ist in einer ähnlichen Situation bereits einmal passiert?" • „Was befürchtest du, könnte im Rahmen dieser Entscheidungsfindung passieren?" • „Wenn die Entscheidung getroffen worden ist, wie fühlt es sich für dich an?" • „Was könnte im Prozess der Entscheidungsfindung schieflaufen, dass deine Sorge vergrößert?" • „Welche Annahme (über euren Kontext) hast du getroffen, die deine Bedenken verstärkt oder unterstützt?"	*Um die Beteiligten ihre Bedenken, Sorgen und Ängste erforschen zu lassen.*
2	Sorgen und Ängste der Gruppe aufdecken ⏳ **20 Minuten**	Anxiety Circus	„Was ist deine größte Sorge im Rahmen dieser Entscheidungsfindung? Was könnte schlimmstenfalls passieren? Was macht dir am meisten Angst?"	*Um die wichtigsten Sorgen und Ängste der Gruppe anonym sichtbar zu machen.*

	Agendapunkt	Mikrostruktur	Einladung	Purpose
3	Wichtige Aspekte aufdecken **45 Minuten**	TRIZ	1. „Wie könnt ihr sicherstellen, dass die größten Sorgen und Ängste sich bewahrheiten und zukünftig alle Betroffenen darunter leiden?" 2. „Was davon tut ihr bereits? Wie sorgt ihr bereits dafür, dass diese Sorgen und Ängste sich bewahrheiten werden? Welche Ängste und Sorgen ignorieren wir derzeit?" 3. „Wie könnt ihr das, was ihr bereits tut, stoppen? Wie könnt ihr aufhören, diese Ängste und Sorgen zu ignorieren?"	*Um herauszufinden, wie diese Sorgen, Bedenken und Ängste berücksichtigt werden können.*

4. Informationsbeschaffung und Lösungsentwurf vertiefen

Purpose: *Verdeutliche die Herausforderungen der Betroffenen an vorderster Front und entwickle daraus passende und konkrete Lösungsentwürfe.*

Formulierung des Problems	Informationsbeschaffung	Lösungsentwurf	Bewertung	Entscheidung	Umsetzung	Rückkopplung
	✅	⏩				

105 Minuten ****Niveau: fortgeschritten** **12–99+ Personen** **Ideal: 3 Pioniere & 12–80 Personen**

	Agendapunkt	Mikrostruktur	Einladung	Purpose
1	Informationsbeschaffung: wichtige Aspekte der Herausforderung beschreiben und besprechen **30 Minuten**	User Experience Fishbowl	„Wie stellen sich die guten, schlechten und schrecklichen Aspekte eurer Herausforderungen in der Praxis dar?"	*Um einige direkt von einer Herausforderung Betroffene (Pioniere) ihre Erfahrungen mit der restlichen Gruppe teilen zu lassen, um diese dann gemeinsam zu besprechen.*

	Agendapunkt	Mikrostruktur	Einladung	Purpose
2	Lösungsentwurf initiieren ⏳ **30 Minuten (drei Stationen à 10 Minuten)**	Caravan Consulting	1. „Pioniere – beschreibt der Kleingruppe die wesentlichen zu berücksichtigenden Aspekte der Herausforderung.“ 2. „Kleingruppen – gebt den Pionieren Hilfestellung bei der beschriebenen Herausforderung.“	*Um erste Lösungsentwürfe für die Herausforderungen der Pioniere von Kleingruppen entwickeln zu lassen.*
3	Lösungsentwurf: Lösungsideen schärfen ⏳ **15 Minuten**	Impromptu Networking	„Welche Lösungsidee hat dich besonders angesprochen? Warum? Was fehlt vielleicht noch?“	*Um Lösungsideen auszutauschen, zu schärfen und in der Gruppe zu verteilen.*
4	Lösungsentwurf: Lösungen ausarbeiten ⏳ **30 Minuten**	Open Space Technology	„Entwickelt aus den Erkenntnissen gemeinsam mit den Pionieren konkrete Lösungen.“	*Um konkrete Lösungsentwürfe in flexiblen Kleingruppen auszuarbeiten.*

5. Entscheidungsfindung mit Schärfung der Bedarfe beteiligter Rollen durchführen

Purpose: *Entdecke den Purpose und die Bedarfe der beteiligten Rollen oder Abteilungen (beispielsweise Marketing, Finanzen, Controlling, Entwicklung, HR) im Kontext der Entscheidungsfindung und berücksichtige diese bei einem konkreten Lösungsentwurf.*

Formulierung des Problems	Informationsbeschaffung	Lösungsentwurf	Bewertung	Entscheidung	Umsetzung	Rückkopplung
✅	⏩	⏩	⏩	⏩		

⏳ **120–140 Minuten** ★★ **Niveau: fortgeschritten** **4–99+ Personen** 👌 **Ideal: 8–40 Personen**

	Agendapunkt	Mikro-struktur	Einladung	Purpose
1	Schärfung der Herausforderung ⌛ **15 Minuten**	Impromptu Networking	• „Worin besteht euer Problem? Was ist eure Herausforderung?" • „Was ist dir persönlich an einer Lösung wichtig? Welche Vorteile und Veränderungen erhoffst du dir von der Entscheidung?"	*Um die Beteiligten die Herausforderung und ihre eigenen Erwartungen schärfen zu lassen und so die Purpose-Bildung vorzubereiten.*
2	Gemeinsamen Purpose entdecken ⌛ **25 Minuten**	9 Whys	„Was ist der Purpose eurer Entscheidungsfindung? Was wollt ihr erreichen und warum ist euch das wichtig?"	*Um den vorhandenen Purpose zu erforschen und zu teilen und so eine gemeinsame Basis für die anstehende Entscheidungsfindung zu schaffen.*
3	Erwartungen und Bedarfe formulieren ⌛ **40 Minuten**	What I Need From You: Schritte 1-3	Verkürzter Standardablauf mit den beteiligten Rollen oder Abteilungen als Parteien.	*Um die Wünsche der beteiligten Rollen oder Abteilungen bezogen auf die Entscheidungsfindung im Lösungsentwurf berücksichtigen zu können.*
4	Lösung ausarbeiten und verfeinern ⌛ **40–60 Minuten**	Min Specs	„Was sind die absolut notwendigen Bestandteile einer Lösung für eure Herausforderung? Auf welche Bestandteile könnt ihr verzichten, dabei dennoch euren Purpose unterstützen und die Bedarfe der einzelnen Abteilungen oder Rollen berücksichtigen?"	*Um aus den eigenen und kollektiven Erwartungen, Bedarfen und Wünschen die entscheidenden auszuwählen.*

6. Entscheidungsfindung bei vielen verschiedenen Meinungen durchführen

Purpose: *Identifiziere die essenziellen und gegensätzlichen Pole einer Herausforderung und integriere sie in parallele Lösungsentwürfe.*

Formulierung des Problems	Informationsbeschaffung	Lösungsentwurf	Bewertung	Entscheidung	Umsetzung	Rückkopplung
✅	⏩	⏩	⏩	⏩	⏩	

⏳ 190 Minuten ⁂Niveau: anspruchsvoll 👫 8–99+ Personen 👌 Ideal: 8–80 Personen

	Agendapunkt	Mikrostruktur	Einladung	Purpose
1	Herausforderung aus persönlicher Perspektive bildlich darstellen **⏳ 30 Minuten**	🎨 Drawing Together	„Stellt eure/Stelle deine aktuelle Situation oder Reise bezogen auf die Herausforderung dar und wie sie sich durch eine gemeinsame Lösung verändern würde."	*Um den Beteiligten die verschiedenen Meinungen und Ausgangslagen behutsam darzulegen und Empathie zu erzeugen.*
2	Wichtige Pole der Herausforderung entdecken **⏳ 30 Minuten**	Wicked Questions	„Was sind die gegensätzlichen, sich ergänzenden Pole im Kontext eurer Herausforderung?"	*Um die verschiedenen Bedarfe und entscheidenden Aspekte der Herausforderung herauszukristallisieren und offenzulegen.*
3	Relevanz der Pole reflektieren **⏳ 15 Minuten (vier Fragen à 3 Minuten + Austausch im Paar)**	≡X≡ 4x4-Writing	• „Welche verzwickten Fragen haben dich am meisten angesprochen? Warum?" • „Welche Pole sind für dich persönlich am wichtigsten im Kontext der Herausforderung? Was muss berücksichtigt und integriert werden?" • „Welche neuen Paare an gegensätzlichen, sich ergänzenden Polen, die für dich am wichtigsten sind, kannst du daraus erzeugen?" • „Finde eine positive Formulierung für beide Seiten für das wichtigste Paar von Polen oder verfeinere die vorhandene positive Formulierung."	*Um die genannten verzwickten Fragen zu reflektieren, zu schärfen und gegebenenfalls positiv zu formulieren.*

	Agendapunkt	Mikro-struktur	Einladung	Purpose
4	Kritischste Pole wählen **15 Minuten**	25/10 Crowd Sourcing	„Schreibe das für dich wichtigste Paar von Polen als verzwickte Frage leserlich auf eine Indexkarte." Skala • „1": „Diese verzwickte Frage spielt für unsere Herausforderung keine Rolle." • … • „5": „Diese verzwickte Frage drückt exakt die beiden entscheidenden gegensätzlichen, zu integrierenden Pole unserer Herausforderung aus!"	*Um aus allen verzwickten Fragen, die für die Beteiligten relevantesten auszuwählen.*
5	Kritischste Pole integrieren **70 Minuten**	Integrated-~Autonomy	„Wählt die für euch relevanteste verzwickte Frage und integriert die Pole."	*Um in einer bis mehreren Kleingruppen die Pole der relevantesten verzwickten Fragen in eine Lösung zu integrieren und diese auszuarbeiten.*
6	Umsetzung initiieren **30 Minuten**	15% Solutions	„Was ist deine 15-%-Lösung, um die ersten identifizierten Maßnahmen eurer Lösung umzusetzen?"	*Um jeden an der Umsetzung zu beteiligen und diese direkt zu initiieren.*

7. Entscheidungsfindung zu einer Herausforderung mit zwei unterschiedlich starken und bekannten Meinungspolen durchführen

Purpose: *Bring die beiden Pole einer kontroversen Herausforderung näher zusammen und lass aus parallelen Lösungsentwürfen eine Lösung entwerfen.*

Formulierung des Problems	Informationsbeschaffung	Lösungsentwurf	Bewertung	Entscheidung	Umsetzung	Rückkopplung
✅	⏩	⏩	⏩			

100 Minuten **Niveau: fortgeschritten** **4–99+ Personen** **Ideal: 8–80 Personen**

	Agendapunkt	Mikrostruktur	Einladung	Purpose
1	Möglichst diverse Kleingruppen bilden ⏳ **5 Minuten**	Folding Spectogram	1. „Sortiert euch entlang einer gedachten Linie im Raum gemäß eurer Meinung zur Herausforderung." 2. „Faltet die Linie und merkt euch euer Gegenüber für 9 Whys." 3. „Faltet die Linie erneut." 4. „Bildet aus den entstandenen benachbarten Vierergruppen, soweit möglich, Kleingruppen à fünf bis sechs Personen."	*Um Kleingruppen aus extremen und gemäßigteren Meinungen zu bilden.*
2	Persönlichen Antrieb entdecken ⏳ **15 Minuten**	9 Whys: Schritte 1–2	„Was ist dein persönlicher Antrieb bei dieser Herausforderung? Was ist dir wichtig?"	*Um Beteiligte in (auch gegensätzlichen) Paaren ihren Purpose oder Antrieb im Kontext der Herausforderung entdecken zu lassen.*
3	Wichtige Aspekte und Bedürfnisse erkennen ⏳ **30 Minuten**	Conversation Café	1. „Was ist dein persönlicher Antrieb? Was ist dir bei eurer Herausforderung wichtig?" 2. „Was wurde dir klar, als du den anderen zugehört hast?" 3. „Was sind die wichtigen Aspekte und Bedürfnisse im Raum? Welche Gemeinsamkeiten gibt es?" 4. „Was nimmst du aus dem Gespräch mit? Zu welcher Erkenntnis bist du gekommen?"	*Um gegenseitiges Verständnis zu erzeugen und Gemeinsamkeiten zu entdecken.*
4	Kleingruppen durchmischen ⏳ **5 Minuten**	Durchzählen	Durchmische die Conversation-Café-Kleingruppen möglichst vollständig, indem du die Beteiligten durchzählen lässt (Beispiel: bei sieben Conversation- Café-Kleingruppen zählen die Beteiligten bis sieben durch). Die Beteiligten mit derselben Nummer bilden die neuen Conversation-Café-Kleingruppen.	*Um möglichst die verschiedenen Ideen, Meinungen und Erkenntnisse der einzelnen Kleingruppen zu durchmischen.*

	Agendapunkt	Mikrostruktur	Einladung	Purpose
5	Lösungsentwurf ⏳ **30 Minuten**	Conversation Café	1. „Was hast du bis jetzt mitgenommen? Was ist dir aufgefallen?" 2. „Was wurde dir klar, als du den anderen zugehört hast?" 3. „Wie könnte eine Lösung aussehen, die die Bedürfnisse beider Seiten berücksichtigt?" 4. „Was macht ihr daraus?"	*Um aus den gemeinsamen und unterschiedlichen Bedürfnissen parallele Lösungsentwürfe entstehen zu lassen.*
6	Lösungsansätze teilen ⏳ **15 Minuten**	1-2-5-/6-All	„Was sind die ein bis zwei wichtigsten Schlussfolgerungen oder Lösungsansätze eurer Conversation-Café-Kleingruppe?"	*Um die wertvollsten Lösungsansätze mit allen zu teilen.*

8. Entscheidungsfindungen für akute Herausforderungen parallelisieren

Inspiriert von Johannes Schartau

Purpose: *Identifiziere akute Probleme und führe mehrere parallele Lösungsfindungen durch.*

Formulierung des Problems	Informationsbeschaffung	Lösungsentwurf	Bewertung	Entscheidung	Umsetzung	Rückkopplung
✅	⏩	⏩	⏩	⏩		

⏳ 165–195 Minuten ★★Niveau: fortgeschritten 8–99+ Personen
Ideal: 12–99+ Personen

	Agendapunkt	Mikrostruktur	Einladung	Purpose
1	Probleme identifizieren ⏳ **20 Minuten**	25/10 Crowd Sourcing	„Welche Herausforderung oder welches Problem beschäftigt dich aktuell am meisten? Welches ist das dringlichste Problem? Beschreibe auch kurz eine Konsequenz oder negative Auswirkung des Problems."	*Um die vorhandenen Probleme ungeschönt und anonym aufzudecken und die drängendsten davon zu identifizieren.*

	Agendapunkt	Mikro-struktur	Einladung	Purpose
2	Auf Heraus-forderungen aufteilen **5 Minuten**	Gallery Walk	„Welche Herausforderung ist für dich aktuell am relevantesten? Teilt euch gleichmäßig auf Stationen pro Herausforderung auf. Es können auch mehrere Kleingruppen dasselbe Problem angehen."	*Um in kleineren Gruppen mit den wirklich an einer Lösung interessierten Beteiligten effizient eine Problemlösung zu finden.*
3	Informations-beschaffung **45 Minuten**	Discovery & Action Dialogue	Standardablauf mit Fokus auf die Fragen 1–6: 1. „Was ist das Problem?" 2. „Woran erkennt ihr, dass das Problem existiert?" 3. „Was passiert, wenn nichts verändert wird?" 4. „Was wurde bisher schon versucht, um das Problem zu lösen?" 5. „Kennt ihr jemand anderen, der dieses Problem schon erfolgreich gelöst hat?" 6. „Welche Ideen habt ihr zur Lösung des Problems?"	*Um die parallelen Herausforderungen behutsam und strukturiert aufzudecken, positive Devianz zu entdecken und erste Lösungsideen zu generieren.*
4	Lösungen kritisieren **20 Minuten (5–10 Minuten pro Kleingruppe)**	Ritual Dissent	Je zwei Kleingruppen: • „Stellt euch eure Lösungsideen vor." • „Zählt der anderen Kleingruppe möglichst jede Schwachstelle auf."	*Um die Schwachstellen der Lösungen wertschätzend offenzulegen.*
5	Lösungsentwurf **30 Minuten**	Discovery & Action Dialogue	„Integriert das Feedback und fokussiert euch vor allem auf die letzten beiden Fragen: 7. Was tut ihr konkret, um das Problem zu lösen? 8. Wer kann euch bei der Lösung des Problems noch helfen?"	*Um konkrete Lösungen zu entwerfen und dabei den vorigen Blick von außen einfließen zu lassen.*

	Agendapunkt	Mikro-struktur	Einladung	Purpose
6	Lösungen vorstellen und schärfen **30–60 Minuten (10 Minuten pro Kleingruppe bei drei bis sechs Kleingruppen)**	Caravan Consulting	Bitte die umherwandernden Kleingruppen (eine Person bleibt an ihrer Station, um Feedback einzusammeln): • „Lasst euch kurz die Ergebnisse vorstellen und gebt dann Feedback." Im Anschluss: • „Berücksichtigt das Feedback bei eurer Lösung und dokumentiert eure Lösung."	*Um der ganzen Gruppe die Möglichkeit zu geben, an allen Lösungen teilzuhaben und Feedback zu geben.*
7	Lösungen erfassen und reflektieren **15 Minuten**	Gallery Walk	Standardablauf	*Um die Lösungen aller Kleingruppen zu erfassen und zu reflektieren.*

9. Vorgehen bei einer laufenden Entscheidungsfindung evaluieren

Purpose: *Validiere den Prozess einer begonnenen Entscheidungsfindung und passe ihn an.*

Formulierung des Problems	Informationsbeschaffung	Lösungsentwurf	Bewertung	Entscheidung	Umsetzung	Rückkopplung
✅	⏩	⏩	⏩	⏩		

65 Minuten ⭐⭐ **Niveau: fortgeschritten** **4–99+ Personen** **Ideal: 8–99+ Personen**

	Agendapunkt	Mikro-struktur	Einladung	Purpose
1	Problem und aktuellen Stand der Entscheidungsfindung schärfen **15 Minuten**	Impromptu Networking	• „Worin besteht euer Problem? Was ist eure Herausforderung?" • „Wie ist der aktuelle Stand eurer Entscheidungsfindung? Was habt ihr erreicht und was fehlt noch?"	*Um die Herausforderung und die bisherigen Ergebnisse und Erkenntnisse ins Gedächtnis zu rufen.*

	Agendapunkt	Mikro-struktur	Einladung	Purpose
2	*Herausforderungen entdecken und berücksichtigen*	TRIZ x Conversation Café x 15 % Solutions		
3	Mögliches kontraproduktives Verhalten entdecken **15 Minuten**	TRIZ: Schritte 1-2	„Wie könnt ihr eure Entscheidungsfindung gegen die Wand fahren, sodass eure Entscheidung keinerlei reale Bedarfe berücksichtigt, keines eurer Probleme löst und die Gruppe komplett entzweit?"	*Um spielerisch und losgelöst mögliches kontraproduktives Verhalten aufzuzählen.*
4	Eigenes kontraproduktives Verhalten entdecken **20 Minuten**	Conversation Café: Schritte 1-4	1. „Was macht ihr davon bereits?" 2. „Was sind die Konsequenzen daraus für eure Herausforderung, eure Gruppe und eure Entscheidungsfindung?" 3. „Wie könnt ihr das kontraproduktive Verhalten stoppen?"	*Um behutsam zu entdecken, wie die Gruppe bereits ihre Entscheidungsfindung sabotiert und dann zu überlegen, wie sie das kontraproduktive Verhalten stoppen kann.*
5	Kontraproduktives Verhalten stoppen **15 Minuten**	15 % Solutions	„Was wirst du ganz konkret tun, um das zu stoppen?"	*Um alle zu motivieren, in ihrem eigenen Handlungsrahmen zu verhindern, dass das kontraproduktive Verhalten weiterhin auftritt.*

Strings zu Konflikten, Beziehungen und Eigenverantwortung

10. Konflikte in Gruppen navigieren

Purpose: *Decke – beispielhaft mithilfe der Gewaltfreien Kommunikation (GFK)*[51] *– behutsam die unterschiedlichen Bedürfnisse der Beteiligten auf, trenne dabei Sach- und Beziehungsebene und finde und integriere gemeinsame Optionen.*

170–175 Minuten ★★Niveau: fortgeschritten 4–99+ Personen Ideal: 8–80 Personen

	Agendapunkt	Mikro-struktur	Einladung	Purpose
1	GFK erläutern ⏳ **5 Minuten**	Präsentation	Beschreibe die vier Schritte der GFK (Beobachtung, Gefühl, Bedürfnis, Bitte) anhand eines Positiv- und eines Negativbeispiels und stelle sie auf vier Flipcharts verteilt im Raum dar.	*Um das Werkzeug GFK für die Konfliktmoderation verfügbar zu machen.*
2	GFK reflektieren ⏳ **5–10 Minuten**	Gallery Walk	• „Welcher Schritt der GFK fällt dir im Alltag in der Regel besonders schwer zu formulieren? Warum?“ • „Welcher Schritt fehlt dir oft, wenn andere mit dir kommunizieren? Was passiert dann?“ • „Welcher Schritt kann am leichtesten fehlinterpretiert oder missbraucht werden? Wie? Und was könnte dann passieren?“	*Um den Beteiligten zu ermöglichen, die GFK zu reflektieren.*
3	Konfliktpartner finden ⏳ **5 Minuten**	Folding Spectogram	1. „Sortiert euch entlang einer gedachten Linie im Raum gemäß eurer Position im Konflikt.“ 2. „Merkt euch euren Partner für den weiteren Verlauf.“	*Um Personen mit extremen und gemäßigten Standpunkten im Konflikt zusammenzubringen.*
4	Vier Schritte der GFK persönlich beantworten ⏳ **15 Minuten (vier Fragen à 3–4 Minuten)**	4x4-Writing	„Hinsichtlich der geteilten Herausforderung oder des Konflikts in eurer Gruppe, formuliere nacheinander die vier Schritte der GFK: 1. Was beobachtest du hinsichtlich des Konflikts in der Gruppe? Was beobachtest du auf der anderen Seite? 2. Was macht das mit dir? Was fühlst du dabei? Wie geht es dir damit? 3. Was ist dabei dein Bedürfnis? Was brauchst du, um dich wohlzufühlen? 4. Was wünscht du dir von der anderen Seite? Was ist deine Bitte an die andere Seite?“	*Um in Ruhe verstehen zu können, was einen auf der Beziehungsebene und vielleicht auch auf der Sachebene an dem Konflikt bewegt, und um die Fokussierung auf die gegensätzlichen positiven, sich ergänzenden Pole vorzubereiten.*

	Agendapunkt	Mikro-struktur	Einladung	Purpose
5	GFK paarweise teilen ⏳ **5 Minuten**	💟Heard Seen Respected x GFK	„Teilt mit eurem Partner von eben eure Beobachtungen, Gefühle, Bedürfnisse und Wünsche und übt euch dabei im Hilfemuster *Stille Präsenz.*"	*Um sich die Konfliktpartner gehört, gesehen und respektiert fühlen zu lassen und um sie sich, ohne Unterbrechung und ohne etwas kommentieren zu müssen oder zu dürfen, äußern zu lassen.*
6	Gemeinsamkeiten entdecken ⏳ **30 Minuten**	Wicked Questions x Folding Spectogram	1. „Was sind die gegensätzlichen, sich ergänzenden positiven Pole im Kontext des Konflikts? Betrachtet dabei Sach- und Beziehungsebene." 2. „Faltet die Linie erneut und macht in der Vierergruppe weiter."	*Um aus den Beobachtungen, Bedürfnissen und Wünschen gemeinsam die paradoxen Pole herauszuarbeiten und in einer verzwickten Frage zu formulieren.*
7	Gemeinsamkeiten integrieren ⏳ **60 Minuten**	?¿Integrated~Autonomy	„Wählt die für den Konflikt relevanteste verzwickte Frage und integriert beide Pole."	*Um die paradoxen Pole zu integrieren und einen gemeinsamen Pfad aus dem Konflikt zu zeichnen.*
8	Gemeinsam reflektieren ⏳ **45 Minuten**	What, So What, Now What?	1. „Was habt ihr heute beobachtet? Was ist mit eurem Konflikt und eurer Gruppe passiert?" 2. „Was ist dadurch möglich geworden? Was schlussfolgert ihr daraus?" 3. „Was macht ihr nun ganz konkret daraus?"	*Um zu reflektieren, was gerade passiert ist, was dadurch möglich geworden ist und wie die Gruppe nun gemeinsam voranschreitet.*

11. Mithilfe des Responsibility Process™ in die Verantwortung treten

Purpose*: Motiviere alle Beteiligten, bei einer (gemeinsamen) Herausforderung in die Verantwortung zu treten und den ersten Schritt dazu zu tun.*

⏳ **60 Minuten** ⭐⭐ **Niveau: fortgeschritten** 👫 **3–99+ Personen** 👌 **Ideal: 3–99+ Personen**

	Agendapunkt	Mikro-struktur	Einladung	Purpose
1	Responsibility Process™ erläutern ⌛ **10 Minuten**	Präsentation	Beschreibe die mentalen Zustände des Responsibility Process® an einem Beispiel. Betone dabei, dass das Verharren in den „unteren" Stufen normal, der Regelfall und absolut menschlich ist.	*Um zu verstehen, in welchen mentalen Zuständen Menschen typischerweise verharren und was die Konsequenzen daraus sind.*
2	Mentalen Zustand bei eigener Herausforderung reflektieren ⌛ **10 Minuten (fünf Fragen à 2 Minuten)**	5x5-Writing	1. „Meine aktuelle Herausforderung stellt sich wie folgt dar …" 2. „Bezogen auf die Herausforderung bewege ich mich aktuell hauptsächlich in folgendem/n mentalen Zustand/Zuständen …" 3. „Dadurch verpasse ich es …" 4. „Wenn ich bei der Herausforderung in den mentalen Zustand *Verantwortung* treten könnte, würde …" 5. „Um in Verantwortung zu treten, brauche ich …"	*Um zu erkennen, in welchen mentalen Zuständen man gerade selbst feststeckt, die Konsequenzen daraus zu erkennen und Wege zurück in die Verantwortung anzudenken.*
3	Hilfe bei der Herausforderung erhalten ⌛ **30 Minuten**	Troika Consulting	„Beschreibt euch gegenseitig eure Herausforderung, in welchem mentalen Zustand ihr euch vermutet und was euch an diesen Zustand bindet. Die Beratenden üben sich dem Klienten gegenüber im Hilfemuster *Liebevolle Provokation* und erforschen, wie dieser sich in Richtung Verantwortung bewegen könnte." Weise die Beratenden charmant darauf hin, ihre Beratung humorvoll und empathisch mit einem Satz wie „Das ist doch ganz normal und menschlich, Mensch!" zu beginnen.	*Um liebevoll von außen Hilfe zu erhalten, wie man in die Verantwortung treten könnte und was das ermöglichen könnte.*

	Agendapunkt	Mikro-struktur	Einladung	Purpose
4	Konkrete Schritte Richtung Verantwortung bestimmen ⌛ **10 Minuten**	15 % Solutions	„Leitet aus der Beratung konkrete 15-%-Lösungen ab, um bezogen auf die Herausforderung in Verantwortung zu treten."	*Um sich konkrete, umsetzbare Schritte zurechtzulegen, sodass man auch wirklich in den mentalen Zustand der Verantwortung treten kann.*

12. Konfliktmoderation zwischen zwei Personen

Purpose: *Bring die Bedürfnisse und Wünsche zweier Personen im Konflikt behutsam an die Oberfläche, schaffe Raum für Zuhören und Wertschätzen und stoße so Bewegung im Konflikt an.*

⌛ **85 Minuten** ** **Niveau: fortgeschritten 2–20 Personen** 👌 **Ideal: 2 Personen**

	Agendapunkt	Mikro-struktur	Einladung	Purpose
1	Responsibility Process™ erläutern ⌛ **10 Minuten**	Präsentation	Beschreibe die mentalen Zustände des Responsibility Process® an einem Beispiel. Betone dabei, dass das verharren in den „unteren" Stufen normal, der Regelfall und absolut menschlich ist.	*Um zu verstehen, in welchen mentalen Zuständen Menschen typischerweise verharren und wie die Konsequenzen daraus sind.*

	Agendapunkt	Mikro-struktur	Einladung	Purpose
2	Konflikt reflektieren **20 Minuten (zehn Fragen à 2 Minuten)**	10x10-Writing	1. „Unser Konflikt stellt sich wie folgt dar …“ 2. „Auf der Sachebene fällt mir auf …“ 3. „Auf der Beziehungsebene beobachte ich …“ 4. „Auf der Beziehungsebene fühle ich mich …“ 5. „Um mich wohlzufühlen, brauche ich …“ 6. „Dazu wünsche ich mir von meinem Gegenüber …“ 7. „In dem Konflikt bewege ich mich aktuell hauptsächlich in folgendem/n mentalen Zustand/Zuständen …“ 8. „Dadurch verpasse ich es …“ 9. „Wenn ich bei der Herausforderung in den mentalen Zustand *Verantwortung* treten könnte, würde …“ 10. „Um in Verantwortung zu treten, brauche ich …“	*Um Schritt für Schritt Klarheit darüber zu gewinnen, wie sich der Konflikt gestaltet, Beziehungs- und Sachebene zu trennen, Wünsche und die eigene Haltung zu reflektieren.*
3	Verständnis erzeugen **20 Minuten**	Heard Seen Respected	„Beschreibt euch eine Situation mit eurem Gegenüber, in der ihr euch nicht gehört, gesehen oder respektiert gefühlt habt. Beschreibt die Situation aus eurer Sicht und versucht, dabei im mentalen Zustand der Verantwortung zu bleiben. Macht euch klar, dass der andere während eurer Schilderung nur zuhört, nicht kommentieren wird und sich nicht zu rechtfertigen braucht.“	*Um füreinander Verständnis zu erzeugen und sich gegenseitig zu hören, zu sehen und zu respektieren.*
4	Wünsche äußern und beantworten **20 Minuten**	What I Need From You	„Nennt und beantwortet euch die Wünsche, die ihr aneinander habt.“	*Um Wünsche aneinander zu richten, zu beantworten und so Klarheit zu schaffen.*

	Agendapunkt	Mikro-struktur	Einladung	Purpose
5	Konkrete Schritte fest-legen ⏳ **5 Minuten**	15 % Solutions	„Überlegt euch, welche ersten konkreten Schritte ihr zur Umsetzung der akzeptierten Wünsche gehen werdet. Teilt eure konkreten Schritte."	*Um den Wünschen konkrete Taten folgen zu lassen und dem anderen zu signalisieren, was passieren wird und worauf man sich erst einmal konzentrieren wird.*
6	Reflektieren, was passiert ist ⏳ **10 Minuten**	What, So What, Now What?	1. „Was habt ihr heute im Miteinander beobachtet? Wie fühlte sich die Interaktion, die Beziehung an?" 2. „Was wurde dadurch möglich? Was schließt ihr daraus?" 3. „Wie wollt ihr weitermachen, bezogen auf euren Konflikt und darüber hinaus?"	*Um zu verstehen, auszusprechen, festzuhalten, was heute passiert ist und was das bewirkt und was in Zukunft passieren soll.*

13. Stillstand (bei einer Herausforderung) durchbrechen

Inspiriert von Henri Lipmanowicz

Purpose: *Brecht aus dem Zustand der Starre aus, indem die Gruppe Hindernisse erkennt und sich zu konkreten Handlungen ermutigt.*

⏳ **100 Minuten** ⋆⋆**Niveau: fortgeschritten** **3–99+ Personen** 👌 **Ideal: 3–99+ Personen**

	Agendapunkt	Mikro-struktur	Einladung	Purpose
1	Gründe für Stillstand reflektieren ⏳ **25 Minuten**	Conversation Café	1. „Was hält dich davon ab, eure Herausforderung anzugehen?" 2. „Was denkst du jetzt darüber?" 3. „Was hält euch davon ab, eure Herausforderung anzugehen?" 4. „Was ist deine Erkenntnis aus diesem Gespräch?"	*Um herauszufinden, was jeden Einzelnen und die Gruppe davon abhält, die Herausforderung anzugehen beziehungsweise aus dem Stillstand auszubrechen.*

	Agendapunkt	Mikro-struktur	Einladung	Purpose
2	Kontraproduktives Verhalten identifizieren ⌛ **45 Minuten**	TRIZ	1. „Was könnt ihr tun, um zu garantieren, dass ihr die Herausforderung nicht angeht, weiterhin im Stillstand verharrt und sich euer Problem massiv verstärkt?“ 2. „Was tut ihr bereits so oder so ähnlich? Erstellt eine Liste.“ 3. „Was von der Liste müsst ihr und jeder Einzelne stoppen, um den Stillstand zu durchbrechen, in die Handlung zu kommen und die Herausforderung anzugehen?“	*Um vorhandenes kontraproduktives Verhalten zu benennen.*
3	Konkrete Handlungen erörtern und Hilfe dabei erhalten ⌛ **30 Minuten**	Troika Consulting	„Welche konkreten Ideen hast du, um den Stillstand zu stoppen? Wobei brauchst du Hilfe oder Rat?“	*Um sich konkrete Handlungen zu überlegen, insbesondere für Ideen, die über eine 15-%-Lösung hinausgehen, also mehrere Personen, Erlaubnis und Ressourcen benötigen, Hilfe und Rat zu erhalten.*

14. Die Komfortzone verlassen

Inspiriert von Keith McCandless und Henri Lipmanowicz

Purpose: *Lege imaginäre Ängste ab und tu, was dir wirklich am Herzen liegt.*

⌛ **60 Minuten** ★ **Niveau: einfach** **3–99+ Personen** **Ideal: 3–99+ Personen**

	Agendapunkt	Mikrostruktur	Einladung	Purpose
1	Aufregende Vorhaben aussprechen ⏳ **15 Minuten**	Impromptu Networking	„Von welchen mutigen, großen *Taten*, die außerhalb deiner Komfortzone liegen, hast du gehört oder welche hast du selbst beobachtet?“	*Um die Faszination, die Komfortzone zu verlassen, anzuregen und eigene reizvolle und aufregende Vorhaben auszusprechen und zu schärfen.*
2	Vorhaben, Stimmung und Konsequenzen reflektieren ⏳ **15 Minuten (fünf Fragen à 2–3 Minuten + Austausch im Paar)**	5x5-Writing	1. „Aus welcher sicheren und komfortablen Position heraus agierst du bereits in dem Dunstkreis dieser *Taten*?“ 2. „Toll daran, in meiner Komfortzone zu verweilen, ist …“ 3. „Wenn du diese sichere, komfortable Position verließest, welche neuen faszinierenden und doch Furcht einflößenden Herausforderungen würden auf dich warten?“ 4. „Andere Leute in meinem Umfeld würden Folgendes über mich sagen, wenn ich meine Komfortzone verließe …“ 5. „Was würdest du selbst von dir denken, wenn du deine Komfortzone verließest …“ • “Wähle die Herausforderung, die dich am meisten anspricht, aus.“	*Um die eigene Situation und die eigenen Ängste zu erkennen und liebevoll zu relativieren und um die Herausforderung und die Chancen zu erkennen.*

	Agendapunkt	Mikro-struktur	Einladung	Purpose
3	Vorhaben angehen **30 Minuten**	15 % Solutions x Troika Consulting	• „Überlege dir 15-%-Lösungen, um deine Komfortzone zu verlassen und die Herausforderung anzugehen." 1. „Beschreibe die Herausforderung, deine Bedenken und deine 15-%-Lösungen." 2. „Stellt Verständnisfragen und fragt insbesondere: Was riskierst du, wenn du dich auf diese Herausforderung einlässt?" 3. „Übt euch in *Liebevoller Provokation* und versucht, die Herausforderung in ein anderes Licht zu rücken." 4. „Was nimmst du mit und was machst du jetzt?"	*Um zu überlegen, wie eine wichtige Herausforderung außerhalb der Komfortzone angegangen werden kann, und motivierende Hilfe dabei zu erhalten.*

Strings, um Initiativen, Projekte, Unternehmen und Gruppen zu gründen oder erfolgreich zu machen

15. (Bestehende) Initiativen (Projekte, Unternehmen …) erfolgreich und resilient machen (Purpose-to-Practice als Metastruktur)

Purpose: *Bestimme detailliert und sorgfältig die fünf essenziellen Bestandteile einer erfolgreichen Initiative: Purpose, Prinzipien, Beteiligte, Struktur und Praktiken nach innen und außen.*

560 Minuten Niveau: anspruchsvoll 8–99+ Personen Ideal: 8–40 Personen

	Agendapunkt	Mikro-struktur	Einladung	Purpose
1	*Metastruktur beschreiben* **15 Minuten**	Purpose-to-Practice	Beschreibe die fünf Elemente und deren Zusammenhänge.	*Um den Purpose des Strings zu vermitteln.*

	Agendapunkt	Mikro-struktur	Einladung	Purpose
2	Missstände hervorheben ⏳ **30 Minuten**	Critical Incident Interviews	„Erzählt euch eine Geschichte über eine Situation im Kontext eurer gemeinsamen Initiative, die herausfordernd, problematisch oder frustrierend war. Achtet dabei auf Muster und überlegt, was für eine Rolle die fünf Elemente dabei gespielt haben.“	*Um Probleme und Herausforderungen sichtbar zu machen und zum Prozess zu motivieren.*
3	Purpose identifizieren ⏳ **30 Minuten**	9 Whys	Standardablauf, fokussiert auf die Gemeinsamkeiten.	*Um den Purpose der Beteiligten zu identifizieren und sichtbar zu machen.*
4	Auf Purpose-Statement einigen ⏳ **45 Minuten**	Min Specs	„Verdichtet die Gemeinsamkeiten zu einem gemeinsamen Purpose-Statement. Welche Aspekte müssen in dem Statement enthalten sein, damit sich jeder angesprochen fühlt, das Statement für die ganze Gruppe gilt und greifbar genug bleibt, um die anderen vier Elemente greifbar daraus ableiten zu können? Schreibt das Statement sichtbar für den weiteren Verlauf auf.“ (Siehe einen ausführlicheren String dazu weiter unten.)	*Um den gemeinsamen Purpose der Gruppe zu identifizieren und in eine greifbare Form für den restlichen String zu bringen.*
5	Prinzipien vorbereiten ⏳ **30 Minuten**	TRIZ	1. „Was könnt ihr alles tun, um euren Purpose zu sabotieren, eure Initiative zum Scheitern zu bringen und alle Beteiligten sowie euer Umfeld komplett zu demotivieren?“ 2. „Was tut ihr bereits?“ 3. „Was müsst ihr stoppen, um euren Purpose zu unterstützen?“	*Um zu verstehen, welche aktuellen Handlungen dem Purpose entgegenwirken, und daraus Prinzipien ableiten zu können.*

	Agendapunkt	Mikro-struktur	Einladung	Purpose
6	Prinzipien festlegen **45 Minuten**	Min Specs	„Welche Prinzipien könnt ihr daraus ableiten? Auf was wollt ihr zukünftig achten? Woran wollt ihr euch halten, um euren Purpose zu unterstützen?“	*Um konkrete Gebote für die gemeinsame Initiative zu entwickeln, auf denen die weiteren Schritte aufbauen können.*
7	Schlüsselpersonen finden **60 Minuten**	Social Network Webbing	„Wen müsst ihr beteiligten, um euren Purpose zu unterstützen und euren Prinzipien treu zu bleiben? Wer kann eure Initiative unterstützen? Wer kann euch im Weg stehen? Wie kommt ihr an diese Personen heran und wie könnt ihr sie einbinden?“	*Um alle hilfreichen, hinderlichen, wichtigen und notwendigen Personen zu identifizieren und zu überlegen, wie die Gruppe diese einbinden kann.*
8	Schlüsselpersonen einbinden **15 Minuten**	15 % Solutions	„Was wirst du konkret tun, um die identifizierten Personen einzubinden?“	*Um zu konkreten und realistischen Handlungen zum Einbinden der Schlüsselpersonen zu motivieren.*
9	Zwischenergebnisse reflektieren und überarbeiten **15 Minuten**	Gallery Walk	• „Verschaffe dir einen Überblick über die Zwischenergebnisse.“ • „Unterhalte dich paarweise über das Zwischenergebnis, das …“ • „… du greifbar und gut findest. Warum?“ • „… dir noch zu vage ist. Warum?“ • „… wir anpassen oder ergänzen müssen. Was fehlt?“ • „Ergänzt die Zwischenergebnisse.“	*Um die Ergebnisse zu schärfen und für die kommenden Schritte aufzufrischen.*
10	Struktur bestimmen **30 Minuten**	Network Patterning Cards	Standardablauf	*Um die Chancen eines produktiveren Netzwerkmusters zu identifizieren.*

	Agendapunkt	Mikro-struktur	Einladung	Purpose
11	Strukturanpassung initiieren **15 Minuten**	15 % Solutions	„Was wirst du konkret tun, um die identifizierten hilfreicheren Netzwerkmuster zu stärken?“	*Um zu konkreten und realistischen Handlungen zur Strukturanpassung zu motivieren.*
12	Zwischen-ergebnisse reflektieren und überarbeiten **15 Minuten**	Gallery Walk	Siehe oben	*Um die Ergebnisse zu schärfen und für die kommenden Schritte aufzufrischen.*
13	Praktiken nach außen (in Richtung Kunde) betrachten **60 Minuten**	Ecocycle Planning	„Woraus besteht euer aktuelles Portfolio Richtung Kunde? Was bietet ihr an? Was wollt ihr anbieten? Wofür investiert ihr bereits eure Zeit? Was bindet unnötig Kapazitäten? Was müsst ihr loslassen?“	*Um das Portfolio (von Produkten, Dienstleistungen, Projekten, Aktivitäten) der Initiative in Richtung Kunde auszubalancieren und zu fokussieren.*
14	Praktiken nach außen fokussieren **15 Minuten**	15 % Solutions	„Was wirst du konkret tun, um das Portfolio Richtung Kunde zu fokussieren?“	*Um zu konkreten und realistischen Handlungen zur Fokussierung des Portfolios zu motivieren.*
15	Zwischen-ergebnisse reflektieren und überarbeiten **15 Minuten**	Gallery Walk	Siehe oben	*Um die Ergebnisse zu schärfen und für die kommenden Schritte aufzufrischen.*
16	Praktiken nach innen betrachten **45 Minuten**	Ecocycle Planning	„Und jetzt ganz konkret: Wie erweckt ihr die fünf Elemente und insbesondere *Beteiligte, Struktur* und *Prinzipien nach außen* zum Leben? Was tut ihr bereits pro Element? Was müsst ihr stoppen? Was müsst ihr ausbauen? Was für neue Ideen gibt es?“	*Um aus allen Ergebnissen konkrete Praktiken abzuleiten.*

	Agendapunkt	Mikro-struktur	Einladung	Purpose
17	Praktiken nach innen fokussieren 20 Minuten	Min Specs	„Welche Veränderung der Prinzipien ist essenziell? Was müsst ihr jetzt beginnen oder stoppen?"	*Um die Praktiken zu priorisieren.*
18	Praktiken nach innen initiieren 15 Minuten	15 % Solutions	„Was wirst du konkret tun, um die essenziellen Punkte zu bewegen?"	*Um zu konkreten und realistischen Handlungen zur Fokussierung der Praktiken zu motivieren.*
19	Ergebnisse reflektieren 45 Minuten	Gallery Walk x What, So What, Now What?	1. „Was habt ihr beobachtet? Was ist passiert? Betrachtet die Ergebnisse." 2. „Was ist nun möglich? Was bedeutet das für unsere Initiative?" 3. „Was machen wir konkret daraus?"	*Um die Ergebnisse erneut zu betrachten, auszusprechen, zu erkennen, was nun möglich ist, und die konkreten nächsten Schritte zusammenzufassen und (erneut) zu nennen.*

16. Auf Inhalte einigen (am Beispiel: gemeinsames Purpose-Statement erstellen)

Purpose: *Einigt euch auf ein gemeinsames Purpose-Statement, indem ihr Zwischenergebnisse strukturiert reflektiert und weiterentwickelt.*

Anmerkung: Du kannst diesen String leicht variieren, um für beliebige Inhalte oder Herausforderungen einem gemeinsamen Resultat den Weg zu bereiten.

Formulierung des Problems	Informationsbeschaffung	Lösungsentwurf	Bewertung	Entscheidung	Umsetzung	Rückkopplung
✅	⏩	⏩	⏩	⏩		

160 Minuten ★★ Niveau: fortgeschritten 4–99+ Personen Ideal: 8–40 Personen

	Agendapunkt	Mikrostruktur	Einladung	Purpose
1	Eigenschaften eines guten Purpose beschreiben **5 Minuten**	Präsentation	Skizziere der Gruppe die Eigenschaften eines guten und eines schlechten Purpose (siehe Tabelle bei 9 Whys).	*Um zu verdeutlichen, worauf es bei einem guten Purpose-Statement ankommt.*
2	Purpose entdecken **20 Minuten**	9 Whys	Standardablauf	*Um die individuellen Purposes aufzudecken und zu teilen und so einen ersten Eindruck zu bekommen, was die Gruppe antreibt.*
3	Ersten Entwurf verfassen **20 Minuten**	1-2-4-All	„Formuliert alleine ein Purpose-Statement und kombiniert eure Formulierungen zu zweit und dann zu viert. Schreibt euer gemeinsames Statement leserlich auf ein Flipchart. Haltet euch an die vermutlich knappen Zeitfenster. An dieser Stelle braucht ihr noch nicht die perfekte Fassung erstellen. Ihr werdet eure Statements im weiteren Verlauf Stück für Stück verfeinern."	*Um aus mehreren individuellen Purpose-Statements eine Reihe konsolidierter Statements zu entwickeln.*
4	Zwischenergebnisse reflektieren **15 Minuten**	Gallery Walk	• „Verschafft euch einen Überblick über die Statements auf den Flipcharts." • „Unterhalte dich paarweise über das Statement, das …" • „… dich am meisten anspricht, und erörtert gemeinsam, warum das so ist." • „… du am wenigstens anziehend findest. Warum?" • „… so klar und greifbar ist, dass du es morgen problemlos wiedergeben könntest. Warum?" • „… du kraftlos und oberflächlich findest. Warum?" • „… wie ein Ziel erreicht und überflüssig gemacht werden kann. Woran liegt das?"	*Um zu erkennen, welche der Formulierungen gut und anziehend sind, und um sich durch den paarweisen Austausch anzunähern und Verständnis zu schaffen.*

	Agendapunkt	Mikro-struktur	Einladung	Purpose
5	Erkenntnisse integrieren ⏳ **20 Minuten**	1-2-4-All	„Integriert die Erkenntnisse und bedient euch großzügig an den Statements der anderen. Denkt dabei an die zu Beginn genannten Eigenschaften eines guten Purpose."	*Um das Purpose-Statement zu überarbeiten und mit den Erkenntnissen der anderen Kleingruppen anzureichern.*
6	Gemeinsames Zwischenergebnis erstellen ⏳ **30 Minuten**	Min Specs	„Verdichtet die Gemeinsamkeiten zu einem gemeinsamen Purpose-Statement. Welche Aspekte, Formulierungen und Schlüsselbegriffe müssen in dem Statement enthalten sein, damit alle Eigenschaften eines guten Purpose erfüllt sind? Auf was können wir verzichten?"	*Um eine erste Fassung eines gemeinsamen Purpose-Statements zu erstellen.*
7	Fehlende Aspekte identifizieren und verstehen ⏳ **20 Minuten**	Folding Spectogram	• "Sortiert euch: Findest du das gemeinsame Statement gut, klar und anziehend oder nicht?" • "Faltet die Linie und tauscht euch über fehlende Aspekte aus." (2x)	*Um die verschiedenen Standpunkte der Gruppe zu hören und zusammenzubringen.*
8	Wichtige und fehlende Aspekte reflektieren ⏳ **10 Minuten (2 Minuten pro Frage + 4 Minuten Austausch im Paar)**	3x3-Writing	„Damit sich alle vom Purpose-Statement angezogen fühlen und es klar und gut formuliert ist, muss …" 1. „… folgender Aspekt noch unbedingt erwähnt werden …" 2. „… folgender Aspekt umformuliert werden …" 3. „Konkret formuliert lautet der Aspekt, …"	*Um die verschiedenen Standpunkte zu integrieren und konkret zu formulieren.*
9	Auf Ergebnis einigen ⏳ **20 Minuten**	Min Specs	„Wer hat eine wichtige neue Formulierung? Finalisiert das gemeinsame Purpose-Statement. Achtet darauf, dass es nicht zu generisch wird und euch immer noch anspricht. Im Zweifel belasst das Purpose-Statement lieber ein Stück ausführlicher."	*Um die Erkenntnisse zu integrieren.*

17. Rasch parallele Initiativen starten (Purpose-to-Practice als Metastruktur)

Inspiriert von Johannes Schartau

Purpose: *Entwickle und starte rasch parallele Initiativen, indem du deren entscheidende Grundlagen klärst.*

Anmerkung: Mit diesem String lassen sich rasch und schlank Initiativen starten. Dabei werden die fünf Elemente von Purpose-to-Practice gerade genügend ausgemalt, um mit den Initiativen zu beginnen. Vertiefe zu einem späteren Zeitpunkt oder regelmäßig die fünf Elemente.

120 Minuten Niveau: anspruchsvoll 8–99+ Personen Ideal: 8–80 Personen

	Agendapunkt	Mikrostruktur	Einladung	Purpose
2	Ideen für Initiativen entwickeln und bewerten **20 Minuten**	25/10 Crowd Sourcing	„Welche Idee hast du? Was willst du verändern? Was möchtest du gemeinsam mit anderen starten? Warum?" Skala: • „1"–„3": „Uninteressant für mich." – „Interessant – ich bin gespannt, was daraus wird!" • „4": „Ich bin interessiert und könnte mir vorstellen zu unterstützen!" • „5": „Ich bin begeistert und bereit, meine Zeit dafür zu investieren!"	*Um Ideen für Initiativen zu entdecken und bei den Beteiligten bereits Vorlieben zu wecken.*
	Favorisierte Initiative wählen **5 Minuten**	Gallery Walk	„Widmet euch in Kleingruppen der Indexkarte mit eurer favorisierten Initiative und sucht euch eine Ecke im Raum."	*Um sich die Beteiligten der Initiative widmen zu lassen, die sie am vielversprechendsten finden.*
3	*Metastruktur* **5 Minuten**	Purpose-to-Practice	Erwähne, dass die Kleingruppen ihre Initiative nun Stück für Stück startklar machen werden. Bei den folgenden Agendapunkten bleiben die Kleingruppen unter sich und es findet kein „All"-Schritt in der ganzen Gruppe statt.	*Um den Beteiligten einen Überblick über die kommenden Schritte und wie sie ineinandergreifen zu geben.*

	Agendapunkt	Mikrostruktur	Einladung	Purpose
4	Purpose entdecken **20 Minuten**	9 Whys	Standardablauf	*Um den Purpose der Beteiligten und der ganzen Kleingruppe bezogen auf ihre Initiative aufzudecken.*
5	Prinzipien identifizieren **20 Minuten**	Min Specs	Standardablauf	*Um die Prinzipien der Zusammenarbeit bezüglich der Initiative festzulegen.*
6	Struktur identifizieren **15 Minuten**	Network Patterning Cards	„Welches Netzwerkmuster ist für euren Purpose am wirksamsten und unterstützt dabei eure Prinzipien?"	*Um ein hilfreiches und produktives Netzwerkmuster für die Zusammenarbeit bezüglich der Initiative festzulegen.*
7	Schlüsselpersonen und -gruppen identifizieren **20 Minuten**	Social Network Webbing	„Welche Gruppen sind für eure Initiative wichtig? Wen kennt ihr in diesen Gruppen?"	*Um Unterstützer zu finden.*
8	Erste Schritte identifizieren **15 Minuten**	15% Solutions	„Was sind deine ersten Schritte zum Erfolg? Was tust du konkret, um die Initiative zu starten?"	*Um zu den ersten konkreten Schritten zu motivieren und die Initiative zu starten.*

Strings zur Fokussierung des Portfolios, der Kapazitäten und Strategien

18. Strategien für akute Herausforderungen finden

Purpose: *Identifiziere akute Herausforderungen, entwickle, verfeinere und starte robuste Strategien dafür.*

165 Minuten **Niveau: anspruchsvoll** **4–99+ Personen** **Ideal: 8–80 Personen**

	Agendapunkt	Mikrostruktur	Einladung	Purpose
1	Herausforderung und Problemdomäne identifizieren **30 Minuten**	Agreement-&-Certainty Matrix	1. „Mit welchen Herausforderungen beschäftigt ihr euch?" 2. „Priorisiert die Herausforderungen." 3. „Ordnet die Herausforderungen einer Problemdomäne zu." Entweder wählt die Gruppe in Schritt 2 eine Herausforderung, die sie gemeinsam betrachtet, oder die Gruppe teilt sich auf mehrere Herausforderungen auf.	*Um vorhandene Herausforderungen zu identifizieren, zu priorisieren und die Problemdomäne für die Strategieentwicklung zu identifizieren.*
2	Strategien entwickeln **60 Minuten**	Critical Uncertainties	1. „Welches sind unwägbare Faktoren, die diese Herausforderung entscheidend beeinflussen, und wie sehen die entsprechenden möglichen und kritischen Zukunftsszenarien dazu aus?" 2. „Entwickelt Strategien dafür. Konzentriert euch auf die kritischen Szenarien."	*Um mögliche Zukunftsszenarien und robuste Strategien dafür zu entwickeln.*
3	Strategien für kritische Szenarien schärfen **30 Minuten**	Improv Prototyping	„Verfeinert schrittweise Strategien für ein oder mehrere kritische Szenarien."	*Um Strategien für die kritischen Szenarien iterativ zu verfeinern.*
4	Nächste Schritte festhalten **45 Minuten**	What, So What, Now What?	Standardablauf	*Um gemeinsam die Ergebnisse zu reflektieren und erste Schritte zur Umsetzung der Ergebnisse zu identifizieren.*

19. Strategien mit Strategy Knotworking entwickeln

Liberating Strategy von Johannes Schartau und Keith McCandless[52]

Purpose: *Entwickle Strategien, die gleichzeitig robust und flexibel für die Zukunft sind, um in jedem Moment auf neue Situationen, Entdeckungen und Erkenntnisse reagieren zu können.*

240 Minuten **Niveau: anspruchsvoll** **4-99+ Personen** **Ideal: 8–40 Personen**

	Agendapunkt	**Mikro-struktur**	**Einladung**	**Purpose**
1	Purpose identifizieren **30 Minuten**	9 Whys	Standardablauf	*Um den gemeinsamen Purpose zu identifizieren.*
2	Kontext betrachten **30 Minuten**	Discovery & Action Dialogue	1. „Was ist die Herausforderung? *Was passiert in eurem Kontext und um euch herum, das kreative Veränderung notwendig macht?*“ 2. „Woran erkennt ihr das?“ 3. „Was passiert, wenn nichts verändert wird?“ 4. „Was tut ihr …“ 5. „Was tun andere …“ 6. „Was brauchen wir …“ 7. „Wen brauchen wir dazu?“	*Um zu beantworten: „Was passiert in eurem Kontext und um euch herum, das kreative Veränderung notwendig macht?“*
3	Herausforderungen schärfen **30 Minuten**	Wicked Questions	Standardablauf	*Um zu beantworten: „Welchen paradoxen Herausforderungen müssen wir uns stellen, um voranschreiten zu können?“*
4	Ausgangslage betrachten **30 Minuten**	What, So What, (Now What?)	Standardablauf der Fragen What? („Wo befinden wir uns gerade? Wo starten wir?“) und So What?	*Um zu beantworten: „Wo befinden wir uns gerade? Wo starten wir?“*
5	Ambitionen benennen **60 Minuten**	Critical Uncertainties	„Wovon hängt unser Erfolg mit unserem Purpose ab? Welche Zukunfsszenarien werden durch unsere Purposes möglich?“	*Um zu beantworten: „Was wird durch unseren Purpose möglich? Was können wir erreichen?“*
6	Ins Handeln kommen **45 Minuten**	Ecocycle Planning	„Auf welche der genannten Maßnahmen und Ideen für die Szenarien wollen wir uns konzentrieren?“	*Um zu beantworten: „Worauf konzentrieren wir uns? Was können wir tun, um kontinuierlich zu entdecken, was möglich ist?“*

20. (Eigenen) Antrieb und Portfolio prüfen

Purpose: *Entdecke deinen eigenen Antrieb im Leben oder bezogen auf eine konkrete Herausforderung, einen konkreten Kontext (Beruf, Freundschaften, Hobbys, Gesundheit) und finde heraus, wie du deine Kapazitäten dafür einsetzen willst.*

Anmerkung: Du kannst den String alleine durchführen. Zu zweit ist es jedoch dank des Hilfemusters *Liebevolle Provokation* stellenweise einfacher auf gute Ergebnisse zu kommen.

50 Minuten ★★ Niveau: fortgeschritten 1–99+ Personen Ideal: 1–99+ Personen

	Agendapunkt	Mikro-struktur	Einladung	Purpose
1	Eigenen Purpose entdecken und schärfen **15 Minuten**	9 Whys	Standardablauf mit dir selbst oder zu zweit: „Finde dein eigenes Was? und Warum? für eine konkrete Herausforderung oder einen konkreten Kontext heraus."	*Um herauszufinden, was dir wichtig ist und warum du etwas tun willst.*
2	Portfolio betrachten **30 Minuten**	Ecocycle Planning	1. „Was tust du bereits im Kontext der Herausforderung? Was bindet (darüber hinaus) deine Zeit?" 2. „Sortiere die Aktivitäten auf dem Ecocycle ein." 3. „Stelle dir die Fragen des Standardablaufs zu Kapazität, Fallen, (Über-)Reife, Neues starten." 4. „Überlege dir, welche Aktivitäten du bewegen willst, um deinem Purpose gerecht zu werden."	*Um zu erkennen, womit du dich beschäftigst, und die Kapazitäten so auszubalancieren, damit du deinen Purpose unterstützen kannst.*
3	Maßnahmen ergreifen **5 Minuten**	15% Solutions	„Was wirst du konkret tun, um die Aktivitäten zu bewegen und um deinem Purpose gerecht zu werden?"	*Um zu konkreten Handlungen zu motivieren.*

Selbstreflexion

- Aus welchen Liberating Structures willst du gerne einen String zusammenstellen?
- Welche Situation, Herausforderung, welches Meeting, welchen Workshop willst du gerne mit einem String strukturieren?

- Wie lautet der Purpose dafür?
- Welchen der genannten Strings könntest du dafür einsetzen? Was müsstest du noch anpassen?
- Mit wem könntest du den String vorab durchsprechen?
- Welche der vier Kategorien von Strings wirst du am häufigsten/als nächste/erst einmal nicht gebrauchen? Warum?
- Welchen String willst du unbedingt einmal ausprobieren? Was hält dich davon ab?

Anmerkungen

1 Alexander Verweyen: Welche Führungsstile gibt es?, alexanderverweyen.com.

2 Kurt Lewin, Ronald Lippitt, Ralph K. White: Patterns of aggressive behavior in experimentally created „social climates", *The Journal of Social Psychology,* 10, 271–299, 1939.

3 Leo Gough: C. Northcote Parkinson's Parkinson's Law: A modern-day interpretation of a true classic , 2011.

4 John Persch: Abholen und Mitnehmen, https://johnpersch.wordpress.com/2016/08/12/abholen-und-mitnehmen/, 2016.

5 Edward L. Deci, Richard M. Ryan: *Intrinsic motivation and self-determination in human behavior.* New York: Plenum, 1985.

6 https://de.wikipedia.org/wiki/Scientific_Management

7 Susanne Bittner u.a.: *Call Center – Entwicklungsstand und Perspektiven: eine Literaturanalyse.* In: *Projektbericht des Instituts Arbeit und Technik.* 01, 2000.

8 Daniel Pink, *Drive: The Surprising Truth About What Motivates Us*, 2011.

9 wikipedia.org/wiki/Entscheidungsprozess oder wirtschaftslexikon.gabler.de/definition/entscheidungsprozess-35511

10 Mark Goulston: Just Listen – Discover the secret to getting through to absolutely anyone, Amacom, 2010.

11 Svenja Hofert: 8 agile Entscheidungstechniken für selbstorganisierte Teamarbeit, https://teamworks-gmbh.de/8-agile-entscheidungstechniken-fuer-selbstorganisierte-teamarbeit/, 2016.

12 Johannes Schartau, http://www.changex.de/Article/interview_schartau_strukturen_die_befreien/OvpcIH7dQPpksD7i3Ug7UG0q9AtTjK, 2018.

13 Christian Rüther: Soziokratie, S3, Holakratie, Frederic Laloux' „Reinventing Organizations" und „New Work", https://www.soziokratie.org/wp-content/uploads/2018/07/buch-soziokratie-holakratie-laloux-2018-zweite-auflage.pdf, 2018.

14 Dominic Lindner: Holokratie und Soziokratie: Ist das Konzept der Selbstorganisation in Unternehmen gescheitert?, https://persoblogger.de/2020/09/01/holokratie-und-soziokratie-ist-das-konzept-der-selbstorganisation-in-unternehmen-gescheitert/, 2020.

15 Margaret J. Wheatley: Leadership and the New Science, 1992.

16 Kevin Kelly: Out Of Control: The New Biology of Machines, Social Systems, and the Economic World, 1992.

17 liberatingstructures.com/history/

18 Keith McCandless, Henri Lipmanowicz: The Surprising Power of Liberating Structures, 2014.

19 Peter Senge: The Fifth Discipline – The Art and Practice of the Learning Organization, 2006.

20 Christopher Avery: The Responsibility Process – Unlocking Your Natural Ability to Live and Lead with Power, 2016.

21 Erwin van der Koogh: Understanding Complexity How to survive in an increasingly complex world, 2019.

22 Nassim Taleb: Things That Gain from Disorder, Random House, New York, 2012.

23 Daniel Pink: Drive – The Surprising Truth About What Motivates Us, 2011.

24 Brenda Zimmerman, Curt Lindberg, Paul Plesk: Edgeware – Insights from Complexity Science for Health Care Leaders, 1998.

25 Ruth A. Andersen, Reuben Mc Daniel: Taking Complexity Science Seriously: New Research, New Methods, Plexus Press, 2008.

26 Marshall B. Rosenberg, Gewaltfreie Kommunikation. Eine Sprache des Lebens, Junfermann, 2016.

27 Geoffrey Bellman: The Consultant's Calling – Bringing Who You Are to What You Do, 1992.

28 Brenda Zimmerman: Ralph Stacey's Agreement & Certainty Matrix, 2001.

29 Altschuller, G. S., Schapiro, R. B.: Zur Psychologie des Erfindens, //Woprosy Psichologii, Nr. 6, 1956, S. 37–49, Übersetzung: Yury Goryunov, Überarbeitung: B. Celik, Dr. R. Adunka.

30 G. T. Doran: *There's a S.M.A.R.T. way to write management's goals and objectives.* In: *Management Review,* 70. Jg., Nr. 11, S. 35–36, 1981.

31 David Lane, Robert Mayfield: Strategy under complexity – Fostering generative relationships, 1996.

32 Dee Hock: Birth of the Chaordic Age, 2000.
33 https://netmap.wordpress.com
34 Eva Schiffer: The Routledge Companion to Strategic Risk Management, edited by Torben Juul Andersen, 2016, S. 501–508.
35 https://vickirobin.com/conversation-cafes/
36 Scott Kelso, David Engstrom: The Complementary Nature, 2010.
37 www.change-ability.ca
38 www.resalliance.org
39 Lance H. Gunderson und C. S. Holling: Panarchy: Understanding Transformations in Human and Natural Systems, 2002.
40 Lance H. Gunderson und C. S. Holling: Panarchy: Understanding Transformations in Human and Natural Systems, 2002.
41 Lance H. Gunderson und C. S. Holling: Panarchy: Understanding Transformation in Human and Natural Systems., 2002.
42 Arthur M. Okun: *Potential GNP: Its Measurement and Significance.* In: American Statistical Association (Hrsg.): *Proceedings of the Business and Economic Statistics Section*, S. 98–104, 1962.
43 Jay Ogilvy: Creating Better Futures, 2000.
44 David L. Cooperrider, Suresh Srivastva: Appreciative inquiry in organizational life, In Woodman, R. W. & Pasmore, W.A. (eds.). *Research in Organizational Change And Development.* Vol. 1. Stamford, CT: JAI Press. S. 129–169, 1987.
45 Harrison Owen: Open Space Technology – A User‘s Guide, 2008.
46 Brenda Zimmerman, Curt Lindberg, Paul Plsek, Edgeware: Lessons from Complextity Science for Health Care Leaders, 1998.
47 Gareth Morgan, A. Zohar: The 15 % approach – Quantum change incrementally!, Holland Management Review, 53, 1998, S. 14–25.
48 Angeles Arrien: Signs of Life: The Five Universal Shapes and How to Use Them, 1998.
49 Chris Argyris: Reasoning, Learning, and Action – Individual and Organizational, 1982.
50 Peter Senge: Die fünfte Disziplin – Kunst und Praxis der lernenden Organisation, 2008.
51 Marshall B. Rosenberg: Gewaltfreie Kommunikation. Eine Sprache des Lebens, Junfermann, 2012.
52 Keith McCandles, Johannes Schartau: Surpise and Serendipity Put to Work, 2018.

Kurzindex

Lust auf mehr.

Geschrieben von und aus der Liberating-Structures-Community erzählt dieser kompakte Band 30 Geschichten aus der Praxis, die die Anwendung der Methoden in konkreten und vielfältigen Kontexten darstellt. Unabhängig davon, welche Erfahrungen die Leserinnen und Leser mit Liberating Structures bisher gesammelt haben, macht dieses Anwenderbuch Lust darauf, sie stärker in der eigenen Praxis anzuwenden.

Ebers/Nieschalk (Hrsg.)
Einfach.Zusammen.Arbeiten
Liberating Structures in der Praxis

2021. Rund 130 Seiten.
Broschiert. ca. € 19,80
ISBN 978-3-8006-6693-5
Erscheint im Oktober 2021

Portofreie Lieferung
≡ vahlen.de/32648010

Vahlen